L'ANALYSE DES RÊVES
Tome 1

Œuvres inédites de C. G. Jung
aux Éditions Albin Michel

Sous la direction d'Antoine Faivre et Frédérick Tristan

COMMENTAIRE SUR LE MYSTÈRE DE LA FLEUR D'OR

LA PSYCHOLOGIE DU TRANSFERT

MYSTERIUM CONJUNCTIONIS
(2 volumes : traduction d'Étienne Perrot)

AÏON

ÉTUDES SUR LA PHÉNOMÉNOLOGIE DU SOI
(Traduction d'Étienne Perrot et Marie-Martine Louzier-Sahler)

PSYCHOLOGIE ET ORIENTALISME
(Traduction de Paul Kessler, Josette Rigal et Rainer Rochlitz)

Sous la direction de Michel Cazenave

SYNCHRONICITÉ ET PARACELSICA
(Traduction de Claude Maillard et Christine Pflieger-Maillard)

LA VIE SYMBOLIQUE. PSYCHOLOGIE ET VIE RELIGIEUSE
(Traduction de Claude Maillard et Christine Pflieger-Maillard)

L'ÂME ET LE SOI. RENAISSANCE ET INDIVIDUATION
(Traduction de C. Maillard, C. Pflieger-Maillard et R. Bourneuf)

ESSAIS SUR LA SYMBOLIQUE DE L'ESPRIT
(Traduction d'Alix et Christian Gaillard, et de Gisèle Marie)

CORRESPONDANCE *(1906-1961). (5 vol.)*

SUR L'INTERPRÉTATION DES RÊVES
(Traduction d'Alexandra Tondat)

LES ÉNERGIES DE L'ÂME

SÉMINAIRE SUR LE YOGA DE LA KUNDALINI
(Traduction de Zéno Bianu)

PSYCHOGENÈSE DES MALADIES MENTALES
(Traduction de Josette Rigal)

LES RÊVES D'ENFANTS (SÉMINAIRES)
(Tome 1 : traduction de Claude Maillard)
(Tome 2 : traduction d'Alexandra Tondat)

Carl Gustav Jung

L'ANALYSE DES RÊVES

Notes du séminaire de 1928-1930

Tome 1

Préface et traduction de l'anglais de Jean-Pierre Cahen

Ouvrage publié avec le concours du Centre national du livre

Albin Michel

Le texte publié ici est celui de la deuxième édition de 1938, qui avait été édité sous la forme d'un polycopié privé, par le Club psychologique de Zurich. Ce même texte avait été imprimé, à titre privé, sans aucune altération, en 1958 et 1972.

Titre original :

DREAM ANALYSIS
Notes of the Seminar given in 1928-1930

Publié à partir de l'édition en langue anglaise
établie sous la direction de William McGuire
(Princeton University Press, 1984)

Traduction française (tome 1) :

Sommaire

Préface, *par Jean-Pierre Cahen* 11
Introduction, *par William McGuire* 17

TRIMESTRE D'HIVER

PREMIÈRE PARTIE

Première conférence : 7 novembre 1928 33
Deuxième conférence : 14 novembre 1928 50
Troisième conférence : 21 novembre 1928 67
Quatrième conférence : 28 novembre 1928 85
Cinquième conférence : 5 décembre 1928 102
Sixième conférence : 12 décembre 1928 118

TRIMESTRE D'HIVER

DEUXIÈME PARTIE

Septième conférence : 23 janvier 1929 137
Huitième conférence : 30 janvier 1929 147
Neuvième conférence : 6 février 1929 159
Dixième conférence : 13 février 1929 173
Onzième conférence : 20 février 1929 186

Douzième conférence : 28 février 1929 201
Treizième conférence : 6 mars 1929 219
Quatorzième conférence : 13 mars 1929 235
Quinzième conférence : 20 mars 1929 253
Seizième conférence : 27 mars 1929 268

Trimestre d'été

Dix-septième conférence : 15 mai 1929 285
Dix-huitième conférence : 22 mai 1929 299
Dix-neuvième conférence : 29 mai 1929 318
Vingtième conférence : 5 juin 1929 336
Vingt et unième conférence : 12 juin 1929 354
Vingt-deuxième conférence : 19 juin 1929 373
Vingt-troisième conférence : 26 juin 1929 390

Liste des abréviations 409
Notes 411
Chronologie des rêves 441
Les membres du séminaire 443

Préface

Parmi les œuvres de C.G. Jung, voici un livre à part. Il enthousiasmera le lecteur – être traducteur implique que l'on soit d'abord lecteur, et dans ce cas particulier, lecteur émerveillé.

Ce livre se distingue nettement des autres ouvrages de Jung, car voici des « écrits » de Jung que lui-même n'a pas écrits ! Ce livre, il ne l'a pas écrit. Il l'a dit, il l'a parlé. C'est là l'une de ses nombreuses originalités. Ce sont les membres de son séminaire qui, à plusieurs, se sont efforcés de transcrire simultanément les paroles de Jung, cette simultanéité ayant pour but de restituer le plus fidèlement possible cet *enseignement clinique pratique* considérable et direct. A la fin de chaque conférence, ceux qui avaient pris des notes se réunissaient pour les comparer entre eux et parvenir à un consensus d'où sortait la version définitive des « notes ». Celles-ci, dans l'esprit de Jung, devaient au départ être exclusivement diffusées sous forme de polycopiés réservés aux membres du séminaire. Plus de précisions nous sont apportées, à cet égard, dans l'introduction, ci-après, de William McGuire. Mais dans notre ère d'immense facilité d'enregistrement de la parole et de l'image, ce tour de force, dans un intense esprit de collaboration entre ces « scribes », méritait d'être mis en exergue.

En novembre 1928, Jung a cinquante-trois ans, et nous entendons un Jung vigoureux, débordant de vitalité, en pleine possession de son expérience d'analyste et plus spécifiquement d'analyste des rêves — dont il nous confirme, dès la première minute de sa première conférence, qu'ils sont la « voie royale » vers l'inconscient. Jung, qui par cette affirmation se révèle être — à l'égard de cette perspective spécifique, et très paradoxalement — le plus fidèle des disciples de Freud, nous entraîne dans un cycle de cinquante et une conférences d'une rare richesse, quand on considère à la fois la justesse, la profondeur et l'étendue de ses interprétations cliniques. Celles-ci s'appuient entièrement sur la lecture symbolique des rêves, complétée par de vastes amplifications, qui reflètent les connaissances de Jung dans le domaine des mythologies, de l'histoire du phénomène religieux et des religions. Et, chemin faisant, Jung nous fait part de ses réflexions relatives à l'attitude qu'il sied à l'analyste d'avoir à travers les différentes phases d'une analyse.

Un *enseignement* totalement actuel. Pas une ride ou presque, si ce n'est quelques détails qui montrent qu'en surface et en un peu plus de soixante-quinze ans, la société, les conditions de vie et la médecine (elle surtout) ont bien entendu beaucoup évolué.

Mais sur le fond, ce Jung qui nous parle en direct, comme Socrate enseignait ses disciples sur l'Agora, ce Jung qui nous fait partager pour ainsi dire « sur le vif » son expérience clinique d'analyste chaleureux, humain, d'une perspicacité impitoyable mais non dénué d'humour et dont la culture immense nous étonne chaque fois, ce Jung-là reste d'une actualité saisissante.

Jung, praticien de l'âme, ne recule devant aucune difficulté. Il relève le défi d'enseigner dans une langue qui n'est pas sa langue maternelle : l'anglais. Son public est anglophone : des psychologues, des psychiatres et médecins anglais, américains et australiens, venus à Zurich recevoir la parole du maître. A sa vaste culture préhistorique, historique, mythologique, philosophique et religieuse, Jung ajoute une connaissance de l'anglais qui ne laisse pas d'étonner par son étendue et sa capacité à utiliser autant les anglicismes de la vie courante que les tournures parfois très littéraires de la langue anglaise, ce qui donne un caractère remarquablement vivant à ses exposés.

Dans cet ouvrage, Jung nous dispense un enseignement clinique, pratique, concret, continu, d'une densité exceptionnelle. Il nous fait entrer de plain-pied dans le cheminement analytique de l'un de ses patients zurichois, un riche homme d'affaires dont nous allons suivre l'évolution et le développement psychologique à travers l'analyse de trente rêves, sélectionnés par Jung pour leur aspect signifiant. Ce n'est pas à un enseignement ex cathedra que nous assistons, mais bien plutôt à de véritables séances de « travaux pratiques ». Ce séminaire, qui commence le 7 novembre 1928 et s'achève le 25 juin 1930, vise à faire participer très activement les membres dont certains se prêtent avec talent — et courage — au jeu des questions-réponses, se risquant même à se faire rudoyer parfois par Jung. Le résultat en est un séminaire extrêmement vivant, au cours duquel on ose parfois poser des questions qui, avec notre recul, pourraient paraître naïves, voire saugrenues. Mais inversement, et grâce à la grande liberté d'intervention qui était en somme la règle du jeu, il arrivait que certains participants fassent preuve d'une grande créativité et contribuent ainsi, par la justesse de leurs intuitions, à enrichir les interprétations des rêves.

Un élément remarquable : aucune question posée par les participants, fût-elle maladroite, hors de propos, voire le reflet d'une incompréhension totale, n'est restée sans réponse de la part de Jung. Et, fait non moins remarquable, certaines questions conduisent spontanément Jung à développer un sujet qui en apparence n'a plus rien à voir avec le rêve du patient, mais que Jung ramènera au centre de la question après un long détour, chevauchée imprévue à travers une amplification parfois interminable mais combien didactique et complètement improvisée, qui peut se déployer jusqu'à occuper la moitié du temps d'une conférence. Ce don d'improvisation que Jung ne cesse d'utiliser pour enrichir chacune de ses conférences démontre, s'il en était besoin, la maîtrise de son art de clinicien à cette époque de sa vie. On en vient à se demander si Jung utilisait des notes pour structurer ses exposés. Sans doute quelques notes succinctes pour cadrer ses conférences, mais on sent bien que l'essentiel de ses exposés ressort d'une expérience clinique dont la profondeur et la précision ne cessent d'étonner, servie par une grande aisance de parole.

Dire que la participation active des membres du séminaire était requise est un faible mot. Dès la fin de la 4e conférence, Jung avertit ses participants que lors de la prochaine, il leur demandera de produire leur propre interprétation du rêve en cours d'étude. Et de fait, l'essentiel de la 5e conférence sera consacré à faire parler trois membres du séminaire pour les obliger à exprimer leur propre interprétation du rêve, ce qui sera l'occasion pour Jung de procéder à de très sérieuses mises au point. Plus tard, le lecteur découvrira qu'à la suite du 20e rêve, à la fin de la 25e conférence, les participants vont devoir constituer deux commissions dont la tâche consistera à travailler activement pendant deux à trois semaines pour rassembler le plus de matériel symbolique possible se rapportant à la croix et au croissant. Cette recherche aboutira à la remise de plusieurs rapports qui viendront enrichir les amplifications de Jung dont le point de départ est un certain « chaudron », apparu dans le 20e rêve, rempli de croix et de croissants de lune. Jung rattachera ce chaudron au chaudron du 50e hexagramme du *Yi King*, et conduira ses amplifications jusqu'à la fin de la 32e conférence, nous entraînant, chemin faisant, jusqu'à la compréhension des arcanes de l'horoscope cosmique de notre planète ; tout ce cheminement pour nous amener à saisir la complexité de l'âme humaine.

Par la suite, Jung mobilisera à nouveau ses participants qui devront à nouveau contribuer à vitaliser le séminaire à l'aide de tableaux et de graphiques destinés à illustrer la progression des rêves, un peu comme s'il s'agissait d'une écriture musicale. C'est comme si par cette approche Jung nous disait à distance : « Eh bien, faites-le vous-mêmes à présent ! »

Tout au long des cinquante et une conférences, Jung va déployer la méthode d'interprétation des rêves telle qu'il la préconise, en particulier aux pages 61-64 de *Psychologie et alchimie*[1] » (§ 48), c'est-à-dire qu'il fait appel au contexte du sujet, à sa vie quotidienne, à son histoire personnelle et, bien entendu, aux associations que le sujet va développer à l'égard des images des rêves. Autre particularité : au fur et à mesure que les conférences se succèdent Jung va interpeller ses participants de plus en plus fréquemment et les « obliger » à se lancer eux-mêmes dans des interprétations, au risque (voulu par Jung) de se tromper, tant il est vrai qu'il faut reconnaître aux erreurs leur valeur pédagogique.

Et non seulement le lecteur va découvrir une évolution progressive chez le patient de Jung, mais tout autant chez un bon nombre de participants qui apprennent à se « couler » dans le « moule de l'approche jungienne », à développer leur intuition et à accepter de plus en plus l'aspect logique de l'irrationnel du rêve et de l'inconscient.

La lecture de ces notes de séminaire apparaît comme un véritable retour aux sources et il est hors de doute que les thérapeutes qui liront ces notes se verront, par certains aspects, confortés dans leur pratique quotidienne, mais à l'opposé ne pourront pas faire l'économie de la révision de certaines de leurs attitudes face à leurs analysants.

Traduire ce texte a été par moments un exercice difficile. Il s'agissait de restituer de l'anglais parlé en français parlé. C'était sans doute davantage de l'interprétariat que de la traduction d'écrits. C'était la voix de Jung que l'on entendait, nous parlant en anglais avec son fort accent suisse, plus qu'une lecture de notes de séminaire, et c'est ainsi que nous nous sommes glissé dans la peau d'un interprète. Bien entendu, traduire certains *jokes* et autres jeux de mots nécessitait de passer par l'adaptation. Mais notre priorité a été, avant tout, de respecter scrupuleusement la démarche de la pensée de Jung, pour restituer avec exactitude l'expression de sa clinique et, comme William McGuire s'y est efforcé lui-même, de « conserver une image vivante et fidèle du déroulement des séances, telles qu'elles se déroulèrent en leur temps », selon ce que Jung avait souhaité et exprimé lui-même en 1954.

Pour bien comprendre la genèse de cet ouvrage nous recommandons la lecture de l'introduction de William McGuire qui restitue admirablement, non seulement l'atmosphère du Club psychologique que Jung avait créé à Zurich et où se tenaient les conférences des séminaires, mais également certains épisodes de la vie de Jung et notamment les conditions dans lesquelles se déroulaient les nombreuses conférences en Angleterre et aux Etats-Unis.

Cet ouvrage a été « découvert » à l'occasion d'un voyage aux Etats-Unis, il y a plus de vingt ans, et à sa lecture on ne peut que s'étonner qu'il n'ait pas été traduit en français plus tôt. Sa traduction en allemand remonte à une bonne quinzaine d'années. Cette « omission » nous aura valu le bonheur d'assurer la transmission de ces notes au monde francophone et nous souhaitons qu'elles procurent au lecteur la même joie qu'à nous-même — celle d'entendre Jung « en direct ».

Jean-Pierre Cahen

Introduction

Dans l'entourage de Jung, et même parmi ses disciples, il n'y eut qu'un tout petit nombre de personnes à connaître l'existence de ces séminaires. Jung y exposait ses idées psychologiques, ses méthodes analytiques, ainsi que ses différentes considérations sur la société, l'individu, les religions, l'histoire et bien d'autres sujets. Le nombre de participants était volontairement limité et les transcriptions polycopiées, réalisées par des membres dévoués du séminaire, ne furent pas publiées, mais au contraire distribuées à titre privé à un nombre restreint de souscripteurs. Les volumes des « Notes de séminaires » (leur nom véritable) qui se trouvaient dans des bibliothèques consacrées aux œuvres de Jung étaient habituellement tenus à l'écart des lecteurs qui ne pouvaient se prévaloir d'une autorisation de leur analyste [1].

Les ouvrages de Jung ne contiennent qu'occasionnellement des références à ces notes, et il est rare qu'elles soient citées. Jung était en accord avec cette politique restrictive, et ce n'est que plus tard qu'il finit par accepter l'inclusion des « Notes de séminaires » dans ses ouvrages destinés à la publication.

Bien que les premières transcriptions de « séminaires » répertoriées dans la bibliographie générale des écrits de Jung (*Collected Works, CW* 19) remontent au séminaire de 1923, les indices sont nombreux qui permettent de dire que Jung utilisait déjà la méthode des séminaires dès 1912. Cette année-là, il prenait en analyse une Américaine, Fanny Bowditch, que le Dr Putman lui avait adressée. James Jackson Putman était professeur de neurologie à Harvard et le premier président de l'Association psychanalytique américaine (fondée en 1911). Jung avait rencontré Putman lors de son voyage aux Etats-Unis, en compagnie de Freud et de Ferenczi, en 1909. A cette occasion, il avait donné des conférences à la Clark University. Putman avait invité les trois visiteurs à un camp dans les montagnes Adirondacks, camp qu'il possédait pour moitié et partageait avec les familles Bowditch [2]. C'est là que Jung a pu rencontrer Fanny Bowditch (1874-1967).

Au cours de l'année 1911, Fanny Bowditch tombe malade. Il semble qu'elle souffre de troubles nerveux, et le Dr Putman, agissant à la fois comme ami de la famille et comme médecin, lui conseille d'aller consulter Jung qu'il reconnaissait autant comme psychanalyste que comme un pair. Fanny Bowditch arrive à Zurich début 1912 et commence son analyse avec Jung, vraisemblablement dans sa maison de Küsnacht. Dès le mois de mai [3], elle commence à rédiger des notes qui rendent compte de conférences hebdomadaires que Jung donne à l'université et auxquelles elle assiste. Le cours a pour titre « Einführung in die Psychoanalyse » (Introduction à la psychanalyse) et fait partie du programme universitaire. Ce cours comprend les principes généraux de psychologie, de psychanalyse (avec des citations des écrits de Freud), les expériences d'associations, des cas traités par Jung en analyse, mais également un matériel mythologique et religieux. Ces notes, rédigées en anglais, se poursuivent tout au long de l'été 1912. Elles reprennent à l'été 1913 mais cette fois en allemand. Cette langue lui avait été enseignée par sa mère, allemande de naissance. Le titre de « séminaires » apparaît pour la première fois dans ses notes de conférences en 1913. Au cours de l'été 1913, Fanny Bowditch prend également des notes à partir du cours d'histoire des religions dispensé par le Pr Jakob Hausheer — apparemment ce cours se donne conjointement avec celui de Jung. Que son professeur soit également son analyste peut paraître, au plan des procédures, non conforme aux habitudes psychanalytiques. Mais déjà à cette époque Jung a pris ses distances avec l'orthodoxie freudienne. A ce stade de sa carrière, il utilise déjà la forme du séminaire, et ce faisant, il y accepte une étudiante qui est à la fois une analysante (et non pas une candidate médecin). De cette même manière très libre il accepte de partager son cours, par cooptation, avec un professeur de religion.

En avril 1914, après neuf ans d'enseignement[4], Jung démissionne de son poste de chargé de cours de l'université. Ce n'est qu'en 1933 qu'il se verra confier à nouveau une chaire. En octobre 1916, Fanny, qui vient d'épouser Johann Rudolf Katz, un psychiatre hollandais d'orientation jungienne[5], consacre un nouveau cahier de notes à un séminaire dirigé par Jung. Il est évident que durant les années de guerre (1914-1918), Jung, qui est médecin major de l'armée suisse, responsable d'un camp d'internement pour officiers britanniques dans le canton de Vaud, poursuit, lors de ses permissions, son enseignement privé à Zurich.

Après la guerre, Jung reprend ses voyages : Londres, pour des conférences auprès de sociétés professionnelles, en 1919 et fin 1920; l'Algérie et Tunis au printemps 1920. Le même été il revient en Angleterre et se rend à la pointe de Cornouailles pour son premier séminaire à l'étranger. Il n'existe pas de notes de ce séminaire à Sennen Cove, près de Land's End, mais il est resté gravé dans bien des mémoires parmi la douzaine de participants présents. Constance Long l'avait organisé et parmi les participants se trouvaient Esther Harding et H. Godwin Baynes. Ces trois médecins anglais avaient adhéré très tôt à la psychologie analytique. Pour objet de ce séminaire, Jung avait choisi l'étude d'un ouvrage intitulé *Les rêves authentiques de Peter Blobbs et de certains de ses parents.* Le premier séminaire à avoir été archivé se tint à nouveau en Cornouailles, à Polzeath, en juillet 1923. Cary F. Baynes et Esther Harding l'avaient organisé. Vingt-neuf personnes y participèrent, parmi lesquelles Emma Jung et Toni Wolff[6]. Les notes furent prises par le Dr Harding et le médecin américain Kristine Mann et éditées sous le titre « Les rapports humains en relation avec le processus d'individuation[7] ».

Deux années plus tard, les jungiens britanniques organisèrent un nouveau séminaire à Swanage, dans le Dorset. Celui-ci réunissait une centaine de personnes. « Bien trop pour Jung », nous raconte Barbara Hannah, et certainement un trop grand nombre dans le cadre d'un séminaire. Ce sont à nouveau les notes manuscrites du Dr Harding qui nous parviendront sous le titre « Les rêves et leur symbolisme ». Ces notes rassemblent douze conférences, datant du 25 juillet au 7 août 1923. Là-dessus, Jung part visiter l'exposition de l'Empire britannique, à Wembley, et décide de son voyage, resté célèbre, en Afrique orientale britannique [8].

C'est au début de 1925, du 23 mars au 6 juillet, que Jung conduisit le premier d'une longue série de séminaires zurichois, en anglais, et qui allaient se poursuivre pendant quatorze ans. Sous le simple titre de « Psychologie analytique », ce séminaire initial consistait en seize conférences dont les notes furent rédigées par Miss Cary F. de Angulo (qui peu après épousa H.G. Baynes). La transcription, qui paraîtra sous la forme d'un polycopié dactylographié de 227 pages, sera vérifiée par Jung lui-même. Son contenu était centré sur le développement progressif de la psychologie analytique dont le début remonte à 1896, alors que Jung étudiait encore à l'université. Dans ce séminaire Jung avait insisté longuement sur sa collaboration avec Freud. Aniela Jaffé en a incorporé plusieurs passages dans *Ma vie, Souvenirs, rêves et pensées* [9]. Ce séminaire contient quelques-unes des observations les plus incisives de Jung sur sa psychologie.

C'est début novembre 1928 que Jung démarre son séminaire sur l'analyse des rêves, objet du présent volume. Ce séminaire s'est poursuivi à un rythme hebdomadaire, mais marqué par des coupures saisonnières d'un mois, voire plus, pour se terminer fin juin 1930. Les participants avaient pour habitude de se réunir les mercredis matin dans les salles du Club psychologique de Zurich qui se trouvait dans une ancienne maison à tourelles, couverte de lierre, dans la Gemeindestrasse, qu'Edith Rockefeller McCormick avait achetée pour l'usage du Club. Malheureusement très peu de documents administratifs concernant le séminaire, ou le Club lui-même, ont survécu.

Si nous nous en remettons aux souvenirs de certains participants encore en vie, on ne payait pas de droit d'inscription. On ne demandait qu'une petite participation pour le thé. Par contre, pour pouvoir y assister, il fallait l'autorisation personnelle de Jung. Tous les participants avaient été ou étaient en analyse chez Jung, ou, à défaut, chez l'un des rares analystes (jungiens) à Zurich. On n'a pas retrouvé de registre des présences, mais les transcriptions du séminaire font apparaître les noms d'une cinquantaine de personnes qui toutes participèrent aux discussions. Il y eut certainement d'autres membres qui restèrent silencieux, telle Mary Foote.

Cependant, c'est à Mary Foote que nous devons les notes de tous les séminaires que Jung a donnés entre 1928 et 1939. Née en Nouvelle-Angleterre en 1872, Mary Foote était peintre portraitiste de bonne réputation. Elle résidait tantôt à New York, Paris ou Pékin [10]. Parmi ses amis on comptait Isadora Duncan, Henry James, Mabel Dodge (devenue Luhan), Gertrude Stein et le scénographe Robert Edmond Jones de New York. Ce dernier, après sa propre analyse avec Jung, puis avec Toni Wolff, réussit à persuader Mary Foote de se rendre à Zurich. Arrivée en janvier 1928, elle y restera un quart de siècle. Il est probable que son travail avec Jung ait commencé immédiatement après son installation à l'Hotel Sonne [11], à Küsnacht. Elle a vraisemblablement assisté au séminaire sur l'analyse des rêves dès la première réunion en novembre 1928.

Les participants impliqués dans la production des notes du séminaire étaient fort nombreux. Ainsi, en l'absence de Cary F. de Angulo, partie avec son mari H.G. Baynes habiter à Carmel, en Californie, les notes pour la session d'automne 1928 furent prises par Anne Chapin, professeur au collège de Mount Holyoke dans le Massachusetts. Elle en assura la transcription, le polycopiage et la diffusion parmi les participants. Pendant la première moitié de 1929, Charlotte H. Deady, une autre Américaine, assura la rédaction et l'archivage des notes. Mary Foote, quant à elle, participa à la prise de notes et leur archivage à partir d'octobre 1929. Des lettres que Jung lui a adressées en décembre [12] attestent qu'elle se chargeait d'en éditer la transcription (qui elle-même provenait d'une compilation des notes de plusieurs membres) et d'en envoyer ensuite des passages entiers à Jung pour la correction. En 1938, Mary Foote fit paraître une « nouvelle édition », dans laquelle les notes de Chapin furent augmentées de « l'apport des notes manuscrites d'Ethel Taylor ». D'autre part, les notes prises par Deady furent rééditées par Carol Baumann. Quant aux notes manuscrites qui recouvrent la période octobre-décembre 1929, elles représentent un travail en commun, réunissant les notes de Mary Foote et d'autres, avec l'aide substantielle de Cary Baynes et de Mary Howells. Les notes manuscrites qui couvrent la période de janvier à mars 1930 représentent la mise en commun des notes manuscrites prises par Mrs Baynes, Mrs Deady, Barbara Hannah, Joseph Henderson et Miss Foote. Pour les mois de mai et juin 1930, Miss Foote écrit : « Cette section a pu être éditée à partir des notes manuscrites prises par Mrs Köppel, complétées par les miennes. » Les dessins reflètent le travail de Mrs Deady. Emily Köppel, une Anglaise qui avait épousé un Suisse, et qui était devenue la secrétaire de Mary Foote en 1930, continuera à prendre les notes, taper les stencils et assurer les polycopiages et, de plus, se chargera de tous les détails administratifs, jusqu'à ce que la guerre mette fin à cette série de séminaires.

Au début, Mary Foote avait financé ce travail à partir de souscriptions, complétées par ses ressources personnelles. Ensuite, dans les années trente, des fonds furent apportés par Alice Lewisohn Crowley, ainsi que par Mary et Paul Mellon. On ne demanda pas à Jung de participer à cet effort financier et il reçut gratuitement les copies des notes du séminaire.

Tout au long de la guerre, Mary Foote demeura à Zurich, et ce n'est que dans les années cinquante qu'elle retourna en Nouvelle-Angleterre. Elle mourut, parmi ses amis, dans son Connecticut rural, le 28 janvier 1968, dans sa quatre-vingt-seizième année [13]. Ses papiers, incluant plusieurs brouillons successifs des notes du séminaire, ont été conservés à la bibliothèque de l'université de Yale.

En octobre 1930, quelques mois après la fin du séminaire sur l'analyse des rêves, Jung commençait un nouveau séminaire en anglais, intitulé « L'interprétation des visions ». L'étude reposait sur les peintures d'une patiente américaine, représentant des images qu'elle avait eues au cours d'un processus d'« imagination active ». Ce séminaire, qui s'est poursuivi jusqu'en mars 1934, est considéré comme une présentation utile des techniques que Jung appelle « imagination active » et « méthode d'amplification ». Mary Foote en a édité la transcription sous la forme de onze volumes, augmentés d'un volume qui contient vingt-neuf plaques de reproduction de dessins et de schémas. Une nouvelle édition, financée grâce à la générosité des Mellon, est parue en 1939-41.

Lors d'une interruption en octobre 1932, Jung se joignit à l'indianiste J.W. Hauer, professeur à l'université de Tübingen, pour donner un séminaire en six sessions sur le yoga de la Kundalini, publié ultérieurement par Mary Foote, dans une version illustrée de 216 pages, suivie d'une version allemande, publiée l'année suivante.

Deux mois après avoir achevé le séminaire sur les visions, Jung recommençait un nouveau séminaire en anglais qui avait pour titre « L'analyse psychologique du *Zarathoustra* de Nietzsche ». Ce séminaire, commencé le 2 mai 1934, se poursuivit jusqu'au 15 février 1939. Il fut toutefois entrecoupé par plusieurs longues périodes de voyages-conférences aux Etats-Unis, auxquels Jung s'adonna en 1936-7. Il y eut aussi, au cours de l'hiver 1937-8, un voyage en Inde, d'où Jung revint malade de dysenterie. Ce sera à nouveau Mary Foote qui en publiera les transcriptions sous forme de dix volumes polycopiés [14].

On a pris l'habitude de classer les cours donnés en allemand par Jung à l'Ecole polytechnique de Zurich (E.T.H.), avec ses séminaires. Cependant le style, plus académique, en est différent. Ces cours s'adressent à un public général et sont donnés dans un vaste amphithéâtre. Pour Jung ces cours représentaient un retour à une situation antérieure, alors qu'il enseignait comme chargé de cours à l'université, vingt ans auparavant. Les cours étaient donnés à l'Ecole polytechnique les vendredis après-midi et commencèrent le 20 octobre 1934, avec pour thème général « la psychologie moderne », pour se poursuivre, avec les interruptions académiques, jusqu'en juillet 1935. La secrétaire de Jung, Marie-Jeanne Schmid, les prenait en sténographie. Ensuite Elisabeth Welsh et Barbara Hannah les traduisaient en anglais et les publièrent dans le même format que les séminaires. Jung continua à enseigner sporadiquement à l'Ecole polytechnique, jusqu'en juillet 1941. Ses sujets de conférences comprenaient « Les textes orientaux », « *Exercitia Spiritualia* de saint Ignace de Loyola », « Rêves d'enfants », « Littérature ancienne sur l'interprétation des rêves » et « Alchimie ». La plupart de ces conférences furent publiées dans une traduction anglaise par Barbara Hannah [15].

Chaque volume des séminaires et des cours donnés à l'E.T.H. mentionnait à la première page un avertissement qui visait à « réserver leur usage à des fins strictement privées et à interdire toute reproduction ou citation dans un ouvrage à publier, sans l'autorisation écrite du Pr Jung ». Lors de la parution des nouvelles éditions du séminaire de l'analyse des rêves et des conférences sur la psychologie moderne, sous les auspices conjointes du Club psychologique de Zurich et de l'Institut C.G. Jung, le même avertissement apparaissait en préface au nom du Club et de l'Institut. La vente de ces volumes était strictement limitée à ceux qualifiés par une analyse ou par une approbation professionnelle. Néanmoins, des copies « filèrent » dans des bibliothèques généralistes et, de là, chez des libraires.

Lorsqu'en 1954 le stock fut épuisé et qu'on envisagea de nouvelles éditions, l'Institut proposa de faire revoir les textes par un écrivain professionnel, de manière à améliorer ce que l'on considérait comme des fautes de style et erreurs d'expression. Sur le conseil pressant de R.F.C. Hull et d'autres, Jung écrira à la direction de l'Institut : « Je désire vous faire savoir qu'après mûre réflexion et à la demande d'opinions autorisées, je décide de faire paraître mes séminaires sans aucune altération, dans leur état primitif. On m'a prié, en particulier, de ne permettre aucune altération dans le style. » Il suggère alors que chaque publication reçoive la préface suivante : « Je suis tout à fait conscient du fait que les textes de ces séminaires contiennent un certain nombre d'erreurs et autres inadéquations qui mériteraient d'être corrigées. Malheureusement, il ne m'a jamais été possible de me livrer personnellement à ce travail. Je demande donc au lecteur de lire ces notes avec l'esprit critique nécessaire et de les utiliser avec circonspection. Grâce au talent descriptif de Mary Foote, ces notes donnent une image vivante et fidèle du déroulement des séminaires en leur temps. » Finalement cet avertissement ne fut jamais publié dans les nouvelles éditions, mais il est évident que Jung se faisait du souci quant aux erreurs éventuelles qui auraient pu se glisser dans les transcriptions. L'idée de publier ces séminaires pour un public élargi faisait son chemin. Michael Fordham, l'un des éditeurs des *Collected Works*, faisait pression pour faire paraître ces publications. Le 24 mai 1956, Jung écrit à Gerhard Adler, qui éditait également les *Collected Works* : « En me référant à notre conversation du 14 mai, je suis à présent en plein accord avec l'idée de la publication de mes "Notes de séminaires" sous la forme d'une annexe aux *Collected Works* et je vous demande, ainsi qu'au Dr Fordham, de bien vouloir procéder aux coupures et corrections indispensables des erreurs existantes. La prise de notes en sténographie n'a pas toujours été très exacte. En ce qui concerne le style, il faudrait, dans toute la mesure du possible, ne pas l'altérer. » Cela devenait évident, Jung avait fini par voir la futilité de cette restriction faite à la diffusion de ces notes. Il était devenu parfaitement conscient de la valeur de ces textes pour les analystes en formation, mais aussi pour l'ensemble des étudiants sérieux. Dans une lettre du 19 août 1957 envoyée à la Bollingen Foundation, il écrit très solennellement : « Je confirme ici même mon accord pour l'inclusion dans les *Collected Works* des écrits mentionnés dans votre lettre [il s'agit des "Notes de séminaires" et des correspondances]. »

Les choses en restèrent là jusqu'à la mort de Jung en juin 1961. Entre-temps, le plan originel qui consistait à publier les « Notes de séminaires » et les correspondances dans le cadre des *Collected Works* avait été modifié. La publication de la correspondance avait été déléguée en 1957, avec l'accord de Jung, au Dr Gerhard Adler, en tant que rédacteur en chef, en association avec Marianne Niehus-Jung et Aniela Jaffé [16]. Jung avait accepté comme traducteur des *Collected Works* R.F.C. Hull, qui de plus était responsable de la publication des « Notes de séminaires ». Il fallut reporter ce dernier projet jusqu'à ce que Hull dispose de suffisamment de temps, c'est-à-dire jusqu'à ce qu'on pût voir se compléter l'ensemble formé par les *Collected Works.* Au milieu des années soixante, la Fondation Bollingen obtint de Hull un plan prévisionnel de publication, non sans avoir également consulté Herbert Read, la famille Jung, Adler, Fordham, Cary Baynes, Jessie Fraser, Joseph Henderson, Aniela Jaffé, Henry A. Murray et Jane A. Pratt. Le projet, à paraître en cinq ou six volumes, intégrerait les séminaires de 1925, « L'analyse des rêves », « L'interprétation des visions », « Le yoga de la Kundalini », « L'analyse psychologique du *Zarathoustra* de Nietzsche » et à titre provisoire, une sélection de conférences données à l'E.T.H. Les héritiers de Jung donnèrent leur accord de principe.

De son côté, Hull ne put commencer son travail de publication qu'après son arrivée à New York, en 1972. A cette date, il était encore aux prises avec des détails concernant la traduction de ce qui revenait à Jung dans la correspondance Freud-Jung. Il s'agissait d'une sélection de lettres (environ la moitié d'entre elles) écrites en allemand et des *Collected Works* 18, *La Vie symbolique* [17]. Néanmoins, en dépit de sa santé et de son énergie déclinantes, Hull fut capable de mettre en pages et d'annoter, sous une forme provisoire, près de la moitié du séminaire sur l'analyse des rêves, non sans hésitations et en s'en remettant à l'assistance que lui donnait Lisa Ress dans ses recherches et aux conseils que lui prodiguait, pour les sujets les plus importants, le Dr Edward F. Edinger. Au printemps 1973, Hull rentra chez lui à Majorque. Sa santé s'était tellement détériorée qu'il lui était impossible de poursuivre la moindre activité professionnelle. Il mourut en Angleterre en décembre 1974. Ses papiers et travaux, qui avaient été préservés par sa veuve, furent envoyés à Princeton. En reprenant à mon compte la responsabilité de la publication du séminaire sur l'analyse des rêves, en 1980, je me sentais devoir tout découvrir et partir dans l'inconnu.

Mes principes en matière de publication étaient sensiblement différents de ceux de Hull. Aussi n'ai-je supprimé ou modifié le texte que par absolue nécessité. J'ai préféré informer le lecteur de l'existence de changements significatifs par des notes. Pour l'essentiel, les passages éliminés représentent des répétitions faites par Jung, destinées à informer les nouveaux participants qui rejoignaient le séminaire en cours de route. Les modifications de texte, sans mention particulière, ne concernent pour l'essentiel que la ponctuation, l'orthographe, la grammaire et la clarté. L'insertion d'un bon nombre de points et points-virgules, dans la structure plutôt lâche des phrases des transcripteurs, n'aura nullement violenté le style de Jung. La plupart des annotations de Hull et Lisa Ress ont été conservées et considérablement augmentées. Les notes d'interprétation de Hull portent ses initiales. Je me suis écarté de la politique de Hull en maintenant le nom des participants aux séminaires qui firent part de leurs commentaires. Beaucoup, parmi ceux-ci, sont des personnes intéressantes et même remarquables dans le monde jungien et bien au-delà, et beaucoup d'entre eux sont morts. Pour ce qui concerne les quatre personnes que je connais et qui sont encore vivantes en 1982, Miss Hannah, le Dr Henderson, le Dr Kirsch et Mrs Gaskell, tous m'ont autorisé à faire usage de leur nom. Il est possible que parmi une dizaine de personnes, dont je n'ai pas retrouvé la trace, certaines soient toujours en vie. Dans ce cas, je demande leur indulgence. Il est certain qu'aucune remarque n'a été faite qui entraînerait un regret quelconque cinquante ans plus tard. Il faut également préciser que dans aucun des cas présentés il n'y avait matière à identifier qui que ce soit.

J'ai déployé tous les efforts possibles pour conserver « une image vivante et fidèle du déroulement des séances, telles qu'elles se déroulèrent en leur temps », comme Jung l'avait souhaité en 1954, et j'ai reproduit les diagrammes et illustrations directement à partir des premières éditions des séminaires. Les « Notes de séminaires » sont porteuses d'une signification réelle dans le canon jungien : cela est évident et elles possèdent plusieurs autres aspects significatifs. J'ai rapporté fidèlement le caractère du style parlé de Jung — en vérité, un style de conversation. Ainsi le consensus est respecté pour ceux qui l'ont bien connu et en particulier pour ceux qui ont participé à l'un ou l'autre de ses séminaires. Un des participants me fit remarquer que « ces notes avaient la réalité d'une transcription faite à partir d'une bande magnétique, à une époque où l'on n'aurait pas osé rêver d'un tel moyen ». Le mérite en revient à ceux qui prirent les notes, à la main, et cette capacité était d'autant plus remarquable dans les débuts du séminaire que les notes étaient prises en écriture normale, courante et qu'elles faisaient ensuite l'objet d'un véritable « rapiéçage » (un *patchwork*, dit le texte anglais) pour aboutir, in fine, à des notes cohérentes et fidèles. Mary Foote, quant à elle, concentra tout son travail de rédaction sur la fidélité à l'orateur, tant au point de vue du style que du contenu.

La maîtrise de l'anglais que possédait Jung et qui se reflète dans les transcriptions des séminaires n'a pas à nous surprendre. Il avait étudié l'anglais à l'école et, au début des années 1900, avait passé un été à Londres [18].

Des médecins britanniques et américains venaient à l'hôpital du Burghölzli à l'époque où Jung était encore l'assistant de Bleuler, pour se former et observer : Ricksher, Peterson, Macfie Campbell, Gibson, Burrow entre autres [19]. Le plus saisissant, c'est qu'il y eut aussi des patients anglophones : Harold McCormick et son épouse, Edith Rockefeller McCormick, de Chicago, qui devinrent très vite des patients attitrés de Jung. A partir de 1909 et pendant de nombreuses années, il y eut de nombreux voyages aux Etats-Unis et en Grande-Bretagne, tous centrés sur des cours, des conférences et des consultations en analyse qui se tenaient toujours en anglais. Vers 1920, le cercle des étudiants et des analysants qui gravitaient autour de Jung était composé d'autant d'anglophones que de germanophones. Les francophones représentaient une minorité. Jung écrivait et parlait presque autant en anglais qu'en allemand ou en schwyzerdütsch, son dialecte qu'il parlait à la maison [20].

Finalement, les familiarités de langage de Jung, au cours des séminaires, ne se retrouveront pas dans les écrits ou à peine, sous forme d'allusions. Jung les considérait comme une source d'enrichissement : en fait, tout en parlant et emporté par son élan créateur, il lui arrivait de développer plusieurs idées originales en même temps.

Le séminaire, tel qu'il est publié dans ce volume, donne les informations les plus complètes sur la méthode que Jung employait dans ses amplifications et pour analyser les rêves de l'un de ses patients. Et Jung lui-même nous confie les détails les plus subtils sur sa méthode de traitement d'un patient masculin [21].

En résumé, ces séminaires nous offrent un Jung sûr de lui, détendu, téméraire et dénué de toute diplomatie, irrespectueux envers les institutions et se plaisant à mettre en valeur certains personnages doués d'humour et même parfois paillards, rencontrés de façon extraordinaire. Il les citait en référence ou sous forme d'allusions, mais toujours de façon judicieusement adaptée à la situation du cas présenté et en parfaite résonance avec celui-ci. Il apparaît comme un homme vrai par rapport à lui-même et à sa vocation.

William McGuire

Trimestre d’hiver

Première partie :
novembre-décembre 1928

Première conférence

7 novembre 1928

Dr Jung : Mesdames et messieurs, l'analyse des rêves est le problème central du traitement analytique parce qu'il est le moyen technique le plus important pour ouvrir une avenue vers l'inconscient. Comme vous le savez, l'objectif majeur de ce traitement est d'atteindre le message de l'inconscient. Habituellement, le patient se rend chez l'analyste parce qu'il se trouve dans une impasse ou un cul-de-sac, d'où il ne semble pas y avoir de sortie, et il suppose que le médecin en connaît une. Si le médecin est honnête, il reconnaîtra que lui non plus n'en connaît pas. Mais il arrive que les médecins ne le soient pas. Si nous remontons seulement cent cinquante ans en arrière, les médecins étaient ces charlatans qui se rendaient sur les champs de foire, y arrachaient les dents et réalisaient des guérisons miraculeuses, etc., et cette attitude, jusqu'à un certain point, a encore cours de nos jours dans la profession médicale — partout il y a des êtres humains mauvais. En analyse, nous devons prendre garde à ne pas prétendre que nous connaissons tout du patient ou que nous connaissons le moyen de le sortir de ses difficultés. Si le médecin lui dit ce qu'il pense être la difficulté, le patient suivra la suggestion du médecin et ne fera pas l'expérience de ce à quoi il doit se confronter. Les suggestions peuvent fonctionner un certain temps, mais après avoir quitté son médecin le patient retombera assez rapidement, parce qu'il n'a aucun contact avec lui-même et ne vit pas sa vie propre, mais celle que lui impose son médecin. C'est le moment où il doit retourner chez ce dernier pour recevoir de nouvelles suggestions et, passé un certain temps, tous deux se lassent de ce procédé. C'est pourquoi il est important que le médecin admette qu'il ne sait pas. A partir de là, tous deux sont prêts à accepter les faits impartiaux de la nature comme réalités scientifiques, car les opinions personnelles sont plus ou moins des jugements arbitraires et peuvent être entièrement fausses. Nous ne sommes jamais certains d'avoir raison. C'est pourquoi nous devons rechercher les faits que nous fournissent les rêves. Les rêves sont des faits objectifs. Ils ne répondent pas à nos attentes, et nous ne les avons pas inventés. Si on a l'intention de rêver de certaines choses, cela se révèle impossible.

Nous rêvons de nos interrogations, de nos difficultés Il existe un dicton : le nouveau marié ne rêve jamais de la mariée. C'est parce qu'il l'a en réalité avec lui. Ce n'est que plus tard, lorsque les difficultés surgissent, qu'il va rêver d'elle — et alors elle apparaît sous la forme de l'épouse. Nous sommes absolument incapables d'influencer nos rêves, et l'environnement réel ne fournit pas nécessairement le matériel du rêve. Même lorsque des événements importants ou fascinants surviennent, ils ne laissent souvent aucune trace dans les rêves. Lors de mon voyage en Afrique [1], je fus terriblement déçu de constater que dans toute ma série de rêves, il n'y avait nulle trace de l'Afrique, alors que j'y avais vécu des événements très marquants. Pas un seul rêve du paysage africain ou des Noirs — à l'exception d'un seul, à la fin de trois mois de séjour, et encore, le Noir qui apparut dans mon rêve se révéla être un coiffeur qui, je m'en souvins plus tard, m'avait coiffé à Chattanooga aux Etats-Unis [2].

Curieusement, nos rêves sont totalement indépendants de notre conscient, et leur valeur extrêmement importante nous vient de ce qu'ils ne trichent jamais. Les lire est aussi difficile que la lecture des faits physiologiques. Tout comme il a fallu développer des techniques sérieuses pour poser un diagnostic sur le cœur, le foie, les reins, etc., nous avons dû développer des techniques sérieuses pour faire une lecture juste des faits impartiaux contenus dans les rêves. Il n'y a aucun doute à avoir quant à l'impartialité des faits, mais beaucoup quant à la lecture qu'on en fait. Cela explique le nombre de points de vue — le point de vue freudien, par exemple. Ici, je ne peux pas mettre en discussion les différentes méthodes, mais seulement soumettre le matériel. Nous allons essayer de développer la méthode de lecture ensemble, et à vous les devinettes. Les rêves choisis pour être discutés sont les rêves ordinaires de l'un de mes patients, parce qu'on apprend plus des rêves ordinaires. Les rêves que l'on considère comme les plus intéressants nous passionneront certes, mais sont infiniment plus faciles à comprendre que les rêves mineurs.

Les primitifs croient en deux sortes de rêves différents : *ota*, la grande vision importante, pleine de sens et d'importance collective, et *vudota*[3], le petit rêve ordinaire. Habituellement, ils nient avoir des rêves ordinaires ou si, après de grands efforts de persuasion de votre part, ils admettent un tel événement, ils disent : « Ce n'est rien, tout le monde a ça. » Les grands rêves et les rêves importants sont très rares, et il n'y a que le vrai grand homme qui fait de grands rêves — le chef, le *medicine man*, ceux doués de personnalité mana. Ils disaient que moi aussi je pouvais avoir une grande *vision*, parce que j'étais un seigneur (un lord) important, d'autant que pour eux j'étais centenaire puisque j'avais des cheveux blancs et qu'en outre j'étais capable de lire le grand livre, le Coran. Notre préjugé habituel contre les rêves — qu'ils ne signifient rien — ne fait, peut-être, que refléter l'ancienne tradition selon laquelle les rêves ordinaires ne méritent pas d'être retenus. Les explorateurs nous rapportent que lorsqu'un chef ou toute autre personnalité mana faisait un grand rêve, il convoquait tout le village et tous venaient s'asseoir pour écouter, attendre, réfléchir, et souvent le conseil donné dans le rêve était effectivement suivi.

Il est possible que les dernières traces de rêves revêtant une telle importance publique puissent être trouvées chez les Romains de l'antiquité. La fille d'un sénateur avait rêvé qu'une déesse lui était apparue qui lui avait reproché de laisser son temple tomber en ruine par négligence et lui avait demandé qu'il soit reconstruit. Elle se rendit au Sénat, rapporta son rêve, et les sénateurs décidèrent la reconstruction du temple [4].

De même, à Athènes, un poète célèbre rêva qu'un homme avait volé un vase précieux, en or, dans le temple d'Hermès et l'avait caché en un endroit précis. Cet homme ne croyait pas aux rêves et lorsqu'il fit ce rêve pour la première fois, il l'ignora. Mais lorsque le rêve se répéta une deuxième, puis une troisième fois, l'idée lui vint que les dieux insistaient et que donc le rêve pouvait être vrai. Il se rendit à l'Aréopage, l'équivalent du Sénat romain, et fit part de son rêve. Alors on organisa une recherche : le voleur fut découvert et le vase remis en place [5].

Les primitifs africains s'en remettent maintenant aux Anglais pour les guider et non plus aux rêves du *medicine man*. L'opinion générale est que depuis l'arrivée des Anglais dans le pays, le *medicine man* ou le chef n'a plus de tels rêves. Ils disent que le *commissionner* (le commissaire du gouvernement anglais) a maintenant la connaissance universelle : les frontières de la guerre, les limites des champs, l'auteur du meurtre des moutons, etc. Cela démontre qu'auparavant le rêve avait une fonction sociale et politique. Le chef recevait ses pensées tout droit du ciel et guidait son peuple directement à partir de son inconscient.

Un Esquimau a raconté à l'explorateur Rasmussen une histoire merveilleuse (cet Esquimau était le fils d'une Esquimaude et d'un Danois, et avait vécu avec Rasmussen au Groenland). C'est l'histoire d'un vieux *medicine man* qui, guidé par son rêve, a fait traverser à sa tribu la baie de Baffin pour la conduire du Groenland en Amérique du Nord. La tribu grandissait en nombre rapidement et la nourriture vint à manquer. Et il rêva d'un pays au loin où il y avait profusion de phoques, de baleines et d'éléphants de mer, un pays d'abondance. Toute la tribu le crut, et les voilà partis sur la glace. Mais à mi-chemin, comme c'est toujours le cas, certains anciens commencèrent à douter : la vision était-elle juste ou fausse ? Si bien que la moitié de la tribu fit demi-tour avec pour seul résultat qu'ils périrent, alors que lui-même poursuivit sa route avec l'autre moitié et atteignit le rivage d'Amérique du Nord [6].

Nos petits rêves ne revêtent pas une telle importance. Ils ne contiennent aucune solution collective ou universelle bien qu'ils soient valables pour un cas particulier. Mais on peut voir dans n'importe lequel de ces rêves ordinaires que je choisis la même fonction de guide et l'effort pour atteindre la solution à un problème donné.

Le rêveur est un homme d'affaires de quarante-cinq ans. Son intelligence est bonne. Il est cultivé, prospère, très bien élevé et sociable. Il est marié et a trois ou quatre enfants. Pas réellement névrosé mais terriblement susceptible. Son trouble majeur est son irritabilité et une anxiété d'éviter des situations qui le conduiraient à essuyer des reproches ou des blessures d'amour-propre. Lors d'une arrestation par la police pour excès de vitesse, il eut mal à l'estomac et se sentit nauséeux. Ceci nous montre que quelque chose ne va pas. Il essaie d'être terriblement vertueux, et c'est chez ceux-là mêmes qui ont la capacité ou la tendance à faire complètement fausse route que l'on trouve cet effort à être tellement juste. Ils se doivent d'atteindre la perfection. Lorsque quelqu'un essaie d'être anormalement bon, quelque chose essaie d'aller complètement de travers. Sa façade est très correcte — il est excessivement attentif à ses manières, son langage, ses vêtements. Il ne fume pas beaucoup et ne boit guère davantage et avance des vues raisonnables sur la bonne façon de conduire sa vie. Mais, derrière cette façade vertueuse, il y a un désordre dans sa sexualité. Il a laissé une sorte de distance s'établir progressivement entre lui et son épouse qui, de son côté, s'est désintéressée de lui et en est devenue frigide. Alors de nouveaux centres d'intérêt lui sont apparus, essentiellement pour ce que nous appelons les femmes. Occasionnellement, il se rend chez des prostituées de luxe, et ensuite, par compensation, s'efforce d'être de plus en plus correct. Il ne reconnaîtra pas son trouble qu'il explique comme « une erreur occasionnelle », dont il se repent et dont il dit à chaque fois : « Cela ne se reproduira pas », comme la masturbation — jusqu'au surlendemain.

Ceci est une façon immorale de se comporter face à ce problème, car de cette manière il n'est jamais résolu, mais maintient la personne dans un sentiment chronique d'infériorité morale. Un état d'infériorité morbide qui doit être compensé par un excès de correction n'est bon ni pour lui-même, ni pour sa famille, ni pour les autres. L'influence sur sa femme est désastreuse. Sa trop parfaite bienséance la glace, car elle ne peut se permettre la moindre incorrection. Cela l'empêche de devenir consciente d'elle-même et elle le punit par sa frigidité. Une telle correction produit un effet terriblement glaçant, on se sent affreusement infériorisé. Si je rencontre quelqu'un d'aussi vertueux, je me sens expédié en enfer. Je ne me sens pas bien avec les gens terriblement vertueux. Ce problème le déborde. Il a lu un bon nombre d'ouvrages de psychologie et de livres sur le sexe, mais il porte toujours en lui ce problème non résolu qui demande que l'on s'en occupe. C'est cela qui l'a amené chez moi. Bien qu'apparemment non névrosé il sentait que la situation allait empirer et, en venant me voir, il pensait que j'allais lui dire ce qu'il avait à faire. Je lui dis que je n'en avais aucune idée. Il en fut bouleversé : « Je pensais que vous sauriez ! » Mais j'ajoutai : « Je ne connais pas la solution à votre problème, mais il y a les rêves, des faits impartiaux, qui pourraient donner des informations. Voyons un peu ce qu'ils disent. » Et c'est ainsi que nous avons commencé l'analyse de ses rêves. Le premier rêve contient son problème en entier et une allusion quant à sa solution.

Rêve [1] : « J'entends qu'un enfant de ma plus jeune sœur est malade, et mon beau-frère vient me demander de sortir avec lui au théâtre et de dîner en ville après. J'ai déjà mangé, cependant je pense que je peux l'accompagner.

Nous arrivons dans une grande salle, avec au centre une longue table de repas déjà dressée. Et sur les quatre côtés de la grande salle, il y a des rangées de bancs ou de sièges, comme dans un amphithéâtre, mais avec les dossiers tournés vers la table — c'est-à-dire à l'envers. Nous nous asseyons et je demande à mon beau-frère pourquoi sa femme n'est pas venue. Puis je me dis : c'est probablement à cause de l'enfant malade, et je demande comment va la petite. Il me répond qu'elle va beaucoup mieux et qu'elle n'a plus à présent qu'un peu de fièvre.

Puis, je me retrouve chez mon beau-frère, à la maison, et je vois l'enfant, une petite fille, qui peut avoir un an ou deux. (Il ajoute : Il n'existe pas de petite fille en réalité, mais un garçon de deux ans.) L'enfant paraît bien malade, et quelqu'un m'informe qu'elle serait incapable de prononcer le nom de ma femme, Maria. Je prononce ce nom, et demande à l'enfant de le répéter, et de dire avec moi : Tante Maria, mais en réalité je prononce Tante Mari — et au lieu de simplement dire le a je dis comme en bâillant : Mari — ah — ah, malgré les protestations des gens autour de moi, mécontents de ma façon de prononcer le nom de ma femme. »

Dr Jung : Ce rêve ordinaire nous introduit dans l'atmosphère de la maison du rêveur. Tous les détails qui nous sont livrés ici se rapportent à sa famille, ce qui nous permet d'en tirer une conclusion importante. Laquelle ?

Suggestion : Que les intérêts du rêveur étaient particulièrement centrés sur sa famille et sur ceux qui lui sont particulièrement proches ?

Dr Jung : Oui, et ceci s'accorde avec l'idée proverbiale que nous nous faisons du rêve. Nous nous exprimons avec un langage qui nous est facilement accessible. Nous voyons cela dans les rêves des paysans, des soldats, etc., qui rêvent de choses familières et le langage diffère selon la profession. Je dois également souligner le fait que cet homme a beaucoup vécu à l'étranger. C'est un homme du vaste monde, un grand voyageur. Alors pourquoi ne rêve-t-il pas de ce côté-là de son existence, de paysages grandioses, etc. ? Les rêves ultérieurs n'ont plus rien à voir avec sa maison. Il y a donc une raison particulière pour prêter attention au fait que dans ce premier rêve il est question de sa famille.

Suggestion : C'est parce que c'est là que réside son problème ?

Dr Jung : Il est clair qu'il est pris dans une terminologie familiale. Il se peut donc que son inconscient souligne le fait que son problème se situe là. Maintenant, voyons le détail des associations du rêveur :

L'enfant de sa plus jeune sœur : Il y a deux ans, son premier enfant mourut, un beau garçon de deux ans. Il en disait : « Nous avions beaucoup participé au chagrin des parents, pendant la maladie et à sa mort, causée par une dysenterie — il était mon filleul. » La sœur est reliée au rêveur, principalement à travers cette mort, et il y a une situation similaire dans le rêve. La maladie de la petite fille est un rappel de l'époque de la maladie et de la mort du petit garçon. Il est des plus importants de savoir qu'il est relié à sa sœur à travers un souvenir émotionnel de perte. Et ici, il est à nouveau dérangé émotionnellement par l'*image* de l'enfant de sa sœur à nouveau malade. A présent, il est menacé par une perte similaire, mais qui cette fois est d'ordre psychologique, c'est *une façon de parler** [7] symbolique, au moyen de la représentation d'une petite fille. Cela explique la situation quelque peu similaire. Mais en réalité, il n'y a rien de tel. Personne n'est malade dans la famille. Si un enfant de sa sœur était réellement malade nous pourrions dire : il y a coïncidence entre le rêve et la réalité. Mais ce n'est pas le cas. Ceci est uniquement une image-mémoire rappelée pour permettre la construction de l'image de la fillette. *Une telle situation imaginaire renvoie toujours au rêveur.* Nous devons prendre l'image-mémoire comme une métaphore.

Sa plus jeune sœur : Elle a été de tout temps sa préférée Elle est sa cadette de onze ans et il l'aime tendrement, bien qu'enfant il l'ait énormément taquinée. Cette sœur est très importante, car elle est le lien avec l'enfant malade, et cet enfant appartient à sa psychologie propre et se trouve pour cette raison entre lui et sa sœur, près de son cœur. Ainsi donc la sœur est symbolique. Elle vit à l'étranger, très loin, et lui-même en ce moment n'a pas de correspondance avec elle.

Il faut être extrêmement prudent lorsqu'on a affaire à de telles images dans les rêves. Si la personne rêvée est très proche du rêveur et se trouve en étroite relation avec lui, alors il faut la prendre comme une réalité tangible. Si une épouse rêve de son mari tel qu'il est dans la réalité, il ne faudrait pas qu'elle croie qu'il n'est qu'une image symbolique. Mais un rêve qui met en scène une personne inconnue ou une personne connue dans un passé lointain devient grandement un rêve symbolique.

En réalité, la petite sœur lui est devenue progressivement indifférente et ne joue plus aucun rôle dans la vie actuelle du rêveur. La théorie freudienne tendrait à expliquer la sœur comme un substitut de l'épouse. Mais y a-t-il quelque chose dans le rêve qui nous autoriserait à penser cela ?

Suggestion : La sœur pourrait-elle être un substitut de sa femme, parce que dans les deux cas son affection a diminué ?

Dr Jung : C'est un élément que l'on pourrait retenir. Mais elle est différente de l'épouse en tous points et le rêve ne nous donne aucune clef quant à son identité. L'aspect principal de la sœur n'autorise pas l'hypothèse qu'elle soit un substitut de l'épouse, et elle n'est pas non plus la vraie sœur, car elle ne joue aucun rôle réel dans sa vie. Ce qui veut dire qu'elle représente une femme inconnue ou un facteur féminin intérieur de nature inconnue pour lui-même qui possède un enfant imaginaire, malade, une mythologie psychologique personnelle qui conclut, sans l'ombre d'une justification, comme si nous étions dans l'ignorance totale du rêve. Ceci nous autorise à supposer que nous sommes en présence d'un symbolisme subjectif, une condition bizarre dans sa psychologie. Ma méthode, depuis toujours, a été de ne pas émettre d'hypothèses, mais de m'en remettre aux faits. Dans une interprétation arbitraire n'importe quoi peut être substitué à n'importe quoi. Méfiez-vous des préjugés en faveur d'une substitution. Il n'y a aucune preuve, ici, que la sœur représente l'épouse ; les faits même s'y opposent.

La maladie de l'enfant : Le premier enfant de sa sœur a souffert d'une maladie intestinale et en est mort. Il est très important de savoir qu'après la mort de cet enfant sa sœur devint très anxieuse de peur que son deuxième garçon ne tombe malade. Mais ce ne fut pas le cas. Elle se reprit sérieusement, adhéra à la Science chrétienne, et le garçon semblait aller de mieux en mieux. Cet homme ne sait pas s'il s'agit d'une pure coïncidence ou s'il faut relier cela au fait que sa sœur devint plus calme, capable de traiter l'enfant avec plus de confiance en elle-même. Si une mère est torturée par la peur, il y a toutes les chances que l'enfant aille mal pour réaliser les attentes de la mère. Que la mort du premier enfant ait eu pour effet de conduire la sœur à la Science chrétienne est un fait qui appartient à la sœur, mais il en fait mention ici. La connotation de la Science chrétienne a également à voir avec ce caractère féminin dans sa propre psychologie. C'est indiscutablement un indice. Le facteur féminin subit une certaine conversion, et cet homme, depuis deux ou trois ans, a commencé à être intéressé par la philosophie, l'occultisme, la théosophie et toutes sortes de choses très étranges. Il était trop équilibré pour en être réellement affecté. Cependant il avait eu sa passe mystique.

Question : Avait-il fait ce rêve après avoir commencé son travail avec vous ?

Dr Jung : Oui, après avoir décidé de travailler avec les rêves. Lorsque sa sœur se mit à s'intéresser à la Science chrétienne, il s'engagea dans la voie de la spiritualité, etc., ainsi l'élément féminin, en lui-même, le conduisit vers ce centre d'intérêt. Un changement se produisit en lui. C'était un homme d'affaires et toute son énergie était associée au monde des affaires, mais ces autres centres d'intérêt l'occupèrent peu à peu. Progressivement les idées philosophiques s'insinuaient en lui. Etudiant, il ne lisait pas, et ne se préoccupait guère de sa future situation. Sur certains sujets, il feuilletait ceci ou cela. Si quelque chose captait son intérêt, il se laissait influencer. Sa façon de s'intéresser à la mystique et à la philosophie montre un caractère entièrement féminin. D'où nous concluons que cet enfant est l'enfant de ce facteur féminin en lui.

Son beau-frère : La deuxième figure dans le rêve. Ils étaient liés d'amitié depuis longtemps. Il le connaissait bien avant qu'il n'épouse sa sœur. Ils avaient travaillé dans la même affaire, et allaient ensemble à l'opéra, car son beau-frère était un grand mélomane. Il m'avait dit : « Je dois toute ma connaissance musicale — pas grand-chose — à mon beau-frère, après que je l'eus introduit dans mon affaire. A présent, il occupe une position de directeur. J'avais été plutôt déçu par le temps qu'il avait pris pour se mettre *au fait** des nouvelles affaires, et pourtant, il a plus de facilités que moi dans les relations humaines. »

Je lui demandai s'il était toujours en rapport avec son beau-frère. Il me dit que non, car il avait quitté la société et était parti à l'étranger. Donc, en fait, le beau-frère vit également à l'étranger, très loin. Il n'y a que très peu de lettres échangées et il ne joue aucun rôle dans sa vie qui mérite d'être retenu. Il est tout aussi difficile de construire une certaine réalité à partir du beau-frère que dans le cas de la plus jeune sœur. Il m'a donné l'impression d'avoir très peu de réalité présente en ce qui le concerne, encore que son beau-frère paraisse être en meilleurs termes avec sa femme que dans son propre cas. Le patient n'a rien d'artistique. Ceci nous amène à penser que le beau-frère, à travers ses qualités musicales et son infériorité sur le plan des affaires, symbolise un autre côté du rêveur. Il n'est pas aussi efficace que le patient, mais il a un plus : le côté artistique. La musique symbolise une perspective moins sèche pour le rêveur. Elle est l'art de sentir *par excellence**.

Socrate était un rationaliste épouvantable, insupportable, tant et si bien que son daïmon lui dit : « Socrate, tu devrais jouer davantage de musique[8]. » Et ce cher vieux Socrate acheta une flûte et se mit à jouer des choses épouvantables ! Bien entendu le daïmon voulait dire : « Pratique davantage ton sentiment et cesse, nom d'une pipe !, d'être aussi rationnel à longueur de journée. » Nous pourrions parfaitement appliquer cette injonction à notre patient. Il est tellement intellectuel et sec. Il s'acharne à tout faire rentrer, de gré ou de force, à l'intérieur d'un schéma rationnel et s'efforce de régler sa vie le long de lignes toutes droites. Rien qui ressemble à un sentiment n'est autorisé, à l'exception d'un concert occasionnel, pour la simple raison qu'il sied aux gens comme il faut de se rendre de temps en temps au concert ou à l'opéra. Il y allait non pas parce qu'il croyait aux vertus de la musique, mais parce que les gens respectables y allaient. Aucun amour de la musique ne l'y conduisait. Ainsi donc je pense que le beau-frère symbolise le côté moins efficace de cet homme, l'aspect rêveur, émotionnel, de son autre versant. Comme c'est un être humain, c'est par nature qu'il possède toutes les tendances en lui. Comme c'est notre cas à tous. Il cultive intentionnellement la chère illusion qu'il est un mécanisme efficace, et comme il possède cette capacité d'aller en ligne droite, sur des rails, il a effectivement eu un succès considérable en tant qu'homme d'affaires. Il possède cet avantage sur son beau-frère pour qui les émotions sont un obstacle. Notre patient avait cru pouvoir s'en débarrasser. Mais c'est pure illusion. Personne ne peut se déconnecter des sentiments humains sans de sérieuses conséquences. De toute évidence il cache ses propres sentiments, mais alors ceux-ci s'accumulent et vont provoquer des dégâts. Ou bien le poids de ce qui s'est progressivement accumulé va lui tomber dessus ou cela explosera depuis la cave — là-bas, en dessous. Puisque nous sommes des humains, nous possédons toutes les fonctions, et chacune d'elles a son énergie spécifique que nous devrions utiliser, faute de quoi elles s'exerceront d'elles-mêmes.

Le beau-frère, conformément à sa nature, *lui demande d'aller au théâtre et de dîner ensemble après :* Le patient me dit : «Je ne peux pas me souvenir avoir été au théâtre avec mon beau-frère depuis son mariage. Si cela avait été le cas nous y aurions été ensemble avec nos épouses. Et je n'ai pas davantage le souvenir d'avoir dîné avec lui, sauf chez lui.» Encore une fois, il ne s'agit pas, ici, d'un souvenir remontant à une situation réelle qui, de fait, ne s'est jamais produite et représente pour cette raison une invention symbolique. Le théâtre est le lieu de la vie irréelle. C'est la vie en forme d'images, un institut psychothérapeutique où l'on représente des complexes. Là, on peut voir comment les choses opèrent. Le cinéma est bien plus efficace encore que le théâtre. Il y a moins de restrictions. Et au cinéma, on est capable de produire des symboles étonnants pour représenter l'inconscient collectif puisque les méthodes de représentation sont illimitées. Les rêves expriment certains processus dans notre inconscient. Tandis que le théâtre est relativement pauvre et restreint, les rêves ne connaissent pas la moindre restriction. Ainsi donc, en l'invitant au théâtre, son beau-frère l'invite à la représentation de ses complexes — dans laquelle toutes les images sont les représentations symboliques ou inconscientes de ses complexes.

Et de dîner ensuite : Pour manger les complexes. La communion signifie manger un complexe, à l'origine un animal sacrificiel, l'animal totem, la représentation des instincts fondamentaux d'un clan particulier. Vous mangez votre inconscient ou vos ancêtres, et ainsi vous vous donnez une force supplémentaire. Manger l'animal totem, les instincts, manger les images, signifie les assimiler, les intégrer. Ce que vous voyez d'abord sur l'écran vous intéresse, vous y faites attention, et cela pénètre votre être, vous êtes cela. C'est un processus d'assimilation psychologique. Lorsqu'il regarde la scène, le spectateur dit à l'acteur : *« Hodie tibi, cras mihi* [9] *! »* Ce proverbe latin est l'essence de l'acteur. Regardez les images inconscientes et, petit à petit, vous les assimilez, puis elles vous attrapent et deviennent une part de vous-mêmes — en somme un moment plein de sens.

Dans ses *Confessions,* saint Augustin nous rapporte que pour son ami Alypius converti au christianisme, le pire dans le paganisme n'était pas le culte des dieux, mais la cruauté terrible et les bains de sang dans les arènes, et ainsi il fit le vœu de ne plus jamais s'y rendre. Mais un jour, comme il passait devant, il observa la foule qui s'y rendait en masse. La fièvre le saisit et il entra. Il ferma les yeux et jura qu'il ne les ouvrirait pas, mais lorsque le gladiateur tomba et qu'il entendit les hurlements des spectateurs, il ouvrit les yeux et dès ce moment ses propres hurlements pour réclamer du sang se mêlèrent à ceux de la foule — « dans cet instant son âme était blessée par une blessure plus terrible que celle du gladiateur [10] ». Les images qui nous tiennent sont loin d'être indifférentes. On ne peut pas voir n'importe quoi, la laideur par exemple, sans en être puni. L'aspect de la laideur construit dans l'âme quelque chose de laid, en particulier si le germe s'y trouve déjà. Au début, nous ne reconnaissons pas cela comme nôtre. Saint Augustin écrivait : « Je te remercie, Seigneur, de ne pas m'avoir rendu responsable de mes rêves. » Un saint aurait donc des rêves terribles ! Nous sommes humains, tout peut nous atteindre, car notre nature s'étend des dieux aux enfers. C'est seulement lorsque nous sommes horrifiés, bouleversés et plongés dans le chaos que nous implorons un Sauveur. Tout comme à l'époque du Christ, ce qui était représenté dans l'arène tous les jours démontrait le besoin d'un sauveur. Un fait intéressant à relever dans différents systèmes gnostiques : la définition du sauveur comme le « constructeur des lignes frontières [11] », celui qui nous donne une idée claire du point où nous commençons et de celui où nous finissons. La plupart des gens ne le savent pas. Ils se voient ou trop petits ou trop grands, en particulier lorsqu'ils commencent à assimiler les images de l'inconscient. C'est comme l'histoire du vieux Schopenhauer. Plongé dans ses pensées, en promenade dans le jardin public de Francfort, il se met à traverser un parterre de fleurs, et se fait apostropher par un jardinier : « Hé ! Vous là-bas, qu'est-ce que vous faites dans le parterre de fleurs ? Qui êtes-vous ? — Ah, précisément, si seulement je le savais ! » lui répondit Schopenhauer. Cela explique que les gens préfèrent une persona [12] sécurisante. « Ça c'est moi-même. » Autrement, ils ne savent pas qui ils sont vraiment. La grande peur de l'inconscient, c'est de ne plus savoir qui nous sommes.

Aller au théâtre et dîner sont des anticipations du processus analytique. Dans le tout premier rêve, il est fréquent que se donne l'essentiel de tout le processus à venir. J'ai vu ce patient pendant très longtemps de façon irrégulière, et il lui fallut dix-huit mois pour réaliser la signification du théâtre privé. Le côté sentiment de sa personnalité, ce côté de lui-même qui n'était pas dans les affaires, était exilé de sa vie et n'était pas même présent à son mariage. Le beau-frère est comme une deuxième personnalité, inconsciente, qui dans le rêve l'invite à dîner avec lui, sans les femmes. Ici nous parvenons à la signification symbolique des épouses : elles sont les émotions, car c'est la manière avec laquelle l'homme entre habituellement en relation avec la femme. Il doit donc ici laisser le facteur émotionnel à la maison ou alors il n'y aura pas d'objectivité. Il ne peut pas aller au cinéma ou penser à lui-même lorsqu'il est pris dans ses émotions. Mais tout cela est bien métaphorique. Cet homme était tellement correct, tellement juste en toute sincérité que si quelqu'un lui avait montré ce qui se jouait en réalité à l'intérieur de lui-même, il en aurait été horrifié et en aurait perdu toute objectivité. Il doit tout d'abord se débarrasser de ses émotions et regarder les images d'une manière très calme et objective. Je l'ai toujours maintenu loin de ses émotions, pour lui permettre de regarder les faits.

Question : Comment cela se passe-t-il avec une femme ?

Dr Jung : Avec les femmes, c'est tout différent. Il faut des émotions aux femmes, faute de quoi elles ne voient rien. Une femme pleure parce qu'elle s'ennuie, qu'elle est fatiguée, en colère, heureuse, *n'importe quoi* — mais pas parce qu'elle est triste. Il y a toujours une certaine intention aux émotions de la femme. Elle peut travailler avec ses émotions. Le fait qu'elle l'admette est une autre affaire. Jamais un homme n'aura d'émotions intentionnellement. On ne peut pas l'analyser à travers ses émotions. Essayez de travailler avec ses émotions et il devient sot. Elles le détruisent. Tandis qu'une femme ne peut être analysée qu'à travers ses émotions. Il y a une très grande fécondité dans ses émotions à elle. Celui qui n'atteint pas les émotions de la femme n'arrivera à rien. Il n'est possible de parler à ce qu'il est convenu d'appeler l'esprit de la femme qu'en sachant que l'on ne s'adresse qu'à une bibliothèque. C'est parfaitement sec. Son être véritable c'est Eros.

Une voix (féminine) : N'essayez pas de nous inférioriser, car en réalité nous nous sentons supérieures !

Dr Jung : C'est juste, allez-y de vos émotions ! Il est difficile de travailler en analyse avec les larmes. Un homme aura les plus grandes difficultés à trouver le mode d'emploi de ces armes-là. Et une femme aura la même difficulté pour trouver le mode d'emploi de son intellect. Une femme ne peut pas prendre le pur Logos de l'homme et l'homme, pas davantage, le pur Eros de la femme.

Question : Les émotions de l'homme ont-elles alors une quelconque valeur ?

Dr Jung : Oui, en tant que matière première, comme des diamants bruts. L'émotion de l'homme est un produit naturel. Aucune note intentionnelle. Mais l'émotion de l'homme est authentique et valable si on sait l'utiliser. C'est comme les rêves, cela surgit. C'est uniquement utile lorsque, au moyen d'un contrôle gigantesque, il peut jouer de ses émotions à froid. Avec cet élément intentionnel, il peut jouer et être performant. Mais alors ce ne sont pas de véritables émotions du tout ! C'est avec talent qu'une femme agit avec ses émotions, tout comme l'homme avec son esprit — l'intention est toujours présente. Alors que l'esprit de la femme a l'innocence et la gratuité d'un produit de la nature. Cela nous explique le nombre impressionnant de démons du pouvoir parmi les femmes telles que Mme de Maintenon ou Mme de Pompadour. Lorsqu'une *femme inspiratrice** travaille avec son esprit, elle produit chez l'homme le « Logos semence » (ou *logos spermaticos*). L'homme craint chez la femme *le formidable secret de ses hanches**, sa forme de puissance créatrice. Et la femme craint chez l'homme *le formidable secret de son cerveau**. Le sein créateur chez l'homme est dans sa tête. Une femme éprouve la même terreur devant ce qu'elle voit dans l'esprit de l'homme que celle qu'éprouve l'homme devant la vision de l'enfant produit. Qu'une femme mette un enfant au monde est pour l'homme une affaire mystérieuse, dangereuse, terrifiante : il poursuit l'amour et voici que quelque chose se met à croître. Cela prend une forme comique dans l'*Adam et Eve* d'Erskine[13], avec cette anxiété terrible qui ronge Adam lorsqu'il voit une vache mettre bas. Pourquoi pas quelque chose d'entièrement différent ? Et lui se demande pourquoi une femme devrait toujours produire un enfant. Pourquoi uniquement un être humain ? — Pourquoi pas, peut-être, un veau ? N'importe quoi pourrait ainsi sortir, on n'est sûr de rien ! Voici la peur caractéristique de l'homme : qu'un effet imprévisible, inattendu, ne se produise.

Maintenant, l'étape suivante dans le rêve est le fait qu'*il pense qu'il a déjà dîné* et que par conséquent il est inutile de dîner une nouvelle fois. Il ne fait aucune association. De ce fait nous sommes libres de deviner. Peut-être pense-t-il qu'il s'est déjà assimilé lui-même, qu'il se sent entier comme un individu achevé, parfaitement normal et à la page et qu'il n'a aucun besoin de venir me voir, ni d'assimiler quoi que ce soit d'autre — en somme quelque résistance contre l'analyse. Néanmoins, il accepte et accompagne son beau-frère. « Cela ne fait pas partie de mes habitudes de sortir le soir, je préfère rester à la maison. Il faut une circonstance particulière pour me pousser à sortir, par exemple une pièce de théâtre qui intéresse particulièrement mon épouse qui, si je n'y allais pas, se coucherait de bonne heure. » Il accepte le fait qu'il pourrait voir davantage de lui-même et entreprendre l'analyse. Cependant, il insiste sur le fait qu'il n'aime pas sortir et se limiterait à aller voir seulement quelque chose de particulièrement intéressant, ou quelque chose qui intéresserait son épouse. Voici un trait de sa correction. Un homme qui sort est suspect. Un mari se doit de ne s'intéresser qu'aux affaires publiques ou à des choses qui intéressent sa femme, jamais à des spectacles ou des lieux malfamés. Sa dernière remarque — qu'elle va au lit, de bonne heure — nous ouvre une perspective. Sa femme préfère dormir, plutôt que de s'ennuyer à mourir avec son mari. Des soirées des plus excitantes ! D'où le bâillement avec une résistance intérieure : mari — et un bâillement. Il est clair que c'est la situation à la maison, d'où l'association avec « ah ! » à la fin de « Mari ».

Deuxième conférence

14 novembre 1928

Dr Jung : On m'a remis deux questions : « Comment se fait-il que nous créions des symboles dans les rêves ? Comment pouvons-nous être certains que l'interprétation est correcte, tout particulièrement lorsqu'il n'y a pas d'associations ? » Voilà naturellement une question à la fois très pratique et fondamentale. Je n'avais pas soulevé ce point ici, car pour moi il ne faisait aucun doute que vous compreniez la théorie de l'analyse des rêves. Nous ne sommes jamais certains que les rêves aient une signification symbolique, et nous n'avons aucune certitude que notre interprétation soit correcte, mais nous partons de l'hypothèse que le rêve signifie quelque chose. Supposons qu'un cas se présente comme un problème difficile et que l'analyse soit arrivée dans une impasse. Il y a des symptômes névrotiques. On a essayé l'hypnose et d'autres méthodes, mais rien ne marche. Alors où se trouve la clef pour ouvrir cette porte ? Le patient ne le sait pas. Rien n'est plus difficile que de démontrer la validité de l'analyse des rêves. Il n'est pas envisageable de donner tous les détails d'un cas pour le rendre évident, parce que cela implique toute l'histoire de la vie du patient. Mais voici un cas simple.

Un lieutenant suisse[1], un officier d'infanterie, un homme extrêmement simple, sans grande intelligence, vraiment dépourvu du moindre complexe mental, arriva en boitant dans ma chambre, comme s'il marchait sur des œufs. Il se plaignait de douleurs aux pieds, et particulièrement aux talons, mais aussi au cœur « comme s'il était poignardé ». (Nos douleurs se situent toujours là où nous sommes le plus blessés et où elles nous dérangent le plus. Pour un officier d'infanterie, aux pieds bien évidemment. Un ténor se plaindrait de la gorge et un violoniste du bras ou de la main gauche.) Ces symptômes avaient commencé deux mois avant qu'il ne vienne me voir. Il avait été traité par plusieurs médecins et avait tenté l'hypnose, l'électricité, des bains, etc., mais rien n'y fit. Je lui demandai où les douleurs avaient commencé, mais son visage restait absolument inexpressif. Il était évident qu'il n'en avait pas la moindre idée, et il semblait impossible qu'il puisse me donner le moindre indice. Toutes les questions restaient vaines. Je commençais à désespérer — l'homme était un Suisse paraissant parfaitement indemne de toute complication psychologique — mais, pensais-je en désespoir de cause, il pourrait y avoir des rêves dont on pourrait apprendre quelque chose. Les rêves « laissent fuir », ils ne sont pas sous contrôle. Quel que soit le degré d'ingénuité et de simplicité d'une personne, il y a des rêves à partir desquels on peut tirer quelque chose, pourvu que l'on puisse en attraper un petit bout. J'étais certain que le problème était lié à un conflit émotionnel, sinon il n'aurait jamais eu ces douleurs. Partant de là, je lui dis : « J'ignore la raison de vos symptômes, mais vous pourriez peut-être me raconter vos rêves. » Ce faisant, je courais le risque d'être pris pour une sorte de sorcier par cet homme à l'esprit si simple. Oser demander des rêves pouvait réellement paraître indécent. J'ai donc dû expliquer, avec beaucoup de précautions, le pourquoi de ma démarche. Il avait de grandes difficultés à se rappeler ses rêves, mais m'en donna quelques bribes. Finalement il m'en rapporta un qui l'avait frappé comme étant vraiment étrange et qui, à l'évidence, l'avait fortement impressionné. « Je marchais quelque part en terrain découvert, et mon pied s'est posé sur un serpent qui m'a mordu au talon et je me suis senti empoisonné. Je me suis réveillé effrayé. » Je lui demandai s'il pensait à quelque chose de particulier en rapport avec ce serpent et il me dit : « Il était dangereux — il aurait pu tuer un homme —, ça fait très mal d'être mordu par un serpent. » En fait, il n'a jamais été mordu par un serpent, mais une morsure de serpent peut entraîner des douleurs aussi fortes que les siennes. Rappelez-vous ce verset dans la Genèse : « Le serpent te blessera au talon lorsque tu marcheras sur sa tête[2]. » Je lui suggérai un serpent métaphorique et il dit : « Ah ! vous voulez dire une femme ? » tandis que l'émotion le gagnait. « Y aurait-il, peut-être, quelque chose comme ça ? » Pour commencer, il nia, puis finalement admit que trois mois auparavant il avait été presque fiancé, mais lorsqu'il était revenu du service, un autre homme la lui avait littéralement dérobée. « Avez-vous été triste ? — Oh ! si elle ne veut pas de moi, j'en prendrai une autre. » Je soulignai qu'il arrive que des hommes très costauds puissent être désespérés. Il maintenait une attitude d'indifférence, essayant de donner le change, mais à présent il était en pleurs. L'affaire était entendue. Il avait réprimé ses sentiments la concernant et en même temps son émotion d'avoir été délaissé. Il la maudit, disant que toutes les femmes étaient les mêmes, qu'il avait essayé d'en prendre une autre et ne pouvait comprendre pourquoi il n'y réussissait pas. Quand il réalisa son sentiment véritable, il en fut profondément ému et ses douleurs aux pieds et aux talons disparurent aussitôt. Ce n'étaient que des douleurs sentimentales réprimées. Les douleurs cardiaques continuèrent, mais cela concernait quelque chose d'autre. Je ne vais pas m'étendre là-dessus — j'ai voulu prendre les douleurs aux talons comme un exemple utile. Ce rêve nous avait emmenés directement au cœur du problème.

Pour un homme, un serpent est éternellement la femme. Le serpent du paradis, dans l'imagerie ancienne, est représenté avec une tête de femme. Cet homme ne connaissait sans doute pas ce verset biblique de la morsure au talon, mais l'image existait dans son inconscient. Ceci nous fait penser à Rê, qui dans l'hymne égyptien, fut mordu par un serpent créé de la terre et mis sur son chemin par Isis sa femme bien-aimée. Elle l'empoisonnait pour mieux le guérir à nouveau. Ceci nous montre la psychologie des femmes empoisonneuses. Au temps de Louis XIV, une femme est devenue célèbre pour avoir empoisonné son fidèle serviteur, afin d'avoir le plaisir de le soigner, ce qu'elle fit avec une abnégation extraordinaire pendant quatre ans, jusqu'à sa mort. Tout le monde la considérait comme une sainte. Puis elle empoisonna son vieil oncle de la même façon et le soigna. Mais cette fois, elle fut découverte et écartelée. Une punition à sa mesure, qu'elle avait fort bien méritée.

Le cas de cet officier nous montre comment un rêve peut apporter une clef. Même chez les gens qui se défendent le mieux, une fuite va apparaître. Ainsi il est possible d'obtenir, le cas échéant, l'aide nécessaire sans laquelle l'analyste ne pourra pas débloquer la psychologie de son patient. C'est la raison pour laquelle nous consultons les rêves. Mais on ne peut jamais dire de n'importe quel rêve particulier qu'il a une signification. C'est toujours une hypothèse. On n'est jamais certain. On expérimente, et c'est par l'effet sur le patient que l'on découvre si le rêve a été correctement interprété. Après un certain nombre d'analyses de rêves, la plupart des gens savent quand l'interprétation « colle ». Lorsqu'il y a ce ressenti que l'on a indiscutablement touché le « fait », on sait que l'on est sur la voie juste. Par exemple, on explique un rêve en s'appuyant sur une certaine théorie et, si l'interprétation est rigoureusement fausse, l'effet sur le patient le montrera : l'inconscient réagira dans le prochain rêve, ce qui permettra de corriger l'interprétation première. Si on donne à un patient de l'arsenic au lieu de chlorure de sodium, l'organisme va réagir et rejettera le poison, il en est de même en psychologie. On ne peut pas nourrir une personne avec du poison psychique, pas plus qu'avec du poison physique, et de plus espérer qu'il soit assimilé.

Le rêve auquel nous avons affaire, à présent, est infiniment plus compliqué que celui que je viens de vous donner à l'instant. Notre rêveur n'est pas vraiment névrosé. C'est un homme éduqué et très intelligent, ce qui se reflète dans ses rêves. Les rêves de paysans, de gens jeunes, ou simples ou primitifs, sont en règle général étonnamment simples. Par contre, les rêves de tout jeunes enfants peuvent être parfois très clairs et parfois très difficiles. Plus les enfants sont inconscients, plus ils sont sous l'influence de l'inconscient collectif. D'autre part, ils sont en état d'absorber les problèmes inconscients des parents. Il m'est arrivé d'avoir de grandes difficultés avec un patient masculin qui ne rêvait jamais. Mais un jour il mentionna les rêves de son fils de neuf ans. Immédiatement, je les lui demandai. Le garçon rêvait les problèmes de son père et j'analysais le père au moyen des rêves du fils. Le garçon était d'une nature intuitive inhabituelle. Après quatre semaines, le père commença à faire ses propres rêves et les rêves du garçon cessèrent de traiter les problèmes du père. Ces rapports entre enfants et parents sont des plus étonnants. Les rêves d'enfants appartiennent aux phénomènes les plus intéressants de la psychologie analytique.

La grande salle, dans laquelle le patient et son beau-frère devaient manger, ressemblait à ces salles d'auberges, comme en Suisse, dans lesquelles les *Vereins* (les associations et clubs villageois) se retrouvent. On trouve fréquemment, en particulier dans les villages, une salle pour les concerts, etc., dans lesquelles se tiennent de nombreuses réunions, avec ou sans les dames, avec ou sans bière, etc. Le patient se rappelait avoir assisté, en deux occasions officielles, à de telles réunions dans une salle similaire.

La longue table de repas, au milieu de la pièce, était mise comme pour un grand nombre de convives. Et c'est alors qu'il découvre la curieuse disposition des sièges, rehaussés sur les quatre côtés comme dans un amphithéâtre, mais avec les dossiers tournés vers la table. Avant de nous engager dans cette voie, nous avons à nous préoccuper de la question de la grande salle. Comment pouvons-nous faire le lien entre la grande salle et le théâtre ?

Suggestion : C'était son théâtre privé, dans lequel il allait voir se jouer son propre drame intérieur.

Dr Jung : C'est cela, et maintenant vient le dîner — il pense qu'il a déjà mangé, mais néanmoins va se remettre à table. La dernière fois, nous avons supposé que manger signifiait assimiler les complexes. Sur une période de vingt-cinq ans, j'ai sans doute analysé plus de deux mille rêves chaque année, et à partir de cette expérience je serai tenté de dire que selon toute vraisemblance manger, en rapport avec le théâtre, signifie l'assimilation des images vues dans le théâtre privé, c'est-à-dire le matériel fantasmatique ou tout autre matériel révélé par l'introspection. Ceci est une activité des plus importantes, et représente la visée intentionnelle du traitement analytique. C'est aussi, exactement, ce que la nature fait dans le corps physique. Si vous avez un corps étranger en vous, la nature va expédier un groupe de cellules spéciales pour assimiler celui-ci. Si elles ne parviennent pas à l'assimiler, alors se produit une suppuration, en vue d'une expulsion. Les lois sont les mêmes dans l'esprit inconscient.

Il est probable que dans l'absolue réalité il n'existe rien de tel qu'un corps et un esprit, mais le corps, l'esprit ou l'âme sont la même chose, la même vie, soumis aux mêmes lois, et ce que fait le corps survient dans l'esprit. Les contenus de l'inconscient névrosé sont des corps étrangers, non assimilés, artificiellement détachés, qui pour devenir normaux doivent être intégrés. Supposons qu'il me soit arrivé une chose extrêmement désagréable et que je ne l'admette pas, mettons un mensonge terrible. Je dois l'admettre. Le mensonge se trouve là, objectivement dans le conscient ou l'inconscient. Si je ne l'admets pas, si je ne l'ai pas assimilé, il devient un corps étranger et va finir par former un abcès dans l'inconscient ; le processus de suppuration va se développer sur le plan psychologique tout comme cela se passe dans le corps physique. Je vais faire des rêves ou, si je m'introspecte, avoir des fantasmes dans lesquels je me verrai en criminel. Que vais-je faire de ces rêves ou de ces fantasmes ? On peut les rejeter à l'image de ce pharisien qui dit : « Dieu merci, je ne suis pas ainsi ! » Il y a un tel pharisien en chacun de nous qui ne voulons pas nous voir tels que nous sommes. Mais si je réprime ces fantasmes-là, ils vont aller former un nouveau foyer d'infection, tout comme une substance étrangère pourra créer un abcès dans mon corps[3]. Lorsque c'est raisonnable, je dois admettre le mensonge et l'avaler. Si je l'accepte, j'assimile ce fait, je l'ajoute à ma constitution mentale et psychologique. Je normalise ma constitution inconsciente par l'assimilation de faits. Le rêve est un essai pour tâcher de nous faire assimiler des choses non encore digérées. Il est une tentative de guérison.

Les primitifs nous disent qu'ils rêvent rarement. Pendant mon voyage en Afrique, j'aurais fait des pieds et des mains pour obtenir quelques rêves des hommes des tribus, et je suis allé jusqu'à leur offrir des prix élevés : deux paquets de cigarettes, du sel, etc., pour chaque rêve qu'ils m'apporteraient. Mais leur honnêteté était telle que personne ne m'apporta de rêves même s'ils venaient, nombreux, m'observer tous les jours. Un jour pourtant un vieux chef vint vers moi, très fier et tout excité, agitant son chapeau à plus de deux cents mètres de distance et me signalant par une profusion de gestes qu'il m'apportait un rêve, un trésor : « J'ai rêvé que la vache noire a eu un veau, là-bas à la rivière, à un endroit que je ne connais pas. » Pour un primitif, avoir un tel rêve signifie être béni du ciel. C'était *ota,* la grande vision, et il fallait que cet homme soit véritablement un grand chef pour recevoir une pareille appréciation des cieux. Le rêveur était un riche vieillard dont les esclaves soignaient le bétail, si bien qu'il n'était au courant de rien. C'est un peuple qui adore le bétail. Les vaches sont leur animal totem et, tout comme les Suisses, ils sont identifiés à leur bétail. A cet égard, ils ont dans leurs yeux ce quelque chose que possèdent aussi les Suisses. Il savait qu'il avait une magnifique vache noire, mais ignorait qu'elle était avec un veau. Mais après le rêve, il se rendit à la rivière le matin même et vit la vache avec son veau. Y avait-il eu un rien de télépathie ? Avait-il vu une fois la vache pleine et en était-il devenu conscient ? Non, il ne l'avait jamais remarquée. Dans cette tribu on ne castrait pas les taureaux. Il n'y avait pas de bœufs. Les taureaux étaient en permanence avec le troupeau. Des taureaux charmants, aimables, doux, timides, presque peureux, pas comme nos taureaux. De ce fait, il n'y avait pas de saison pour les veaux, aucun contrôle. Une vache pouvait se trouver grosse à tout moment, et il paraissait tout à fait raisonnable qu'il n'ait eu aucune connaissance de cet événement. Mais le rêve l'avait prévenu. Pourquoi devait-il assimiler un tel fait ? Car pour des éleveurs, la naissance d'un veau est bien plus importante que celle d'un enfant. J'ai vécu à la campagne et lorsqu'un paysan avait eu un veau tout le monde le félicitait, alors qu'il n'en était rien à la naissance d'un enfant. Tout cela pour vous dire que l'importance de cet événement qui se trouvait dans son inconscient lui était révélée par un rêve. Et son adaptation était juste, car il aurait dû se tenir davantage informé des événements de son troupeau. Le *medicine man* avait l'habitude de rêver des mouvements de son troupeau à l'approche de l'ennemi, etc., et si nous-mêmes vivions encore dans des conditions primitives il en serait de même pour nous. En la circonstance, nos rêves nous informent de tout ce qui va de travers dans notre psychologie, dans notre monde subjectif et de tout ce que nous devrions savoir sur nous-mêmes.

Pour l'interprétation du rêve de notre patient j'entre dans les détails parce qu'il est extrêmement important de développer cette interprétation pas à pas, en allant d'un fait au suivant : c'est parce qu'il est allé au théâtre et qu'il a mangé ensuite que ceci et cela s'est produit. Cela veut dire que la séquence irrationnelle est à comprendre comme la séquence *causale*. Nous avons vu la relation entre, d'une part, la grande salle et le fait de manger et, d'autre part, le théâtre : les sièges de l'amphithéâtre dans la grande salle sont comme au théâtre. Les deux endroits sont des lieux publics. La table est mise. Et il nous a été dit qu'il s'est rendu au théâtre et à un certain endroit pour dîner. Ceci nous permet d'être parfaitement certains que cette partie du rêve appartient au même thème.

Venons-en maintenant à ces sièges qui tournent le dos à la table. Il m'a dit : « Nous devions monter un escalier depuis la porte, comme si nous montions vers une sorte de tribunal, et depuis l'escalier nous accédions à des rangées de bancs tournés vers le mur de la salle. Je voyais comment les gens s'asseyaient sur ces sièges et remarquais qu'il n'y avait personne près de la table au centre de la salle. Apparemment le dîner n'était pas près d'être servi. » Il s'est rappelé avoir vu une salle de ce type dans une ville algérienne dans laquelle on jouait au *jeu de paume**, une sorte de *pelote basque**, qui ressemble au tennis anglais ancien. Cette salle suggérait également un amphithéâtre. Seulement les sièges ne se trouvaient que sur deux des quatre côtés de la salle et venaient presque en son milieu, tout en laissant une place libre pour le jeu. Dans ce jeu, on frappe la balle contre le mur avec une telle violence que le bras du joueur en est tout enflé, jusqu'à l'épaule ! Ce n'est pas sans rappeler le jeu de *fives* (les cinq) en Angleterre, jeu précurseur du tennis anglais actuel. Une association lui vint également concernant une certaine clinique dans laquelle il y avait des sièges en amphithéâtre dans la salle de cours. Il avait vu une image d'une telle salle, mais s'était également trouvé dans une salle de cette sorte dans la réalité, où un professeur faisait la démonstration au tableau noir de l'intervention chirurgicale qu'il allait effectuer sur sa femme.

Rappelez-vous, la salle à manger est le lieu où les éléments devraient être assimilés. Mais on n'a pas commencé à manger. Et tout semble indiquer que l'on n'est pas près de commencer. Je voudrais encore une fois souligner que cette salle à manger est un lieu public. Pourquoi le rêve insiste-t-il sur la collectivité au sein de laquelle l'assimilation des images devrait prendre place ? Le rêve dit : « Suppose que tu sois sur une place publique où il y aurait d'autres gens, comme à un concert, au théâtre ou au jeu de balles, et que tu doives faire "comme tant d'autres gens" un travail collectif, pas le moins du monde individuel. Voici les fantômes de tes rêves, et il est terriblement difficile de devoir avaler devant eux le fait que tu n'es qu'un peureux, un fainéant, etc. » Pour le patient, cela semble en effet un travail presque impossible. C'est parce qu'il suppose être le seul individu depuis la création du monde à devoir le faire qu'il entreprend ce travail avec autant d'hésitations et si peu d'appétit. Il est vrai que l'analyse est une affaire individuelle. La part collective est la confession, telle qu'elle se pratique dans l'Eglise catholique romaine. Et la confession analytique est d'une espèce particulièrement désagréable. Des catholiques m'ont dit en analyse qu'ils ne racontaient pas tout au prêtre. Une fois il m'est arrivé de dire à l'un de ces patients-là : « Mais allez-y, et dites cela précisément au prêtre ! — Mais ne va-t-il pas en être bouleversé ? — J'espère bien qu'il le sera. Allez-y, et faites-le. » Ces patients-là deviennent de bien meilleurs catholiques après l'analyse.

J'ai souvent enseigné à des patients catholiques comment se confesser. Il arriva une fois qu'un prêtre, une haute autorité dans l'Eglise catholique, demande à l'un de mes patients : « Mais où avez-vous appris à vous confesser ainsi ? » — et soit choqué par l'information.

Donc le rêve dit à cet homme : « Ce que tu fais là est un travail collectif. Tu penses le faire à titre privé, dans le cabinet du médecin, mais beaucoup d'autres gens font la même chose. » L'analyse est analogue à la confession, et la confession a toujours été collective et se doit d'être collective. Elle n'a pas été instituée pour un individu isolé mais pour le salut de la collectivité, dans une intention sociale. Lorsque la conscience sociale d'une personne est troublée, elle est obligée d'aller se confesser. Par le péché et le secret, on s'exclut de la collectivité. Par la confession, on est à nouveau inclus. C'est ainsi que, passé l'âge de l'isolement protestant, la société humaine se reconstruira à neuf sur l'idée d'une vérité reconnue universellement. L'idée que la confession soit un devoir collectif est une tentative de la part de l'inconscient pour créer les fondements d'une nouvelle collectivité. Mais cela n'existe pas de nos jours.

Cela, vous pourriez dire, est une conclusion à très longue échéance, mais pour cet homme, ça a fait mouche. Il est terriblement scrupuleux et souffre de voir combien, aujourd'hui, les gens sont séparés les uns des autres. Il est séparé de sa femme. Il ne peut parler avec elle. Mais il est tout autant séparé de ses amis, car il ne peut leur parler de ses véritables préoccupations. Ceci est parfaitement fou, un conglomérat irrationnel de non-sens ! Dans des circonstances primitives on peut discuter de tout, tout peut être dit à n'importe qui. Par exemple, lorsqu'un primitif dit que sa femme a dormi avec un autre homme, ce n'est rien — chaque épouse a fait ça. Ou si une femme raconte que son homme est parti avec une fille d'un autre village, ce n'est rien — tout le monde sait que tous les hommes font ça. Ces gens-là ne s'excluent pas par le moyen du secret. Ils se connaissent mutuellement et donc se connaissent eux-mêmes. Ils vivent dans un courant collectif. Ce qui frappe le plus celui qui vient vivre avec une tribu primitive, c'est ce sentiment de vivre dans un courant collectif. Si un homme est trop malin, il se dissociera volontairement de lui-même pour ne pas être séparé de la tribu. En réalité, la tribu dans sa totalité est une unité. On ressent que nos villes ne sont qu'un conglomérat de groupes, chaque homme restant enfermé dans son propre monde et n'osant pas prendre le risque de se trahir, même avec ceux de son groupe. Il essaie même de se cacher à lui-même. Et cela mène à tout un jeu d'illusions. Ceux qu'on appelle les amis intimes ne connaissent pas les choses les plus importantes qui concernent l'autre. Un de mes patients homosexuel m'a raconté combien il avait d'amis. « Vous avez de la chance, lui dis-je, d'avoir autant d'amis intimes ! » Aussitôt il a corrigé : « J'ai environ cinq amis intimes. — Je suppose que vous êtes homosexuel avec vos amis intimes ? » Eh bien, il en a été choqué. Il cachait ce secret à ses amis. Cette façon de se cacher devant ses amis détruit la société. Le secret est antisocial, destructeur, c'est un cancer pour notre société. Ce qui fait particulièrement souffrir notre patient, c'est l'impossibilité à dire la vérité, et le rêve dit que c'est là une tâche collective.

Mais pourquoi ce jeu de balles ? Une table serait davantage le lieu où l'on mange, et les sièges devraient servir à ceux qui partagent ce repas collectif — il s'agit réellement d'une table de communion psychologique et le préliminaire indispensable est toujours la confession. Nous devons nous confesser avant d'être dignes de recevoir la communion. Le commandement apostolique : « Confessez vos fautes les uns aux autres [4] » avait été donné à l'Eglise primitive pour établir la fraternité. Alors pourquoi les sièges ont-ils le dossier tourné vers la table ? Il est évident que cela signale quelque chose de tout à fait anormal et c'est dit très crûment. Tout fait absurde qui se trouve grossièrement amplifié dans un rêve renvoie à quelque chose de presque pathologique. Pour interpréter ce fait, nous devons nous mettre dans la position indiquée dans le rêve. Supposez que vous entriez dans cette pièce où la communion doit être donnée et que vous voyiez les sièges tournés à l'envers, le dossier en direction du centre de la pièce. Qu'est-ce que cela voudrait dire ? Naturellement que vous refusez d'entrer en communion. Si chacun tourne le dos à son semblable on ne pourra pas jouer le jeu, aucune communion n'est possible. L'intérêt n'est pas centré sur ce qui se joue. Il s'agit d'une sorte d'excommunication. Chacun regarde vers le mur en se mettant à distance des autres, et ainsi chacun est excommunié. Chacun est isolé. Nous avons ici un rêve au caractère très personnel, dans lequel entrent des considérations sociales. Il ne contient aucun matériel mythologique. Ce n'est pas un rêve de l'inconscient collectif. Ce rêve dit : « Ce que tu es en train de faire dans ton secret, tout le monde le fait aussi, chacun tourne le dos à son semblable. »

Le centre d'un groupe social est toujours un symbole religieux. Chez les primitifs, c'est le totem. Plus tard, ce sera un symbole sacrificiel comme le rite mithraïque du sacrifice du taureau. Et dans les formes plus élevées de religion ce sera un sacrement. Le centre de l'activité sociale sous des conditions très primitives, c'est la danse ou des cérémonies magiques en cercle au milieu des huttes. Ces cercles de pierres, comme on en trouve en Cornouailles, représentent probablement les restes de l'emplacement de telles communautés. Et il était entendu que lors de tels rassemblements, les âmes des ancêtres étaient également présentes et les observaient. Ils étaient en communion, non seulement par leur conscient, mais par leurs ancêtres, par l'inconscient collectif. Le cérémonial consistait en un jeu symbolique. Les combats de taureaux, dans le culte mithraïque, n'étaient en rien comparables à ce que sont les courses de taureaux aujourd'hui en Espagne. On mettait une ceinture de toutes les couleurs autour du poitrail du taureau, et le toréador devait sauter sur le dos du taureau et, dans cette position, le poignarder entre les épaules — pas question de disposer d'une grande épée. Mithra était censé être un tel toréador, tel un Jésus du ring de boxe ou du match de football. Ces jeux étaient des communions. Les gens se faisaient face. Les courses de taureaux en Espagne sont encore à ce jour le symbole d'une conduite décente, à travers une pure violence contre soi-même. Le tempérament espagnol ne permettrait pas de conduite décente s'il n'y avait les courses de taureaux. Ils se doivent d'adopter l'attitude du toréador : ils doivent vivre leurs passions en les contrôlant, comme le toréador contrôle le taureau.

Les légions romaines avaient adopté le mithraïsme pour sa discipline. A Rome, ils se retrouvaient dans des grottes. Il y avait un endroit pour se réunir et prendre le repas en commun, une sorte de triclinium, avec deux rangs parallèles de bancs de part et d'autre et, au bout de la salle, une image symbolique de Mithra en train de tuer un taureau. Cette image était destinée à pivoter sur elle-même pour montrer sur son envers la nouvelle vie en train de bourgeonner du taureau mort : le bétail depuis ses parties génitales, le vin à partir de son sang, etc., toute la fécondité de la terre[5]. Les gens s'allongeaient sur les couches d'où l'on pouvait voir ces images. L'espace au centre était ouvert. C'était à la fois une sorte de théâtre et de salle à manger où ils communiaient avec le dieu à travers le repas sacré. « Comme le dieu tue le taureau, je tue mes propres passions. » On buvait de l'eau et on mangeait des petits pains marqués d'une croix sur le dessus. Les cloches, en usage dans la messe catholique romaine, nous viennent du culte de Mithra. Il en va de même de la date du 25 décembre, reprise par la chrétienté. Le tueur de taureau est l'image du héros parfait pour inspirer le soldat. Les Jésuites sont, dans ce sens, les soldats de l'Eglise et l'Armée du Salut utilise également cette forme. Pour posséder la discipline un soldat doit tuer ses passions égoïstes. Beaucoup d'autres éléments du culte mithraïque sont passés dans l'Eglise catholique. A l'origine, les fêtes chrétiennes de l'amour prenaient parfois une allure douteuse et se terminaient souvent en divertissements. Saint Paul en était très mécontent et emprunta une bonne part du culte mithraïque pour assurer la discipline, car il n'avait rien d'autre à sa disposition. Cela explique la forme du premier rituel sacrificiel : le sacrifice de l'agneau — et non plus la mise à mort du taureau —, la fête sacrée qui devint ensuite la messe catholique.

L'idée d'un jeu rituel survécut jusqu'au XIIIe siècle. La réalité était que l'on jouait au jeu de balles dans les églises, le *jeu de paume**, qui fit naître la rumeur que les chrétiens tuaient un enfant en se le lançant comme une balle jusqu'à ce que mort s'ensuive. L'accusation venait des gnostiques et à leur tour les chrétiens accusèrent les juifs. Il n'y a encore qu'une trentaine d'années une rumeur venant de Bohême laissait entendre que les juifs avaient tué un enfant lors d'un meurtre rituel. Comme le carnaval, le *jeu de paume** avait une signification rituelle. Dans les monastères, au printemps à la période du carnaval, on inversait la position de l'abbé et des frères novices. Le plus jeune des novices devenait l'abbé et inversement. Lors d'une autre fête, on inversait également les rôles : les moines anciens venaient servir les novices, et un simulacre de messe était célébré par les novices qui officiaient en chantant et en racontant des obscénités, et tous buvaient le vin habituellement réservé à l'officiant. Se déroulaient alors des scènes d'orgie liées à l'ébriété, et pour finir tout le monde sortait de l'église, se répandant dans les rues, au grand dam des habitants scandalisés. Toutes ces fêtes ainsi que le *jeu de paume** furent supprimés par le pape au XIIIe siècle en vertu du caractère excessif qu'ils avaient pris [6]. Les publications historiques sont extrêmement importantes, mais dans les publications ecclésiastiques on cache beaucoup. On a beaucoup triché sur les sujets religieux. Beaucoup de mensonges et d'omissions. Par exemple, l'ancien culte phallique, repris du paganisme par l'Eglise chrétienne primitive, n'est jamais mentionné. Il en apparaît un reliquat dans la forme de la croix, mais les gens en détournent le regard [7]. C'est en vain qu'on rechercherait un tel fait dans les écrits ecclésiastiques.

Alors le jeu symbolique central est historiquement vrai. Ce rêve touche à peine l'inconscient collectif, à l'exception peut-être, ici, d'une allusion légère à ce qui fut un fait historique. Mead a écrit un papier sur les jeux ecclésiastiques dans un premier volume de *The Quest* (La quête). Il a également publié un papier intitulé « The Sacred Dance of Jesus [8] » (La danse sacrée de Jésus), une idée absolument inacceptable d'un point de vue chrétien, mais qui appartient aux premiers siècles ; et un petit livre appelé *The Hymn of Jesus* (L'hymne de Jésus), une danse et une passion qui se jouait selon un document gnostique du IIe siècle.

Tourner le dos à la table de repas signifie donc une attitude antisociale dans notre temps et pour notre société, au même titre que la séparation effectuée par notre monde protestant. L'Eglise qui fut universelle à une certaine époque est aujourd'hui coupée en plus de quatre cents sectes, représentant une dissociation *ad infinitum.* Et cela s'est tellement inscrit dans la société que nous appartenons tous à « ceux qui se tournent le dos ». Ainsi le symbolisme contenu dans ce rêve nous ramène au problème qui trouble le patient. Car si pour moi la société est une abstraction qui ne m'importe pas le moins du monde, je suis relié à elle à travers ses représentants, ceux qui me sont le plus proches, à commencer par ma femme, mes enfants, mes parents et mes amis qui sont autant de ponts qui me relient à elle. Et lorsque je perds le contact avec ceux que j'aime, je suis déconnecté d'avec la société. Cela ne peut m'être indifférent. C'est le cas pour ce patient. Il est partiellement séparé de sa femme. Il n'y a pas de communion entre eux, pas de *jeu de paumes* entre eux.

A présent le rêve nous ramène à ce problème très personnel : « *Nous nous asseyons et je demande à mon beau-frère pourquoi sa femme n'est pas venue.* Et alors même que je pose la question, je me rappelle la raison de son absence. En fait, je n'attendais pas de réponse. Je voulais seulement montrer à mon beau-frère que je n'avais pas oublié que son enfant était malade. "En ce qui concerne la maladie, me dit mon beau-frère, ma femme n'est pas du genre à se lancer dans des mondanités ni à sortir pour son plaisir si l'un des enfants n'est pas en parfaite santé ou si elle pense que la surveillance des enfants pourrait être insuffisante pendant son absence." Comme ils avaient beaucoup vécu dans des pays tropicaux où les jeunes enfants demandent bien plus de soins, leur éducation avait été beaucoup plus difficile que s'ils avaient vécu en Suisse. J'ai vu moi-même en Afrique la difficulté qu'il y a à protéger les enfants de la chaleur dangereuse du soleil. *L'enfant malade* se porte bien mieux à présent. Juste encore une petite fièvre. » Dans ses associations avec ce fait, il faisait référence au garçon de son beau-frère : « Avant que le garçon ne meure, je m'informais de façon répétitive de la santé de son enfant. » Toute cette discussion autour de l'épouse de son beau-frère renvoie naturellement à son propre problème personnel, et plus précisément au fait que sa propre épouse ne l'accompagne pas et qu'il n'y a pas de communion entre eux deux. Il me dit : « Quand un enfant est malade, ma femme est dans tous ses états, c'est disproportionné. » La maladie de l'enfant est de toute évidence la raison pour laquelle ils se tournent le dos. Pourtant la maladie d'un enfant ne devrait pas représenter un obstacle entre un homme et sa femme. Nous savons déjà que cette absence de communion est un problème social général qui se manifeste de façon évidente dans presque chaque mariage. De la même manière qu'une épouse est en fait appelée à se rendre au chevet d'un enfant malade, de même sur le plan psychologique ne se joint-elle pas à lui à cause de la maladie de l'enfant dans le rêve. Toutefois, dans la mesure où la maladie de l'enfant traverse tout le rêve, nous devons en penser qu'elle signifie autre chose qu'une simple occasion pour l'épouse d'être hors jeu. D'autre part, il est également important que dans le rêve l'enfant soit une fille.

Suggestion : Nous avons déjà vu que l'enfant-fille est un aspect du rêveur.

Dr Jung : Dans la réalité, l'enfant décédé était un garçon et il n'a pas d'importance réelle, ici. Pour cette raison, s'il avait rêvé d'un garçon, cela exprimerait quelque chose en lui. J'ai observé dans les rêves et en expérience clinique que l'homme a une certaine tendance à personnifier son âge. Il y avait le cas de ce médecin de campagne au début du XIXe siècle qui menait une vie exténuante. Ce soir-là, il rentrait très tard d'une mauvaise visite, et alors qu'il marchait très fatigué, il sentit tout à coup une figure d'ombre à ses côtés qui avançait, en parallèle, au milieu de la route. Il reconnut cette figure comme étant lui-même, dix ans plus jeune. Puis la vision disparut pour réapparaître sous sa forme, mais vingt ans plus jeune, et ainsi de suite jusqu'à se voir à l'âge d'un garçon de huit ou dix ans. C'était là une personnification de lui-même : « Le garçon ou l'homme que j'étais à cette époque, je le vois encore tel qu'il était. » Ainsi donc, l'allusion au garçon mort est une allusion à la propre jeunesse morte du patient. Il a atteint la deuxième moitié de sa vie dans laquelle notre psychologie change : la jeunesse est morte, la deuxième moitié commence. Mais il ne s'agit ici que d'une allusion. Ce qui nous intéresse à présent, c'est la maladie de l'enfant fille.

Troisième conférence

21 novembre 1928

Dr Jung : Aujourd'hui, nous avons deux questions. La première est : « Lorsque les images des rêves doivent être prises au plan du sujet, est-ce une caractéristique des images en question de ne susciter que peu d'associations ? »

Non, ce n'est pas le nombre d'associations qui décide si un rêve doit être vu au plan du sujet ou au plan de l'objet. Le critère est tout différent. Ce qui nous amène à l'objet de la deuxième question : « Pourriez-vous nous présenter les facteurs qui amènent à choisir s'il faut interpréter un rêve au plan de l'objet ou au plan du sujet ? »

Il y a un certain nombre de principes définis qui décident si je dois préférer ce qu'on appelle une interprétation objective ou subjective. Vous avez peut-être saisi qu'il y a des différences subtiles dans la façon d'utiliser les termes *subjectif* et *objectif.* Je dois être très clair sur le fait que l'interprétation subjective ne veut pas dire ce que l'on désigne ordinairement par subjectif — par exemple qu'une opinion subjective n'a guère de consistance, qu'elle est toute personnelle et seulement l'expression de ce que *vous* en pensez, mais qui en aucune façon n'a la moindre chance d'être une vérité objective. Je n'emploie pas le mot *subjectif* dans ce sens. Lorsque je dis qu'un rêve est interprété correctement sur le plan subjectif, je veux dire par là que les images du rêve concernent principalement ou exclusivement le rêveur lui-même. Et dans une interprétation au plan de l'objet les images se réfèrent à un objet, c'est-à-dire à une autre personne que lui-même. Il est extrêmement important de savoir à quel moment il faut utiliser l'interprétation sur le plan subjectif ou sur le plan objectif. Voici le critère général : lorsqu'une personne dans un rêve vous est familière et qu'elle joue un rôle dans votre vie en ce moment même, on peut considérer une interprétation au plan de l'objet, car alors l'objet (la personne apparue dans le rêve) est important. Mais attention à ne pas faire d'erreur ici. En nous appuyant sur le point de vue freudien, la personne dont vous rêvez n'est rien d'autre qu'un déguisement pour une autre personne — une personne est substituée à une autre.

Par exemple, si une personne rêve du Dr Jones qui est le médecin de famille, elle peut supposer que le Dr Jones est un déguisement pour me représenter moi. Voilà comment Freud s'y prenait pour faire coller l'interprétation du rêve à sa théorie. Mais absolument rien ne permet d'être certain que l'inconscient veuille parler de moi, même si le patient fait ce lien. Naturellement, on peut comprendre que le patient préfère cette interprétation-là — je suis là, alors que le Dr Jones est au loin. Mais l'inconscient est parfaitement libre de faire usage de mon image, s'il le veut. Il n'y a aucun obstacle à rêver de moi. Nous devons comprendre pourquoi l'inconscient a choisi le Dr Jones. Freud dirait que le choix du Dr Jones est à attribuer au fait que la patiente aurait eu des fantasmes à mon sujet, et que me les rapporter la gêne. Il est bien plus facile de rêver du Dr Jones qui est bien loin. Tout ça, c'est de la théorie freudienne. Mais comme je crois davantage aux faits réels qu'aux théories, il se peut qu'il en soit ainsi, bien que je n'en sois pas tellement sûr. Je dois vérifier si la théorie explique tous les cas, et je découvre que dans de nombreux cas une telle explication n'est pas naturelle et n'apporte aucun résultat. Si nous nous trouvons dans l'obligation de prendre cette idée au sérieux — à savoir que je suis représenté par le Dr Jones —, pourquoi l'inconscient prendrait-il autant de peine ? L'inconscient se sert de la figure du Dr Jones parce qu'il s'agit du Dr Jones et non pas de moi. Il n'y a aucune raison de croire que l'inconscient ne dit pas ce qu'il signifie.

En pleine contradiction avec Freud, je dis que l'inconscient dit ce qu'il a à dire. La nature n'a que faire de diplomatie. Si la nature fait pousser un arbre, il s'agit bien d'un arbre et non pas d'une erreur à la place d'un chien. Et l'inconscient n'a que faire des déguisements. C'est nous qui déguisons. C'est désagréable de découvrir qu'on a de l'albumine dans les urines, mais on ne peut pas confondre cette albumine avec du sucre. Les théories de Freud furent construites par ses patients. L'analyste est trop sous l'influence de ses patientes. Elles remplissent son esprit avec leurs pensées. Ces souhaits dynamiques des femmes sont source d'erreurs pour le médecin qui doit se prémunir de façon constante contre de telles suggestions. La vérité absolue est que ce rêve parle du Dr Jones et non du Dr Jung.

Dans le cas où vous rêvez d'un parent éloigné ou de quelqu'un que vous n'avez plus vu depuis des temps immémoriaux, ou de quelqu'un que votre famille connaît peut-être mais qui ne joue aucun rôle dans votre vie personnelle actuellement et n'a vraiment aucune importance, dans un tel cas il n'y a aucune raison de penser que la personne dont vous rêvez serait, par exemple, un facteur autonome dans votre psychologie. Puisque cette personne n'entre pas dans votre sphère psychique avec la force, voire la brutalité d'une personne réelle, elle ne provoquera donc pas de vortex psychique dans votre atmosphère mentale, et la probabilité est grande que cette personne ne représentera rien d'autre qu'un strict aspect de vous-mêmes. Quelqu'un en rapport étroit avec vous peut provoquer de grands désordres dans votre sphère mentale et pour cette raison vous êtes autorisés à penser, en toute sécurité, que tout personnage lointain dans le temps et dans l'espace est une image qui ne se rapporte entièrement qu'à vous-mêmes.

Même lorsque l'interprétation au plan de l'objet paraît souhaitable, on sera bien inspiré d'envisager également la possibilité d'une interprétation au plan du sujet. Il est possible que la raison pour laquelle certaines personnes viennent très près de vous tient au fait qu'elles sont porteuses d'une vérité symbolique, car quiconque a prise sur votre psychologie ne peut le faire que sur la base d'une *participation mystique*[1]. Sans cela, l'autre ne pourrait avoir une emprise sur votre âme. C'est pourquoi, tant d'un point de vue théorique que dans un but pratique, il est infiniment recommandable et avisé d'examiner jusqu'à quel point l'objet qui est à prendre comme objet n'est pas également à traiter comme facteur subjectif, en vous-même. Mais ici, nous jouons avec un postulat philosophique, et ce serait une grande erreur de le substituer à la réalité. Si vous deviez interpréter en permanence l'objet comme élément subjectif, votre vie deviendrait relative et illusoire. Vous vous retrouveriez dans un isolement total, car vous auriez brûlé les ponts qui vous relient à la réalité. Je dois insister sur la valeur objective des images objectives.

Toutefois, je ne voudrais pas mettre l'accent sur l'objet mais sur l'*image*. Si vous rêvez que quelqu'un de lointain, avec qui vous n'avez aucun rapport, vous ment, dire ensuite que cette personne qui ne vous est rien est un menteur n'apportera absolument rien. Ceci est un jugement subjectif. Par contre, si vous rêvez que quelqu'un qui gravite dans votre sphère proche vous ment, vous avez intérêt à le considérer sous cet aspect, car il se pourrait qu'il y ait là quelque chose d'important. Il importe de décider si le mensonge réside en vous ou en l'autre, ou s'il y a une tromperie entre vous deux. Il se peut qu'il y ait en jeu une part qui vous revienne, mais qui est encore non reconnue. Beaucoup de gens s'estiment comme des gens bien, dénués pratiquement de toute noirceur, alors qu'en tant qu'humains ils n'en sont guère dépourvus. S'ils rêvent d'un mouton noir, ce mouton noir n'a guère d'importance, mais se reconnaître comme mouton noir est extrêmement important — ce qui peut leur arriver de mieux c'est de le prendre entièrement à leur propre compte. Si donc vous rêvez que votre meilleur ami est un mouton noir, cela veut dire, que soit vous êtes un mouton noir, soit que c'est votre ami, ou encore qu'il y a de la brouille entre vous[2].

A présent je voudrais que nous revenions au *jeu de paume**, cette *pelote basque**. Je vous ai dit que les associations de notre patient concernant l'organisation de cette salle pointent un cérémonial de communion ou un rituel. Il semble qu'il y ait une allusion à une sorte de jeu de pelote, parce qu'il se souvient d'une salle dans laquelle on jouait à ce jeu et cela évoquait la salle d'un *Verein* (association) suisse, dans laquelle les membres de l'association se rassemblent pour jouer et manger — une communion. Des manuscrits médiévaux nous enseignent que l'ancien *jeu de paume** rituel s'est joué jusqu'au XIIe siècle, et même dans certains endroits reculés, tel Auxerre en France par exemple, jusqu'au XVIe siècle. J'ai exhumé des textes latins, des manuscrits du Moyen Age qui décrivent cette pelote et je veux vous en lire la traduction. Malheureusement, à cause du caractère très populaire de ce jeu, connu de tous en ce temps-là, la description en est très superficielle et forcément un peu vague, mais vous en retirerez de toute façon quelque chose.

Vous vous rappelez que dans cette salle du rêve il y a une table mise pour le repas et que le repas devrait commencer. Mais en lieu et place, ses associations pointent dans la direction du jeu de balle, la *pelote basque**.

Fragments de manuscrits médiévaux [3]

« Lorsque la balle que l'on appelle *pelota* [4] avait été acceptée par le doyen, qui lui-même l'avait reçue du chanoine nouvellement élu — le doyen portant le capuchon sur sa tête — les autres chanoines commençaient à entonner l'antienne : "Louanges à la victime pascale". Alors le doyen, portant haut la balle de sa main gauche, se mettait à danser tandis que les autres se donnaient la main, tout en chantant, exécutant un choral dansé faisant le tour du labyrinthe. Pendant ce temps, le doyen et les danseurs se lançaient la *pilota* en alternance, du doyen à l'un des danseurs puis du danseur qui alternait à chaque passe au doyen. Après la danse, le chœur se précipitait au repas (le doyen, les chanoines et les citoyens les plus distingués étant assis sur des bancs à dossier élevé placés à l'orchestre ou au chœur) et à tous, sans exception, on servait le repas ainsi que du vin blanc et rouge avec modération (les coupes étant remplies deux ou trois fois), tandis qu'un lecteur entonnait une homélie du haut de la chaire. Puis une grande cloche se faisait entendre et le chanoine le plus récemment élu se tenait debout, prêt, la balle à la main appuyée contre sa poitrine. Alors dans la nef de Saint-Etienne, vers deux heures environ, il la présentait au doyen qui, à ce moment-là, renversait son capuchon en arrière pour pouvoir manipuler la balle. »

Voici un autre jeu qui se jouait à Narbonne sous forme de rituel le lundi de Pâques, également tiré d'un manuscrit latin du XIIIe siècle : « Tandis que les cloches sonnent les vêpres, tout le chapitre se rassemble dans la maison de l'archevêque dont les serviteurs servent à tous certains plats et du vin. Après cela, c'est au tour de l'archevêque de lancer la balle. En l'absence de l'archevêque, il revient au préfet ou au gouverneur politique de la ville de fournir la balle et de la lancer. »

Et voici un joli fragment venu de Naples (évêque de Naples, 508-536), retrouvé dans un codex du IXe siècle : « En mémoire de cet événement, on célébrait tous les ans certains jeux de balle pour le confort et le rafraîchissement de l'âme. » Ces jeux se déroulaient devant toute la population rassemblée à Santa Maria Maggiore à la Saint-Janvier, le troisième dimanche de mai. Il est intéressant de noter que ces fêtes étaient menées « pour la consolation et la récréation de l'âme ».

A partir du XIIe siècle, il existe un manuscrit dans lequel Jean Beleth, un théologien de la faculté de Paris, écrit : « Il existe des églises où même les évêques et les archevêques jouent avec leurs subordonnés, s'abaissant même à jouer à la balle avec eux — alors qu'il semblerait plus louable de s'en abstenir. » Ceci a été écrit évidemment à une époque où le jeu devenait impopulaire.

Il y a d'autres faits très intéressants en rapport avec cette coutume extrêmement étrange. Il se peut qu'il y ait une relation avec une cérémonie appelée la « balle de la mariée » qu'on jetait entre les jeunes époux. Et dans d'autres jeux, dans les églises, on donnait des coups de pied dans la balle ou encore on la déchirait en pièces comme le dieu de l'année passée. Il y eut une fois un procès, *une cause célèbre**, en rapport avec ce jeu de balle dans une église, à l'époque où il devenait impopulaire. Le texte parle de la « balle de l'an passé » qui devait être conservée par le chanoine et transmise au chanoine de la nouvelle année, une ancienne coutume de Pâques. Il y a là une similitude avec le dieu de l'année passée qui devait être démembré de manière à ce que tout le monde puisse participer. C'est à comparer avec la communion chrétienne dans laquelle le dieu est démembré et mangé. Tout ceci est en relation avec les cérémonies sacrificielles du printemps, telles ces coutumes anthropophages dans lesquelles le roi était démembré et mangé lors des fêtes du printemps afin de redonner de la force à la tribu et de la fertilité aux champs pendant l'année à venir. Pour cette raison, il est bien possible que cette balle symbolise le soleil.

Cette balle a également un rapport avec une autre coutume étrange, l'« enterrement d'Alléluia ». Au Moyen Age, on croyait qu'Alléluia était une femme — parce que *a* est une terminaison féminine —, une femme inconnue enterrée au temps pascal, ce qui faisait d'elle une sorte de reine de l'an passé. Il y a un manuscrit dans les archives d'une église de Toul, en Lorraine, qui remonte à 1497, écrit par un certain Nicolas, chanoine de la cathédrale, dans lequel on a inscrit au quinzième article : « Alléluia est enterrée. » Le texte latin qui s'y rapporte prescrit ce qui est à faire pour l'enterrement. « Le samedi qui précède le dimanche de Septuagésime, à midi, les enfants de chœur sont rassemblés en tenue de fête et doivent se préparer à enterrer Alléluia. Après la dernière bénédiction, ils iront avec torches, eau bénite et encens, transportant une motte de terre sur une bière, traverser le cloître, en gémissant, jusqu'au lieu où Alléluia doit être enterrée. On versera de l'eau bénite et du grain sur la motte, on balancera l'encensoir au-dessus d'elle, et l'on reviendra par le même chemin. » Cette coutume est très ancienne. La motte de terre est la balle, et la balle est le soleil, qui se renouvelle à l'époque de Pâques, comme la terre. La signification d'origine est très simple : le soleil ne se lèvera pas si on ne l'aide pas — c'est-à-dire, renouvelé par le sacrifice du temps pascal. Alléluia était tout simplement la Terre-Mère, la puissance féminine, destinée à souffrir la mort, l'enterrement et la résurrection, et on lui attribuait la responsabilité du soleil neuf. De la même manière, les Indiens américains Pueblos se sentent investis de l'assistance au soleil. Ils l'aident par leur rituel. Et il s'agit de la même démarche, la mort, l'enterrement et la résurrection. Mon ami indien Lac de Montagne [5] m'a écrit dans une lettre : « Si l'homme blanc continue à interférer avec notre religion, dans dix ans ils vont voir quelque chose » — le soleil ne se lèvera plus.

Lorsque nous avions commencé à parler du *jeu de paume*, je ne me rappelais pas de tous ces détails, notamment qu'on l'appelait également *pelota*, etc., et cela vous était sans doute également inconnu. Et le rêveur n'avait pas davantage le moindre soupçon de ces rapports. Ce qui fait que son rêve est des plus curieux — le repas, les sièges, la *pelota,* tout ce matériel qui se rassemble dans son rêve et dans ses associations.

Il y a encore une autre contribution. Vous vous rappelez que dans notre dernier séminaire nous avions parlé de l'idée de communauté à laquelle le rêve faisait allusion lorsqu'il disait : « Chacun lui tournait le dos. » Tandis que nous écoutons nos transactions conscientes, nous oublions que notre inconscient réagit au même moment : lorsque nous parlons d'une perturbation de l'idée de communauté, nous constellons directement une telle perturbation dans l'idée de communauté en nous-mêmes. La psychologie du patient est également la nôtre, et ce lien n'est pas bon. Nous pensons : « Cela n'est qu'un rêve » et oublions que l'inconscient réagit de sa façon particulière. Le fait même que ce soit *nous* qui tournions le dos à la communion est constellé en nous et produit des effets. Pour cette raison, certains parmi nous, après le dernier séminaire, se plaignirent d'une atmosphère perturbée, et certains donnèrent une explication rationnelle : c'était dû au fait de l'interruption pour le thé : cela avait cassé la continuité de notre réunion. Bien entendu ceux-là n'avaient pas ressenti la communion du goûter pris en commun. S'ils avaient été conscients de l'idée de communauté bouleversée, ils auraient compris que prendre le thé ensemble était véritablement la chose qui s'imposait. Ce thé en commun était l'expression de la communauté. On m'a reproché de ne pas avoir pris une tasse de thé, mais à tout le moins j'ai fumé le calumet de la paix ! Lorsque des gens sont dérangés par une réaction de l'inconscient, il y a toujours un *medicine man* qui va faire un rêve concernant ce problème. Une communauté est un organisme, une symbiose, et alors même que nous sommes ici rassemblés pour penser ensemble nous formons un organisme. Si le moindre élément perturbateur survient à l'intérieur de cet organisme, l'un de nos esprits recevra cette perturbation et dira : « Faites attention. » Dans une communauté primitive, ce serait l'esprit du chef ou du *medicine man*. Pour l'instant, nous formons une espèce de tribu primitive et le *medicine man* dira : « Cette nuit, alors que je dormais, j'ai eu une vision et un esprit m'a parlé. » Le Dr Shaw a fait le rêve du *medicine man* et elle va nous le raconter.

Dr Shaw : J'ai rêvé que j'allais en Espagne et, là-bas, se déroulait une course de taureaux dans une grande arène. Un homme et un taureau se battaient, et une foule immense hurlait que le taureau devait être mis à mort. Je ne voulais pas qu'il soit tué, et me suis battue pour le taureau toute la nuit. Là-dessus, à la conférence du lendemain, le Dr Jung nous parle du sacrifice du taureau mithraïque.

Dr Jung : Bon, maintenant essayez de relier ce rêve avec le problème en question. Vous vous rappelez que nous avons discuté du sacrifice du taureau mithraïque et du fait de savoir si, à présent, la mise à mort du taureau avait toujours le même sens symbolique. Dans une course de taureaux les gens se font face, ce qui symbolise la communauté. Et nous avons parlé de l'importance de ce symbole, celui de l'autodiscipline, au temps où le culte de Mithra était la religion des légions romaines. Seuls les hommes étaient admis au rituel mithraïque. Les femmes allaient toutes à celui de la Terre-Mère. Maintenant, dans le rêve du Dr Shaw, le taureau ne devait pas être tué. Elle s'est battue contre cela. Pour vous, que veut dire ce rêve ? N'importe lequel parmi nous aurait pu faire ce rêve.

Suggestion : Ce pourrait être la lutte intérieure pour ne pas faire ce sacrifice — nous sommes tous opposés à faire le sacrifice.

Suggestion : N'y a-t-il pas quelque chose de bon dans ce taureau qui mérite qu'on l'épargne ?

Suggestion : Tuer le taureau pourrait signifier : employer une façon démodée pour accomplir un sacrifice. Peut-être pourrait-on trouver une nouvelle manière de le faire.

Dr Jung : Il y a une relation entre les deux dernières suggestions. Tuer le taureau, comme symbole de la communauté, est effectivement très démodé et, pour nous, ne signifie plus la communauté. Il y a peu de temps, j'ai reçu une lettre d'une patiente [habitant Mexico], une dame qui venait d'assister à une course de taureaux, et elle détestait ces gens assoiffés de sang. Elle me dit que cela l'avait mise dans une telle colère qu'elle était prête à tuer chacun d'eux avec un revolver ! Ainsi donc une course de taureaux ne promeut pas, de nos jours, l'idée de communauté. Tout ce spectacle est des plus abjects, notre sentiment s'y oppose. On ne devrait pas se comporter comme un éléphant dans un magasin de porcelaine, on ne devrait pas être incontrôlé. Nous pouvons comprendre le sens symbolique d'autodiscipline, mais cette inspiration ne nous viendra pas en regardant une course de taureaux. En réalité, une véritable course de taureaux aurait l'effet inverse. Nous avons dépassé ce symbole de même que nous avons dépassé le stade qui consiste à croire à la rédemption obtenue en mangeant la chair et en buvant le sang de la victime. Peu de gens éprouvent l'émotion médiévale lorsqu'ils mangent le corps et boivent le sang lors de la communion.

En Suisse cependant, il existe encore beaucoup de mysticisme terrien, très caché et très archaïque. Une Suissesse venue me voir récemment en consultation me confessa, après de longues résistances, qu'elle avait un moyen secret pour trouver le sommeil ou pour se soigner d'une indigestion, etc. : « Un vieil homme m'a confié ce secret. Je bois le sang de Jésus. La nuit, quand je ne peux pas dormir, je me répète : “Je bois le sang, je bois le sang de Jésus, le sang, le sang”, et je me sens le boire, et alors je peux dormir. Si je me réveille, je recommence — parfois une douzaine de fois la même nuit. » Un jour où elle était descendue à la cave — c'était une femme d'intérieur parfaite — elle était montée sur une chaise pour attraper une pomme sur un rayonnage, elle a glissé et est tombée. Elle m'a dit : « J'ai rapidement bu le sang, et je n'ai pas eu mal. » Elle avait acquis une association mystique redoutable : boire le sang. De telles choses ont encore cours de nos jours.

Ainsi donc la course de taureaux comme symbole mystique est une antiquité, à l'image de bien des symboles chrétiens. Notre émotion commune ne peut plus être suscitée par ces symboles. Si quelqu'un rêve aujourd'hui qu'il tue un taureau, nous devrons proposer une tout autre interprétation. Pour cette raison, il nous faut un intérêt commun qui nous permette de renouveler la création d'un sentiment de communauté. Si le Dr Shaw rêve qu'elle se bat pour éviter que le taureau ne soit tué, cela veut dire que le taureau ne doit pas être tué. Le taureau, c'est la force *naturelle*, l'animal incontrôlé, mais qui n'est pas forcément destructeur. En nous, il y a ce préjugé chrétien contre l'animal en l'homme. Mais un animal ce n'est pas le mal, tout comme ce n'est pas le bien non plus. Nous, nous sommes mauvais, l'homme est nécessairement mauvais, justement parce qu'il est tellement bon. Il n'y a que les animaux domestiques qui se conduisent mal. Un animal sauvage n'a jamais de mauvaise conduite. Il suit sa propre loi naturelle. Un bon tigre qui ne mange que des pommes et des carottes, ça n'existe pas. Un animal sauvage est un être pieux qui se soumet à la loi, et accomplit la volonté de Dieu de la façon la plus parfaite. Le taureau est un animal encore très sauvage, et si nous tuons l'animal en nous, nous tuons également en nous les vraies bonnes choses et non pas bonnes seulement en apparence. Dans ces conditions, pour nous, tuer le taureau, c'est commettre un blasphème, un péché. Cela signifierait : tuer ce qui est naturel en nous, tuer ce qui sert Dieu naturellement. C'est là notre seul espoir — de revenir à une condition où nous sommes justes avec la nature. Nous devons accomplir notre destin, en accord avec les lois de la nature ; faute de quoi, nous ne pouvons pas devenir de véritables serviteurs de

Dieu. Ainsi donc, nous comprenons le message que nous donne le *medicine man*. Le Dr Shaw était dans le vrai en combattant la mise à mort du taureau : « Ne commettez pas l'erreur de tuer le taureau, car il est la seule chose qui peut nous relier. Nous devons revenir vers les lois naturelles et éternelles. C'est alors que nous serons dans l'état de bénédiction des animaux, et c'est ce qui réunira, à nouveau, tout ce qui avait été séparé auparavant. » Le *medicine man* a raison.

Il se fait que j'apparais également dans le rêve — le Dr Shaw et moi, nous nous connaissons très bien, et lorsque nous nous rencontrons au pays des rêves, nous ne nous prenons pas trop au sérieux — et, dans ses associations, je lui dis que le toréador a tué le taureau. Le taureau qui ne devait pas être tué a été tué. Pourquoi dois-je confirmer cela ? Mais voyons, justement parce que notre taureau a effectivement été tué. Mithra a tué le taureau pour nous. N'oubliez pas que le Christ a complètement absorbé Mithra. Cette ancienne idée mithraïque s'est poursuivie dans le christianisme, à travers le Moyen Age, jusqu'en des temps récents. On a tué des taureaux et même de petits agneaux. A travers les âges, on a tué tout ce qui était animal. Et je confirme que le taureau a été tué, le toréador a fait son travail. Naturellement, c'est une figure de rhétorique de dire ainsi : « Le taureau est mort. » Il revit sans cesse et doit à nouveau être tué. Maintenant, comme il s'agit d'un problème individuel, et non pas collectif, que pouvons-nous faire pour ramener le taureau à la vie ? Nous devrions essayer d'établir à nouveau un lien avec lui, car sans cela il se mettra à vivre dans un endroit de notre psychologie où notre conscient ne pourra pas l'atteindre. Mais comment faire ? Le taureau doit être vivant. Faute de quoi, il n'y aura pas de communauté possible. J'ai insisté sur ce rêve pour montrer l'interaction du conscient et de l'inconscient : maintenant nous allons retourner à notre patient.

Nous en étions à nous demander pourquoi l'épouse du beau-frère ne les avait pas accompagnés et avions vu que c'était à mettre sur le compte de ce que son enfant était malade. Voilà le sujet de la partie suivante du rêve. Le rêveur se trouve à présent *dans la maison du beau-frère,* et là, il voit l'enfant, une petite fille d'un an ou deux. Un changement de localité signifie une modification de l'arrière-plan psychologique, ce qui veut dire apparition d'un problème d'un ordre différent. On passe du plan collectif au plan familial — par exemple d'un lieu public à une maison particulière. Ce qui s'est dit de plus important dans la partie centrale du rêve, c'est qu'il n'y avait pas de communauté, pas de rencontre, la raison en étant que la femme ne les avait pas rejoints. C'est comme dans le culte à la nature de Mithra auquel les femmes ne participaient pas, et cela vaut également pour le *jeu de paume,* qui était un jeu d'hommes. Si la femme n'est pas présente, l'homme reste confiné dans son intellect et lui se retrouve sans sentiment. Cela explique pourquoi certains hommes n'aiment pas la présence de femmes aux comités, etc., parce qu'ils ne sont pas reliés à la part féminine de leur propre psychologie. La femme ne les a pas rejoints parce que l'enfant est malade. Et l'enfant n'est pas dans un lieu public mais à la maison. La scène s'est déplacée d'un lieu public vers une maison, un lieu privé dans l'intériorité de l'individu.

A propos de la maison de son beau-frère, il disait : « Mon père a vécu plusieurs années dans cette maison et ma sœur en a hérité. Elle ne se trouve qu'à une centaine de pas de ma propre maison, et de ce fait nous nous voyons souvent. La maison et les volets, tout est peint en gris, ce qui donne un aspect de monotonie triste. Si seulement ils peignaient les volets en une autre couleur, histoire de l'animer un peu. »

La description du lieu est très importante. L'endroit dans lequel le rêve se joue, un hôtel, une gare, une rue, une forêt, sous l'eau, etc., fait une énorme différence pour l'interprétation. Nous avons déjà discuté le fait que le beau-frère doit être vu comme une image très subjective. Il est réellement une partie du rêveur lui-même, une partie mal reliée à lui-même, ce qui explique qu'il la projette sur son beau-frère. Mais ses associations nous donnent l'information importante que sa maison n'est pas loin, ce qui signifie qu'elle n'est pas loin de la conscience. Il pourrait facilement prendre conscience à quel point il est le beau-frère et à quel point l'enfant du beau-frère est son propre enfant. La maison de son beau-frère est évidemment l'aspect inconscient de sa propre maison, le lieu où se joue le drame. La maison revient souvent dans les rêves comme symbole, et en général elle représente nos attitudes habituelles ou héritées, notre mode de vie habituel ou, au contraire, quelque chose que l'on a acquis, comme une maison, ou encore la manière de vivre avec toute sa famille. Son attitude habituelle est inintéressante et grise comme la maison de son beau-frère et il aspire à y mettre plus de couleur. Il nous reste à voir comment tout ceci est relié aux autres événements dans le rêve. Il se pourrait qu'il y ait un lien avec la maladie de la petite fille de deux ans.

L'enfant : En réalité l'enfant malade, et qui est décédé, était un garçon de deux ans ; les deux autres sœurs du rêveur ont chacune une petite fille dans leur septième année et il les aime bien. Il dit : « Je préfère de loin les petites filles aux petits garçons. Elles sont bien plus mignonnes et plus expressives. Je préfère également ma petite fille aux garçons. » Il n'a pas d'autres associations, et à ce moment j'attire son attention sur l'âge de l'enfant. Je lui dis qu'il devrait pouvoir associer sur la notion des deux années — comme une durée : « Que se passait-il, il y a deux ans ? — Il y a deux ans je revenais de l'étranger et m'installais en Suisse. C'est alors que j'ai commencé à étudier la littérature sur l'occultisme, le spiritisme, la théosophie, bref toutes sortes de choses. Ce n'est que récemment que j'ai laissé tomber tout ça, plus ou moins, parce que ça ne me satisfaisait pas complètement. Ce n'était pas un simple manque d'intérêt, mais ces études provoquaient une sorte de réprobation autour de moi. Au moment de la mort de mon petit neveu, il y a deux ans, j'étais en train de lire un livre de Dennis Bradley, *Towards the Stars* (Vers les étoiles) — de toute évidence un livre religieux[6]. Je l'ai beaucoup aimé et l'ai donné à ma sœur après la mort du garçon. »

Il avait aussi lu des livres allemands de littérature occulte : « J'ai lu un livre allemand célèbre : *La Visionnaire de Prevorst*, livre écrit par le Dr Justinus Kerner en 1829[7].

Il s'agit du premier cas de somnambulisme observé sous l'angle psychologique et des plus intéressants. »

Il me dit connaître un certain médecin qui connaissait la psychologie analytique, mais n'en était pas expert, et il pensait lui suggérer d'écrire une étude analytique de la visionnaire, à la condition de ne pas rationaliser Kerner, c'est-à-dire en faire un imposteur : « J'y ai finalement renoncé parce que j'ai vu que ce médecin était lui-même un peu névrosé et qu'une telle étude pourrait le blesser. » Je connais ce médecin et ce n'est pas une lumière en psychologie. S'il avait tenté d'écrire cette étude analytique cela aurait été misérable — une bonne chose qu'il y ait renoncé.

Nous avons maintenant une énorme masse de matériel concernant cet enfant. Je vous répète certains faits :

1. C'est un enfant qui n'existe pas, une pure création de son imagination inconsciente.
2. Le patient préfère les filles aux garçons.
3. Il y a deux ans, il s'est lancé dans l'étude de l'occultisme mais aussi de la psychopathologie, etc., et se trouve spécifiquement relié à sa sœur par ce livre d'occultisme, *Towards the Stars.*
4. Il était tout particulièrement intéressé par *La Visionnaire de Prevorst* et voulait qu'un certain médecin écrive une étude sur cette visionnaire, mais y avait renoncé de peur qu'en cours d'étude ce médecin ne s'en trouve blessé.

La petite fille est la fille de son anima[8], elle est en rapport avec l'énergie créatrice, et comme elle vient du côté occulte elle est spirituelle. Il dit que ce livre contient des valeurs positives. Il s'agit en somme d'une création spirituelle, d'une intention poétique. Mais il a peur que le médecin en soit durement affecté, et lui-même a préféré abandonner l'étude, car il en ressentait une influence néfaste. Son idée était que les études des phénomènes occultes rendent les gens irréels. Il y avait tant de sujets douteux, tant de spéculations et cependant tant d'éléments impressionnants, que les gens se sentaient la tête remplie d'idées fumeuses. Il y trouvait souvent une irréalité empoisonnée, tout comme travailler sur la fiction finit par vous faire sentir empoisonnés. Ainsi donc, un côté de lui-même se préoccupe d'un facteur spirituel de créativité indiscutable, qui a deux ans d'âge, et, à l'opposé, le médecin représente son côté rationnel, qu'il utilise pour étudier cet élément poétique exprimé par l'enfant. Au cours des deux dernières années quelque chose de nouveau s'est mis à grandir en cet homme. Pas seulement son intérêt pour l'occultisme qui a mobilisé son esprit mais aussi un intérêt et une intention créateurs qui ne sont pas l'expression de pensées mais du sentiment et qui colorent sa maison.

Maintenant, la couleur du visage de cet enfant est mauvaise et ses traits sont déformés comme l'étaient ceux du garçon qui mourut. Et apparemment sans qu'il y ait un lien évident, il ajoute : « A présent, je lis très peu sur l'occultisme. » Tout cet occultisme a dépassé ses capacités digestives : il souffrait d'indigestion mentale. Parce qu'il existe un lien entre cette fillette et le garçon mort, nous devons supposer qu'elle souffre également de troubles intestinaux. On l'a nourrie d'occultisme, et ce n'est pas la bonne nourriture pour la petite âme poétique qui se développe en lui.

« Quelqu'un m'informe que l'enfant n'arrive pas à prononcer le nom de ma femme », et en prenant cela en compte, il prononce le nom de sa femme à l'adresse de la fillette et tente de le lui faire répéter. Il ajoute : « Ma femme est adorée par tous ses neveux et nièces, et habituellement, c'est son prénom que la plupart des enfants parviennent à prononcer en premier. » Là-dessus, il mentionne qu'il y a peu de temps il recevait une lettre de l'une de ses autres sœurs dans laquelle elle lui disait que son petit garçon avait composé une petite mélodie sur laquelle il chantait : « Tante Maria est un gars sympa. » En contradiction avec la réalité, cette enfant du rêve ne veut pas, ou ne parvient pas, à prononcer le prénom de son épouse. Il est évident que l'enfant s'oppose à elle. Nous savons que la relation entre le rêveur et son épouse est plutôt monotone et qu'en l'espace de deux ans s'est développé en lui un être vivant qui se détourne de sa femme. L'enfant de son anima, ainsi apparue, est reliée à son intérêt pour l'occultisme et pour des

activités en quelque sorte scientifiques et artistiques. Il en est troublé et essaie d'apprendre à l'enfant la prononciation correcte du prénom de sa femme. Il est encore sous le choc de devoir découvrir que quelque chose est susceptible de se développer en lui qui ne s'accorde pas avec son épouse et qui ne cadre pas avec son mariage : « J'ai souvent fait de gros efforts pour enseigner la prononciation correcte à mes enfants et à ceux de mes sœurs lorsqu'ils prononçaient certains mots de travers. » Il est très pointilleux sur la question de l'adéquation. Rien ne devrait se trouver, dans son esprit ou son cœur, qui ne soit correct. Et voici que ce quelque chose en lui refuse de prononcer correctement le nom de sa femme. Cela ne doit pas être. Lorsque apparaît le thème de sa femme, chaque partie de lui-même devrait hurler à l'unisson, ce qui nous apporte un élément extrêmement instructif sur son attitude.

Le prénom de sa femme est Maria, et il dit : « Ma femme a une vieille tante qui s'appelle aussi Maria. Mais elle habite très loin et nous n'avons vraiment rien à faire avec elle. » Puis il enchaîne : « Alors que j'apprenais à l'enfant à prononcer convenablement le mot “Maria”, j'étais amusé par le fait de ne prononcer, en fait, que “Mari” — et de me mettre à bâiller au lieu de prononcer le “a”, comme si j'ajoutais un bâillement au nom de mon épouse au lieu de la dernière voyelle. Dans le rêve, je me trouvais extrêmement malin de faire cela, mais ne voyais pas la plaisanterie qui consistait à réveiller la vie de cette façon. » *Toute la famille proteste* contre cette soi-disant plaisanterie, et il ajoute : « Oui, ils ont tout à fait raison, on ne devrait pas montrer aux enfants des manières aussi grossières, car eux ne savent pas, à la différence des adultes, faire la différence entre une réalité et une plaisanterie. » A nouveau l'attitude correcte. Nous avions une anticipation de cette partie du rêve avec la maison aux volets gris. La maison est grise et il s'ennuie. Et son inconscient exprime cela au moyen de cette allusion amusante — son bâillement en prononçant le nom de sa femme. Mais dans son conscient il ne l'acceptera pas. Il ne voit pas que la vie se développe maintenant dans une autre direction.

Dans un rêve ultérieur, il voyagera dans la cabine d'un transatlantique avec sa femme, et voici que le bateau s'immobilise en pleine mer. Il regarde par le hublot et voit qu'ils sont près de la côte et très proches d'une ruine sur une colline. Ensuite, il se trouve sur le pont et voit qu'il n'est pas sur un transatlantique, mais sur un bateau plat qui va en rivière. Finalement ce n'est plus une rivière mais une mare à canards, au milieu d'un village où le bateau ne peut plus bouger du tout. Il est totalement immobilisé. Les gens du village montent à bord. Ce n'est plus un bateau et il se demande : « Mais pourquoi diable devons-nous vivre sur un bateau ? »

Quatrième conférence

28 novembre 1928

Dr Jung : Avant que nous ne continuions notre rêve, je dois vous parler de certaines choses qui se sont produites entre-temps. Parmi vous, ceux qui sont intuitifs ont pu observer que l'humeur générale, au cours de notre deuxième réunion, était quelque peu sens dessus dessous. Nous avons eu le rêve du taureau, avec l'aspect communautaire qui s'y rattachait, ce qui nous a fait vivre une petite scène que nous aurions pu observer dans l'ancienne Athènes — j'ai mentionné le fait que les hommes importants avaient l'habitude de raconter leurs rêves et, pour l'illustrer, je vous ai rapporté le rêve de la fille du sénateur et celui du poète grec. Nous aurions tout aussi bien pu voir une telle scène sur la place du marché d'un village primitif, en voyant un homme se lever et dire : « Cette nuit j'ai eu une vision, un esprit a parlé », et tous les villageois de se presser autour de lui et d'écouter, horrifiés. Tout cela a mis en évidence des coïncidences intéressantes.

Vous vous rappelez que le 21 novembre, nous avons parlé du taureau et de la signification de la course de taureaux. Notre patient, je continue à le voir encore occasionnellement — ce qui veut dire qu'à ce stade l'analyse ne l'a pas encore tué ! Or, entre le 20 et le 24, il a passé quatre jours à créer et à travailler sur une image qu'il ne pouvait pas comprendre. Elle l'a tellement intrigué qu'il est venu me voir pour me demander des explications. Il a été amené à dessiner la tête d'un taureau, et nul doute qu'il soit très sacré, car ce taureau tient entre ses cornes le disque du soleil. Malheureusement je ne peux pas vous montrer cette image, car cet homme pense que nous avons déjà été fort indiscrets, à discuter ses rêves dans ce séminaire. Mes exemples me viennent de mes patients — et de vous ! Je lui ai dit que nous étions en train de parler du taureau, en relation avec son rêve, et que son dessin se synchronisait avec cet événement, et après je lui ai expliqué le sens de son dessin.

Là-dessus, après notre dernière réunion et après le rêve du Dr Shaw, au moment où je vous commentais la signification du combat avec le taureau dans l'antiquité, voilà que je reçois une nouvelle lettre de Mexico, de cette amie qui venait d'assister à une course de taureaux. J'ai reçu cette lettre deux jours après le dernier séminaire. Elle a voyagé deux semaines environ, si bien qu'elle a dû l'écrire juste le jour où, dans le séminaire, nous avons parlé du taureau pour la première fois. Elle ne parle pas du combat. Je vais vous citer sa lettre : « Le sommet absolu de l'art dans tout cela, c'est le moment où l'animal s'immobilise, troublé, faisant face au matador, et où le matador, debout, face à l'animal, fait des gestes de colère pour signaler sa totale maîtrise sur l'animal.... Le matador est le point focal du contrôle conscient parfait, au milieu de cette masse confuse d'inconscience animale, sur ce noir arrière-fond de barbarie. » Et il me semble que c'était cela, le sens du symbole : on doit faire preuve d'un contrôle conscient parfait, d'un style parfait, d'une audace et d'une grâce consommées pour pouvoir vivre au cœur de la barbarie. A la moindre faiblesse, c'en est fait de vous. Cela explique que le combat avec le taureau était le symbole du divin. Et le toréador est le héros, parce qu'il est le seul point lumineux dans cette masse sombre de passion et de rage où n'existent ni contrôle ni discipline. Lui, le toréador, personnifie la discipline parfaite. Mon amie est un observateur tout à fait indépendant, mais elle a capté l'essence de cette situation et a éprouvé le besoin de m'en faire part.

Voici ce que nous appelons « juste une coïncidence ». Je l'ai mentionnée pour montrer comment le rêve est une chose vivante, en aucun cas un élément mort qui bruisse comme du vieux papier sec. C'est une situation vivante. C'est comme un animal, avec des antennes, ou encore avec de nombreux cordons ombilicaux. Ce que nous ne réalisons pas, c'est que tandis que nous parlons, lui, le rêve, produit. Cela explique que les primitifs parlent de leurs rêves, et pourquoi moi-même je vous parle de rêves. Les rêves nous émeuvent et nous mobilisent, ils nous expriment et nous les exprimons. Et il apparaît des coïncidences qui ont un lien avec eux. Nous refusons de prendre ces coïncidences au sérieux, car nous ne parvenons pas à y voir un aspect causal. Et c'est vrai, nous ferions une erreur d'y voir un aspect causal. Les événements ne surviennent pas *à cause* des rêves, ce serait absurde. C'est indémontrable. Les événements se contentent de survenir. Mais il est sage de considérer le fait qu'ils se produisent. S'ils ne survenaient pas avec une régularité singulière, nous ne les remarquerions même pas. Non pas avec la régularité d'une expérience de laboratoire. Il s'agit seulement d'une sorte de régularité irrationnelle. Les cultures orientales fondent l'essentiel de leur science sur cette régularité [1], et considèrent les coïncidences comme une base plus solide pour le monde que la causalité. Le synchronisme [2] caractérise le préjugé de l'Est. La causalité est le préjugé moderne de l'Ouest. Plus nous nous préoccuperons des rêves, plus nous verrons de telles coïncidences — autant dire de chances. Souvenez-vous que le livre chinois scientifique le plus ancien nous parle des chances possibles de vie [3].

Maintenant, continuons notre rêve. Nous en avons pratiquement terminé avec les associations et nous devrions tenter de l'interpréter. Nous devrions d'abord résumer toutes les associations. Dans le cas présent, un travail astreignant par le fait qu'il y en ait tant, si toutefois nous prenons en compte toutes les connotations mentionnées. Le *jeu de paume** et la course de taureaux ne sont pas véritablement dans le rêve, mais nous avons le devoir de considérer le contexte entier, parce que l'esprit du rêveur a été moulé avec ce modèle. Nos esprits ont été construits par l'histoire de l'humanité. Ce que les hommes ont pensé dans le passé a influencé la structure de nos propres esprits. C'est la raison pour laquelle, lorsque nous prenons la peine d'analyser avec le plus grand soin et beaucoup de précautions notre processus mental, nous devons prendre en compte ce que d'autres ont pensé dans le passé. Pour expliquer certains processus de pensée de l'homme moderne, on ne peut aller de l'avant aujourd'hui sans tenir compte du passé. Jusqu'à un certain point, on peut expliquer le terrain personnel, par exemple que cet homme veut acheter une nouvelle voiture. Mais vouloir acheter une nouvelle voiture, une pensée moderne, n'est que la cause qui suscite un certain mode de pensée qu'il n'a pas construit. Pour la partie la plus importante de sa déduction logique, c'est le passé tout entier qui est responsable. Il n'y a qu'au Moyen Age que nous avons appris à penser de façon logique — et en ce temps-là, avec la seule aide d'enseignants religieux. Les primitifs, quant à eux, ne possédaient pas la pensée logique tout simplement parce qu'ils ne savaient pas produire la même sorte de raisonnement abstrait dont nous sommes capables. Il a dû s'écouler une très longue période avant que nos esprits aient été entraînés à produire les conditions donnant naissance au phénomène de l'abstraction, au-delà et contre les tentations des sens et des émotions.

Sur des questions techniques, les anciens étaient incapables de maintenir une pensée abstraite, pour quelque durée que ce soit; l'instinct joueur les en empêchait continuellement. Cela est visible sur de vieux moteurs et d'anciennes machines : si nous remontons à 1820, dans une vieille pompe, par exemple, les axes étaient fixés sur deux colonnes doriques. Et certaines machines étaient construites dans le style rococo — c'était parfaitement ridicule. Voilà le jeu. Et naturellement, plus ils jouaient, moins la machine avait de chances d'être efficace. Ils s'arrêtaient à la curiosité qui excitait leurs sens, et ainsi ne s'engageaient jamais dans une quelconque pensée sérieuse. L'antiquité ignorait la technique de voile qui consistait à remonter au vent en tirant des bords. Cette technique a été inventée par les Normands au XIIe siècle. Avant cette époque, les navigateurs étaient dans l'obligation d'attendre les vents favorables ou de naviguer à la rame. Les quilles profondes ou même lestées étaient inconnues. Les fonds des bateaux étaient plats. Et pourtant ils arrivaient à charger jusqu'à mille cinq cents tonnes, et même les vaisseaux égyptiens qui amenaient du blé à Rome embarquaient jusqu'à mille huit cents tonnes. Il a fallu attendre le milieu du XIXe siècle, en 1840, pour que nous commencions à construire des bateaux d'un tel tonnage.

Ce sont là les voies historiques par lesquelles notre esprit s'est développé, et il faut en tenir compte. Il faut considérer les connotations historiques lorsqu'on essaie d'expliquer les rêves. Nous ne pouvons prétendre les comprendre au seul plan personnel. Toutefois, pour l'analyse pratique, on ne peut aller aussi loin sur les sentiers de l'histoire. Dans toute la mesure du possible, j'essaie d'être bref, pratique et personnel. Dans ce premier rêve que j'ai analysé avec le patient, je n'ai pas attiré son attention sur le culte de Mithra, le *jeu de paume**, etc., il n'y avait pas de justification à faire cela. Je me suis contenté de lui donner quelques idées superficielles de sa signification. Mais ici, dans notre séminaire, nous avons le devoir d'entrer dans les détails pour voir les éléments qui constituent le rêve, sans doute davantage que dans les rêves que j'ai analysés personnellement avec vous. Cet homme serait étonné de nous entendre parler de son rêve. En fait, il ne le reconnaîtrait pas.

A présent, une fois de plus, retournons au rêve, et essayons de faire une interprétation générale. Souvent, la fin d'un rêve nous enseigne quelque chose. Habituellement, à la fin, quelque chose est arrivé aux personnages mis en scène, ce qui explique aussi bien la situation du début que les événements au milieu du rêve. Dans le cas présent, nous pourrions facilement commencer par la fin où nous rencontrons ce fait essentiel, amené par toute la construction du rêve depuis son début, que ce nom, Maria, représente pour le rêveur un ennui sans bornes, qui le fait bâiller lorsqu'il le prononce. Et les protestations des membres de la famille montrent que lui-même proteste lorsqu'il adopte le point de vue familial. Il est un homme qui prend le parti de la famille, et la famille est une chose presque sacrée. C'est une horreur de bâiller en prononçant le nom de sa femme. Ceci nous introduit directement dans son conflit personnel. Il s'ennuie, mais c'est contre sa volonté. Ce n'est pas intentionnel et il n'aime pas cela. Dans un tel cas, nous pouvons tirer une conclusion concernant l'économie de son état mental. Que concluriez-vous ?

Suggestion : Il est inconscient de son ennui ?

Dr Jung : Oui, c'est tout à fait exact : il n'aurait pas besoin d'en rêver s'il en était conscient. Il refuse à ce point de l'admettre qu'il est obligé d'en rêver. Le rêve est obligé de lui dire : « Mon cher ami, c'est simple, tu t'ennuies ! » Nous prétendons toujours tout connaître, jusqu'à l'inconscient, ce qui, bien entendu, est un non-sens parfait. L'inconscient est ce que nous ne connaissons pas. Vous pourriez supposer que si vous vous ennuyiez vous le réaliseriez. Mais il y a des situations dans lesquelles vous n'oseriez pas réaliser cela. Vous penseriez au contraire être malade. Il y a des situations dans lesquelles nous ne pouvons pas nous payer le luxe d'admettre la vérité. Ça va trop à l'encontre de nos propres intérêts. Nous ne pouvons admettre la nature véritable de nos émotions, car elles sont trop choquantes. C'est un homme charmant, un homme de famille, un père et tout ce qui s'ensuit. Donc, bien entendu, il s'intéresse comme il se doit à sa femme et le rêve ne peut que lui dire : « Tu t'ennuies tout simplement et c'est ça la vérité ! » Mais quand un homme est forcé de réaliser qu'il s'ennuie, qu'arrive-t-il à sa force vitale, sa libido ?

Suggestion : Je serais tenté de penser qu'elle commence à se demander ce que lui pourrait bien en faire.

Dr Jung : En somme, que seraient ses préoccupations ? — car c'est le mot exact : ce qui vient avant ses occupations. Des femmes n'ont-elles pas vécu l'ennui avec leur mari ? Que peuvent-elles faire ?

Suggestion : Ça c'est trop, c'est bien dans la psychologie d'un homme !

Dr Jung : Je n'en suis pas si sûr ! Mais ici le rêveur est un homme, alors restons dans son rôle. Que va-t-il faire ?

Suggestion : Commencer à regarder par la fenêtre [4].

Dr Jung : Dans le rêve, rien de tel n'est mentionné. Rien ne confirme votre conclusion dans ce cas.

Suggestion : Je pense qu'il a dû regarder par la fenêtre, bien avant d'avoir fait ce rêve.

Dr Jung : Tout à fait exact, il a fréquemment regardé par la fenêtre, et se trouve au-delà du stade où cela pourrait apparaître dans des rêves. A présent, il est dans une situation où il cherche beaucoup plus. Il s'ennuie toujours autant avec sa femme. Regarder par la fenêtre n'a pas été une aide, et il est parvenu à la conclusion que cela n'est pas la solution. Quelques allusions dans le rêve pourraient lui venir en aide, de toutes petites choses, mais il ne pourrait pas les accepter. Ça lui paraîtrait ridicule. Elles ne représentent pas la moindre réponse et il a besoin d'une autre réponse. Et là, pour lui, tout s'arrête. Nous supposons que son rêve contient une réponse à son immense problème et, pour cette raison, nous devons le lire comme porteur d'un message venant de l'inconscient. Nous avons à le prendre très au sérieux, d'autant plus que la situation de cet homme est partagée par de nombreux autres hommes, et qu'il existe un nombre incalculable de femmes qui s'ennuient avec leurs maris. Enormément de gens, entre quarante et soixante-dix ans, se sont trouvés ou pourraient se trouver dans une telle situation. De ce fait, ce rêve est d'une importance toute générale. Pour nous, nous y engager avec les associations devrait nous donner une idée de ce qu'il y a lieu de faire dans une telle situation.

Le rêve parle d'abord de l'enfant de sa plus jeune sœur et de l'invitation de son beau-frère à aller au théâtre et à dîner ensuite. De toute évidence, il est mis en relation avec cette partie de sa famille. Vous vous souvenez que cette plus jeune sœur était sa préférée, de onze ans sa cadette, il continue à la ressentir comme un petit enfant et a pour elle une tendresse toute particulière. Lors du décès de l'enfant de cette sœur, son chagrin a été presque aussi fort que s'il s'était agi de son propre enfant. Ceci nous permet de dire qu'il existe une relation particulièrement étroite entre lui et cette jeune sœur. Et il est également en bons termes avec son mari. Ces personnages, avec lesquels il n'entretient pas de rapport en ce moment, nous pourrions les prendre au plan de l'objet s'ils étaient proches ou, tout au moins, s'ils jouaient un rôle important dans sa vie. Mais comme ils vivent très loin, à l'étranger, nous avons le droit de les considérer comme des contenus subjectifs du rêve, comme des parties du rêveur lui-même : des figures de lui-même mises en scène dans son théâtre privé. Nous ne pouvons donc parvenir à la véritable signification de cette partie du rêve qu'en comprenant ce que ces personnages représentent dans la psychologie du rêveur. L'enfant, comme vous le savez, n'est pas réel, c'est un enfant imaginaire. Le véritable enfant est mort. Pour l'instant, nous allons abandonner cet enfant imaginaire.

D'abord, le beau-frère : le rêveur a occupé une position importante, directeur d'une société commerciale dans laquelle son beau-frère, plus jeune que lui, lui a succédé. Il l'a donc suivi. Il représente « celui qui nous suit », l'ombre. L'ombre est constamment celui qui nous suit.

Suggestion : L'ombre très souvent nous précède.

Dr Jung : Oui, lorsque le soleil est derrière nous. Mais l'ancienne idée du *synopados*[5] décrit celui qui nous suit et vient avec nous, dans un accompagnement. C'est l'idée d'un daïmon personnel :

> Scit Genius, natale comes qui temperat astrum
> Naturae deus humanae, mortalis in unum
> Quodque caput, voltu mutabilis, albus et ater[6],

un dieu au visage changeant, blanc et noir, qui se trouve en chacun ; un daïmon aux aspects contradictoires. Mais qu'est-ce qui nous oblige à traduire cette figure de cette manière ? Pourquoi devrions-nous appeler son beau-frère l'ombre ?

Réponse : Le rêveur a été tellement engagé dans les affaires que des parties de lui-même ont été négligées, parties représentées par le beau-frère.

Dr Jung : Le fait est que plus quelqu'un se tourne vers la lumière, plus grande sera son ombre dans son dos. Ou encore, plus quelqu'un tourne ses yeux vers la lumière de la conscience, plus il ressentira son ombre dans son dos. Ceci est en complète harmonie avec les idées anciennes. Il y a un excellent livre qui s'appelle *The Man without a Shadow*[7] (L'homme sans ombre), à partir duquel un très bon film a été produit, *L'Etudiant de Prague*, une sorte de deuxième *Faust*. C'est l'histoire d'un étudiant en manque d'argent qui signe un contrat avec le diable. Le diable lui offre 900 000 souverains d'or, mis en tas sur la table devant lui, et il lui est impossible de résister. Il dit au diable : « Bien entendu je ne dois pas m'attendre à ce que vous me donniez tout cet or sans quelque chose en échange ? — Oh, rien d'important, répond le diable, juste quelque chose que vous avez dans cette chambre. » L'étudiant se met à rire — il n'y a pas grand-chose dans la chambre, une vieille épée, un lit, quelques livres, etc., la pauvreté. Et il dit au diable : « Choisissez ce qui vous plaît, vous voyez bien qu'il n'y a rien de grande valeur ici. » Alors le diable lui dit : « Venez ici, et regardez dans ce miroir. » Le grand avantage du cinéma, c'est la capacité à produire des effets extraordinaires. On voit l'étudiant et son reflet dans le miroir, et le diable se tient derrière lui et fait signe à l'image réfléchie de l'étudiant dans le miroir. Et cette image sort du miroir d'une manière extraordinaire et suit le diable. L'étudiant fixe le miroir, les yeux écarquillés, et ne parvient plus à se voir dans la glace. Il est devenu un homme sans ombre. Et le diable s'en va. Le film se poursuit en racontant toutes les mésaventures de cet étudiant qui a perdu son ombre. Par exemple, le coiffeur lui tend un miroir après l'avoir rasé : il s'y regarde, et dit : « Oui, c'est très bien », mais il n'a rien vu, son image ne se reflète plus. Il doit faire semblant de s'être vu. Une autre fois, il va au bal avec une dame, et dans une glace, en haut de l'escalier, il voit la dame dont le bras fait le geste de lui donner le bras, mais lui ne se voit pas. C'est la situation d'un homme qui s'est totalement coupé de sa conscience de l'ombre. Il a perdu son ombre.

C'est en gros la position de notre patient, et son ombre est représentée ici par celui qui le suit, son beau-frère. Il n'existe pas de preuve scientifique qu'il en soit ainsi. Nous nous en servons comme hypothèse de travail. Et si le beau-frère représente l'ombre, il s'ensuit que l'épouse de l'ombre est une figure tout à fait définie. Et elle doit avoir les caractéristiques de cette figure : l'épouse de l'ombre est l'anima. Pour élucider des concepts aussi obscurs et compliqués que l'ombre, l'anima, etc., un diagramme sera très utile pour montrer ce qui est ou n'est pas logique[8]. Nous devons commencer à partir des idées archétypiques. Nous devons commencer avec l'idée de totalité. Et nous exprimons la totalité de la personnalité, masculine et féminine, par un cercle. Il devrait y avoir un centre à ce cercle, mais nous ne pouvons pas assigner la place centrale à la conscience, car celle-ci est toujours unilatérale. Si on regarde ce qui est devant les yeux, on ne peut en même temps être conscient de ce qui se passe derrière soi. Il est impossible d'être conscient de tout, dans un moment déterminé. Pour être conscient, on doit être concentré. On est toujours conscient de quelque chose de spécifique. On pourrait décrire la personnalité totale comme résultant du conscient, complété par l'inconscient. Il y a la zone de ce qui est habituellement inconscient et la zone du relativement inconscient. De la même manière, il y a la zone de ce qui est relativement conscient. Tantôt l'on est conscient d'une certaine chose et tantôt l'on est conscient d'autre chose. L'état de conscience ressemble à un projecteur dont le faisceau balaie un champ. Seules les parties prises dans la lumière du faisceau sont conscientes.

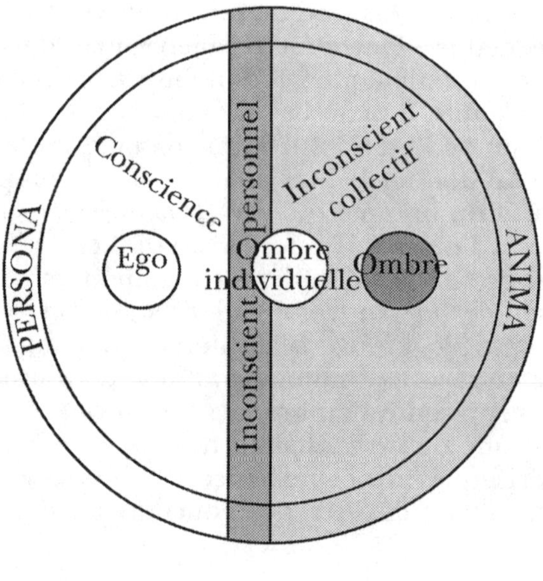

L'inconscient, ou côté sombre, la partie qui est habituellement inconsciente, est la sphère de l'ombre et n'a pas, à ce titre, de centre particulier parce que nous ne savons pas où il se situerait. Naturellement, l'ombre est une sorte de centre, une certaine personnalité différente de la personnalité consciente. Et dans ce rêve, c'est le beau-frère.

Notre conscience est tournée vers ce que nous appelons le monde. Pour pouvoir nous mouvoir dans le monde, nous avons besoin d'une certaine attitude, ou persona, le masque que nous tournons vers le monde. Les gens qui possèdent une très forte persona ont des visages qui ressemblent à des masques. Je me souviens d'une patiente qui avait un tel visage. Pour les hommes, elle était une figure d'anima, mystérieuse et fascinante par le simple fait de ce masque. Et derrière, le mystère, la femme mystère. De telles personnes me rendent malade. Mais ce n'est pas le cas de tout le monde. La « femme mystère » du cinéma est une figure d'anima. Cette femme avait la réputation de posséder une nature harmonieuse et sereine, mais à l'intérieur d'elle-même c'était tout l'opposé ; terriblement déchirée et remplie de contradictions ahurissantes dans son caractère. Sans son masque, elle ne serait que de la chair inconsistante sans aucune expression. La persona, c'est comme une pâte dont on se recouvre le visage.

Ce que nous voyons du monde est loin d'en être la totalité, tout juste la surface. Nous ne pouvons pas voir à l'intérieur de la substance du monde, dans ce que Kant appelle la « chose en soi ». Cela serait l'inconscient des choses, et pour autant qu'elles sont inconscientes elles nous sont inconnues. Pour cette raison, nous avons besoin de l'autre moitié du monde, le monde de l'ombre, l'intérieur des choses. La coupure entre conscient et inconscient traverse exactement le monde en le coupant en deux. Maintenant, si je possède une peau qui me permet de m'adapter au monde conscient, je dois nécessairement en avoir une aussi pour le monde inconscient. L'anima est le complément qui assure à l'homme toute son adaptation aux choses inconnues et partiellement connues. Ce n'est que tout récemment que j'en suis arrivé à la conclusion que l'anima est la contrepartie de la persona, et l'anima apparaît toujours sous la forme d'une femme ayant une qualité spécifique, parce qu'elle est en relation avec l'ombre spécifique de l'homme.

Dans le cas de notre rêveur, nous avons une démonstration tout à fait typique de ce qu'est l'anima. Elle est reliée au beau-frère, l'ombre, en tant qu'épouse de celui-ci. Mais elle est également liée à la petite sœur, sa petite préférée, le féminin le plus intériorisé et qu'il aime le plus. De plus, elle est liée à l'enfant pour laquelle il éprouve de très tendres sentiments, comme pour quelque chose qui serait proche de sa propre âme. Pour cette raison, la fillette est une figure que l'on peut désigner comme symbole de l'âme. J'ai choisi l'emploi du mot « anima » pour éviter toutes les complications sémantiques liées à l'emploi du mot « âme ». Cette sœur du rêve, sa sœur, est la figure qui est mariée à l'ombre, et nous apprenons immédiatement que ce féminin a une enfant imaginaire. Un fait imaginaire n'est pas un fait inexistant, mais d'un ordre différent. Un fantasme, par exemple, est un fait terriblement dynamique. Souvenez-vous qu'on peut être tué par un fantasme. Et être tué par une balle tirée par un fusil à la guerre ou être tué par un fou, ici, revient au même — on est mort ! Lorsque le rêve parle d'un enfant, il s'agit d'une entité bien définie, tout comme sa sœur et son beau-frère, tout comme la mère ou le père apparus en rêve sont eux-mêmes également des entités définies. Ces entités ont une existence psychologique, ce sont des faits qui agissent et qui constituent un monde qui agit.

Rien, dans notre civilisation, qui n'ait d'abord été l'objet de nos imaginations, de nos fantasmes. Même les maisons et les chaises ont d'abord existé dans l'imagination des architectes ou des inventeurs. La guerre mondiale [9] n'a été déclenchée que parce que, selon certaines opinons, il fallait faire la guerre à la seule Serbie. Des opinions fondées sur de purs fantasmes. Les fantasmes sont ce qu'il y a de plus dangereux. Nous serions bien avisés de reconnaître qu'une enfant imaginaire ou une femme sont des réalités dangereuses, et d'autant plus qu'elles sont invisibles. Plutôt qu'une femme imaginaire, je préférerais, et de loin, avoir affaire à une femme réelle. Une anima peut provoquer les résultats les plus stupéfiants : elle peut envoyer un homme n'importe où dans le monde. Ce qu'une femme réelle ne pourrait faire, l'anima le peut. Si l'anima le dit, il faut y aller. Si l'épouse nous ennuie avec des choses inintéressantes, on l'insulte, mais si l'anima nous harcèle avec des choses insensées....

Question : Pourquoi l'anima a-t-elle un tel pouvoir ?

Dr Jung : Parce que nous sous-évaluons l'importance de l'imagination. L'anima et l'animus ont une influence terrifiante, parce que nous leur abandonnons l'ombre. En n'étant pas conscients de l'existence de l'ombre, vous déclarez qu'une partie de votre personnalité n'existe pas. Et à partir de là, cette part de vous-mêmes entre dans le royaume de la non-existence où elle va enfler et prendre des proportions énormes. Quand vous ne reconnaissez pas de telles composantes, vous nourrissez tout simplement les diables. En langage médical, chaque composante dans la psyché représente une certaine valeur énergétique, et si vous déclarez qu'une certaine valeur énergétique est non existante, un diable apparaît à sa place. Si vous déclarez que la rivière qui coule le long de votre maison est inexistante, elle sortira de son lit, envahira votre jardin en y déposant rochers et sable, et viendra miner votre maison. Si vous donnez à la nature de telles possibilités illimitées, elle fera ce qu'elle voudra. Si vous voyez un troupeau de bovins ou de cochons, et que vous prétendez qu'ils n'existent pas, ils vont immédiatement tout envahir ; les vaches viendront brouter vos roses, et vous retrouverez les cochons dans votre lit en train d'y dormir ! C'est ainsi que le non-existant grandit et devient envahissant. Dans *Die Fledermäuse*[10] (Les chauves-souris) — très mauvais par ailleurs — Meyrink décrit de manière très vivante un monde dans lequel vivent quelques spécimens humains d'une extrême pauvreté, pâles, tristes, malades, et dont le sort ne fait qu'empirer. Et là, une découverte se fait : au fur et à mesure que leur nombre décroît, certains cadavres dans les tombes se mettent à grossir en proportion. Ce que vous avez enterré grossit à mesure que vous-mêmes maigrissez. Lorsque vous vous débarrassez de composantes déplaisantes, en les niant, vous devenez de plus en plus inconscients de ce que vous êtes, vous vous déclarez de plus en plus non-existants, et vos diables grossissent à mesure.

Tout comme l'ombre est une entité définie, l'anima est également une entité définie. De même, cette enfant est une entité définie et d'autant plus dangereuse qu'il s'agit d'une enfant imaginaire. Elle est dangereuse car elle pourrait porter atteinte au patient lui-même. Nous revoilà sur un terrain empirique, une pure hypothèse de travail. Mais nous sommes forcés de l'émettre. Le point essentiel est qu'elle est âgée de deux ans, pâle et malade, et qu'elle est le produit de l'union de l'ombre et de l'anima — à un certain niveau, ils sont assortis. A vrai dire, tout cela est très mystérieux et très difficile à expliquer. Nous savons que le produit (l'enfant) est âgé de deux ans et qu'il y a deux ans notre patient a commencé ses études sur l'occultisme qui l'ont amené à l'analyse. Voici le fait significatif. Si le rêve fait mention d'un laps de temps aussi défini, c'est l'indication qu'il faut prêter attention au facteur temporel dans l'histoire de ce cas. Rêver d'un enfant de sept ans signifie que quelque chose a commencé il y a sept ans.

Une de mes patientes a rêvé qu'elle avait un enfant de tout juste cinq ans qui lui donnait un souci épouvantable, au point d'être une menace pour son équilibre. Je lui ai demandé : « Dans ce même mois, il y a tout juste cinq ans, que se passait-il ? » Au début, cette femme ne parvenait pas à se concentrer sur ses pensées, puis tout à coup elle s'est sentie en proie à une gêne grandissante : elle était tombée amoureuse d'un homme et avait nié son sentiment. Mariée à un autre homme, sa vie conjugale était devenue un enfer, et à présent elle vivait dans une hantise démoniaque de devenir folle. Certaines femmes qui ont gardé un tel fait secret sont devenues véritablement folles ! Parce qu'elle était d'une famille simple et lui, l'homme aimé, d'une famille aristocratique, son sentiment était que son amour était sans espoir, n'imaginant pas une minute qu'il aurait pu l'aimer. Elle avait donc épousé un autre homme avec qui elle eut deux enfants. Et puis, trois ans après, elle rencontra un ami de son premier amour qui lui dit que cet homme l'avait aimée et que pour cette raison il ne s'était jamais marié. « Votre mariage a été pour lui un coup de poignard au cœur. » Peu après cet événement, alors qu'elle donnait son bain à l'aînée, une enfant de trois ou quatre ans, avec les yeux de son premier amoureux — elle aimait s'imaginer cette enfant comme étant de ce premier homme —, elle remarqua que la fillette buvait l'eau du bain, une eau très dangereuse, car infectée [11]. Elle en savait les dangers mais a laissé faire, et même a laissé son petit garçon boire de cette eau. Les deux enfants furent atteints de typhoïde, et l'aînée mourut. Cette femme est tombée dans une dépression grave, un genre de démence précoce, et fut envoyée dans un asile d'aliénés où je l'ai soignée. J'ai rapidement mis au jour toute l'histoire, et senti que le seul espoir de la tirer de là consistait à lui dire brutalement la vérité : « Vous avez tué votre enfant pour tuer votre mariage ! » Naturellement, elle ne savait pas ce qu'elle faisait. Parce qu'elle avait nié son premier amour, c'est-à-dire l'avait déclaré non existant, elle avait nourri ses diables qui lui avaient suggéré de tuer la fille de son mari. Dans ce cas-ci, la chose horrible dans son rêve était née de l'horreur, suscitée il y a trois ans, lorsqu'elle entendit que son premier amoureux restait dans un chagrin profond de la savoir mariée à un autre homme. Elle a « nourri ses diables », l'animus, et ils ont tué son enfant. La femme a guéri [12].

Question : Pensez-vous réellement, qu'il existe un lien entre, d'une part, le mariage de l'ombre et de l'anima et, d'autre part, le fait que le patient se soit dirigé vers l'étude de l'occultisme ?

Dr Jung : J'émets l'hypothèse que les sciences occultes qu'il essayait d'étudier représentaient symboliquement le côté sombre et inconnu des choses. Puisque cet intérêt était né de l'union de l'ombre et de l'anima, il devait naturellement s'exprimer par quelque chose d'occulte. L'union de l'ombre et de l'anima est caractérisée par quelque chose d'excessivement mystérieux. Qu'en fin de compte cela ait conduit notre patient vers l'étude de l'occultisme nous donne une indication importante quant au type d'expérience en cause. On ressent quelque chose d'étrange et de stupéfiant, comme s'il s'agissait d'un événement qui ne pouvait avoir lieu que dans un monde imaginaire et non existant. Impossible d'exprimer cela correctement. C'est trop étrange, trop inouï. On n'en retire que la répercussion, comme l'écho qui s'en fait dans notre monde. J'ai demandé à cet homme ce qui l'avait amené à entreprendre de telles études. Il ne pouvait pas me répondre. Il sentait confusément que le monde avait une autre face. Le monde lui avait apporté tout ce que le succès extérieur pouvait fournir. Mais dans son idée, il y avait autre chose encore. Alors, il s'est laissé dériver vers l'occultisme, s'est mis à lire sur l'Atlantide, etc., dans l'espoir de trouver où se cachait cette « chose ». Quelle que puisse être cette union entre ombre et anima, on en voit ici les effets.

A présent, l'inconscient nous dit qu'il s'agit là d'une occupation malsaine, ce qui explique que l'enfant soit malade. Cela constitue une information importante pour lui, et pour moi. Sans cela, je n'aurais aucun droit à être critique. Ni moi ni n'importe qui d'autre ne pouvions supposer que ses études sur l'occultisme avaient nécessairement un caractère morbide. C'est le rêve qui nous donne l'indication que c'était pathologique, que ses études étaient mauvaises. Alors il est invité à aller au théâtre et ensuite à dîner, mais Madame Anima n'y est pas, elle se tient à distance, très préoccupée par l'enfant malade. L'ombre invite le rêveur au théâtre, pour qu'il puisse voir tout ce que l'ombre voit, la scène de l'inconscient. Quelle est l'intention secrète du beau-frère ? Vers quoi veut-il aller ? Il tente de parvenir à une sorte de communion. En accompagnant l'ombre, le rêveur accompagne cette partie de lui-même qu'il a déclarée non existante. Lorsque je dis : « Je vais dîner avec quelqu'un », je donne une réalité à cette personne. Le fait qu'il aille dîner avec l'ombre veut dire qu'il accepte l'existence de l'ombre au même titre qu'il accepte son beau-frère. Il admet la réalité de son côté ombre — c'est-à-dire qu'il s'ennuie terriblement, qu'il a des fantasmes, etc. Il va y aller et va regarder ces images, et en les assimilant, il va pouvoir se rapprocher du but ultime du rêve qui est la guérison et le développement de l'enfant.

L'enfant est malade parce qu'il a commencé ses études de travers. Il aurait dû commencer par l'ombre. Très récemment, un représentant de la théosophie me disait qu'à son avis, il faudrait introduire l'analyse dans la théosophie. Ils commencent à comprendre qu'à moins de commencer par le bon bout, avec l'ombre, leurs recherches occultes sont morbides. Il faut commencer par l'intérieur. C'est après avoir appris le côté sombre d'eux-mêmes qu'ils pourront s'attaquer à la théosophie. Théosophie signifie « sagesse de Dieu ». Pouvons-nous posséder ça ? Seigneur Dieu, non ! Tâchez d'être sage, en vous-mêmes, et alors vous aurez appris quelque chose.

La semaine prochaine, j'aimerais que ce soit vous qui me donniez vos propres interprétations du rêve. Soit votre interprétation individuelle, soit au contraire que vous formiez des groupes pour en discuter, en choisissant un membre comme rapporteur. L'enseignant n'a pas à faire tout le travail lui-même.

Cinquième conférence

5 décembre 1928

Dr Jung : Aujourd'hui, je veux entendre vos interprétations du rêve.

Dr Deady (première interprétation) : Le problème du rêve est un problème d'anima. Le rêveur s'est dirigé vers l'occultisme, sous l'influence de sa sœur, non pas comme un homme devrait s'y prendre, mais sous l'effet d'une humeur qui traduit toujours l'anima. Sa sœur était son anima et, pour cette raison, il n'accomplissait pas un travail intellectuel, en pleine conscience.

Dr Jung : On ne peut vraiment dire cela de cet homme. Il lit énormément et va au fond des choses. Il a étudié l'occultisme d'une façon très consciente. Nous devons être prudents lorsque nous citons l'anima comme promoteur de nos intérêts. Les humeurs ne sont que l'un des symptômes de l'anima — il en existe bien d'autres, très singuliers. L'anima peut donner naissance aux idées les plus étranges : par exemple, elle peut donner à un homme cette qualité particulière qui l'amènera à conduire sa vie comme une sorte d'aventure ou de quête, faisant de cette tâche le but de toute sa vie. Napoléon en est un exemple. Son rêve n'était pas de ressembler à Alexandre le Grand. Sa vie devint une quête, une aventure romantique. Cela nous montre l'influence de l'anima.

Notre rêveur suisse est totalement romantique. Il s'est engagé dans l'étude de l'occultisme comme on s'engage dans une quête, se vivant comme un chevalier à la recherche de l'aventure et, là, nous reconnaissons l'activité de l'anima. Sa préoccupation première, qui n'est pas uniquement le non-sens, est également la *femme inspiratrice** : elle donne à l'homme de très grandes idées et des impulsions généreuses ; de la vie d'un homme elle peut faire quelque chose de grand et noble, autre chose qu'un fatras d'humeurs. Il est vrai que lorsque l'anima est derrière un homme, il y a aussi quelques pièges, comme si la motivation était fausse en quelque sorte ou qu'il ne possédait que la moitié de son intelligence, comme s'il ne s'agissait pas de l'homme dans son intégralité, de sa personnalité complète. Cet homme est un homme d'affaires et, lorsqu'il entre dans l'occultisme, il ne vit qu'à moitié et non pas avec la totalité de sa personnalité. Il ressemble à ces gens qui ont un passe-temps. Ses derniers rêves constellaient le fait qu'il était dans les affaires et qu'il était pourvu d'un esprit pratique. Ses rêves présentent des situations tout à fait mythologiques, et tout à coup voici que surgit l'homme d'affaires.

Une fois, il a rêvé qu'il était en présence d'une divinité malfaisante singulière, une boule jaune, avec laquelle il faisait de la magie. On pouvait donc s'attendre à quelque chose de formidable. Mais lorsqu'il en a fait une représentation, ce qui aurait dû être un dieu jaune est apparu comme une pièce de monnaie, une pièce d'or. Il a voulu brûler cette boule jaune, mais quelqu'un avait coupé les fils. Alors, au comble de l'irritation, il a voulu tuer quelqu'un et la seule arme qu'il put trouver fut un fer à cheval — insuffisant pour tuer ses ennemis. Pris d'une peur panique, il a pris la fuite, tel un jeune garçon, en se lançant sur la rampe d'escalier jusqu'en bas. Il ne se sentait pas à la hauteur du problème. Tout se présentait comme s'il avait coupé les fils lui-même, tant et si bien qu'il devenait impossible de brûler le dieu jaune. Le rêve montrait à quel point les paires d'opposés s'étaient rejointes l'une l'autre. C'était un combat rapproché. Mais alors il était encore bien loin de la question de savoir ce que signifiaient le dieu jaune et les études sur l'occultisme. Il était avant tout un homme d'affaires qui, soudainement, a bifurqué vers les études d'occultisme. Voilà ce que l'anima, livrée à elle-même, peut faire lorsqu'elle agit sans être aidée par l'homme. Elle peut le détourner, sans crier gare, vers une sphère entièrement différente, dans laquelle il oublie sa vie ordinaire. Mais elle demeure séparée, comme dans *She* (Elle).

Dr Deady : C'est la raison de cette étude, la naissance d'un nouvel intérêt, c'est la naissance d'un enfant. Ainsi donc l'enfant représente son intérêt pour l'occultisme. Mais son intérêt pour l'occultisme est l'intérêt d'une anima, pas l'intérêt d'un logos masculin. En conséquence l'enfant est malade. Son intérêt est porté par son ombre et son anima et ils sont tous les deux dans son inconscient, si bien qu'il est conduit par quelque chose dont il n'a pas le moindre contrôle. S'il veut, par exemple, se mettre à étudier la théosophie, consciemment, il doit connaître son inconscient afin d'être mis en relation avec son ombre. Le rêve représente cette situation et se révèle dynamique. Il va au théâtre et va dîner, c'est-à-dire qu'il entreprend une démarche vers une nouvelle attitude, vers un état de conscience.

Dr Jung : Vous devriez mentionner que c'est son beau-frère, son ombre, qui l'a invité à aller au théâtre. Il n'y pense pas de lui-même. Le message venait de son inconscient, comme si une petite voix lui avait chuchoté : « Va au théâtre. » Tout comme la voix avait dit à Socrate : « Joue encore de la musique. » Et une autre fois la voix lui dit : « Prends la rue à gauche », et d'avoir écouté la voix de son daïmon, Socrate a évité un immense troupeau de porcs qui dévalait la rue qu'il venait de quitter l'instant auparavant. Récemment, une femme qui entend de telles voix est venue me consulter. Elle est tout simplement gentiment folle, une sorte de folie douce. Sa voix lui vient du bas de son corps, de son ventre, et lui donne des conseils de grande valeur. Elle vient me voir pour en être guérie, mais en même temps veut la garder. Bien entendu c'est la voix de l'ombre. Par exemple, elle avait l'habitude d'envoyer une lettre personnalisée à tous les siens au moment de Noël, mais sa voix lui suggéra d'envoyer la même lettre à tout le monde. Comme notre homme n'est pas fou, il entend la voix dans son sommeil, pas dans son état de conscience. Curieusement, la voix est à la fois banale et importante.

On peut être amené à se tromper, comme ce fut le cas pour Socrate qui prit sa voix au pied de la lettre et s'en alla acheter une flûte. Et notre femme, elle, est dans la confusion, elle ne sait pas si cette voix est celle de Dieu ou celle du diable. On devrait en être effrayé et pourtant il ne faudrait pas la prendre entièrement au sérieux. Une femme noire qui était un peu folle me dit un jour : « Oui, le Seigneur travaille en moi, comme une horloge, tantôt amusant, tantôt sérieux. » C'est exactement ce que sont nos rêves : amusants et sérieux. Donc, pour notre patient, il est important de déterminer d'où vient le message : qu'il vient de l'inconscient. Car son conscient pense qu'il a déjà dîné, c'est-à-dire déjà fait quelques études sur l'occultisme. Mais vous n'avez pas atteint le point essentiel du rêve.

Miss Taylor (deuxième interprétation) : Le message du rêve parle de conversion, d'un changement d'attitude. Lorsque la manière habituelle de vivre perd de son intérêt, à tout moment, entre quarante et soixante-dix ans, le moment est venu de changer, non pas les conditions extérieures, mais les conditions intérieures : pour une union entre le moi et l'ombre, en regardant les images de l'inconscient et en les assimilant pour en obtenir la mana qui s'y trouve en réserve, ce qui va donner une nouvelle créativité : « Son beau-frère l'invite à aller au théâtre avec lui et à dîner ensuite. »

Le problème du rêveur est : 1. son hypercorrection — il a renoncé aux études d'occultisme, non par perte d'intérêt, mais en vertu du *climat général de réprobation* qui entoure ce sujet ; 2. l'ennui qui en résulte — les volets gris, etc. ; 3. son sentiment primitif, inconscient — il demande à une enfant malade une prononciation correcte alors que lui-même bâille, en disant le nom de sa femme. Sa femme l'ennuie, mais son attitude hypercorrecte l'empêche de réaliser cette vérité, jusqu'à ce que son rêve le lui dise et lui indique en outre que le blâme est en lui-même — « Les gens protestent. »

La fillette de deux ans : deux ans auparavant, lors du décès du fils de sa sœur, son sentiment se trouva constellé et une fillette était née, le principe d'Eros en lui-même. Il commençait à se poser des questions : il avait mené une vie active, réussie, et pourtant il s'ennuyait, et voici qu'un nouveau centre d'intérêt s'est éveillé en lui, un intérêt pour l'autre monde. Il y a deux ans également, sa sœur, sur laquelle il avait projeté son anima, est partie. Comme il n'avait pas de relation avec une femme réelle, sa libido est tombée sur son anima qui l'a conduit vers les études d'occultisme — il « ne savait pas exactement pourquoi », il se mit à étudier le monde occulte. Ainsi donc la fillette est l'expression de la créativité de son propre inconscient, et était malade parce que nourrie d'études d'occultisme. De l'enfant, la libido s'est déplacée pour aller alimenter son anima. La bonne nourriture pour l'enfant serait une croissance libre et l'étude des images de son inconscient, pas l'occultisme, puisqu'il s'agit de l'enfant de son anima, donc de l'enfant intérieur et non pas extérieur.

« Mon beau-frère m'invite à aller au théâtre et à dîner » : son côté irrationnel lui suggère de regarder les rêves, les images de son inconscient et ensuite d'assimiler ces parties inconscientes de lui-même. « Seul » : sans les femmes, c'est-à-dire sans émotion. « Je pense que j'ai déjà mangé, mais je peux quand même l'accompagner » : il pense qu'il se connaît à fond, néanmoins il va voir ce que l'analyste a à dire. Il y a là une certaine résistance à l'analyse. « Une grande salle, une salle à manger, les sièges retournés, etc. » : une conception intuitive de l'analyse, comme le précurseur d'une nouvelle espèce de collectivité. Première confession : se décharger de secrets qui, pour chacun, rendent impossible toute communion réelle. Il est séparé de sa femme, de ses amis, etc. Le joueur, la balle et le mur, c'est-à-dire le moi, le soi et l'analyste. Puis le repas, la vraie communion. « Je demande pourquoi sa femme n'est pas venue et pense que c'est à cause de la maladie de l'enfant » : comme s'il réalisait que le fait de nourrir son intérêt avec des études d'occultisme empêchait le sentiment et la véritable communion. « L'enfant va mieux, plus qu'un peu de fièvre à présent » : il a renoncé aux études d'occultisme, l'analyse est la bonne voie. « A la maison, chez son beau-frère » : la scène se déplace maintenant vers son problème personnel qui se trouve dans sa propre psychologie.

Dr Jung : Il y a un élément de légende, d'imaginaire, dans tout ça. En réalité la sœur est l'anima de cet homme uniquement dans le rêve, pas dans la réalité. Il n'avait aucune projection d'anima positive sur une femme vivante. Il n'avait que des humeurs. Jusqu'à ce jour, son anima n'a été que presque uniquement négative. Mais il nous faut avoir la fin du rêve.

Mme Fierz (troisième interprétation) : Le petit poème et la petite chanson du neveu, « Tante Maria est un chic type », et l'association sur la vieille Tante Maria que nous donne le rêveur paraissent importants. Sa femme est pour lui quelque chose comme une lointaine tante et la vieille tante paraît bien ennuyeuse, tout comme l'est pour lui sa femme. La chanson pourrait avoir l'effet de lui montrer qu'en réalité, il pourrait *faire quelque chose* avec sa femme. C'est souvent ce que veulent dire les enfants lorsqu'ils disent de quelqu'un qu'il est « sympa ». C'est moins un sentiment que l'idée de vouloir jouer ou faire quelque chose avec la personne qui est « sympa ». Cet homme pourrait peut-être faire quelque chose avec sa femme, pour ses enfants ; il pourrait participer par exemple à leur éducation, etc. Il reconnaît qu'il ne s'intéresse guère aux garçons et qu'il préfère les filles. Il y a là matière à travailler. En parlant de lui-même, il dit qu'il ne fait que corriger le langage des enfants, une partie stupide de leur éducation. Alors peut-être que le rêve signifie qu'il pourrait montrer un changement d'attitude à l'égard de sa femme et de ses enfants, car son attitude vis-à-vis de ses enfants reflète bien évidemment celle qu'il a vis-à-vis de sa femme.

Dr Jung : Dans cette famille la Tante Maria désigne une vieille tante. Elle est ennuyeuse et renvoie à sa femme alors que sa femme est traitée de « chic type ».

Mme Fierz : L'enfant qui composa cette chanson est un garçon et ainsi il fait de sa tante un compagnon de jeu. Chez les enfants la camaraderie est très active.

Dr Jung : En pensée il la mettrait à son niveau ? C'est exact. L'un des symptômes de l'enfant malade est qu'elle ne veut pas prononcer le nom de Maria, et par ailleurs, cela est associé avec l'autre fait que tous les enfants de la famille font précisément cela[1]. Sa femme est très attirée par les enfants, elle est comme un enfant, elle est le compagnon de jeu de tous les enfants de la famille, un fait extrêmement important pour son propre problème, car cela veut dire que sa femme n'est pas un bon compagnon de jeu pour un homme. La femme-anima peut et sait toujours comment jouer avec un homme et, pour cette raison, elle est importante pour son développement mental et spirituel. Son association nous explique que sa femme est un bon compagnon de jeu pour les enfants, ce qui implique qu'elle *n'est pas* un bon compagnon de jeu pour lui. La fillette ne veut pas prononcer ce nom parce qu'elle n'aime pas l'épouse. Cette petite fille intérieure, les études d'occultisme, l'entraîne loin de sa femme, dans la sphère du secret. Et le secret, il n'en veut pas, et pas davantage le fait que la moindre partie de lui-même n'aime pas le nom de sa femme. C'est pourquoi il essaie d'enseigner à l'enfant la prononciation correcte du nom et ne peut y parvenir sans bâiller lui-même. Et cela le trahit, il ne peut plus nier son ennui. Les hommes vont voir des *cocottes** et cependant insistent sur le fait qu'ils restent corrects ; et les femmes de s'envoler avec des diables tout en prétendant être des épouses fidèles. Nous devons accepter ce fait que le monde est la fois très sérieux et très drôle. Le rêve impose ce fait au rêveur d'une façon très évidente. Il m'a expliqué, très franchement, qu'il hait l'idée de ne pas être un mari correct ; devoir reconnaître ce fait le dégoûte proprement. Un homme traite habituellement les enfants comme il traite les femmes et comme il traite son propre soi-sentiment.

Ce rêve nous met dans une véritable confusion, faute de n'avoir pu dégager une idée majeure. Il contient deux catégories d'informations entièrement différentes — du matériel extrêmement personnel, d'une part, et du matériel très impersonnel, de l'autre. Le début et la fin du rêve sont très personnels ; et vous avez entendu comment les matériaux du milieu du rêve sont arrivés et le rapport qu'ils ont avec le rêve.

[Ici une discussion s'est engagée sur la relation entre mari et femme, tant sur le plan individuel que collectif (discussion sans doute assez vive, puisque aucune note n'a pu être consignée).]

Question : La relation entre époux et épouse, quelle qu'elle soit, est-elle de nature collective ?

Dr Jung : Il arrive qu'un homme considère la relation à son épouse comme rien d'autre que collective, et cela ne marchera pas. Il devrait y avoir une relation individuelle. Si cela manque, il ne peut y avoir d'adaptation individuelle. Lui n'est *que* le mari parfaitement respectable, ordinaire, et son épouse la femme avec laquelle il se retrouve au sein de l'institution du mariage, et il essaie de remplir son devoir de mari, tout comme il essaie d'être un bon directeur dans une société. Mais son épouse est une femme particulière avec laquelle il conviendrait d'avoir une relation particulière.

Pour comprendre le mariage, nous devons le penser comme une institution et revenir sur le plan historique pour savoir ce qu'il signifie. Depuis des temps immémoriaux, le mariage a été conçu comme un système fait pour assortir et il y a eu très peu d'assortiments par amour. Il s'agissait essentiellement d'échange, de troc, les femmes étaient achetées et vendues ; dans les familles royales cela s'assimile à une vente de bétail et il en va de même dans les familles très riches. C'est certainement très vrai chez les paysans pour des raisons économiques puissantes. Comme un bon vieux dicton le dit : « C'est le lard ajouté à la saucisse. » Du gras qui se double. Le mariage est une institution collective et la relation dans le mariage est une relation collective. Plus tard, lorsque les temps deviennent plus sophistiqués et qu'une certaine culture apparaît, on favorise outrageusement l'individu, on se met à avoir des désirs et des revendications, on fait de la psychologie et on veut comprendre et on découvre que l'on n'est pas adapté et qu'en fin de compte il n'y a pas réellement de relation. Après une grande catastrophe, on cherche une pièce étanche, où l'on sera en sécurité. N'importe quelle pièce fera l'affaire, pourvu que le toit n'ait pas de fuites. Mais on n'établit pas une relation avec cette pièce, ce n'est qu'un abri recouvert et relativement sûr. De même, dans les temps anciens et sous des conditions plus barbares, n'importe quelle femme faisait plus ou moins l'affaire. C'est ce qui explique le nombre d'incestes chez les paysans. En Suisse, il y a des cas extraordinaires. Tenez, on vient tout juste de me rapporter un tel cas. Un fils de paysans voulait se marier. Lui et sa mère étaient fort bien lotis. Aussi sa mère lui dit : « Te marier ? mais pourquoi ? Ça ne fera que plus de bouches à nourrir. Je devrai partir et tu devras me faire vivre. Si tu veux une femme, tu n'as qu'à me prendre. » Voilà le paysan, et c'était pour des raisons économiques. On a établi dans les cours de justice de certains districts que l'inceste pour raisons économiques est tellement répandu qu'on ne le juge même plus et qu'on ne s'en soucie plus du tout. Ces choses-là se rencontrent partout. Dans certaines îles britanniques, dans les Hébrides, etc., les conditions de vie des gens sont collectives à l'extrême, tout juste instinctives, sans la moindre psychologie. Cela pour dire que les conditions du mariage ont toujours été extrêmement collectives. L'apparition d'éléments personnels est liée au développement de l'âge culturel. Et il n'y a que depuis très peu de temps que le mariage est devenu un problème que l'on ose discuter, sans être accusé d'immoralité. Nous disons que la moralité est la seule chose que l'on ne peut améliorer et c'est bien vrai.

Aujourd'hui, nous avons un énorme problème à résoudre, parce que cette relation maritale collective ne correspond plus à l'attente des gens : une relation individuelle. Et les faits montrent qu'il est extraordinairement difficile d'en créer une dans le mariage. En soi, le mariage constitue une résistance. Et c'est tout simplement une vérité. Car ce qui est le plus fort dans l'homme c'est la *participation mystique**, juste « vous et votre chien dans l'obscurité ». Ceci est plus fort que le besoin d'individualité. Vous vivez avec un objet, et passé un certain temps, vous vous assimilez mutuellement et finissez par vous ressembler. Tout ce qui vit ensemble subit l'influence réciproque, il se produit une *participation mystique**. Le mana de l'un assimile le mana de l'autre. Cette identité, cette façon de se cramponner l'un à l'autre est un obstacle énorme à la relation individuelle. Si l'on est identique il n'y a pas de relation possible. Une relation n'est possible que dans une distance séparative.

Compte tenu de ce que la *participation mystique** est la condition habituelle du mariage, en particulier lorsque les époux sont jeunes, une relation individuelle est impossible. Il se peut que les deux se cachent mutuellement leurs secrets. S'ils pouvaient les admettre, ils pourraient établir une relation. Ou peut-être n'ont-ils pas de secret à partager et dans ce cas il n'y a rien à protéger de part et d'autre contre la *participation mystique**. On sombre dans ce puits sans fond de l'identité et on finit par découvrir qu'il ne se passe plus rien du tout.

Bon, mais à ce stade de ses affaires, notre patient réalise que quelque chose va de travers, et qu'il est insatisfait. Sa relation sexuelle avec sa femme ne marche pas du tout : elle le tient à distance le plus possible et, à quarante-sept ans, devoir continuellement remonter la pente devient totalement inintéressant, et il a plus ou moins tout laissé tomber. Donc la situation est des plus déplaisantes. Sa tentative du côté de l'occultisme ressemble à l'idée de sublimation de Freud — faire l'amour avec les anges. La théosophie nous offre toutes sortes de choses similaires à cet égard ! Si je pouvais entendre les vibrations de l'Atlantide, prêter mon oreille à l'ancienne Egypte et tout ce qui s'ensuit, je pourrais oublier tous mes tracas avec ma femme et aussi tous mes soucis avec mes chers patients ! La théosophie est un leurre formidable pour ce genre d'homme et la sublimation est un excellent mot, du genre passe-partout. Mais assez étonnamment, la réalité ne permet pas de sublimer entièrement la sexualité. Tout à coup, un jour, à Paris par exemple, cet homme commet une erreur, la sublimation n'a pas voulu fonctionner ce jour-là. Une fois par quinzaine, peut-être, elle ne fonctionne pas, mais la théorie est excellente. Ce rêve nous vient tout droit de son humeur d'insatisfaction. L'ombre apparaît et lui dit : « Voyons un peu, laisse-nous regarder les véritables images de l'inconscient, les images impartiales, réelles des choses, telles qu'elles existent, et mangeons-les, assimilons-les ensuite en l'absence des femmes — sans émotion, avec objectivité, de façon impersonnelle, simplement en regardant les choses telles qu'elles sont. »

Puisque le théâtre est un lieu public, cela veut dire : « Tu es comme les autres, tu es dans le même bateau et tu fais ce que chacun devrait faire ou a fait. » Il associe les sièges retournés de l'amphithéâtre avec la salle où l'on jouait à la *pelote basque**, bien que l'organisation de cette salle n'ait rien à voir avec le jeu de pelote, mais ressemble plus à une *table d'hôtes** dans un hôtel. Seulement les bancs sont tournés face au mur, si bien qu'il est impossible de s'asseoir à table. A ce stade, vous vous rappelez, nous avons été pris dans un enchevêtrement d'associations historiques. Il est évident qu'ici nous entrons dans quelque chose de collectif. Le rêve, qui met l'accent sur le côté public du lieu, met intentionnellement en avant l'importance du climat collectif. A ce stade du problème, il est indispensable que s'introduise le collectif. En contradiction avec l'intensité de son sentiment personnel à l'égard de son problème, l'inconscient lui dit que c'est un problème d'ordre collectif — probablement pas directement sous cette forme, mais qui se produit partout dans le monde. Seuls peuvent s'illusionner sur ce sujet ceux qui n'ont pas vécu. Le monde entier est concerné.

Dès l'instant qu'un problème est d'ordre collectif, il a à voir avec l'histoire de cette société particulière et il doit y avoir un symbolisme collectif. Il n'existe pas de problème collectif qui ait juste émergé ce jour. Nos conditions trouvent leurs racines dans l'histoire. Prenez la question du mariage en général : il est soumis à des liens historiques formidables. Les lois qui gèrent le mariage ont un âge considérable et toutes nos coutumes matrimoniales ainsi que l'ensemble de notre système moral qui traite du sexe sont très anciens. Les gens disent : « Tout ça, ce sont des idées démodées — au diable ! » Mais si un problème est collectif, il est d'ordre historique et nous ne pouvons pas l'expliquer sans expliquer l'histoire. Inévitablement nous sommes entraînés dans des discussions historiques. Il n'y a pas que vous, individu, qui êtes fou de vous être marié ainsi, nous nous sommes tous mariés ainsi en nous soumettant à des lois anciennes, des idées sacrées, des tabous, etc. Le mariage est un sacrement, avec des lois qu'on ne peut briser. Vous devez critiquer les lois et coutumes, pas les individus.

Derrière chacune de nos actions se cache une philosophie générale : l'une d'entre elles est une religion. Le christianisme est notre philosophie. Son éclosion remonte au temps d'Auguste et est à la base d'innombrables tabous, lois, etc. Vous voyez bien que nous ne pouvons éviter de retourner dans l'histoire — et nous ne sommes pas en train de nous égarer. Nous devons reconnaître que le rêveur n'a pas introduit cet élément dans ses associations littérales. Ce n'est que dans un deuxième temps qu'il prit conscience de cette nécessité. Naturellement, nous ne voyons rien d'historique dans ce que nous faisons, lorsque nous sommes inconscients. Notre langage est rempli des choses les plus extraordinaires, dont nous ne sommes pas conscients, et nous les utilisons sans cesser de penser. Par exemple, lorsque vous dites : « Je suis traité par le Dr Untel », vous utilisez le mot latin *trahere*, « tirer ». Le médecin vous tire à travers le trou de la renaissance. Et lorsqu'il vous a enfin guéri, vous dites : « Il m'en a sorti. » En Cornouailles, il existait un hôpital préhistorique, le Menanthole [2] (le trou de Menant), un énorme bloc de pierre, percé d'un trou, au travers duquel les pères tiraient leurs enfants ; quant aux malades, ils étaient censés être guéris par ce procédé. Moi-même, je suis passé par ce trou. Et en Allemagne, au XIXe siècle, on avait coutume de faire un trou dans le mur, derrière le lit du malade, et de lui faire traverser le mur par ce trou jusque dans le jardin pour qu'il y renaisse.

A présent, le rêveur parle d'une salle, dans laquelle beaucoup de gens se rassemblent, non pas chacun pour soi, mais dans un esprit de rencontre, comme lorsqu'on va jouer ensemble ou prendre un repas en commun, pour lequel tous sont assis à la même table, tous face à face et faisant la même chose. Nous sommes ainsi réunis avec lui, comme dans un théâtre ou au restaurant, et regardons tous ensemble les mêmes images. L'ombre l'exhorte de venir faire quelque chose en commun avec beaucoup d'autres gens, afin de ressentir l'esprit de la communauté dans son problème. Vous comprendrez ce que cela signifie pour un homme qui se croit être seul à souffrir de cette affection et qui de plus s'en sent responsable. Cela le réconforte d'entendre qu'il s'agit d'un problème général, car d'un seul coup il est ramené dans le sein de l'humanité. Il sait que beaucoup de gens vivent la même expérience, qu'il peut leur parler et qu'il n'est plus seul. Auparavant, il n'osait pas aborder cette question. Maintenant il sait qu'il sera compris par tout le monde. Le commandement particulier du Nouveau Testament — « Confessez vos fautes les uns aux autres » et « Portez les fardeaux les uns des autres » [3] — procède de la même psychologie que celle que nous avons dans le rêve. Nous devrions exercer la même communion et le même esprit d'entraide dans les difficultés qui forment notre fardeau particulier. C'est cela l'exhortation du rêve.

En premier, il y eut l'association sur le *jeu de paume** et la *pelote basque**. Ces deux jeux ne sont pas tout à fait comparables. C'est au Moyen Age que l'on jouait au *jeu de paume** et cela ne se jouait pas avec une raquette mais avec la paume de la main. L'idée était la même avec la *pelote basque**, à ceci près qu'on jouait contre un mur. Puis vint une troisième version : le *jeu de paume*, que l'on jouait dans les églises, les clercs se lançant la balle. J'ignore quelle sorte de chorégraphie ils formaient ainsi, mais tous jouaient au même jeu. Et nous y jouons aussi. Avec nous, le jeu de balle ou de ballon est presque devenu une figure de rhétorique. Souvent nous faisons usage de comparaisons telles que « renvoyer la balle », « jouer le jeu », « l'attraper », etc., autant d'images pour signifier jouer ensemble, être tous dans le jeu, dans le bain, dans la vie, et comme nous réagissons, nous y sommes tous engagés, responsables et vivants — c'est ça l'idée centrale.

Puis ici, nous avons une version particulière, une simple association, à utiliser avec légèreté et discrétion : dans le cas de la pelote jouée contre le mur, mais reprise, non pas par d'autres joueurs, mais par soi-même, il pourrait y avoir un élément d'isolation de soi ou d'autoérotisme. Le fait de jouer ainsi, non pas avec un partenaire, mais contre le mur, entraîne une connotation particulière. Mais nous ne devons pas exagérer ce point. Nous devons traiter les rêves avec nuance, comme une œuvre d'art, non pas sur un mode logique ou rationnel, comme si on exprimait un fait ou une opinion, mais en nous octroyant une petite restriction quelque part. Ce qui produit le rêve, c'est l'art créateur de la nature, ce qui nous oblige, lorsque nous essayons de l'interpréter, à être à sa hauteur. Qu'il y ait ici une nuance qui pourrait pointer vers un certain jeu autoérotique, joué seul, pas avec d'autres, pourrait facilement trouver son origine dans le fait que l'homme va jouer d'abord seul. Il y a des gens qui « parlent au mur » et non à leurs proches : de tels orateurs ont plus ou moins une tendance à l'autoérotisme. Ils se parlent à eux-mêmes, bien qu'ils parlent en groupe.

Si le rêveur suit les injonctions de l'ombre, il pourra appréhender son problème comme un problème collectif qui est à ramener à un rapport général à l'esprit de son temps et non pas destiné à être enterré quelque part, en supposant qu'il ne s'agit que de l'erreur d'un individu isolé, et que les familles heureuses ne se présentent pas sous ce jour dans les conditions normales. Il ne faudrait surtout pas disserter sur son problème en termes mièvres, partant d'un préjugé général qui voudrait que le monde ne soit composé que de jolies familles, habitant dans de ravissantes maisons, avec le thé à cinq heures, des berceaux et des bébés délicieux. Sous tout cela se cachent les choses les plus terribles, et c'est de cela que j'ai à m'occuper. Les gens jouent pour la galerie, comme si de rien n'était. Toute cette partie du rêve le prépare au fait qu'il entre dans un problème d'ordre collectif, et la solution sera quelque chose de tout aussi impersonnel : quelque chose comme une communion, une initiation, un « mystère » joué à l'église, une sorte de jeu rituel, tel le symbolisme central du culte de Mithra. Rappelez-vous, lorsque nous avons commencé à parler de ce culte, l'inconscient a commencé à réagir à tous les niveaux, et nous avons eu une récolte considérable de rêves de taureaux. Ceci prouve que cet élément est pratiquement actif, ici, et se présente comme un problème général pour tous ceux réunis ici.

Maintenant, après ce positionnement général qui le prépare à une attitude entièrement différente à l'égard de son problème particulier, le rêve revient aux questions d'ordre personnel, à savoir les conditions pathologiques de l'enfant. Sa condition morbide est liée au fait que les études sur l'occultisme ne conduisent nulle part. Elles ne sont qu'une tentative de sublimation, une sublimation qui ne répond jamais aux questions réelles et urgentes du temps. Que faut-il faire maintenant avec l'enfant ? C'est très bien de dire qu'il s'agit là d'un problème collectif, *mais il faut cultiver son jardin** [4], revenir à votre problème personnel, à votre propre enfant intérieur, et en venir à accepter que vous vous ennuyez avec votre chère épouse à la maison. Psychologiquement cela signifie qu'il doit *reconnaître son ombre,* l'homme inférieur qui ne vit pas au niveau des conditions rationnelles, une sorte de primitif, beaucoup plus au fait des besoins de la nature et qui l'oblige à admettre son ennui. Cette démarche l'amènerait à acquérir la connaissance de son ombre, à accepter son être naturel, à lui serrer la main et à ne plus nier la vérité concernant sa propre psychologie. Puisqu'il ne peut pas esquiver l'ombre, il va devenir conscient de son côté moins élégant de lui-même. A ce moment-là, l'ombre se détachera de son anima, car devenant conscient de son ombre, celle-ci est libérée de son inconscient. Alors une relation véritable peut se développer entre son ombre et son anima, avec pour résultat que l'enfant sera normal.

Et, lorsque l'ombre et l'anima bénéficient d'une relation adéquate, il y a une bonne chance que sa relation à sa femme s'améliore et qu'il puisse entreprendre une relation individuelle avec elle. Car il ne peut établir une relation vraie qu'après avoir pris conscience de son ombre. Nous nous permettons les illusions les plus invraisemblables sur nous-mêmes et pensons que les autres nous prennent au sérieux. C'est comme si je devais cultiver l'illusion de ne mesurer qu'un mètre cinquante — une idée folle [5]. Pourtant, ceci n'est pas plus absurde que tous ces gens qui veulent nous faire croire qu'ils sont très moraux et respectables. Ce n'est nullement vrai et comment voulez-vous établir une relation, à moins que les gens ne soient vrais, comme ils sont dans la réalité ? L'expérience nous montre que les gens, au lieu d'être respectables et moraux, ne sont que désespérément aveugles. Comment s'y prendre pour installer une relation individuelle avec de telles créatures ? Cela nous donne la nausée, on a envie de vomir. Je préférerais, et de loin, avoir une relation individuelle avec un chien, qui, lui, ne supposera pas être un chien respectable, un chien sacré, un chien tabou, ou n'importe quelle autre espèce de chien — mais rien qu'un chien ! Il y a des gens qui cultivent l'illusion d'être meilleurs que d'autres, qui supposent même être d'une essence différente, comme si leur sang était d'une autre constitution. Tout ça n'est qu'illusions. C'est la raison pour laquelle aucune relation individuelle n'est possible avec de telles personnes.

En premier lieu, notre homme doit abandonner ses illusions, admettre qu'il n'est pas respectable et qu'il s'ennuie. Et *il doit dire à sa femme* qu'il s'ennuie à mourir et en même temps que « parfois ma sublimation a des ratés ». Si seulement il connaissait sa femme, tout ceci serait plus facile. Elle sera scandalisée par son infidélité, mais elle-même, la nuit, partira avec les diables animus et il sera le seul à ne pas le savoir. S'il demande à sa femme de s'intéresser à ce qu'il lit en ce moment, il y a toutes les chances pour qu'elle réponde : « Oh, je suis incapable de lire des livres aussi compliqués, » et lui de penser qu'elle est trop bonne et douce ! Si seulement il pouvait la connaître, telle qu'elle est réellement, il lui serait plus facile de lui dire que sa sublimation ne fonctionne pas comme elle devrait.

Maintenant, mettre tout ça en pratique, c'est autre chose !

Sixième conférence

12 décembre 1928

Dr Jung : A présent, nous arrivons à une partie importante de l'interprétation de ce rêve, à savoir vos critiques et questions sur le caractère historique des associations. J'ai exposé mes vues sur ce rêve très librement, et vous ai donné l'opportunité de voir comment il peut être compris. Je vous ai confié une grande quantité de matériel personnel du patient et toute l'atmosphère du rêve, grâce à laquelle j'ai pu comprendre les dispositions historiques qui soustendent nos esprits actuels. Tout cela est souvent mal compris. Les gens disent : « Pourquoi diable introduire à tout prix le parallèle historique ? Il n'y a aucun rapport, c'est de la pure fantaisie. » Mais le parallèle historique n'est pas sans rapport. Il est au contraire extrêmement important, tout particulièrement parce que nous, les Blancs, ne réalisons pas à quel point nous sommes les descendants, les enfants, d'une longue série d'ancêtres. Nous aimons nous conduire comme si nous venions d'être fraîchement fabriqués, tout juste sortis de la main de Dieu, sans le moindre bagage historique, avec à notre naissance, en guise d'esprit, une *tabula rasa.* Voici une projection singulière de nos esprits, cette volonté d'être libres, de ne pas être retenus par quelque contexte que ce soit : une sorte d'illusion de notre conscient pour acquérir le sentiment d'une totale liberté, comme si le passé historique nous ligotait et nous privait de notre liberté de mouvement — un préjugé qui a ses antécédents psychologiques.

Notre esprit actuel est le résultat d'un travail sur des

milliers, et peut-être un million d'années. Chaque phrase contient une longue histoire, chaque mot prononcé possède une histoire formidable, chaque métaphore est remplie de symbolisme historique et, si ce n'était pas vrai, ils seraient vides de sens. Nos mots portent la totalité de cette histoire, jadis tellement vivante et qui existe, aujourd'hui encore, en chaque être humain. Avec chaque mot, nous touchons pour ainsi dire une fibre historique chez nos semblables. Ce qui explique que chaque mot prononcé touche une corde en tout être vivant dès lors que nous parlons la même langue. Certains sons ont cours sur toute la surface du globe : par exemple, les sons de peur et de terreur sont internationaux. Les animaux comprennent les cris de peur d'autres espèces, parce qu'ils possèdent, sous-tendue, la même fibre.

De ce fait, il nous est impossible de comprendre un rêve si nous ne comprenons pas l'atmosphère, ni l'histoire des images sous-jacentes. Dans les rêves, il y a des problèmes personnels dont on pourrait penser qu'ils ne sont importants que pour ce cas précis. Mais si on descend profondément dans leur structure, dans le symbolisme du discours, on pénètre dans des strates historiques et on découvre que ce qui semblait n'être qu'un problème personnel descend dans des profondeurs beaucoup plus grandes. L'analyste lui-même en est atteint, ainsi que tous ceux qui l'entendent. On ne peut faire autrement que de laisser entrer le cheminement par lequel nos ancêtres essayaient d'exprimer le même problème, et ce fait conduit à la matière historique.

Quand vous dormez en toute quiétude dans votre propre chambre à coucher et que se déroule votre rêve, qui n'appartient qu'à vous, quelle relation peut-il bien y avoir entre votre rêve spécifique et les pyramides ? Les deux paraissent incommensurables. Et cependant vous pourriez trouver un parallélisme étroit entre votre rêve et certains textes égyptiens qui contiennent les *mêmes symboles*. Ou encore, vous pourriez voir dans un livre très savant de E.A. Wallis Budge la traduction de certains hiéroglyphes et vous penseriez : « Voilà l'Egypte et voici mon rêve ; c'est une folie de vouloir comparer les deux, il n'y a rien de commun. » Cependant le scribe qui a produit ce texte était un être humain, à plus d'un égard identique à vous-mêmes — des cheveux, deux yeux, un nez, deux oreilles et des mains ; les mêmes fonctions naturelles ; il fut heureux, triste, aimé ; il est né et mourut, ce qui résume les traits essentiels. Même nos maladies sont pratiquement les mêmes. Quelques-unes ont disparu, quelques nouvelles sont apparues, mais globalement il n'y a pas de différences. Les traits majeurs de la vie humaine sont restés inchangés pendant cinq ou six mille ans, ou plus. Les tribus primitives s'émeuvent pour les mêmes motifs que nous. L'horizon d'un paysan est différent, mais les traits fondamentaux restent les mêmes. Les conceptions fondamentales de la vie et le monde sont les mêmes. Et notre inconscient parle une langue on ne peut plus internationale. J'ai analysé des rêves de Noirs somaliens comme s'il s'agissait d'habitants de Zurich, à l'exception de certaines différences de langage et d'images. Là où les primitifs rêvent de crocodiles, de pythons, de buffles et de rhinocéros, nous rêvons que nous sommes écrasés par des trains et des voitures [1]. L'un et l'autre ont la même voix, réellement. Nos villes modernes résonnent comme une forêt vierge. Ce que nous exprimons par l'image du banquier, le Somalien l'exprimera par l'image du python. En surface le langage paraît différent, mais les faits sous-jacents sont les mêmes. C'est la raison pour laquelle nous pouvons faire des parallèles historiques. Ce n'est nullement tiré par les cheveux. Ces choses-là sont infiniment plus vivantes que vous ne le pensez ou supposez.

Il existe un ancien parchemin, écrit en vieux langage germanique, qui contient une invocation à Wotan (Odin chez les Scandinaves) et Baldur. Ce parchemin est extrêmement rare et précieux, jauni par le temps et conservé sous verre dans un musée à Zurich. Lorsqu'on le lit on pourrait s'exclamer : « Comme c'est loin, ça pourrait aussi bien nous venir de la Lune ! » On pourrait penser que tout ça est bien mort. Mais il y a un village dans le canton de Zurich dans lequel les paysans continuent à vivre selon le même livre. La seule différence c'est qu'au lieu d'y trouver Wotan et Baldur ils y trouvent Jésus-Christ et ses disciples [2]. On y trouve un peu de psychologie médiévale mais *au fond**, c'est toujours et encore les mêmes choses anciennes. Cependant si un garçon ou une fille de l'une de ces familles vient consulter l'analyste et se met à rêver de l'une de ces choses anciennes, contenues dans ce livre, et que d'aventure l'analyste fasse le lien entre les deux, les gens vont dire : « C'est vraiment tiré par les cheveux, c'est terriblement artificiel. » Mais tout simplement ils ne savent pas et surtout ne veulent pas savoir. Ils détestent l'idée que les vieilles superstitions puissent toujours avoir cours.

Prenez, par exemple, la réunion d'une cinquantaine de personnes normales et demandez-leur s'ils sont superstitieux. Ils vont jurer que ce n'est pas le cas. Pourtant ils refuseront d'habiter dans une maison portant le n° 13 ! Ils prétendent ne pas avoir peur des démons, des fantômes et des esprits, mais frappez au mur de leur chambre et ils vont sursauter et se mettre à croire aux fantômes. Ils vont se mettre à développer des idées et des fantasmes que l'on ne trouve que dans des littératures anciennes. Ou peut-être trouvera-t-on le même matériel à Babylone, en Mésopotamie, en Chine ou encore en Inde. Cela provient toujours du même esprit inconscient, la réserve irrationnelle et éternelle, l'inconscient collectif en état de préfonctionnement qui se répète à travers les siècles, une sorte de langage éternel et impérissable. Aux Etats-Unis, j'ai analysé des aliénés noirs, très noirs [3], dont les rêves contenaient des mythes grecs — Ixion sur la roue, par exemple [4]. Ce n'est qu'une illusion de penser qu'ils sont loin de nous. Le Noir a la même sorte d'inconscient que celui qui a produit ces symboles en Grèce ou ailleurs. Les scientifiques aiment à penser que les symboles migrent. Cela est faux, ils sont tout à fait autochtones [5]. Une servante à Zurich peut tout aussi bien produire un vieux symbole babylonien. Ces peuples anciens étaient exactement les mêmes que nous, sans la moindre différence anatomique. Aujourd'hui même, il vous est parfaitement possible de rencontrer un homme de Neandertal [6] dans un tram de Zurich. Pour trouver de véritables différences anatomiques dans l'être humain, il nous faut remonter cinquante à soixante mille ans en arrière. J'ai voulu clarifier tout ça, parce que j'ai senti que certains d'entre vous ne comprenaient pas pourquoi je parlais autant du *jeu de paume** et des courses de taureaux. Voilà donc la raison de ces parallèles historiques.

Question : Je crois que vous avez dit — lors du séminaire à Zurich, en 1925 — que lorsque l'anima avait un enfant, elle mourait.

Dr Jung : Cela n'est qu'une métaphore. Tout se passe comme si une personnification de l'inconscient recevait la vie à travers certains contenus et, lorsque cette personnification est vidée de ses contenus, alors cette personnification particulière s'effondre.

C'est comme lorsque vous donnez son véritable nom à un fantôme : il disparaît.

Question : A l'Hotel Sonne[7], nous avons discuté de la maladie de l'enfant. Etait-elle chronique ou aiguë ?

Dr Jung : Le rêve nous donne la réponse. Vous vous rappelez que l'association avec la maladie de cet enfant était que la sœur du rêveur avait perdu un enfant, mort de dysenterie. En nous fiant à cette association, nous pouvons supposer que l'enfant du rêve a la même maladie que celle dont souffrait l'enfant réel de la sœur. Il y a toujours un parallèle. Habituellement, le rêveur exprime son idée inconsciente dans les termes de la vie de tous les jours et de l'expérience réelle, tout comme le chien rêve d'os et le poisson de poissons. Ainsi, lorsque vous analysez un homme dont vous ignorez la profession et qu'il rêve de viande, de rôtis, etc., vous êtes en droit de supposer qu'il s'agit d'un boucher, d'un chirurgien ou d'un professeur d'anatomie. Puisque cet enfant se trouve dans une association étroite, nous devons supposer qu'il a été infecté et non pas qu'il est nécessairement né malade. L'enfant est une expression symbolique de son nouvel intérêt pour les études sur l'occultisme, ce qui n'est pas nécessairement stupide. Tout dépend de l'attitude. Si quelqu'un étudie l'occultisme avec une mauvaise attitude, il pourra s'en trouver infecté, car ce champ entier est couvert de pièges métaphysiques dans lesquels on peut tomber, voire disparaître, comme dans une *oubliette**, et devenir astrologue, théosophe ou partir dans la magie noire. Cet homme courait le danger de devenir théosophe. Le rêve ne dit rien, de façon directe, sur la durée de la maladie, mais nous pouvons conclure, en nous appuyant sur le parallèle, qu'elle a dû être très courte et que les études sur l'occultisme n'ont pas dérangé l'enfant pendant longtemps. Il s'agit probablement d'une maladie aiguë, à partir d'une indigestion. Il m'a dit qu'il se sentait « particulièrement vide » après un certain temps et qu'il avait jeté les livres : « Ils m'ont rendu malade. »

Question : Il y a quelque chose de pas tout à fait clair pour moi, concernant l'anima et l'animus. L'animus n'est-il pas le médiateur entre l'individu et le monde de l'ombre ? Le moi ne reçoit-il pas sa matière première de l'animus ? Faust n'est-il pas un animus ?

Dr Jung : Si nous prenons Goethe en tant qu'être humain, alors une partie de lui est Faust et son autre partie est le diable, l'ombre typique. Faust est à prendre comme la personnification idéalisée, grandiose, noble, héroïque des aspirations conscientes de Goethe, et Méphisto la personnification de toutes ses imperfections et carences, de l'aspect négatif de son intellect, de sa partie sombre, de son ombre. Cependant, cela n'a rien à voir avec l'animus ou l'anima. Mais si vous[8], vous rêvez de Goethe, alors c'est une figure d'animus, la personnification du Dr Goethe, inconscient, en vous. Vous pourriez représenter cette situation en dessinant une femme sur une montagne entre deux mers, l'une lumineuse, l'autre sombre et, surgissant de la mer sombre, une grande figure, Goethe. C'est ainsi que cela apparaît dans votre imaginaire. Mais retournons à notre diagramme (p. 94). Votre partie individuelle occuperait le centre de votre personnalité. Et nous représenterions Goethe par le petit cercle sur la zone sombre du côté inconscient. Que fait cet homme là-bas, dans le monde de l'ombre ? Il est une fonction psychologique qui apporte un message de l'inconscient ou, à l'inverse, il envoie à l'inconscient quelque intention. Vous pouvez l'interroger et il vous informera. Vous pouvez aussi lui dire quelque chose. Il est une sorte de figure humaine. Il est votre médiateur et votre messager, c'est une fonction de la personnalité.

Sur l'autre moitié du cercle apparaît une autre figure. C'est là votre persona ou masque social, la manière dont vous voulez apparaître au monde ou la façon dont le monde vous conduit à apparaître. La persona vous informe également. Ce matin, avant de venir, j'ai revêtu mon habit professionnel, celui du Dr Jung, pour le séminaire. C'est dans ce costume que je vous apparais et que je vous satisferai plus ou moins, à ma guise. Selon ma décision, je ferai en partie ce que vous voulez ou attendez de moi et en partie ce que vous ne voulez pas ou n'aimez pas — c'est mon choix.

L'inconscient personnel est une strate de contenus qui pourraient tout aussi bien être conscients. Avoir un inconscient personnel est parfaitement superflu, une sorte de négligence. Les gens ne devraient pas être ignorants de faits naturels. Cela n'a pas de sens de ne pas reconnaître sa faim, ses difficultés sexuelles, la qualité de nos relations aux autres, etc. Tous ces éléments devraient être conscients. Personne ne devrait s'imaginer être différent des autres ou parfaitement moral ou encore doué d'un sens esthétique parfait, ni se complaire à quelque autre illusion. Ces gens-là sont incapables, naturellement, de réaliser l'existence d'un inconscient impersonnel, car ils sont en permanence dans l'obscurité et pour cette raison n'en ont jamais connaissance, jusqu'à ce que l'inconscient personnel disparaisse, c'est-à-dire aussi longtemps qu'ils sont habités par des théories fausses, des attentes et des illusions erronées, sur eux-mêmes ou sur le monde. Personne ne peut entrer au Royaume des Cieux sans avoir traversé les flammes et en avoir été consumé. L'inconscient collectif est l'inconnu dans les objets.

Les gens privés d'appréciation psychologique croient toujours être les mêmes, mais c'est là une tâche beaucoup trop difficile. Ce que nous voyons de l'individu, c'est sa persona. Ici, nous sommes tous des coquillages, rien que de la surface, et nous n'avons qu'une bien pâle idée de se qui se trouve à l'intérieur. Lorsqu'ils accomplissent toutes leurs petites tâches, la plupart croient : « Le masque c'est moi » (ils s'identifient à leur persona) et ainsi démarre leur névrose. Si je devais croire être exactement ce que je suis en train de faire, je commettrais une terrible erreur, car je ne corresponds pas à cette personnalité. Dès l'instant où je dis : « A présent, je ne fais que jouer un rôle pour vous faire plaisir », je suis juste. Je dois savoir qu'en ce moment je joue à Jules César. Après, je suis tout petit, un simple rien, sans importance. Ainsi, cette « croûte » personnelle est une fonction prête à fonctionner, d'où vous pouvez vous extraire ou au contraire dans laquelle vous pouvez entrer à volonté. Le matin, je peux dire : « *Je suis roi** » : et le soir même, « Au diable tout ça, ça n'a pas de sens ». Ceux qui sont identifiés à leur enveloppe ne peuvent que vivre leur biographie, ce qui ne comporte rien d'immortel. Ils deviennent névrosés et les diables s'emparent d'eux. Wagner, le musicien, était le grand artiste, le grand créateur, et il était cloué à cette croix. Lorsqu'il invitait des amis, ils avaient à apporter quelques bonnes bouteilles. Lui se devait d'écrire des lettres à une dame à Vienne et y faire allusion à des robes de chambre en soie rose ! Cette persona peut paraître très attirante. Qui a le privilège de posséder une persona séduisante ne manquera pas de s'y identifier et de croire qu'il *est* ce personnage-là, et finira par en être victime. Dans les rêves la persona est souvent personnifiée par un objet dépourvu de tout attrait. Si je m'imagine être ce que je parais être, j'aurai en rêve l'image d'un épouvantail misérable, symbole de ma persona. Nous ne vivons pas exclusivement dans cette apparence et dans ces relations, « en représentation », mais vivons toutes sortes de choses ordinaires, tandis que nous mangeons, dormons, nous habillons, prenons notre bain, etc. Wagner ne passait pas son temps à composer, jour et nuit. Lorsqu'il s'occupait de ses fonction naturelles, il les exécutait de la façon naturelle des êtres humains, sans rien d'extraordinaire. Dans le cas contraire, c'eût été une perversion et entièrement erroné. Ainsi les gens qui s'identifient à leur persona sont obligés de se livrer en coulisse à toutes sortes de contorsions ahurissantes, par compensation, et de payer ainsi un lourd tribut à leurs dieux inférieurs.

A l'opposé de la persona se trouvent l'anima et l'animus.

Reconnaître notre côté sombre est extrêmement difficile. Bien entendu, ceci n'est qu'un diagramme, rien qu'une métaphore, une représentation. C'est destiné à exprimer le fait que lorsque vous vous tournez vers le monde extérieur, pour y accomplir n'importe quelle tâche, vous le faites à travers le masque, la persona, ce système d'adaptation que vous avez construit très difficilement tout au long de votre vie. Et lorsque vous sortez de ce monde, vous vous retirez et ressentez que vous êtes seuls avec vous-mêmes. Mais l'Orient nous dit : « Vous oubliez le Vieil Homme qui habite votre cœur et voit tout. » Et alors, seuls, vous parvenez au point critique, à votre inconscient personnel. Les extravertis et tous ceux identifiés à leur persona ont horreur de la solitude car alors ils commencent à se voir eux-mêmes. Notre propre compagnie est toujours la pire : lorsque nous sommes seuls avec nous-mêmes, tout devient très désagréable. Lorsque l'inconscient personnel devient important, l'inconscient collectif devient surchargé. Ce dont nous devrions avoir conscience pèse sur l'inconscient collectif et augmente ses aspects inquiétants. Une espèce de peur apparaît, une panique, typique de l'inconscient collectif : c'est comme la peur en brousse, une peur incoercible qui vous saisit lorsque vous vous trouvez seuls dans la brousse : un sentiment très particulier de se perdre dans la brousse — la sensation la plus terrifiante que l'on puisse imaginer, les gens deviennent fous en un rien de temps — ou bien un symptôme se développe, un sentiment d'être observé de toutes parts, des yeux partout, braqués sur vous, des yeux que vous ne voyez pas. Un jour en Afrique, en pleine brousse, je me suis obligé à tourner en rond, en petits cercles, pendant environ une demi-heure, pour ne pas tourner le dos aux yeux qui m'observaient — et ils étaient là, indiscutablement, sans doute les yeux d'un léopard. Quand vous atteignez cette solitude avec vous-mêmes — quand vous êtes éternellement seuls —, vous êtes forcés d'entrer en vous-mêmes et ne pouvez plus échapper à la prise de conscience de vos antécédents. Et plus l'inconscient personnel est volumineux, plus l'inconscient collectif vous envahit. Dès l'instant que l'inconscient personnel est nettoyé, la pression de l'inconscient collectif disparaît et toute terreur s'évanouit. Il est alors possible de rester seul, de lire, d'aller et venir, de fumer une cigarette et rien ne se produit. Tout est paisible. Vous vous sentez bien avec le monde.

Néanmoins, on peut encore noter une certaine activité indépendante, dans l'inconscient collectif, qui est provoquée par quelque attitude inadéquate dans le conscient. Bien que vous connaissiez vos carences morales et esthétiques, votre attitude consciente peut être inadaptée. Par exemple, vous savez qu'on ne peut vous faire entièrement confiance et vous pensez : «Je ne dois pas être celui qui n'est pas fiable, je dois nier ce fait et faire un formidable saut pour être racheté : à partir de ce jour on doit pouvoir me faire confiance, jamais plus je ne commettrai cette faute, maintenant j'ai pu me racheter. » Mais ça ne marche pas et dès le lendemain vous retombez dans vos travers. On retrouve la formule chrétienne typique : « De ce jour, je ne le ferai plus jamais. »

Un vieux Père de l'Eglise était terriblement ennuyé parce que certains de ses saints hommes avaient péché, en dépit du baptême et du rachat de leurs fautes. Sa conclusion était que le baptême avait été mal conduit, que quelque chose dans le rituel n'agissait pas et que pour cette raison les hommes qui avaient péché devaient être baptisés une seconde fois, stérilisés moralement une seconde fois. Et pourtant il y eut quelques diables qui recommencèrent à pécher. Alors il les abandonna comme des cas désespérés, et décida que c'étaient là des âmes perdues, condamnées à l'enfer ! Voici donc l'idée chrétienne de vouloir, par un bond prodigieux, atteindre le Royaume des Cieux. *Cela n'est pas possible.* Cette idée de réforme soudaine est fausse. Vous ne pouvez, au moyen d'un saut, quitter vos péchés et jeter tout ce paquet sur le côté. Penser ainsi n'est pas juste.

Toute la signification du péché est que vous le portez. A quoi sert le péché si vous pouvez le jeter au loin ? Si vous-mêmes êtes profondément conscients de votre péché, vous devez le porter, vivre avec, il est vous-mêmes. Faute de quoi, vous niez l'existence de votre frère, votre ombre, l'être imparfait en vous qui vous suit et qui accomplit tous les actes que vous ne voulez pas entreprendre, parce que trop lâches ou trop vertueux. Lui commettra le péché et, lorsque vous niez son existence, vous l'expédiez dans l'inconscient collectif où il va provoquer du désordre. Car ce déni est contre nature. Vous avez à rester en contact avec votre ombre, vous avez à dire : « Oui, tu es mon frère, je dois t'accepter. » Vous devez être bons envers vous-mêmes et ne pas dire : « Racaille, je n'ai rien à voir avec toi [9] ! » C'est une erreur de nier l'ombre. Si vous le faites, une réaction de l'inconscient collectif surgira du noir, sous la forme d'une personnification. L'homme pieux se dit à lui-même : « Non, pas ça ! » et repousse l'ombre et s'en trouve fort satisfait. Alors, tout à coup, des figures étranges apparaissent, des fantasmes sexuels montent des abîmes pour venir envahir son esprit. Et plus il force sur sa piété, plus ce qui lui tombe dessus devient diabolique. Il est une sorte de saint Antoine : cet homme si pieux avait des visions terribles. Il se peut que ce soit une femme qui pénètre son esprit : l'anima qui surgit, habituellement dans sa nudité, terriblement naturelle. Voici donc la nature qui vient détruire un tabou, la vengeance de l'inconscient collectif. L'inconscient collectif est une réalité, aussi lorsqu'une anima ou un animus surviennent, c'est la réalité. Et n'importe qui peut être l'inconscient collectif de n'importe qui d'autre. Les gens se conduiront comme des démons se conduiraient s'ils pouvaient monter de l'abîme — « *homo homini lupus* [10] », l'homme est un loup pour l'homme, l'idée du loup-garou.

Même lorsque vous pensez être seuls, et pouvoir faire ce qui vous plaît, si vous niez votre ombre, il y aura une réaction de l'esprit qui prévaut toujours, une réaction de l'homme vieux d'un million d'années qui habite en vous [11]. Vous n'êtes jamais seuls, parce que les yeux des siècles vous observent. Vous sentez immédiatement que vous êtes en présence du Vieil Homme/l'Ancêtre, et vous ressentez votre responsabilité historique envers les siècles. Aussitôt que votre acte va à l'encontre du plan de-tous-les-temps, vous péchez contre les lois éternelles, contre une vérité moyenne, et il y aura inadéquation. C'est comme si vous aviez mangé quelque chose qui ne convient pas à votre système digestif. De ce fait, vous ne pouvez pas faire tout ce qui vous plaît, penser ce qui vous plaît, parce que cela pourrait blesser la conscience qui a un million d'années. La réaction sera soudaine et imprévisible. Il se peut que vous ne sentiez pas l'impact immédiat. Mais plus vous devenez conscients de l'existence de l'inconscient, plus vous développez votre capacité intuitive de vous soumettre à la loi et plus vous ressentez que vous touchez la ligne au-delà de laquelle il ne faut pas aller. Si vous forcez cette ligne, vous aurez une réaction, soit dans l'instant, soit indirectement. Si vous avez fait ce qu'il ne fallait pas faire, une réaction puissante peut vous atteindre, soit à travers vous-mêmes, soit parce que vous allez vous prendre les pieds dans quelque chose et vous fracasser la tête. Cela va vous apparaître comme purement accidentel, sans que vous vous rappeliez ce que vous avez fait de mal ou ce que vous avez pensé de mauvais.

Cette alternative est simple. Mais il y a des voies infiniment plus compliquées. Une réaction peut vous atteindre à travers vos semblables, au moyen de vagues dans votre entourage. La réaction ne se manifestera pas seulement en vous, mais dans le groupe tout entier. Il se peut que vous ne soyez pas touchés par la réaction, mais qu'elle touche quelqu'un de proche, dans votre entourage immédiat, quelqu'un de proche et de cher à vos yeux, ce seront vos enfants peut-être qui réagiront. Ils vous auront mesurés à votre juste valeur, parce que vous avez passé outre, vous avez commis une offense. Ou encore des circonstances étonnantes se chargeront de la vengeance. Car l'inconscient collectif n'est pas une fonction psychologique dans votre tête, c'est le versant ombre de l'objet lui-même. Tout comme notre personnalité consciente fait partie du monde visible, notre côté ombre forme un corps dans l'inconscient collectif. C'est le côté inconnu des choses. Si bien que tout et n'importe quoi peut vous atteindre à travers l'ombre. Toutes les réactions ne vous touchent pas nécessairement sous la forme d'une réaction psychologique, mais leur effet peut prendre l'apparence d'actions d'autres personnes ou de circonstances extérieures.

Jusqu'où ces circonstances ont un lien est de l'ordre de l'hypothèse, mais la superstition de tous les temps a revendiqué cette hypothèse — quelqu'un a fait quelque chose de mal, c'est la seule explication pour la survenue de tels événements. Si des circonstances néfastes surgissent, vous pouvez supposer en toute sécurité qu'il y a un mal quelque part. Par exemple, lors d'une tempête en mer, quelqu'un supposera qu'il y a un homme méchant à bord — les mentalités accusent, en général, l'homme méchant. C'est comme si je disais : « Ce médicament chimique ne fera rien, mais buvez cette bière, elle vous fera du bien », et ça marche. Tout ça ressemble aux plus vieilles superstitions, les plus démodées, qui consistent à rechercher le malfaisant si le bateau coule, mais il est sage de supposer que si les choses vont de travers, quelqu'un a commis un péché. Car cela est conforme à l'inconscient et contribue à notre tranquillité psychologique — et éventuellement à une bonne digestion. Nous ne pouvons pas dire pourquoi, mais les faits démontrent que nous serions avisés de penser d'une façon qui convienne au Vieil Homme. Procéder autrement pourrait mieux vous convenir et être plus conforme à votre rationalisme, mais enlève quelque chose au monde.

Une légende juive, à la fois belle et scandaleuse, raconte le mal démoniaque de la passion[12]. Il y avait un vieil homme très sage et très pieux que Dieu aimait, parce qu'il était tellement bon et qu'il avait beaucoup médité sur les questions de la vie. Il avait compris que tout le mal de l'humanité avait sa source dans le démon de la passion. Alors il se prosterna devant le Seigneur et lui demanda de supprimer de la terre l'esprit malin de la passion. La piété du vieillard était tellement grande que le Seigneur accéda à sa demande. Et comme toujours, lorsqu'il avait accompli une grande action, le vieillard très pieux était empli de joie et selon son habitude se rendit ce soir-là dans sa belle roseraie pour humer le parfum de ses roses. La roseraie avait son apparence habituelle, mais quelque chose n'allait pas. Le parfum n'était plus vraiment le même, quelque chose n'était plus là, une substance manquait, comme lorsqu'on mange du pain sans sel. Peut-être était-il fatigué. Alors il prit sa coupe en or et la remplit avec un vieux vin merveilleux qu'il possédait dans sa cave et qui n'avait jamais eu le moindre défaut jusqu'à présent. Mais cette fois-ci, le vin était fade. Cet homme sage possédait dans son harem une jeune épouse d'une grande beauté et, lors de la dernière visite, il s'aperçut que son baiser qui habituellement était comparable au parfum et au vin était cette fois sans saveur ! Alors il monta derechef sur son toit et dit au Seigneur combien il était triste, et qu'il craignait d'avoir fait une erreur en demandant de supprimer l'esprit de la passion. Il adressa alors au Seigneur la prière suivante : « Ne pourrais-Tu renvoyer sur terre l'esprit malin de la passion ? » En reconnaissance de sa grande piété, Dieu accéda à sa demande. Alors le vieillard goûta à tout à nouveau et, merveille, plus rien n'était fade — les roses avaient retrouvé leur parfum merveilleux et le baiser de sa femme fut plus suave que jamais.

Cette histoire pour vous montrer que vous ôtez quelque chose à la terre lorsque vous offensez les lois éternelles du Vieil Homme, raisonnables ou pas. Le monde et notre existence sont absolument irrationnels et jamais vous ne pourrez prouver qu'ils devraient être rationnels. Vous pouvez néanmoins supposer, en toute sécurité, qu'il existe un certain nombre de considérations rationnelles avec lesquelles nous devons compter : les Alpes sont au centre de l'Europe et nous devons en tenir compte — puisqu'elles sont un obstacle à la circulation, nous avons dû creuser des tunnels. Et de même notre psychologie est assujettie à certaines lois qui sont *irrationnelles* : les Alpes, au centre de notre continent psychologique, et nous avons à reconnaître ce fait. Dans le cas contraire, le monde de l'esprit malin disparaît. Il est sage, il est vital que nous soyons convaincus de certains faits irrationnels. Le critère pour atteindre la vérité psychologique, en général, c'est que nous soumettions nos pensées au très Vieil Homme. S'il est d'accord, c'est que nous sommes probablement sur la bonne route et pas très loin de la vérité. Mais si le Vieil Homme est en désaccord, nous savons que nous marchons sur une voie qui nous est propre et remplie d'énormes risques. Il nous est toujours possible de faire des expériences. Aucune objection à toute tentative. Si vous préférez marcher sur les mains, alors faites-le !

Question : Que se passe-t-il quand l'anima retourne à l'inconscient ?

Dr Jung : L'anima agit comme un filtre : elle produit certains effets, tout comme elle peut recevoir certains effets. Au moyen de la persona, nous recevons certains effets et aussi nous produisons certains effets sur d'autres gens et nous devons supposer qu'il en est de même avec l'anima. Il y a des raisons purement empiriques pour justifier cette assertion. L'anima connaît beaucoup de choses dont la plupart des gens sont inconscients. Dans l'ouvrage intitulé *She* de Rider Haggard [13], vous voyez comment l'anima, depuis l'inconscient collectif, connaît tous les secrets que She transmet à Léo et Holly, l'homme et son ombre. Dans la première partie du livre nous voyons comment She peut agir sur son monde secret. Dans la deuxième partie, Isis ne cesse de surgir derrière elle. En ayant l'oreille d'Isis, sa prêtresse, elle peut exercer une influence sur Isis et aussi recevoir, en retour, son influence. C'est un fait psychologique : l'anima est capable de nous influencer, dans notre psychologie — tout comme nous prions Marie ou demandons aux saints d'intercéder pour nous auprès de la divinité. Les saints sont des figures secourables d'anima sur la voie vers la divinité, car ils nous aident, dans une situation de nécessité, à surmonter les désordres particuliers de l'humanité ou son esprit diabolique. Et ils ont leurs domaines particuliers. Dans She, l'anima est une sorte d'intercesseur entre Isis et l'homme.

Vous remarquez quelque chose de similaire dans votre psychologie, lorsque vous comprenez que l'anima est une réaction singulière du sentiment, à l'intérieur de vous-mêmes. Supposez que vous soyez dégoûtés du monde extérieur et que vous vous fixiez sur ce schéma, vous vous approchez de l'autre versant et prenez contact avec lui : c'est à ce moment-là que vous ressentez à l'intérieur de vous-mêmes une réaction étrange. C'est cela l'anima. Un vieux texte chinois dit que lorsqu'un homme s'éveille le matin lourd et de mauvaise humeur, c'est là son âme féminine, son anima — une humeur singulière qui l'influence et influence son côté sombre, son inconscient. C'est cette humeur qui en est la meilleure preuve. Disons, par exemple, que ce matin j'étais tout en bas dans l'inconscient collectif et ensuite j'ai grimpé 365 marches et suis arrivé sur le pas de la porte de ma maison et suis entré... dans mon conscient où j'ai trouvé mon masque, celui du Dr Jung, comme chez Madame Tussaud [14], prêt à sortir dans le monde. Si quelque chose de très désagréable m'est arrivé dans l'inconscient collectif, je vais maudire la terre entière et apporterai avec moi une humeur des plus désagréables. Là, je vous affecte avec ma mauvaise humeur et vous m'affectez en retour, après quoi je serai dégoûté, m'en retournerai et affecterai l'inconscient collectif avec ma mauvaise humeur. La réaction provoquera une série d'images singulières que vous aurez immanquablement, dès lors que vous laissez votre fantaisie créatrice jouer avec. Une scène nocturne pourrait apparaître, une mer tempétueuse, immense, sauvage, telle que la créerait un poète. Ces images pourraient devenir spécifiquement personnelles et aller beaucoup plus loin, surtout si vous vous placez dans la scène : « A présent, où suis-je, dans quelle situation ? » Vous pourriez vous voir sur un bateau secoué par les flots au milieu de la mer déchaînée, et c'est à ce moment que vous recevez l'impact de l'inconscient et que vous réalisez le sens de toutes ces autres images.

C'est à partir de ces fantasmes que vous pouvez voir ce que votre humeur a produit dans l'inconscient collectif. Et ainsi vos fantasmes vous révèlent une bonne part de la nature de l'inconscient collectif et comment tout cela fonctionne. Vous allez découvrir l'influence de vos humeurs sur les arrières-plans de votre esprit conscient, au moyen des effets qui reviennent de l'inconscient collectif, tout comme vous mesurez les effets de votre persona sur le monde extérieur par la réaction de la foule. Beaucoup n'apprennent qu'à travers les réactions des autres qui ils sont, par exemple, en recevant un bon coup de poing en pleine figure. Un homme vient me voir en se plaignant amèrement : « Il a dit ceci et cela » — alors qu'en réalité cet homme a dit quelque chose qui a provoqué cette réponse, comme on pourra le découvrir en demandant ce qu'il a bien pu faire pour provoquer cette réaction. Pour connaître véritablement l'identité de leur persona, les gens doivent en voir les effets. Et si vous voulez savoir ce qu'est l'anima, en voici le moyen : confrontez-vous aux contenus d'une humeur et regardez les images qui reviennent de l'inconscient. Certaines humeurs sont réelles et nécessaires, mais si elles sont inexplicables, sans fondement, disproportionnées et irrationnelles (un Ecossais dirait : « Une ombre m'est tombée dessus, d'un ciel serein [15] »), cela signifie clairement que des contenus inconscients ont été constellés. Et si vous entrez dans ces humeurs en laissant jouer vos fantasmes, l'inconscient collectif produira une série de représentations ou d'images singulières qui expliquent l'état dans lequel vous vous trouvez. Pour ce processus dans l'inconscient collectif, certaines religions orientales tentent d'organiser par un rituel religieux un substitut à la chose vivante [16].

Trimestre d'hiver

Deuxième partie
janvier-mars 1929

Septième conférence

23 janvier 1929

Dr Jung : Nous allons continuer la série de rêves commencée dans notre dernier séminaire, car le fait d'analyser une suite de rêves d'un même patient vous donnera une impression plus juste sur la manière de pratiquer l'analyse des rêves.

Mais avant de poursuivre, je voudrais vous dire que j'ai remarqué qu'il existe certains préjugés par rapport à l'analyse. Un des éléments les plus importants à considérer est l'âge de l'individu. Ce fait devrait provoquer une différence énorme quant à notre attitude lorsque nous pratiquons l'analyse. Tout ce qui est important dans la dernière partie de la vie peut être considéré comme quantité absolument négligeable dans la première partie de la vie. Les éléments à prendre en considération sont de savoir si le sujet a pu réaliser son adaptation à la vie, s'il est au-dessus ou en dessous du niveau standard de l'existence et par ailleurs, s'il a pu répondre aux attentes raisonnables dont il était l'objet. A quarante ans, on attend de quelqu'un qu'il ait pris racine, qu'il occupe une position sociale, qu'il ait une famille, etc., et non pas qu'il soit psychologiquement à la dérive. Ceux qui à quarante ans n'ont pas d'objectif, ne sont pas mariés, ne sont pas établis dans la vie, ont la psychologie du nomade sur une terre perdue. Ces individus ont des buts différents de ceux bien installés dans des maisons et des familles, car cette tâche reste encore à accomplir. Alors la question se pose immédiatement : cet individu est-il normalement adapté ou pas ? Les jeunes sont inadaptés parce que trop jeunes et les autres pour toutes sortes d'autres raisons : ils ont rencontré des obstacles, des résistances ou ils ont manqué d'occasions. Dans un cas, certaines choses sont à changer et pas dans d'autres. Certaines formes de fantasmes sont les pires des poisons pour une personne non adaptée raisonnablement. A l'opposé, lorsque vous rencontrez des germes d'imagination chez un homme bien enraciné, peut-être même emprisonné dans son environnement, ces poussées imaginaires sont à traiter comme du matériel de la plus grande valeur, comme des joyaux ou des germes de libération, car c'est la liberté qu'il peut gagner à partir de ces matériaux. Tous les jeunes ont des fantasmes, mais ils doivent être traités différemment. Ils sont fréquemment d'une grande beauté, mais pour la plupart d'une valeur négative et, à moins d'être traités avec une très grande prudence, ces jeunes restent bloqués dans leurs fantasmes. Si vous leur ouvrez la porte du symbole, vous leur faites courir le risque de vivre ce symbole, au lieu de vivre la réalité de la vie.

Il y a quelques jours, une jeune fille est venue me voir. Elle est fiancée et doit se marier. Elle est amoureuse d'un homme qui l'aime aussi. Or, jusque-là, elle avait poursuivi une analyse pendant quatre ans, à raison de cinq jours par semaine, et n'a pu prendre que trois semaines de vacances en une année. Je lui ai demandé pourquoi diable elle ne s'était pas mariée. Sa réponse fut qu'elle devait d'abord finir son analyse, que c'était là une obligation à accomplir avant toute chose. Je lui demandai : « Qui vous a dit que vous aviez une obligation envers l'analyse ? Votre obligation est envers la vie ! » Cette jeune fille est une victime de l'analyse. Son médecin est tout aussi coincé. Voici un cas où une jeune fille vit dans ses fantasmes, alors que la vie l'attend. Cette jeune fille est piégée par son animus. Même si elle faisait quelque chose de fou, elle n'en serait pas moins poussée vers la vie. Telle que se présente la situation, il n'y a que confusion, vent et néant. Son analyste suit une théorie et cette jeune fille fait de son analyse une obligation au lieu de s'obliger à vivre. Si elle était une femme, dans la deuxième moitié de sa vie, le traitement serait entièrement différent ; il tendrait à construire son individualité. Je ne mets pas en question les motivations de ce médecin, mais à l'inverse je suis une véritable brute dans ma façon de traiter mes patients. Je ne les vois que deux ou trois fois par semaine et je prends cinq mois de vacances par an !

Je vais rapidement résumer le cas que nous suivons. Le rêveur a quarante-sept ans. Il n'est pas névrosé. C'est un gros négociant, très conformiste et absolument correct. Un homme très intellectuel et tout autant cultivé. Il est marié et a des enfants. Son problème, c'est sa suradaptation. Il est enchaîné par son environnement, par les obligations envers son monde. Il a perdu sa liberté. Ainsi, dans son cas, si l'on découvre la moindre trace d'imaginaire, il faut lui ouvrir les bras. Il a sacrifié toute son imagination créatrice pour être « réel ». Donc, dans son cas, tout fantasme est du plus grand prix. Mais son problème exige une grande subtilité. Consciemment, il ne peut pas voir de quoi il s'agit. Il a eu quelques aventures érotiques avec des femmes, pas satisfaisantes. Puis il a découvert progressivement qu'il sentait que la vie devait être faite d'autres choses. Il a commencé ses lectures de théosophie et a lu des ouvrages de psychanalyse, et c'est là qu'il est venu me voir avec l'espoir que je pourrais l'aider. Je l'ai vu de façon irrégulière pendant deux ans. L'analyse du premier rêve lui a permis de découvrir qu'il s'ennuyait terriblement dans la vie en général et avec sa femme en particulier. Le deuxième rêve survint quatre jours plus tard et dérive de la connaissance qu'il avait de son premier rêve.

Voici ce rêve [2] : « Ma femme me demande de l'accompagner chez une pauvre jeune femme, une couturière. Elle habite et travaille dans un trou malsain et souffre de tuberculose. Je m'y rends et dis à la jeune femme qu'elle ne devrait pas travailler enfermée, mais dehors, au grand air. J'ajoute qu'elle pourrait venir travailler dans mon propre jardin. Alors elle répond qu'elle n'aura pas de machine à coudre. Je lui dis qu'elle pourra utiliser celle de ma femme. »

Le rêveur a l'impression d'avoir oublié des parties importantes du rêve. Il dit dans ses associations : « Bien qu'il n'y eût rien d'érotique dans le rêve, je sentais que l'atmosphère du rêve en était imprégnée. Quand ma femme m'a demandé de l'accompagner, j'ai senti qu'il pourrait se passer quelque chose. » Cette même expression d'attente, vous pouvez la voir sur le visage des hommes assis dans le hall d'un hôtel : l'expression d'un chien qui attend qu'une saucisse lui tombe sur le museau. Le rêveur attendait ainsi que quelque chose se passe. « Ma femme a joué un rôle entièrement passif, mais moi par contre, j'agissais comme si j'étais entièrement seul. La couturière était habillée avec des couleurs sombres, et je me suis rappelé avoir entendu dire que les gens atteints de tuberculose étaient fréquemment érotiques. Lorsque les gens ont une libido inutilisée, l'érotique se manifeste. La machine à coudre appartient à ma femme et je trouvais qu'elle aurait dû dire le premier mot. »

Il associe sa propre vie emprisonnée à celle de la jeune femme. Il ne peut pas permettre à ses sentiments de s'extérioriser au grand jour — la seule chose à faire est de faire travailler la jeune femme dans son propre jardin avec la machine à coudre de sa femme. Un homme respectable n'autorise pas la manifestation de ses sentiments au grand jour. Il ne lui reste plus, comme lieu possible, que son « propre jardin », ce qui veut dire qu'il force ses sentiments à revenir dans le cadre du mariage. L'une des motivations de sa respectabilité est sa peur d'affecter sa santé par des maladies vénériennes. Le résultat de l'analyse du premier rêve est qu'il accepte d'admettre son ennui dans le mariage. C'est très difficile pour un homme rationnel d'admettre ce qu'est réellement son Eros. Une femme n'a pas de difficultés particulières à réaliser son Eros, principe de relation, mais c'est extraordinairement difficile à un homme pour qui le principe c'est le Logos. La femme a une difficulté à réaliser ce qu'est son esprit. Chez l'homme, l'Eros est inférieur comme le Logos chez la femme. L'homme doit posséder une bonne quantité de féminin en lui pour réaliser son potentiel de relation. L'Eros, c'est le travail de la femme. Vous pourrez vous battre six mois avec un homme avant qu'il ne finisse par admettre ses sentiments et la même chose vaut pour la femme et son esprit. Tout ceci est tellement contradictoire. Ma mère avait un esprit divisé, et c'est d'elle que j'ai appris ce qu'était l'esprit naturel de la femme. J'étais un garçon insupportable et détestais tous ces garçons bien élevés dont ma mère raffolait, avec des vêtements bien propres, des mains bien propres, etc. A la moindre occasion, je rossais ces garçons et leur jouais les pires tours. Ils me dégoûtaient. Et ma mère de se récrier : « Des enfants tellement charmants, tellement bien élevés ! » Or, dans le voisinage, il y avait une famille qui avait de tels enfants, que ma mère ne cessait de me citer en exemple, et un jour où je m'étais comporté avec ces chers enfants d'une façon particulièrement odieuse, ma mère s'est réellement fâchée après moi et m'a dit que j'étais infernal et que si je continuais sur cette lancée j'allais lui rendre la vie insupportable. J'en fus profondément déprimé et allai m'asseoir, tout penaud, dans un coin de la pièce. Ma mère ayant oublié ma présence se mit à se parler à elle-même et je l'entendis dire : « Naturellement, on n'aurait pas dû garder ce fumier. » Je savais que ma mère faisait référence à ces charmants enfants, et instantanément je me suis réconcilié avec elle [1].

La femme a deux esprits. L'esprit traditionnel, conventionnel, et l'esprit impitoyable de la nature qui fait sens et qui dit la vérité, l'esprit-nature. Elle peut penser des deux côtés. Ce point est très joliment illustré dans *L'Ile aux pingouins* d'Anatole France. Lorsqu'on baptisa les pingouins, une dispute s'éleva : cet acte n'était-il pas blasphématoire, puisque les pingouins n'ont pas d'âme ? Ce ne sont que des oiseaux et les oiseaux sont réputés ne pas posséder une âme immortelle, car seuls les humains en possèdent une. La dispute s'échauffa au point qu'il fallut convoquer, au paradis, le conseil des Pères de l'Eglise et des vieux sages. Incapables de trancher la question, ils appelèrent sainte Catherine à l'aide. Elle adressa ses compliments aux deux parties et leur dit : « Il est vrai que les pingouins, étant des animaux, ne peuvent pas avoir une âme immortelle. Mais il est également vrai qu'en recevant le baptême, on atteint à l'immortalité, alors pour cette raison », et se tournant vers Dieu : « *Donnez-leur une âme, mais une petite** [2]. »

La femme, à un certain niveau, est la Nature et la Nature est terrible, incohérente et logique à la fois. Naturellement, lorsqu'un homme regarde son propre côté Eros, il a du mal à le concilier avec ce qui lui a été enseigné. Son Eros à lui a des idées opposées, des tendances conflictuelles. Et pourtant, il y a sa relation avec la Nature et cela le jette dans la confusion. Il *ressent* l'horrible chose que la femme *pense.*

Que le rêveur ait pu admettre son ennui représente un grand accomplissement. Il est seul avec son problème. Tout le monde ressent ce tabou qu'est l'esprit de la nature. Naturellement le rêveur garde tout cela pour lui-même, sans rien en dire à sa femme. Nous pourrions conclure que ce rêve le console, mais ce n'est pas vrai. Ici, il ne s'agit pas de quelque chose de bienveillant, donnant une parole consolatrice, car la bonté n'est pas un élément naturel. La bonté et la cruauté sont des catégories humaines, mais ne correspondent pas aux voies de la nature. Lorsque le rêve dit : « Ma femme me demanda d'aller voir la jeune femme », cela atténue le trouble de cet homme. Si cet homme peut ressentir que sa femme n'est pas opposée à lui, il commence à se sentir moins seul. Nous devons supposer que ce rêve a constellé une attitude, car il n'y a pas de voie satisfaisante pour atteindre la vérité réelle que ce rêve contient.

Que représente l'épouse, dans ce rêve ? La jeune femme, elle, représente les sentiments du rêveur qui vagabondent à l'extérieur, tandis que l'épouse signifie les sentiments à la maison, les sentiments respectables. Ce rêve nous dit : « Mes sentiments qui sont avec ma femme cherchent à négocier avec ces autres sentiments. » En réalité, sa femme ne s'intéresse nullement à ces autres sentiments adressés à d'autres femmes, mais le rêve nous dit qu'il y a là une voie qui rendra ses sentiments pour sa femme plus individuels, plus réels, s'il peut travailler sur ceux-ci. Peut-être pense-t-il à sa femme sur un mode rigide et inflexible parce qu'il a commis la même injustice envers son propre sentiment. S'il peut apprendre à agir avec ses sentiments qui voyagent et vagabondent, qui sont des sentiments créateurs, sa relation envers sa femme peut, à son tour, se mettre à vivre, parce que mise en doute. Le doute est le couronnement de la vie, parce que vérité et erreur vont ensemble. Le doute, c'est la vie alors que la vérité peut représenter la mort ou la stagnation. Lorsque vous êtes dans le doute, vous avez toutes les chances de réunir les côtés sombres et lumineux de la vie. Dès qu'il commence à s'occuper de ses sentiments « voyageurs », la relation avec sa femme apparaît comme prise dans le doute, elle devient expérimentale, donc vivante. Le rêve n'a nulle intention de lui venir en aide, mais attire son attention sur le fait que sa relation avec sa femme pourrait être améliorée, si lui y met une nouvelle relation de sentiment.

Quand une femme est amenée à ne penser qu'à un nombre limité de choses, il lui devient impossible de penser. Personne ne peut fonctionner dans des limites imposées. Si vous limitez le sentiment ou la pensée, chez n'importe qui, il ne pourra plus fonctionner correctement. Si vous êtes forcés de croire à un certain dogme, vous ne pouvez réfléchir dessus [3]. Le sentiment, tout comme n'importe quelle autre fonction, doit disposer d'espace. La relation du rêveur avec sa femme souffre du fait qu'il n'a pas le droit de ressentir. S'il peut s'occuper de ses sentiments qui partent à l'extérieur, il peut vivre une relation avec sa femme. « Ne doutez pas » est une grande erreur. Nous sommes arrivés à présent au point où nous comprenons que le fait de pouvoir s'occuper de ses sentiments peu conventionnels aidera notre rêveur dans sa relation avec sa femme.

Lorsqu'il prête attention à ses sentiments, il découvre qu'ils sont associés à une jeune femme atteinte d'une maladie grave. *Les sentiments et les pensées peuvent tomber malades et mourir* [4].

Il y a quelques jours, une femme vint me consulter. Il y a quinze ans, elle était une de mes patientes. Elle représentait un cas difficile, car elle ne parvenait pas à voir certaines choses. Elle ne voulait pas jouer le jeu. Elle voulait rester enfant. Il y a des gens qui ne peuvent pas prendre la vie au sérieux. C'est comme s'ils étaient nés pour rester éternellement des enfants.

Si quelqu'un vient me voir avec un diabète et ne veut pas prêter attention à son symptôme, ou suivre mon avis, je ne peux rien faire. Il y a quelques jours, j'ai donc revu mon ancienne patiente. Elle avait une mine épouvantable et je reçus un choc. Elle l'a remarqué et dit : « Oui, c'est très grave, mais je n'ai plus de problèmes. » Elle attendait de moi que je dise à son mari qu'elle n'était plus hystérique et c'était vrai, elle n'avait plus de problèmes, plus de troubles : elle les avait aspirés à l'intérieur d'elle-même, les ayant convertis au niveau de son corps. Dans de tels cas, le cœur fait la course aux raisons psychologiques, et le résultat en est une névrose comparable à une psychose traumatique qui suit le vécu d'une explosion. On fonce tous azimuts, sans pouvoir exercer le moindre contrôle. Quand les problèmes subissent une conversion corporelle, les problèmes extérieurs s'en vont, mais le corps se met à pourrir. Si la névrose a pénétré le processus psychologique[5] en profondeur, il faudra avoir recours à une cure dont la sévérité peut mettre la vie même en péril. En général la trappe se ferme pour toujours. Héraclite, le Sombre, le plus intelligent des vieux philosophes, dit : « L'âme meurt lorsqu'elle se transforme en eau[6]. » L'âme se meurt si l'on accepte de devenir inconscient. Les gens meurent bien avant que le corps ne meure parce qu'il y a la mort dans l'âme. Ce sont des sangsues qui ressemblent à des masques, qui vont et viennent comme des spectres, morts, mais qui sucent. Une sorte de mort. J'ai vu un homme, dont l'esprit avait subi la conversion, réduit à l'état de bouillie. Vous pouvez réussir à quitter vos problèmes, il n'y a qu'à ne plus les regarder suffisamment longtemps. Vous vous échappez, mais votre âme se meurt. Si notre rêveur ne fait pas attention à son problème de sentiment, il perd son âme. Entrez dans le hall d'un hôtel. Là vous verrez des visages avec des masques. Ces morts vivants voyagent à travers le monde pour échapper à leurs problèmes. Ils ont l'air d'être pourchassés et portent le masque intégral de la peur. Il y a quelque temps j'ai rencontré une femme qui en était à son troisième tour du monde. Quand je lui demandai pourquoi ce tour du monde, elle parut étonnée par ma question et me répondit : « Pourquoi, mais pour finir mon voyage. Que devrais-je faire d'autre ? » Une autre femme, rencontrée en Afrique dans une Ford, se fuyait elle-même avec dans ses yeux hagards une lueur d'effroi. Elle voulait se confesser à moi, me dire comment elle avait renoncé à la vie. D'elle-même ne lui restait en mémoire que ce qu'elle avait été dans le passé. Elle courait désespérément après ce qu'elle avait perdu. Lorsque vous voyez dans les yeux qu'une certaine étincelle de vie a disparu, c'est que les fonctions physiques [7] du corps vont de travers.

La jeune femme du rêve est une couturière, c'est-à-dire qu'elle fait des vêtements. Elle fabrique de nouvelles attitudes. La naissance d'une nouvelle attitude a un arrière-plan historique profond. Un mythe africain raconte qu'il y eut un temps où tous les hommes étaient immortels et où chacun pouvait enlever sa peau. Un jour qu'ils se baignaient tous, une vieille femme a ôté sa peau et en est morte. Et c'est ainsi que la mort est venue au monde. Par analogie, les gens doivent se comporter comme des serpents, en jetant leurs vieux oripeaux. Pour la confirmation catholique, les filles portent une robe blanche. En Afrique, j'ai vu les garçons qui avaient été circoncis, lors de la cérémonie initiatique, être « habillés » avec une sorte de hutte en bambou qui recouvrait intégralement leur corps. Dans ces deux cas, il s'agit de la nouvelle peau spirituelle, d'un vêtement spirituel. Les Polynésiens portent un masque pour marquer le renouvellement du printemps. Au carnaval, on s'habille avec les vêtements du nouvel an. Vous êtes « re-né » au nouvel an. — C'est flatteur pour l'analyste d'être intronisé tailleur. Quand on rêve de lui comme tailleur, il est le faiseur du nouveau corps, de la nouvelle peau. Il est l'initiateur d'une nouvelle immortalité. — Les sentiments inconscients du patient, qui sont partis à l'étranger et qui ont été répudiés, contiennent la possibilité d'une nouvelle naissance. Ce sentiment peu conventionnel, la couturière, fabrique la nouvelle peau, crée l'immortalité. S'il suit la voie de ce nouveau sentiment, une nouvelle vie lui sera donnée.

Tout ce que vous faites et répétez suffisamment longtemps finit par mourir, usé. Les femmes qui ont atteint la quarantaine commencent à voir leur masculinité et les hommes leur féminité, parce que c'est neuf et pas encore porté. Dans un mythe indien, Manitou apparaît à un chef et lui demande de manger avec les femmes, de s'asseoir avec les femmes et de s'habiller comme une femme — une curieuse intuition psychologique. Dans d'autres endroits, en Espagne par exemple, les vieilles femmes portent de solides barbes noires dont elles sont très fières. La voix des femmes devient parfois plus grave. Chez nous, nous voyons parmi les paysans qui vieillissent l'homme perdre de son emprise sur les choses et les femmes prendre la relève au travail. Par exemple, elles vont ouvrir un petit magasin et gagner leur vie ainsi. L'homme devient femme et la femme devient homme. C'est dans ce qui a été déconsidéré et méprisé que naîtra le Sauveur. C'est pour cela que le sentiment, ce qui lui est le plus malaisé et le plus embarrassant, contient le potentiel d'une nouvelle attitude.

Il y a deux machines à coudre, deux méthodes. L'une appartient à la jeune femme, l'autre à l'épouse. Cette machine est un facteur psychologique, une machine mentale que l'on peut apprendre à utiliser et avec laquelle des résultats sont produits. La machine est une méthode. Avec une méthode, vous suivez une voie, une voie définie. A présent, nous pouvons voir ce rêve plus en profondeur. La jeune femme dit : «J'ai ma manière.» Lui offre la méthode de sa femme. Comment la nouvelle méthode est-elle produite ? Coudre, c'est attacher différentes pièces de tissu ensemble. La visée de la méthode : attacher les choses ensemble, rassembler ce qui a été séparé. Chez l'homme, ce qui doit être attaché ensemble sur le plan psychologique, c'est le conscient et l'inconscient. L'analyse les assemble — et cela s'appelle l'intégration.

Huitième conférence

30 janvier 1929

Dr Jung : Vous vous rappelez que nous avons terminé notre dernière séance sur la machine à coudre.

Question de Mr Gibb : La semaine dernière, vous avez interprété le symbole de la machine à coudre comme une « méthode ». Ne pourrions-nous aller plus loin et rendre plus spécifique ce symbole, en le précisant par rapport à la méthode ? On a donné à Cendrillon une robe de bal avec ses chaussons et la méthode pour y parvenir fut un mouvement de la baguette magique de la fée. Pour satisfaire aux intentions du rêve, un charme, un chéquier, un fil et son aiguille et des ciseaux, ou encore une fée avec sa baguette magique, auraient tous pu faire l'affaire pour symboliser une méthode permettant la confection de nouveaux vêtements, tout aussi bien que cette machine à coudre. Mais n'y aurait-il pas eu une différence significative dans le principe mis en jeu, dans chacun des cas particuliers ?

Voilà où je veux en venir : n'est-il pas juste de supposer que les matériaux spécifiques du rêve obéissent à une logique qui lui est propre, pour autant que nous acceptions sans réserve les prémisses que ses symboles suggèrent et que nous n'allions pas y projeter nos obsessions personnelles qui favoriseraient quelques prémisses ou principes spécifiques ? Dans le rêve en question, le symbole de la *machine à coudre* me suggère que nous devrions plutôt accepter une atmosphère en quelque sorte mécanistique du principe « de cause à effet », pour autant que cet élément y soit inscrit.

Dr Jung : La nature même de la machine suggère une

méthode d'un type très particulier. C'est là un point sur lequel je me différencie de Freud. On ne peut pas dire que le symbole, dans un rêve, n'est qu'une façade derrière laquelle on peut se cacher et dire ensuite ce que le rêve signifie. Le symbole est un fait, et comme dans ce rêve c'est une machine à coudre, nous ne pouvons poursuivre ce rêve qu'en parvenant à comprendre sa signification. Nous ne pouvons nous contenter de dire que cette machine à coudre signifie une méthode pour se faire de nouveaux vêtements, car il y a de nombreuses manières d'obtenir de nouveaux vêtements, il y a la façon mystique, la façon magique, etc. La spécificité de la machine à coudre signifie une méthode mécanique, purement « de cause à effet », une voie sans âme. En étudiant les associations du patient vous pouvez vous faire une idée de ce que peut être cette voie mécanique. Le symbole dans un rêve signifie ce qu'il est. Un médecin qui trouve du sucre dans une analyse d'urine ne peut prétendre qu'il s'agit simplement ici d'une façade. Nous devons donc suivre la voie ouverte par Mr Gibb.

Néanmoins, nous n'avons pas épuisé le sens de la machine à coudre. Je voudrais souligner particulièrement l'essence mécanique de la machine à coudre. Le rêveur nous dit dans ses associations : « Se pourrait-il que la fille, infectée par la tuberculose, représente mes sentiments malades et que ceux-ci doivent vivre dans un trou noir ? J'avais le sentiment que cette machine à coudre appartenait, en réalité, à ma femme et qu'elle aurait dû dire les premiers mots. » Avec cette association, que devient la signification de la machine à coudre ?

Réponse : Une relation anatomique, purement sexuelle.

Dr Jung : Sa compréhension de la méthode, c'est qu'elle est purement mécanique, et c'est là sa façon de voir la sexualité. Voici la source d'un malentendu éternel entre l'homme et la femme. Pour la plupart des hommes, l'idée de la sexualité est purement mécanique et dénuée de toute psychologie, alors que pour les femmes, elle est toujours associée au sentiment.

Mr Gibb : Ce qui a motivé ma question, c'est que fréquemment vous présentez les matériaux du rêve comme étant irrationnels et qu'à présent vous nous dites qu'ils sont rationnels.

Dr Jung : Il y a certains faits irrationnels, que nous devons prendre comme tels, comme par exemple le fait que l'eau atteint sa densité maximale à 4°C. C'est irrationnel, mais c'est un fait.

Le rêveur m'a demandé comment il devait prendre ce matériau, et je lui ai dit de prendre ces données comme des faits. C'est la manière dont les choses sont. Et j'ai ajouté : « Je ne sais pas si ce qui vous a inspiré vient de votre diable ou de votre ange ; nous devons simplement attendre pour voir quelle en sera l'issue. J'admets bien volontiers que si vous deviez tomber amoureux de cette fille et ainsi bouleverser votre mariage, ce serait très embarrassant, seulement vous êtes terriblement attiré par l'idée d'exprimer vos sentiments ouvertement, au grand jour. Soyez patient, attendez et voyez. » L'idée d'être le sauveur de cette pauvre chose, enfermée dans un trou noir, le tente immensément. Peu d'hommes pourraient résister à ce rôle.

L'idée de Freud, c'est que le rêve est rationnel. Moi je dis qu'il est irrationnel, en ce sens qu'il se produit tout simplement. Un rêve surgit comme un animal. Je pourrais être assis au milieu de la forêt, et voici qu'apparaît un daim. L'idée typique de Freud, c'est que les rêves sont préarrangés et je ne suis pas du tout d'accord avec cette façon de voir.

Le sens général de ce rêve est une continuation de ce sur quoi nous avons travaillé jusqu'à présent. Les sentiments du patient ne lui permettent pas de s'exprimer au grand jour. Tout comme la machine à coudre appartient à sa femme, le mécanisme sexuel appartient aussi à sa femme. Ce rêve lui a fourni une excitation extraordinaire, bien qu'il soit confronté avec le fait que ce serait très embarrassant pour lui de tomber amoureux de cette jeune femme.

Mrs Schevill : Il y a trois dames qui voudraient en savoir plus sur le fonctionnement de l'esprit-nature de la femme.

Dr Jung : Je vous en ai donné un exemple à la dernière réunion, avec ma mère — sans chercher à me mettre à l'abri. Vous pouvez vous poser la question à vous-mêmes. Je suis certain que derrière cette question votre âme noire recèle quelque chose. L'esprit-nature ne se laisse jamais voir en surface, car chaque femme a peur de cette sorte d'esprit, tout comme un homme a peur d'accepter ses sentiments.

Mr Gibb : Que peut-on y faire, l'éducation est-elle possible ?

Dr Jung : Non, vous devez simplement accepter que c'est là, et n'avoir aucune illusion à son sujet. Si vous essayez de l'éduquer, vous tombez dedans. On ne peut pas y toucher, c'est un fil sous tension.

Un homme admettra toutes sortes de pensées coupables, mais n'acceptera pas son sentiment, pas plus qu'une femme n'admettra ses pensées. Un excellent exemple de cette situation se retrouve dans la nouvelle de H.G. Wells *Christina Alberta's Father* [1] (Le père de Christina Alberta). Dans cette nouvelle, la fille passe ses journées à commettre des actes de pur non-sens et, la nuit, elle s'érige en tribunal de la conscience qui lui dit tout ce qu'elle a fait pendant le jour. Ceci nous montre la pensée inexorable dont elle ne parvient pas à s'éloigner. Ce fait, vous devez l'accepter : il y a cette dissociation dans nos esprits. La seule chose à faire avec l'esprit-nature, c'est de l'accepter. Tous, nous voulons un seul Dieu, nous voulons une seule âme, etc., nous voulons échapper à la dualité de la vie, au contraste, à la dissociation dans notre nature, mais ne le pouvons pas. D'un côté vous êtes ce que vous apparaissez être, parfaitement innocents, de l'autre côté il y a la pensée-nature. Les jeunes ont raison, qui s'en tiennent à distance. Mais les gens mûrs doivent savoir qu'eux-mêmes, le monde etc., sont dans l'ambiguïté. Le doute, c'est le début de la sagesse. Il est important de commencer à douter de la valeur de l'existence de manière à pouvoir se dépêtrer du monde. Les jeunes ne peuvent pas vivre dans le doute. Si un jeune a des doutes profonds sur la vie, il ne peut se lancer dans le monde. Par contre, un homme mûr devrait avoir plus de détachement par rapport au monde. Ceci est parfaitement normal lorsqu'on a dépassé la première moitié de la vie. Si un homme perd dans sa jeunesse l'emprise sur la vie, il part en morceaux. Et si plus tard il n'adopte pas une nouvelle attitude, il devient ennuyeux.

Dr Shaw : La manière de penser d'un esprit-nature est-elle la manière de penser de l'animus ?

Dr Jung : Une femme acquiert cette manière de penser à travers l'animus. Mais si elle l'accepte, elle devient elle-même et dépotentialise l'animus. L'animus d'une femme est toujours puissant, aux dépens de sa capacité à élargir son esprit. Dans la mesure où elle élargit son esprit, son animus perd de sa puissance, si bien que lorsqu'une femme devient consciente elle ne devrait plus être sujette au doute devant cette manière de penser, car à partir de ce moment elle pense d'une façon parfaitement normale. Dès l'instant qu'elle a dépotentialisé ces composantes, celles-ci perdent leur pouvoir et appartiennent désormais au voile de Maya [2].

Si vous pouviez vous transporter loin en arrière, dans le monde primitif, vous verriez le degré énorme de votre extériorisation et le degré infime de votre intériorisation et, dans cette constellation, tout pourrait vous arriver. Vous verriez le monde entier se conduire d'une manière étrange : les arbres se mettraient à parler, les animaux à se comporter de façon bizarre et des fantômes apparaîtraient. Maintenant, augmentez votre degré de conscience et dès cet instant, tous ces phénomènes disparaîtront car ils n'étaient que l'expression extériorisée de vos pensées. Les arbres ne parleront plus et les fantômes ne circuleront plus.

C'est là le progrès de l'homme : il dépotentialise le monde extérieur. Notre tout dernier résidu c'est l'idée d'un Dieu absolu, ou encore les figures de l'anima et de l'animus. Plus vous augmentez votre degré de conscience, moins ces choses existent. C'est ce que dit l'Orient qui a atteint cette conclusion à travers la continuité de l'expérience de vie, et moi-même à travers la psychologie. Il ne s'agit nullement de matérialisme, ce que l'on me reproche souvent. Il s'agit uniquement de mettre en avant l'importance de ce que nous appelons la psyché. Cependant nous n'avons pas la moindre idée de ce qu'est la psyché, nous n'avons pas la moindre idée de ce que nous sommes. Nous ne le savons pas et prétendre le contraire est infantile.

Mrs Schevill : Mais vous ne nous avez pas donné davantage d'exemples de ce qu'est l'esprit-nature. Nous admettons tous avoir des exemples que nous pourrions donner, mais ils sont trop personnels pour pouvoir en parler.

Dr Jung : Nous y voilà précisément ! Il n'y a pas moyen d'obtenir d'une femme qu'elle exprime ses pensées réelles, pas plus que vous n'obtiendrez d'un homme qu'il exprime ses sentiments. Donner des exemples, c'est toujours aller au cœur des choses. De tels exemples, j'en ai beaucoup, mais ils sont très personnels. Ils pourraient vous concerner ou concerner quelqu'un que vous connaissez, et cela n'est pas faisable. L'esprit-nature est une chose très immédiate et va directement au cœur des choses. Souvent le fils saisit l'idée de ce qu'est l'esprit-nature, en observant sa mère. Je pourrais vous donner un autre aspect de l'esprit-nature : si le fils est fort et rempli de son diable, il pourra résister. Dans le cas contraire il peut en être broyé, empoisonné.

Les mères sont capables de blesser leurs fils, en laissant libre cours à leur esprit-nature. Lorsque j'étais petit garçon, mon père était pasteur dans une ville célèbre pour son esprit étriqué. Si j'avais continué à vivre dans cet environnement, j'en aurais été totalement étouffé. Les gens continuaient à vivre dans les pièces des maisons dans lesquelles leurs ancêtres avaient vécu pendant des siècles, avec leurs portraits aux murs, peints par Dürer ou Holbein. L'un de mes meilleurs amis avait une bibliothèque dont les œuvres dataient de 1680 à 1790. Cette bibliothèque restait en l'état et aucun ouvrage nouveau n'y était ajouté. Toute l'atmosphère de cette vie était des plus captivantes. L'esprit-nature dit qu'un garçon ne peut jamais s'en séparer. Naturellement j'ai dû recréer ma propre vie, sur du neuf, à coups de constructions ardues.

Lors d'un moment extrêmement critique de ma vie où je travaillais dur, ma mère est venue me voir. Ma mère m'aimait énormément et essayait de m'aider, mais elle avait une capacité à me saper par son esprit-nature. J'avais travaillé énormément sur mes tests d'association et, un jour où ma mère vint me voir à l'improviste, mes murs étaient couverts de tableaux et de graphiques. Elle eut un regard circulaire sur tout ce matériel et me dit : « Toutes ces choses ont-elles réellement un sens ? » Ce qu'elle me dit là était aussi léger qu'une plume, mais me tomba dessus comme des tonnes de plomb. Je ne touchai plus à ma plume pendant trois jours. Si j'avais été un garçon faible, j'en aurais été écrasé et j'aurais dit : « Bien entendu, tout ceci ne vaut rien », et j'aurais tout abandonné. Quant à ma mère, elle m'aurait dit qu'elle m'aimait et qu'elle ne voulait rien dire avec cela. Mais pour l'homme qui est un être civilisé, le plus grand danger, c'est la nature. Beaucoup d'hommes restent peints sur les murs, comme de beaux spectres, leurs démons intérieurs ayant été tués. La mère les a mangés au moyen de son esprit-nature. Une bonne mère ne devrait pas exercer son esprit-nature sur son fils, tout comme un père de qualité n'exercera pas son sentiment naturel sur sa fille. Bref, j'ai eu un accès de colère terrible et j'ai pu me remettre à mon travail.

Voici le rêve suivant [3]. Le patient me dit : « C'est comme si je voyais un rouleau compresseur routier à vapeur, vu d'un point élevé. Cette machine avance et fait apparemment une route en formant un dessin qui s'apparente à un labyrinthe. » Et dans le rêve il pense : « Ce dessin c'est mon analyse. » Puis il se trouve dans l'image qu'il regardait d'en haut. Il se trouve ensuite à une bifurcation de la route, dans une forêt, et ne sait pas quelle route prendre. Tout au début, il n'avait pas vraiment prêté attention aux arabesques dessinées par la machine à vapeur.

L'association du patient avec le fait de voir les choses d'en haut est qu'on voit mieux ainsi les choses dans leur interrelation véritable, moins sous l'angle personnel, alors que lorsqu'on est tout proche c'est la machine qui domine. À propos du rouleau compresseur, il dit : « J'ai lu dans un article technique qu'avec une telle machine on peut couvrir une route de macadam en un temps relativement court. »

L'association sur les *arabesques* : « Construire des routes qui ne conduisent nulle part n'a pas de sens. » (Ce à quoi je lui réponds que le dessin particulier que forment ces routes pourrait nous mener quelque part.) Il dit : « Ce dessin ressemble à un puzzle. Peut-être qu'avec suffisamment de patience on pourra trouver le but. Peut-être qu'il signifie que je dois avoir suffisamment de patience si je veux arriver quelque part avec mon analyse. La bifurcation de la route

pourrait résulter de la conversation concernant le rêve précédent. Le médecin m'avait dit qu'il n'y avait aucune obligation à mener l'analyse à son terme, si le problème paraît trop difficile. » Apparemment, je lui aurais dit qu'il devait réfléchir à la possibilité qu'il sente une résistance et, d'autre part, souhaitait-il continuer ?

Il associe « dans une forêt » à la *Divine Comédie* de Dante, qui commence par ces mots :

> « Nel mezzo del cammin di nostra vita,
> mi ritrovai per una selva oscura,
> che la dirrita via era smarrita[3]. »

C'est là un symbole bien connu du Moyen Age, qui signifie la descente dans l'inconscient. Dante perd sa route puis trouve la descente vers l'inconscient. Le patient pense aussi à une autre vieille histoire qui remonte à 1450 : un moine avait perdu sa route dans la forêt noire et c'est un loup qui le guide vers le Monde du Dessous.

Ce qui frappe à l'évidence c'est que le motif de la « machine » occupe l'esprit du patient. Lorsqu'un rêve reprend un problème exposé dans un rêve précédent, c'est que l'analyse du premier rêve n'a pas été exhaustive. Son problème est un problème de sexualité. Lorsqu'un homme bute sur une urgence, celle-ci s'exprime toujours par une image sexuelle. L'inconscient dit : « Alors, qu'en est-il à présent de la sexualité ? » Donc, le problème n'est pas résolu. Un homme doit se préoccuper de sa sexualité, dont la caractéristique est d'être active et de provoquer l'urgence. Chez une femme, il n'en va pas ainsi. Ça ne le devient que dans la seconde moitié de sa vie, nullement au début. Chez un homme la sexualité symbolise l'urgence de ce qui doit être.

Le fait qu'il soit positionné en hauteur, au-dessus de la machine, montre que le patient pouvait se sentir moins engagé sur le plan personnel et cela devenait donc moins difficile. Il pouvait à la fois se voir et regarder son problème d'une façon plus impersonnelle, comme M. et Mme Fourmi qui ont une dispute à propos de la sexualité des fourmis et de l'intérêt montré par M. Fourmi pour une autre fourmi. Sous cet angle il pouvait considérer son problème avec la facilité du recul. Même un rouleau compresseur à vapeur paraît plus petit vu d'avion. Tout devient lilliputien. En position élevée, vous n'êtes plus sous la menace de la puissance du rouleau compresseur. Vous voyez la route, l'entrée. Si vous êtes tout près, vous ne voyez que la puissance de cette machine, la saleté, le vacarme et tout le tintamarre qui vous envahissent et qui vous empêchent de voir la réalité du travail de la machine. Mais d'en haut, vous découvrez un dessin symétrique. Dans un rêve, quand se présentent un dessin, un motif, cela a toujours un sens. Il dit : « C'est intéressant de voir que ce dessin, privé de sens en apparence, est en fait un labyrinthe. » C'est cela le message qu'il doit assimiler — une fois qu'on y est entré, on ne peut plus en sortir. C'est pour cela qu'il l'évite à tout prix. Bien entendu, personne n'a envie de se mettre dans une situation où il n'y a plus de sortie, mais c'est exactement ce qu'il doit observer. S'il s'engage dans une analyse, il doit voir qu'il doit la parcourir jusqu'à son terme. Il ne peut échapper à lui-même. Il pense : « C'est cela l'analyse. » Dans la partie suivante du rêve, là où il se trouve, la route fait une fourche. Doit-il continuer ? Il remarque que la route est en forêt, comme dans la *Divine Comédie.* C'est la divine comédie humaine.

Quand on dessine le motif, la route pourrait commencer n'importe où, et il remarque à la fin qu'il n'est plus sur la route faite par le rouleau compresseur, mais qu'il se trouve sur un sentier pédestre en spirale. Le plan entier est symétrique : à l'extérieur un réseau échevelé de routes, mais dont le motif ne laisse aucun doute, et à l'intérieur une spirale faite par ses propres pas. Le motif du dessin est proche d'un carré constitué de symboles yoniques[4] et phalliques qui traduisent la puissance productrice et génératrice de la nature, la puissance du yang et du yin, du masculin et du féminin. Ce dessin contient aussi un rythme très particulier, ça sort, ça rentre, ça s'approche du centre puis s'en éloigne à nouveau, un motif que produiraient des danseurs si vous inscriviez leur parcours sur le sol. Vous rappelez-vous le motif, associé à un rêve précédent, que faisait la balle lancée en allers-retours ? Nous recevons ici des contributions de grande valeur sur l'idée de motifs, concernant leur origine inconsciente et sur la signification de la machine. Une des lois fondamentales du développement naturel est qu'il obéit à un mouvement en spirale. Et l'on n'atteint la loi véritable de la nature qu'après avoir effectué le voyage labyrinthique. L'homme qui a découvert les lois mathématiques de la spirale vivait dans ma ville. On a gravé sur sa tombe : « Je change toujours d'une manière égale, et pourtant je m'élève[5]. »

Psychologiquement, vous développez une spirale. Sans cesse vous revenez sur le même point, sur lequel vous êtes passés auparavant, mais ce n'est jamais exactement le même ; soit il est un peu en dessus, soit un peu en dessous. Un patient dira : « Je me retrouve exactement au même point qu'il y a trois ans. » Et alors je lui dirai : « Mais au moins, pendant ces trois années, vous avez voyagé. » Ce dont nous nous occupons c'est du dessin. L'idée qu'il suggère, c'est que la route faite par le rouleau compresseur a un but en elle-même — elle conduit à la spirale. Un jour la spirale bifurquera et atteindra son propre but. La façon de travailler du rouleau compresseur consiste en un va-et-vient, ce qui suggère la fonction du mâle et de la femelle, mais je pense que nous sommes parfaitement justifiés de laisser le sexe se réaliser selon son destin et d'envisager ce mouvement comme expression du rythme de la vie, comme les phases actives et passives, les hauts et les bas.

Dans le mythe de Gilgamesh[6], l'Homme Parfait, l'Homme Total illustre l'idée que les deux tiers de l'humain sont d'essence divine et le troisième tiers d'essence humaine. C'est un homme de peine et de joie, celui qui fait les deux mouvements, au plus haut au-dessus, au plus bas en dessous. Gilgamesh nous est montré éclatant de joie et se morfondant dans le tréfonds du désespoir, se lançant vers les sommets et s'abîmant dans les profondeurs. L'idée d'une vie complète se retrouve dans ce balancement extrême du haut jusqu'en bas et du bas jusqu'en haut, de l'extraversion vers l'introversion et vice versa. Si la vie n'inclut pas la paire des opposés, elle n'est qu'une ligne droite. C'est comme si vous ne respiriez pas, comme si en fait vous ne viviez pas. Quand la vie est vécue comme rythme, comme la succession de diastoles et de systoles, alors elle forme un tout, elle approche de la complétude. Ainsi, lorsque le rêveur se regarde en tridimensionnel (incluant la dimension temporelle), c'est le va-et-vient, mais s'il se voit *sub specie aeternitatis*[7], il est alors suspendu dans l'eau de la vie, inspirant et expirant comme une cellule.

Lorsque le rouleau compresseur, la qualité rythmique de la vie, a accompli son devoir, ce mouvement particulier de va-et-vient peut alors bifurquer et prendre la voie de la spirale. Dans cette sphère intérieure, l'homme peut cesser ce mouvement de va-et-vient et le rythme devient celui de la vie d'une plante. Ce motif dessiné suggère quelque chose d'extrêmement significatif et ce que dit le rêve est certainement d'une grande portée : « Te voici dans la situation mythologique du héros, comme Hercule. Tu te trouves dans la forêt de la *Divine Comédie.* » Rappelez-vous comment Dante se balançait du paradis en enfer et de l'enfer au paradis.

C'est merveilleux les rêves ! Ils s'arrêtent juste à l'endroit où un grand artiste quitterait le drame. La grande question du destin a été posée à cet homme : « Es-tu un héros ?

Quel chemin vas-tu prendre ? » Nous devons attendre que cet homme nous donne sa réponse.

Mr Gibb : N'est-il pas déjà perdu dans cette forêt ?

Dr Jung : Eh bien, il pourrait partir en courant. Pensez-vous qu'il va se sauver ?

Mr Roper : Les routes dans le dessin extérieur s'entremêlent continuellement — mais jamais ne se croisent.

Dr Jung : Nous n'avons pas épuisé toutes les possibilités. Il y a au moins deux mélodies. Une deuxième ligne se tisse à travers ce motif qui montre beaucoup moins d'oscillations. L'une est plus grande, l'autre plus petite. Je ne suis pas certain de ce que cela veut nous dire. Si mon hypothèse qu'il s'agit là du rythme de la vie est correcte, nous voyons qu'il y a une longueur d'onde d'amplitude différente. Nous avons là deux amplitudes — l'être humain peut vivre selon le mode actif ou passif, masculin ou féminin. L'homme peut être frappé, en quelque sorte, par le destin et s'en trouver totalement changé et devenir féminin, car il possède également une longueur d'onde féminine. L'amplitude masculine est très insistante et elle le sera beaucoup moins chez une femme. Une femme sortira moins fréquemment de ses gonds et aura moins de chances de se perdre dans le monde. Les rares fois où cela lui arrivera, ce sera totalement, mais ça reste exceptionnel. L'homme doit pouvoir se lancer dans le monde face à tous les risques de manière à s'adapter. Quand les épouses constatent comment leurs maris se comportent dans leur vie professionnelle, elles en éprouvent souvent le choc de leur vie.

Neuvième conférence

6 février 1929

Dr Jung : Je veux à nouveau attirer votre attention sur le dessin du patient, parce qu'il joue un grand rôle dans son analyse. Ici, et pour la première fois, nous pouvons pressentir le développement que va prendre l'analyse, dans la complexité de son parcours et percevoir l'intention que l'analyse recèle. Il ne m'est pas possible de vous faire entrer dans chaque détail de ce dessin, mais je peux vous donner quelques idées générales qui y sont contenues. Il y a deux cheminements entrelacés. A leur point de rencontre une autre ligne commence qui forme une spirale et qui se termine au centre du motif. Le patient appelle cela un labyrinthe et, pour lui, ce cheminement irrationnel du rouleau compresseur évoque clairement le cheminement du parcours analytique. Il en éprouve un sentiment de soulagement parce que maintenant il est moins plongé dans la confusion devant tous les matériaux qui émergent dans les rêves. Les premiers rêves conduisent souvent à cette confusion. Auparavant, il avait eu une idée (fausse) de l'analyse — il fallait descendre vers quelque complexe-racine et, quand on l'avait trouvé, tirer dessus et le faire remonter. Son idée ne s'accordait nullement avec l'analyse et cela le plongeait dans la confusion. Or le dessin représente ce sentiment de désorientation, les lignes de ce motif constituant un labyrinthe ne conduisent nulle part, vers aucun but. Ce n'est qu'un entrecroisement irrationnel de lignes sans fin. J'ai attiré son attention sur la symétrie du motif, mais il n'avait aucune référence à laquelle raccrocher son dessin. Si j'avais montré ce motif à un philosophe oriental, il se serait écrié : « Mais oui, bien sûr, nous connaissons tous cela, c'est un mandala. » Nous autres Occidentaux n'avons pas la moindre idée de ce que sont de telles représentations. Nous aurions pu l'appeler un cercle magique. Il en existe quelques exemples en Europe de l'Ouest. Il en existe un spécimen au British Museum, venant d'une collection britannique et le Pr Wilhelm m'en a montré un récemment, provenant d'un monastère taoïste [1]. L'analyse de cette figure nous montre qu'elle est constituée de quatre divisions. Souvent le centre est un carré avec un cercle intérieur. De plus, les quatre divisions peuvent être subdivisées, conduisant à huit ou à un multiple supérieur. Le mandala oriental est utilisé pour entrer en méditation. Ce que nous-mêmes entendons par méditation est très différent. Par exemple, il y a les *Exercices* de Loyola, dans l'Eglise catholique [2]. Dans cette acception, les gens méditent sur certains sujets prescrits et c'est une image dogmatique qui aide l'esprit à se concentrer vers certains buts.

Les mandalas sont inconnus en Occident. Une forme cependant fréquente représente au centre le Christ et aux quatre coins les évangélistes — l'ange, l'aigle, le bœuf et le lion placés comme les quatre fils d'Horus [3]. Le mythe d'Horus a joué un rôle extraordinaire et n'a pas encore été entièrement expliqué. Dans le mythe, Horus a donné un de ses yeux à son père qui était devenu aveugle d'avoir vu le malin. Horus donna son œil pour restaurer la lumière du jour, pour restaurer la vue de son père. Ainsi il joue le rôle d'un sauveur [4]. L'œil constitue aussi un mandala.

Dans l'art normand, il y a aussi des manuscrits contenant des mandalas. Il en existe un dans le trésor de la cathédrale de Cologne qui date d'environ 1150. Il existe un mandala mexicain, le célèbre calendrier de pierre [5] qui a une face au centre et quatre formes ressemblant à des tours groupées alentour. Le tout est circonscrit par un cercle et les calculs du calendrier se trouvent à son intersection avec le cercle.

Le dessin du patient contient l'indication sur la manière dont son analyse va se poursuivre. Et en même temps, c'est là un moyen pour le patient de se concentrer. Quand un prêtre taoïste médite sur un mandala et concentre progressivement sa libido sur le centre, quelle est la signification du centre ? Le centre de la conscience, c'est le moi, mais le centre représenté dans le mandala n'est pas identique au moi. Il est en dehors de la conscience. C'est un autre centre. L'homme naïf le projette dans l'espace et aura tendance à dire qu'il est à l'extérieur, quelque part dans le monde. Le but de cet exercice est de déplacer le facteur-guide hors du moi, vers un centre qui est un non-moi, dans l'inconscient. Et ceci est également le but général du processus analytique. Il ne s'agit pas là d'une invention de ma part. C'est quelque chose qui s'est révélé à moi, sous cette forme. Si j'avais vu cette image il y a dix ans, je n'aurais pas su ce qu'elle signifiait. Jusqu'à un certain point, le moi doit être le centre, le facteur-guide. Mais à partir de la deuxième moitié de notre vie il semble que la nécessité d'un autre centre s'impose à nous. Le moi n'est que ce champ qui s'étend dans ma conscience, mais le système psychique entier est bien plus vaste, car il englobe aussi tout l'inconscient et nous ignorons jusqu'où il va. Pas plus que nous ne pouvons supposer que la Terre est au centre du système solaire, nous ne pouvons prétendre que le moi est au centre de la psyché. Si nous créons un centre en dehors de la conscience du moi, ce dernier pourrait se révéler comme un centre bien plus réel que le moi. Mais si nous persévérons dans cette direction nous partons vers un immense inconnu.

Les Indiens Pueblos produisent des mandalas ou peintures de sable[6] de la même manière dont on les produit en Orient. Peut-être sont-ils des souvenirs qui attestent de l'origine orientale des Indiens.

Rêve suivant, de la nuit suivante [4] : Le patient dit : « Je possède une sorte de cage sur un chariot, une cage qui conviendrait à des lions ou des tigres. Il y a plusieurs compartiments dans cette cage. Dans l'un d'eux il y a quatre petits poulets. Je dois les surveiller avec beaucoup d'attention, car ils menacent constamment de se sauver. Malgré mes efforts désespérés, ils s'échappent du côté du volant régulateur. Je les attrape à la main et les place dans un autre compartiment de la cage, celui que je pense être le plus sûr. Il s'y trouve une fenêtre mais elle est fermée par une moustiquaire. Je constate qu'elle est mal fixée à sa partie inférieure, alors je prends une décision, je vais aller chercher des cailloux et les mettre au bas de la moustiquaire pour empêcher les animaux de se sauver. Finalement je mets les poulets dans une bassine à hauts bords arrondis, car ainsi je suppose qu'ils ne pourront plus s'échapper. Ils sont effectivement au fond de la bassine. Je vois qu'il y en a un qui ne bouge plus et je pense que c'est parce que je l'ai trop serré dans mes mains. Je pense que si le poulet est mort il ne pourra être mangé. Alors que je l'observe, il recommence à bouger et en même temps je sens l'odeur de poulet rôti. »

Ses associations sont très maigres.

La cage : « Dans les cirques, ce sont les animaux sauvages que l'on met en cage. Nous, les humains, sommes les gardiens de nos pensées et nous devons veiller à ne pas laisser nos pensées s'échapper, car si cela se produit nous aurons les plus grandes difficultés à les rattraper. » Il se demande si les volatiles représentent des pensées ou des sentiments, des facteurs psychologiques qui tentent de se libérer et que lui essaie de retenir, en courant le risque de les écraser — réprimer — trop fort, si bien qu'ils meurent et ne sont plus comestibles. Mais leur nature animale semble pointer vers quelque chose de l'ordre de l'instinct.

Le volant régulateur : Dans une voiture, il s'agit d'une pièce mobile indispensable, puisqu'elle régule, grâce à son inertie, la continuité de fonctionnement du moteur.

Qu'est-ce qui vous semble particulièrement important ?

Dr Binger : Le chiffre quatre. Avez-vous parlé du mandala avec le patient ?

Dr Jung : Non, pas particulièrement. Le chiffre quatre joue un rôle particulièrement important dans la philosophie pythagoricienne[7]. C'est le quatre mystique, l'essence de tout ce qui existe, le nombre fondamental. La plupart des mandalas reposent sur le quatre.

Qu'est-ce qui est encore important ? Pourquoi ces petits animaux veulent-ils tout le temps s'échapper, ce qui complique sérieusement la situation pour le patient qui cherche à les rassembler. Ce serait particulièrement étrange s'ils représentaient le mandala.

Dr Schlegel : Il est évident qu'ils représentent la dissociation de sa personnalité.

Dr Jung : Individualité, pas personnalité. Il y a quelque chose, en lui, qui se bat contre la concentration. A force de se contraindre, il en est malade. Cette contrainte, c'est toute sa vie. C'est là la raison de sa dissociation. La concentration, il estime qu'il en a eu assez et il lui serait insupportable de devoir encore continuer à se contraindre. Son inconscient lui montre le processus réel par lequel il essaie de rassembler ces animaux, ce qui veut dire que, de toute évidence, l'inconscient souhaite qu'il maintienne son individualité rassemblée. Sa résistance se présente sous la forme d'une fausse analogie. Nous pourrions en conclure que, pour lui, se maintenir unifié ressemble à sa vie, mais rien dans le rêve ne montre cela. Ce qu'il lui faut : se concentrer sur le centre de son individualité. Je ne me sentirai pas justifié de dire que tout se passe comme lorsqu'il se contraint dans sa vie ordinaire, car cela désignerait le centre du moi. Le centre de l'individualité n'est pas nécessairement à la même place que le centre du moi. Nous devrions plutôt associer la personnalité avec la persona, mais nous avons besoin d'un autre mot pour désigner l'individualité réelle. L'individualité, c'est la qualité de l'être tout entier que nous appelons l'être humain, l'homme, si bien que le centre de l'individualité c'est le centre du soi, et ces quatre poulets appartiennent évidemment à ce centre. Ce qui est requis, c'est l'intervention du patient et sa plus grande attention, faute de quoi le centre ne cesse de se désintégrer, de se désunir. J'aurai tendance à traiter séparément le problème de sa contrainte consciente et de sa résistance d'une part, et celui de la contrainte du soi d'autre part, c'est-à-dire l'intégration du centre qui se trouve hors du champ de la conscience. Il se pourrait que le patient ait développé une résistance, contre le mot même de *contrainte* ou *contrôle de soi*, ayant atteint la saturation de ses restrictions conscientes. Ce qui est dit dans le rêve n'a rien à voir avec son conscient. Cela a à voir avec le centre hors de la conscience. Cela concerne quatre poulets qui doivent être maintenus ensemble dans une bassine, mais aussi l'idée de poulet rôti. C'est une façon amusante de représenter ce centre.

Dans le *Yi King* il y a un hexagramme, le n° 50, qui s'appelle « Le Chaudron [8] » (*ting* en chinois). Si je me réfère au Pr Wilhelm, un pot à cuire sur trois pieds signifie en yoga la technique pour produire un homme nouveau. A l'intérieur de ce pot se trouve quelque chose de délicieux, c'est le repas du roi, cuit dans la graisse du faisan. Voici donc le poulet. Cette partie du rêve suggère que le centre du non-moi n'existe pas réellement par lui-même. Il doit être produit par le patient lui-même, avec de surcroît beaucoup de précautions.

Un fragment du texte du « Chaudron » dit : « Le feu est au-dessus du bois./ L'image du chaudron./Ainsi l'homme noble consolide son destin/ En ajustant sa position à ce qui est convenable... Un *ting* avec ses pieds retournés. » (Tout est jeté, il est prêt à resservir.) « Il y a de la nourriture dans le *ting*./ Mes compagnons m'envient./ Mais ils ne peuvent rien faire contre moi... L'anse du *ting* est changée./ On est entravé dans le cheminement de sa vie./ La graisse du faisan n'est pas mangée. / La pluie tombe, le remords s'efface... les pieds du *ting* sont brisés/ Le repas du prince est répandu... Le *ting* a une anse jaune et des anneaux d'or pour le transporter... Le *ting* a des anneaux de jade. » (Ce qui signifie une chance considérable.) « Rien ne s'oppose à faire progresser les choses. »

Cette idée du pot provient d'une sorte de récipient sacrificiel qui était utilisé dans le culte taoïste des ancêtres. C'est le symbole du sein spirituel dans lequel se forme le nouvel être. C'est le même symbole que le cratère du début du christianisme ou que la cornue des alchimistes dans laquelle le nouvel être est produit. On met en contact des fragments d'objets qui d'ordinaire ne se mélangent pas. Mais au contact du feu ils s'unissent et produisent l'or, l'homme nouveau. C'est ainsi que le pot reçoit des poignées en or et même de jade, le plus précieux, le *lapis lapidum*, la pierre des pierres. Nous retrouvons ici la même idée que dans l'alchimie médiévale : le *lapis lapidum* est la pierre philosophale. On utilise l'idée selon laquelle les faisans sont cuits dans le pot pour le repas du prince, parce que tout le processus de la cuisson se réfère à la cinquième ligne de l'hexagramme, la place du souverain. La cinquième ligne, c'est l'or, le prince qui doit être fait, l'homme nouveau. Mais en premier lieu, il faut avoir le faisan, il faut l'abattre. Le *Yi King* contient de nombreux symboles de chasse. Tout cela signifie que le paquet d'instincts de l'homme, cet ensemble chaotique d'instincts, n'est pas intégré le moins du monde. Les instincts sont des plus contradictoires et l'homme en est déchiré. Ils évoquent les animaux du zoo, et ceux-ci ne s'aiment en rien. Ils se mordent et aussitôt partent en courant. Si donc vous voulez faire quoi que ce soit pour ce paquet d'instincts que vous êtes, vous devez attraper vos instincts, les réunir puis les transformer. Cela suggère que vous devez parcourir le monde entier pour y découvrir des choses rares. Vous devez les cuire dans le pot et, si la chance vous sourit, quelque chose apparaîtra qui pourrait être l'or. C'est cela l'idée du rêve. Il y a quatre animaux qui cherchent à s'échapper. Il faut les capturer et les mettre dans le pot. Le patient a l'impression que l'un d'eux est prêt à être mangé. Le repas est prêt pour l'homme parfait. Les instincts sont la nourriture qu'il faut maintenir sur le feu pour y être transformés. Voilà la préparation de la nourriture du prince. Après un tel processus on n'est plus déchiré par les paires d'opposés. On est un avec soi-même — la vieille aspiration de tous les temps. Rien de tout cela n'est dit dans le rêve précédent. Le dessin suggère que le rêveur devra aller dans toutes les directions, partout, comme le montre le motif, aux quatre coins du monde. Et non seulement une fois, mais deux fois. Il doit aller faire le grand voyage des erreurs dans le monde des illusions, de manière à tout expérimenter. Tout ce qui lui arrive c'est lui-même. Ce voyage c'est sa chasse, sa quête. Et lorsque ce voyage est accompli, le processus de cuisson se met en place, ainsi que la production de l'être qui est un. Des parties importantes de nous-mêmes nous attendent à travers le monde et nous devons croiser un destin singulier de manière à expérimenter cette qualité. Si nous en faisons l'expérience, elle est mise en cage et nous goûtons ce poulet. C'est en ce sens qu'il faut vivre le destin, de manière à pouvoir vivre d'autres aspects de nous-mêmes et de pouvoir les intégrer.

Le patient n'avait fait presque aucune association avec le mot « poulet », hormis le fait de manger. Les poulets sont des animaux pour lesquels nous pouvons avoir fort peu de respect. Habituellement ce sont des créatures facilement paniquées, aveugles, stupides, qui ont cette fâcheuse habitude de se précipiter sur la route au moment précis où une voiture arrive. Ils se comparent parfaitement avec des tendances fragmentaires qui sont ou bien réprimées ou qui n'ont encore jamais croisé la route de notre conscience et qui vivent une vie autonome, tout à fait en marge de notre sphère de connaissance. Ces petits fragments d'âme se livrent, à l'image de ces poulets, à des actions totalement insensées : toutes ces folies auxquelles se livrent des gens par ailleurs tout à fait raisonnables, ou encore comme ces paniers percés qui économisent des allumettes. Vous connaissez vous-mêmes beaucoup de ces gens qui font figure d'exemple et qui font des choses en pleine incohérence avec leur caractère. Toutes nos actions qui échappent à notre contrôle et à nos observations sont des « poulets ».

Mr Roper : Pourquoi a-t-il l'impression que le poulet qu'il a quelque peu écrasé est celui qui est rôti ?

Dr Jung : Il n'avait pas fait d'association avec cela. Il arrive que les gens ne fassent pas d'associations en vertu de résistances, mais parfois c'est parce qu'ils sont complètement déroutés. Si l'attitude du patient envers les rêves avait été différente, il aurait fait des associations. Parfois je ne fais pas d'associations parce que ce qui apparaît me semble un tel non-sens que je me mets en colère et alors ce sont mes émotions qui m'empêchent de faire des associations. Notre homme est en colère contre ce rêve idiot de poulets qui fait suite au rêve précédent, tellement beau et, du coup, ses associations sont bloquées. Pourquoi écrase-t-il le poulet avec une violence telle qu'il semble mort ? Il est évident que le poulet est une de ses fonctions qui tentait de s'échapper. Nous pouvons supposer qu'il s'agit de sa fonction inférieure, celle qu'il contrôle le moins. C'est un type intellectuel et sa fonction inférieure est le sentiment. Il a trop écrasé son sentiment. Il l'a écrasé pour faire plaisir à sa femme, mais le gain apparent qu'il en retire n'en vaut pas la chandelle. Nous pouvons, sans grand risque, supposer qu'il a capturé son sentiment, l'a écrasé, l'a quasiment tué, et ensuite l'a regardé. Et voici que survient un morceau de magie ancienne. A force de regarder une chose, de se concentrer sur elle, de méditer sur elle, vous la faites grandir comme si elle allait éclore. Il se couve lui-même, il s'incube. Quand les dieux veulent créer quelque chose, ils la couvent, ils font *tapas*[9], c'est-à-dire une auto-incubation, et la contemplent. Dans ce cas-ci, lorsque le patient se met à contempler le poulet qu'il croit mort, celui-ci revient à la vie. Si vous méditez sur lui, le sentiment reviendra toujours à la vie, quelle que soit la force avec laquelle vous l'avez écrasé.

Dr Schlegel : Nous avions compris que c'était une question de principe, que c'était une bonne chose de rassembler les poulets et de les rôtir.

Dr Jung : Je dois donc vous répéter que l'inconscient n'a aucune intention moralisatrice. C'est l'expression de la nature. L'inconscient dit ce qui se produit, en termes d'événement objectif. Le rêve ne dit jamais ce qui *devrait* ou ne *devrait pas* être. Nous avons à tirer les conclusions nous-mêmes. Nous ne pouvons pas dire que l'inconscient *veut* ou *ne veut pas* que nous agissions dans un certain sens. Nous disons : « Voici certains événements qui surviennent — nous ferions bien d'y prendre garde », ou encore : « Quelle chance qu'ils soient survenus de telle manière. » Le rêve se contente de nous présenter l'état des lieux et les événements en cours, dans leur réalité. Libre à nous de supposer que si l'un des poulets s'échappe ou qu'un autre est rôti, c'est positif ou négatif. Tout est possible. Nous parlons de ces poulets en les comparant à des fragments d'âme ou à des tendances écervelées qui se promènent dehors, dans le monde, chez d'autres gens. Pour autant qu'il s'agisse d'éléments inconscients, nous rencontrerons inévitablement chez les autres, à l'extérieur, tout ce qui est fragmenté en nous. Cet homme est loin d'avoir fait la somme de ses erreurs. Il a quarante-sept ans, mais il dispose de tout le temps nécessaire pour vivre ses erreurs. On ne sait jamais, peut-être que ce poulet est une âme fragmentaire qui *doit* s'échapper. Je ne saurais vous le dire. Certains s'échapperont, d'autres ne s'échapperont pas. Sans doute ceux-là manquent-ils de force. Il y a des gens qui sont tout simplement trop faibles pour être mauvais. Ils ne sont pas doués pour cela. Car être mauvais est un don. Certains l'ont et leur but c'est la prison, tout comme pour d'autres le but sera l'Académie royale. Il y a quelque temps, on m'a rapporté l'histoire d'un homme, un pilier d'église, un citoyen des plus respectables. Il se sentait de plus en plus insatisfait de sa vie et, se réveillant une belle nuit, s'est dit : « Maintenant je sais quel homme je suis, j'appartiens au diable », et dès cet instant il s'est converti au mal.

Donc le poulet peut fort bien être une âme fragmentaire qui part en courant et s'échappe. Je ne pouvais dire que ceci : « Bon, il a réussi à s'échapper, qu'allez-vous entreprendre ? » Un jour le hasard me fit rencontrer un homme qui avait rêvé qu'il était dans la police et qu'on lui avait confié la garde d'une sorte de quartier de condamnés. Dans ce bâtiment ne logeaient pas de méchants criminels, seulement des vagabonds et des escrocs, etc. Il croyait avoir verrouillé la porte, mais en son absence tous les « oiseaux » s'étaient envolés. Il m'avait raconté son rêve et trouvait amusant que tous se soient échappés. In petto, je pensai : « C'est étrange tout ça, quelque chose va de travers chez cet homme », et j'avais raison. Un an plus tard, il s'embarqua dans une sale affaire. Il fit faillite et s'effondra complètement. On ne riait plus. C'était sérieux. Son inconscient lui avait dit : « Fais attention — ton inconscient est rempli de vagabonds et d'escrocs et ils vont prendre le large. » Etrangement, cet homme s'intéressait aux vagabonds et aux gens bizarres. Il parlait volontiers avec eux et se plaisait en leur compagnie. Tout cela m'étonnait, car cela ne ressemblait pas à sa vie. Mais son inconscient était rempli de vagabondage et d'irresponsabilité. Cela me rappelle un prêtre dont l'intérêt se portait sur les prostituées. Il avait même fait le voyage à Paris et s'était rendu dans toutes sortes de bordels pour les sauver. Cela ne laissait pas d'intriguer, jusqu'au dénouement final : l'homme attrapa la syphilis et fut très malade. Pour en revenir à nos poulets, faut-il les laisser courir ou faut-il les sauver ? C'est ici qu'intervient tout l'art du médecin. Supposez que je possède des cygnes et même des aigles mis en cage. Je pourrais dire : « Bien entendu je dois leur donner leur liberté, les aigles c'est fait pour voler », mais cela peut paraître absurde de tenir le même langage pour des poulets. La liberté pour les aigles, c'est parfait, mais c'est une absurdité de laisser des poulets s'échapper et courir dans tous les sens. Voilà une magnifique occasion pour un analyste qui n'est pas sûr de lui. Dans le cas où l'analyste sent que le patient est un homme rempli d'inquiétudes et de doutes, il semble que le mieux serait de laisser les poulets courir à leur guise. On pourrait dire que, dans le rêve, il se rend ridicule de vouloir les garder à toute force. Comme c'est un tout petit poulet, il ferait mieux de tuer et de manger une poule adulte. Mais au stade actuel, je ne suis pas certain des tenants et des aboutissants de cet homme. Sa nature est des plus complexes et je ne sais pas s'il n'est pas lui-même un de ces poulets. Il n'a pas de névrose, mais un grand appétit de savoir intellectuel. S'il avait des lions ou des tigres derrière les barreaux, ils rugiraient. Je n'ai pas entendu de rugissements et je le connais depuis deux ans. Cet homme est une âme calme et j'ignore d'où lui viennent les puces qui le grattent. Il se pourrait que ces poulets soient comme des puces et qu'ils devraient s'en aller. Mais dans le rêve, son sentiment était qu'il ne fallait pas qu'ils s'en aillent, et du coup j'ai un doute. Je tendrais plutôt à penser qu'il n'y a pas chez cet homme une voix qui parle de libération. Parfois avec certains d'entre vous, je ne sais pas si j'ai affaire à un lion ou à un poulet. Ce sont là les affres de l'analyste. Cet homme est absolument respectable. Quand il mourra, le pasteur dira de lui qu'il a vécu une vie irréprochable et qu'il fut un mari modèle. Néanmoins il a ramassé en route quelques puces, la cocotte de haut vol (au prix de 100 francs[10] — pour ne pas contracter quelque maladie), et tout doucement il réalise que tout ça ne fonctionne pas.

Il a développé un sentiment pour cette fille. Peut-être a-t-il eu la vision de ce à quoi elle ressemblerait, lorsqu'elle serait vieille, qu'elle aurait atteint la cinquantaine, à l'image de ces vieilles cocottes épouvantables que l'on voit à Paris. De telles choses peuvent commencer à monter en lui et provoqueront des sentiments très désagréables. Il a été aveugle comme un jeune garçon et la course désordonnée des poulets peut signifier ses escapades aveugles au cours de sa vie.

Dr Binger : Peut-on voir dans tout ça quelque chose qui serait de nature compensatoire ?

Dr Jung : Cela dépend de la façon dont il prend les choses. Prenons par exemple le cas où cet homme serait un garçon tout innocent qui vivrait au paradis avec sa délicieuse petite fille-épouse, il pourrait paraître nécessaire que l'on laisse les poulets s'échapper pour qu'il puisse réaliser ce que le monde est dans sa réalité. Mais notre homme, lui, n'est pas un naïf. C'est un homme d'affaires averti, mais doué d'un certain idéalisme. Il possède une trace d'humanité, si bien qu'il poursuit son analyse.

Mme Sigg : Qui est le « je » dans le rêve ? N'est-il pas l'homme domestiqué ?

Dr Jung : Celui qui attrape les poulets n'est pas l'homme conventionnel. L'homme conventionnel est celui qui court les prostituées. Son extérieur, conventionnel, s'en est allé avec les prostituées, c'est cela le conventionnel. Les poulets sont des âmes inconscientes fragmentaires qui organisent des évasions. Cet homme possède une philosophie et une solide culture. Il n'est pas du genre à s'évader, mais après une bonne bouteille, etc., ne lui parlez plus de philosophie. C'est là le monde des conventions et beaucoup de gens n'y trouvent rien à redire, aussi longtemps que ça reste caché. Beaucoup de femmes disent même que ça leur est égal si leur mari va voir des cocottes ou s'ils sont homosexuels et vont séduire des garçons et faire toutes sortes de choses très laides. Là où ça ne va plus, c'est lorsque le mari tombe amoureux d'une femme convenable. Cet homme-ci pensait que les prostituées faisaient très bien l'affaire. Sauf parfois, lorsque montait en lui un léger trouble, une question. Un jour, un homme très conventionnel me dit : « Ne pensez-vous pas que je peux divorcer de ma femme ? Nous sommes mariés depuis vingt-deux ans et j'ai encore pas mal d'affection pour elle, mais j'ai rencontré une femme plus jeune et j'aimerais bien l'épouser. J'ai épousé ma femme légalement et je ne vois aucune raison pour laquelle je ne pourrais pas divorcer tout aussi légalement. » Cet homme était parfaitement logique, mais n'avait pas une once de sentiment.

L'idée que je me fais de ce rêve et que je résume est qu'il contient tous les ingrédients pour que se fasse l'homme nouveau. C'est la raison pour laquelle on peut faire le parallèle avec le *Yi King*. Qu'il laisse courir les poulets, ou qu'il les tue et les rôtisse, le résultat sera le même. Si les poulets s'évadent il vivra une série d'aventures écervelées, à l'extérieur, d'où il reviendra avec la nécessité de les intégrer. Ou au contraire, si ces aventures ne valent pas la peine d'être vécues, il devra intégrer ces tendances. Par exemple, supposez que je me promène dans Bahnhofstrasse [11], que je découvre en vitrine une superbe canne et qu'aussitôt je pense : « C'est exactement ce que je veux », et puis je me dis : « Pourquoi en ai-je envie ? Ça ne me ressemble pas, j'ai déjà accumulé trop d'objets et je vais la jeter dans un coin. » Je trouve cela absurde, mais je l'achète malgré tout, paie 100 francs et en rentrant m'en débarrasse. Puis je me dis : « Bon, je l'ai achetée, je l'ai jetée, voilà une expérience. Je peux mettre cela à mon crédit ou me dire : quel imbécile tu fais, c'est incohérent d'avoir une telle envie de cette canne. Mais je peux également porter à mon crédit ce que je réalise à l'instant. » Il en est de même pour cet homme : une expérience avec les prostituées peut l'amener à y voir plus clair. Ou il peut se dire : « Tout ça n'est qu'illusions », et il met les poulets en cage et les rôtit. Le résultat est le même. Le principal, c'est qu'il puisse se voir lui-même et ainsi apprendre à se maintenir unifié, compte tenu de ce qu'il est terriblement morcelé. Je n'en suis pas certain, mais il se peut qu'il soit charmant chez lui, en famille ou avec ses parents et amis, mais dans ses affaires je le sens capable de jouer un très mauvais tour. Je ne sais pas pourquoi, mais il me semble qu'il pourrait apparaître comme un homme très éparpillé. Il faut qu'il apprenne à se voir, peu importe par quelle technique, à se rassembler, à s'unifier. Il y a des gens qui apprennent à se connaître en s'éparpillant dans le monde entier, d'autres en s'enfermant dans une tour d'ivoire. C'est purement une affaire de tempérament. Il y a beaucoup de raisons qui expliquent cela : l'extraversion, l'introversion, les traditions familiales, etc.

Dixième conférence

13 février 1929

Dr Jung : Nous avons un très grand nombre de questions à traiter. La plupart d'entre elles se réfèrent au *Yi King* qui semble avoir suscité un intérêt général. La question de Mr Gibb touche à la racine centrale :

« Cette question renvoie au dessin du rêve précédent et à la question générale, concernant de tels dessins ou modèles. Est-il juste de supposer que de tels rêves ou fantasmes soutiennent la vérité d'une forme particulière de philosophie ? D'une philosophie, par exemple, qui reposerait sur l'idée de quatre fonctions ? Ou au contraire devons-nous nous contenter de les prendre comme l'expression d'un désir ou d'un besoin inconscient, pour une certaine philosophie ? C'est-à-dire, en d'autres termes, une voie pour parvenir à une intégration complète de l'expérience, ou encore sa synthèse. Je sens que dans le sens le plus fort, ceci nous indique qu'il y a besoin d'une philosophie qui repose sur l'expérience psychique, venant remplacer les abstractions rassemblées par les sciences physiques. Mais avons-nous le droit d'aller au-delà ?

« Un exemple de ce que je veux dire est le Divan-i-Khas (le hall des audiences privées) d'Akbar, l'empereur moghol à Fatehpur Sikri [1]. Ce bâtiment a été construit pour former exactement un motif comme celui dont nous discutons en ce moment. Akbar avait pour habitude de s'asseoir dans une sorte de soucoupe en son milieu, tandis que des savants du monde entier venaient lui parler de toutes sortes de religions et de philosophies et en discutaient avec lui. Là, il tentait d'en faire une intégration pour lui-même.

« La soucoupe en grès rouge est soutenue par un pilier, noir comme de l'encre, au milieu de ce hall carré. Quatre couloirs conduisent à la soucoupe, à partir des quatre coins où ils donnent sur une galerie qui fait le tour du hall, le long des quatre côtés. Lorsque le regard se porte sur cette soucoupe, le pilier est pour ainsi dire invisible, si bien que le tout apparaît comme à demi suspendu dans l'air. »

Je reconnais que ce que nous avons dit, à propos du mandala et de ses diverses significations possibles, ressemble à de la philosophie, mais ce n'est pas de la philosophie. C'est à rapprocher du quatre de Pythagore. Ça fait partie du domaine des principes, bien qu'en soi ce ne soit pas de la philosophie. Il s'agit là uniquement de l'expression de faits *inconscients*.

Je n'irai même pas jusqu'à dire que nous trouvons là l'expression d'un besoin inconscient d'une philosophie, parce que beaucoup de gens préféreraient une religion à une philosophie. Ces figures sont produites naïvement par l'inconscient et cela explique que vous pouvez les retrouver dans le monde entier. La plus ancienne que je connaisse vient d'être découverte à Chichén Itzá, dans le temple maya du Guerrier. Un explorateur américain [2] a traversé accidentellement le mur extérieur de la pyramide et a découvert que ce n'était pas le temple originel. A l'intérieur s'en trouvait un autre, plus petit et beaucoup plus ancien. L'espace entre les deux temples avait été comblé par des détritus et, lorsque ceux-ci furent déblayés, il put arriver aux murs du temple le plus ancien. Il connaissait l'ancienne tradition qui consistait à enterrer des trésors rituels, comme une sorte de charme. Il se mit à creuser le sol de cette terrasse et mit au jour une jarre en calcaire cylindrique d'environ trente centimètres de haut. En soulevant le couvercle il découvrit un plat en bois, sur lequel on avait incrusté des motifs en mosaïque. C'était un mandala construit sur la base du huit, un cercle à l'intérieur de secteurs verts et bleu turquoise. Ces secteurs étaient remplis de têtes de reptiles et de griffes de lézards, etc. L'un de mes patients a réalisé un mandala similaire, avec les mêmes sortes de divisions, mais remplies de dessins de plantes à la place d'animaux. Il s'agit là d'expressions apparemment tellement naturelles qu'on les retrouve partout, dans le monde entier. Mr Gibb nous apporte un très bel exemple. C'est une expression naïve de la même idée : l'empereur moghol, Akbar le Grand, dans sa grande salle d'audience privée. La forme de cette construction forme très clairement un mandala, le Moghol est assis dans une sorte de soucoupe en grès rouge soutenue par un pilier élancé si bien que la soucoupe paraît être suspendue du paradis. C'est une idée géniale de la part de ce vieil homme d'être ainsi assis au beau milieu de son mandala, de sorte qu'il reçoit la sagesse des quatre coins du monde.

Dans la philosophie chinoise, le mandala est « le champ d'un pouce carré de la maison d'un pied carré [3] » — il est dit que la maison représente le Corps Impérissable, et la construction de ce mandala signifie la construction du Corps Impérissable. Mead a rédigé une étude très intéressante sur la théorie selon laquelle l'homme possède un corps subtil, à côté de son corps matériel [4]. Geley a développé sur cette question une théorie complète, une nouvelle physiologie appelée « système psychodynamique [5] », un mot nouveau pour une chose ancienne — comme la plupart de nos termes scientifiques. Le corps subtil est la demeure définitive de ce que la philosophie ancienne aurait appelé *entelecheia* [6], ce qui cherche à se réaliser dans l'existence. De son côté selon l'idée chinoise, le mandala est le symbole du corps subtil. Si nous suivons la théorie orientale, lorsque nous méditons sur le mandala, nous éliminons de l'extérieur tous les constituants du corps subtil pour les concentrer dans la partie la plus intériorisée de nous-mêmes où ces constituants vont construire le Corps Impérissable. L'homme nouveau que prêchait saint Paul dans l'enseignement chrétien primitif est exactement la même chose que le corps subtil. C'est là une idée archétypique, extrêmement profonde, qui appartient à la sphère des archétypes immortels. Dans tout ça, il se peut qu'il y ait quelque chose, que ça soit vrai, je n'en sais rien, je ne suis pas Dieu Lui-même qui connaît tout. Je dois rester attaché à mon monde psychologique.

Quoi qu'il en soit, la théorie orientale et ses symboles sont en concordance de la manière la plus étonnante avec notre travail. Un texte chinois explique l'art de prolonger la vie en construisant le corps subtil[7]. Il contient énormément de symbolisme que j'ai retrouvé chez mes patients. Et alors que ce symbolisme m'est très familier, je n'ose pas me lancer dans des interprétations aussi hardies telles que les pratiquent les Orientaux. L'Orient se risque même à utiliser des termes tels que « transmigration des âmes ».

Pour les premiers chrétiens, appeler un homme « fils de Dieu » était sans conséquences, c'était un lieu commun, c'était leur pain quotidien. Pendant des millénaires, le roi d'Egypte fut le fils de Râ, si bien que lorsqu'on appela le Christ Fils de Dieu, croire en lui ne présentait aucune difficulté. Mais pour nous, cela paraît incroyable parce que notre croyance en Dieu est une abstraction. Nous sommes devenus philosophes. De même pour nos archétypes d'immortalité, plus nous parlons d'immortalité, moins cela nous paraît possible, même pour les spiritualistes les plus endurcis. Qu'en est-il de la population grouillante de tous âges, qu'en est-il des animaux et des insectes, des chiens et des puces, etc. ? Cela devient rapidement absurde et nous aurions les plus grandes peines à imaginer des paradis et des enfers suffisamment grands pour y loger tout ce monde. Dans les questions métaphysiques, vous ne pouvez jamais décider de la vérité, le seul critère valable étant : est-ce que ça vous touche, est-ce que ça vous émeut ? Si c'est le cas, je peux sentir que je pense juste et que je fonctionne psychologiquement d'une façon juste. Il n'existe pas d'autres preuves. Il est facile de critiquer toutes ces soi-disant expériences spiritualistes. Vous ne pourrez jamais apporter la preuve d'un fantôme. Il y a un millier de lacunes pour nous tromper nous-mêmes.

Question du Dr Shaw : « Comment prenez-vous en compte ces éléments que l'on trouve dans la philosophie chinoise et qui s'appliquent tellement bien à notre psychologie d'aujourd'hui ? J'en conclus que vous attirez notre attention spécialement sur le 50e hexagramme du *Yi King* parce qu'il symbolise le cheminement de l'analyse, tout comme celui du yoga. »

Dr Jung : Le Dr Shaw souligne l'analogie qui existe entre l'analyse et le yoga. Le chapitre du *Yi King* qui traite du pot (le *ting)* est l'un de ceux qui contiennent la procédure du yoga, alors que notre procédure analytique produit des formes occidentales de ce qui, en Extrême-Orient, est de l'ordre du yoga. La terminologie diffère, mais le symbolisme est le même, l'intention est la même. La forme chinoise du yoga est tout à fait comparable au symbolisme qui nous est apporté dans les rêves et par l'inconscient en général.

Parler du yoga revient à parler d'une certaine forme de la méthode analytique. Or, ceci n'est pas du domaine du connu et suscite des résistances. Ces résistances trouvent leur fondement dans l'ignorance. Très peu de gens en Europe ont une quelconque connaissance du yoga[8]. Nous sommes remplis de la mégalomanie la plus étonnante et supposons que les gens d'Extrême-Orient sont ignorants, mais que nous autres Occidentaux avons découvert une grande vérité. Enormément de gens estiment que l'astrologie n'est rien que du non-sens. Il est exact que l'astrologie n'a rien à voir avec les étoiles. L'horoscope dira probablement que vous êtes né en Taureau, mais les constellations d'aujourd'hui se sont déplacées et, par suite, les horoscopes ne correspondent plus à la position réelle des étoiles. Depuis l'an 100 avant J.-C., notre système de mesure du temps a été maintenu, de façon tout à fait arbitraire, dans un immobilisme complet. Notre point du printemps est maintenant à environ 29° des Poissons et n'est plus dans le Bélier, bien que les horoscopes soient toujours construits à partir de ce point. Le point du printemps est sur le point d'entrer dans le Verseau. Mais les gens critiquent l'horoscope, comme s'il avait encore quelque chose à voir avec les étoiles.

Si quelqu'un mentionne le yoga, immédiatement on va penser aux fakirs, ceux qui restent debout sur la tête pendant sept ans, et toutes ces stupidités. Il est très rare de rencontrer, en Occident, quelqu'un qui ait une véritable connaissance des pratiques du yoga. Je me suis senti tout petit quand j'ai été mis au contact de ces pratiques. Voici une reproduction d'une peinture qui se trouve dans le temple des Nuages Blancs à Pékin[9]. Cette image appartient au système taoïste chinois. Ce qu'elle représente est la traduction de ce que je serais amené à écrire si je rédigeais un traité sur la manière de procéder sur la route de la psychologie analytique. Cette reproduction n'a pas été publiée, mais si on l'avait fait, personne n'en aurait compris la signification. Elle contient le mandala et l'idée de la marmite, le pot de la cuisson. Pour comprendre tous ces détails, il faudrait posséder une expérience énorme du symbolisme inconscient. La forme de cette image est celle de la colonne vertébrale humaine — la tête, les yeux, la région du cœur et, en dessous, d'autres centres ou zones. La représentation de la colonne vertébrale est remplacée par des rochers sur la berge d'une rivière dont les eaux remontent, de bas en haut, à partir de la zone des eaux. Le yoga taoïste a de nombreux parallèles avec l'analyse. Tout récemment, un Chinois a découvert un texte, vieux de mille ans et qui vient d'être déchiffré par l'Institut chinois de Francfort[10]. Wilhelm me dit qu'il contient du matériel similaire aux résultats que nous observons ici. C'est une sorte de pont psychologique entre l'Orient et l'Occident. Rien ne devrait nous induire à une quelconque mégalomanie par rapport au monde de l'Orient. Nous n'avons pas le droit de penser que le Chinois est un imbécile et que nous sommes d'une intelligence rare. Ne commettons pas l'erreur de sous-estimer ce qui s'oppose à nous.

Dr Binger : Pouvez-vous nous donner l'origine du mot *mandala* et ses dérivations ?

Dr Jung : Mandala signifie globe, sphère, ou encore cercle, avec une connotation magique. Vous pouvez dessiner un mandala, vous pouvez construire un mandala, mais vous pouvez aussi danser un mandala. Le Mandala Nritya est une danse, dans laquelle les figures des danseurs décrivent un mandala.

Voici une question qui nous ramène à notre célèbre poulet qui se sauve, qui se fait écraser et qu'on retrouve

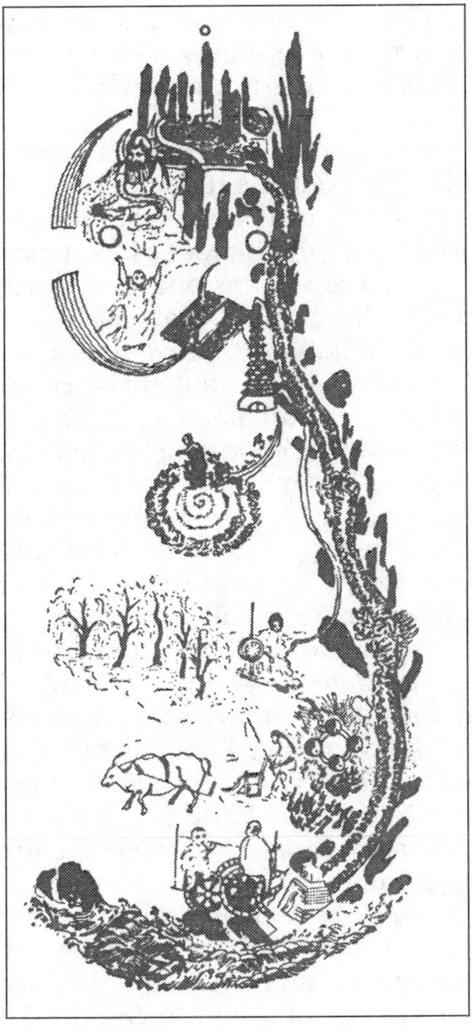

dans la marmite sous un aspect plus ou moins mangeable. Mme Sigg pense que celui des poulets qui s'est échappé, c'est l'intuition. Mais je ne vois aucune possibilité d'interpréter ce poulet comme l'intuition. Je ne vois pas que nous puissions supposer un instant que le patient ait développé une quelconque fonction particulière.

Mme Sigg : Le premier rêve était naturaliste, puis survient le mandala qui exprime la situation entière, et maintenant nous voyons tout le processus, par intuition. C'est une synthèse.

Dr Jung : Notre homme était dans la confusion et désorienté. De ce fait, un événement devait survenir pour l'éclairer sur toute la situation. Le mandala jouait le rôle d'une sorte de courrier que lui envoyait l'inconscient, destiné à clarifier son esprit. Dans ce cas précis, sa fonction consiste à apporter de l'ordre à partir d'un état de confusion, et cet ordre semble s'établir dans ce dessin particulier de mandala. C'est comme une amulette. Les amulettes ont fréquemment la forme d'un mandala. Les archéologues ont mis au jour un nombre important de mandalas préhistoriques, de l'âge du bronze, qui sont conservés au Musée national suisse. On les appelle des roues solaires et elles possèdent quatre rayons, comme dans les anciennes croix chrétiennes. Ce dessin se retrouve aussi sur l'hostie, dans l'Église catholique, et sur le pain dont on se servait dans le culte mithraïque, une sorte de « pain mandala », tel qu'on le voit sur un monument. Manger le pain, c'est manger le dieu, c'est manger le sauveur. C'est le symbole de la réconciliation. Si l'on mange l'animal-totem, cela renforce symboliquement l'unité sociale du clan tout entier. Ceci est l'idée originelle, répétée de toute éternité à travers les âges.

Mme Sigg : Je ne vois pas la différence entre une vision intérieure et l'intuition.

Dr Jung : Lorsque vous rêvez, vous êtes incapables de dire si vous utilisez telle fonction ou telle autre fonction. Cependant quelque chose peut entrer dans votre tête. Vos yeux ne sont pas nécessaires pour recevoir cela. L'intuition peut signifier un effort conscient. Si dans une situation donnée il me la faut, je dois la rechercher pour l'obtenir. Il est tout à fait possible que cet homme ait fait l'effort avant, mais l'important dans ce rêve se limite à la vision d'un fait. Aucune fonction de l'esprit n'a été mise en œuvre.

Mme Sigg : C'est difficile, dans un rêve, d'exclure l'effort qu'il a développé consciemment.

Dr Jung : Nous n'avons nullement besoin de nous conforter et de conforter le patient, en lui disant qu'il a fait un effort et qu'en récompense il a maintenant droit au bon rêve. Bien sûr, tout ça résulte de sa pensée, mais ce n'est pas de l'intuition. Nous avons déjà dit tant de choses concernant ce rêve, que nous pourrions supposer nous en être suffisamment occupés. Reste-t-il encore quelques points insuffisamment clarifiés pour vous ? Voyez-vous à présent toute la signification du rêve et ses connexions ?

Mr Rogers : Comment connaissez-vous le moment où il faut inclure le conscient et celui, au contraire, où il faut l'exclure ? Dans certaines explications où il y avait trois personnages, comme dans *Macbeth* et dans *Faust*, vous avez ajouté la conscience pour amener au quatre. Mais cette addition dans d'autres pièces aurait produit le cinq. Dans *Macbeth*, les trois êtres humains avec la conscience deviennent quatre. Ici avec les quatre poulets, ce n'est plus le cas. Comment savoir le moment où il faut exclure ?

Dr Jung : La différence, c'est que dans notre rêve il y a quatre animaux, quatre poulets. Cela nous indique le fait que le soi, représenté par le mandala, est inconscient (de nature animale !). Il n'y a aucun conscient à ajouter.

Mr Rogers : Que pensez-vous des quatre fils d'Horus ? Que peut-on en attendre ?

Dr Jung : Horus est au centre et ses quatre fils sont ses quatre attributs. Avec Horus, comme avec les quatre évangélistes, la figure centrale est humaine et les quatre ne sont que des attributs. Le groupe formé par Horus, tout comme celui formé par le Christ (*Rex gloriae*) symbolisent le soi, avec trois fonctions inconscientes et une qui a atteint l'état de conscience. C'est ainsi que les fils d'Horus sont souvent représentés comme trois avec des têtes d'animaux et un avec une tête humaine. La même chose s'applique au mandala chrétien. La difficulté serait grande si nous rencontrions un groupe de quatre figures seules, mais en réalité nous ne les trouvons jamais sans la présence d'Horus. De même avec les quatre évangélistes. Vous ne les trouvez jamais seuls, mais toujours groupés autour du Sauveur.

Vous devez être prudents lorsque vous spéculez sur les chiffres et les dessins géométriques. Je me contente de vous ouvrir des perspectives hypothétiques en vous expliquant le motif du mandala avec des parallèles mythologiques et en interprétant ces images mythologiques à l'aide de nos observations psychologiques. Il semble que quatre animaux, sans un centre, représenteraient l'état d'inconscience de l'ensemble des quatre fonctions, tandis que trois animaux accompagnés d'une figure à tête humaine représentent le fait que trois fonctions sont inconscientes et une seule consciente. Une cinquième figure au centre représenterait la somme totale de l'homme : ses quatre fonctions (conscientes et inconscientes), sous le contrôle d'un Dieu, ou « centre du non-moi ».

Y a-t-il quoi que ce soit d'autre à considérer, à propos de notre rêve ?

Miss Hannah : Que faut-il penser du volant régulateur [11] ? Vous ne nous en avez encore rien dit.

Dr Jung : Que représente le volant régulateur ?

Dr Binger : Le rêveur lui-même l'a interprété comme la force motrice.

Dr Jung : Qu'est-ce que cela veut dire sur le plan psychologique ?

Dr Binger : Cela signifie la libido, le poulet s'enfuit avec la libido de l'homme.

Dr Jung : Une de ses fonctions s'échappe, là où se trouve la libido motrice. Pourquoi ?

Mr Roper : S'en va-t-elle avec cette femme ?

Dr Jung : Cette femme, c'était du fantasme. Rien dans le rêve n'indique qu'elle parte chez cette femme. Le rêve dit qu'une fonction s'échappe là où se trouve la libido de motivation ou de créativité. Si vous, vous supposez qu'il est motivé par le fantasme d'une femme, alors cela peut être le lieu où le poulet se sauve.

Mr Roper : Se pourrait-il qu'il s'agisse des études sur l'occultisme ?

Dr Jung : Oui, avec cet homme on ne sait pas si la motivation la plus forte se trouve dans son fantasme sur les femmes ou dans ses études sur l'occultisme. S'il a consacré plus de temps à ses études sur l'occultisme qu'à ses expériences avec les femmes, alors vous pouvez être certains qu'il s'intéresse plus à ses études. J'essaie toujours de quantifier exactement le temps et l'argent qu'on investit dans une chose, ce qui me permet de savoir l'importance que le patient y attache. Une femme ne comptabilise pas l'intensité du sentiment, mais le temps que vous passez avec elle. Mieux vaut quatre heures, avec moins d'insistance sur la beauté du sentiment, que quinze minutes avec des mots enchanteurs. Les femmes sont impitoyables, mais c'est là un moyen terriblement efficace. Ce sont les femmes qui me l'ont enseigné. Les trois quarts des analyses se font avec des femmes et elles m'enseignent.

Dans ce cas-ci, nous n'avons aucun moyen de savoir si oui ou non la libido qui motive, la libido moteur, le « volant régulateur », est plus en rapport avec les études sur l'occultisme ou avec des fantasmes sexuels, mais au moins nous pouvons supposer qu'il y a un rapport avec la fuite du côté du volant régulateur, la force motrice. La notion de fuite est très importante en analyse. Beaucoup de gens, en cours d'analyse, essaient d'établir un point de fixation, un point d'ancrage, une île, un lieu où rien ne bouge, où rien ne se passe, où rien ne peut être déplacé, le royaume de l'immobilisme. C'est là la construction d'un pôle opposé, un contrepoids que je me garderais de détruire. Et l'idée d'une telle île est un symbole heureux et important. Mais beaucoup de gens en font un mauvais usage, en réservant leur jugement ou en retenant quelque chose. Sous prétexte de politesse, on rationalise toujours ces retenues ou on fabrique des prétextes. Avec de tels subterfuges, le patient se crée une place forte d'où il pourra s'esquiver furtivement. Une certaine dame vient me voir pour entrer en analyse et à l'instant même tombe amoureuse d'un autre homme. On se demande pourquoi. Il n'apparaît pas spécialement comme le genre d'homme à attirer cette femme. En réalité il s'agit, pour elle, d'une simple soupape de sécurité, elle se protège contre le transfert. L'autre homme est le lieu de la fuite. La patiente aura des difficultés à reconnaître sa passion amoureuse : « Oh, c'est juste une petite fantaisie », mais avec cet homme sa libido trouve un écoulement. Quand rien ne se passe en analyse, c'est que tout part ailleurs, il y a une fuite. L'analyste doit faire preuve de réserve, de tact et de patience. Il marche sur des œufs. Vous n'obtenez aucune réaction, tout est remis à plus tard, à cause de cette fuite de libido vers la place forte. Quand vous avez affaire à de telles personnes, il n'y a rien que vous puissiez faire. Chaque fois que vous essayez d'attraper quelque chose, ça se sauve, ça s'évanouit. Vous menez une sorte d'analyse provisoire. Dans la vie courante on peut voir la même situation où le fils reste enfermé dans le père, comme dans un coffre-fort. Vous finirez par découvrir que ces personnes possèdent un contrepoids ou un coffre-fort, où se situe la fuite. L'influence de l'analyste est contrecarrée par un élément autonome et inébranlable, jusqu'à ce qu'il découvre où se situe le contrepoids et en quoi il consiste.

A cette étape de son analyse, cet homme était prêt à faire une *restriction mentale**, une sorte de mauvais tour étrange. Par exemple, on raconte l'histoire d'un monastère du XVIIIe siècle qui voulait s'approprier le bien d'un paysan. Ils n'avaient aucun droit sur ce bien, mais firent tout ce qui était en leur pouvoir pour essayer d'y arriver. C'est alors que l'abbé apprit d'un homme intelligent qu'il pouvait appliquer la *restriction mentale* pour certaines choses dont la décision ressortait du serment. Alors l'abbé mit de la terre de son propre jardin dans ses chaussures et, s'en étant allé sur les terres du paysan, y jura qu'il se tenait sur sa propre terre.

*Passe-partout par l'Eglise romaine** [12] est un livre sur de telles restrictions mentales. Ce sont des choses terribles, mais elles se produisent. Dans notre cas la *restriction mentale* consisterait pour le patient à dire : « Oui, je fais une analyse. Oui, bien sûr, c'est très intéressant, mais ça peut s'expliquer d'une autre façon, comme par exemple que le Dr Jung est une sorte de médium. Ce qu'il dit et qui est bon est inspiré par Mahatmas qui appartient à un monastère tibétain et tout le reste n'est rien. » Avec de telles suppositions, je ne pourrais rien faire. En réalité il n'avait pas de telles réserves, mais une certaine tendance dans cette direction. Ce fonctionnement se produit constamment en analyse et l'animus comme l'anima s'y emploient activement. Un jour j'eus un tel cas qui me rendit fou. J'étais en train d'expliquer quelque chose à ma patiente et j'y déployais beaucoup de vitalité pour mettre de l'emphase dans mes explications. Mais elle devenait de plus en plus absente et bientôt je vis qu'elle ne m'écoutait plus du tout. J'ai découvert qu'en raison de l'intérêt que je lui témoignais et de ma vitalité, elle pensait que j'étais amoureux d'elle et sexuellement excité et, de ce fait, n'attachait aucune importance à ce que je disais. Voilà une *restriction mentale*, et c'est là que ça fuyait, et je ne pouvais rien faire. Concernant notre homme, je pense que les études sur l'occultisme sont, effectivement, la fuite de la libido de motivation.

Onzième conférence

20 février 1929

Dr Jung : Aujourd'hui nous allons continuer avec nos rêves. Fini, les poulets ! Le rêve suivant a été fait deux jours plus tard.

Rêve [5] : « J'arrive à un endroit où l'on adore un saint. On dit de ce saint qu'il guérit les maladies lorsqu'on prononce son nom. Je me trouve là parce que je souffre de sciatique. Je pense qu'il y a beaucoup d'autres gens avec qui je continue ma route, et quelqu'un me dit qu'un patient a déjà été guéri. Je pense que je dois faire quelque chose de plus que me contenter d'invoquer le saint. Je devrais me baigner dans la mer. J'arrive au rivage et remarque quelques puissants blocs de pierres en direction de la terre ferme. Entre ces blocs et les collines rocheuses, il y a une vallée, une sorte de baie. L'océan y pénètre par une houle calme et puissante qui va, en s'étalant, se perdre au fond de la baie qui pénètre très profondément à l'intérieur des terres, jusqu'à une distance considérable. Je reste là à observer un certain temps les rouleaux puissants et majestueux qui entrent dans la baie. Je grimpe sur la colline rocheuse élevée. Ensuite je me trouve avec mon plus jeune fils. C'est au moment même où nous allons grimper plus haut que je vois un jet d'embruns monter au-dessus de la colline que nous escaladons mais sur l'autre versant. Alors, j'ai peur que le ressac soit tellement fort de l'autre côté que, d'une vague, il emporte la colline qui n'était pas faite de gros blocs de rochers, mais de gravier entassé et de grosses pierres. La colline pourrait s'effondrer et une vague tout emporter.

Tout bien réfléchi, je décide de m'en aller et d'emmener mon fils. »

L'image du rêve est très claire et bien visualisée. La plage est plate. Cependant, vers la terre ferme il y a des blocs de rochers entassés. Lui-même arrive à une colline, constituée de gravier et de pierraille et qui, de ce fait, pourrait être emportée par une vague plus puissante de la mer.

Associations : Le saint : « Je ne peux plus me souvenir de son nom, mais je pense que ça ressemblait à quelque chose comme Papathéanon ou Papasthéanon. Je ne peux pas expliquer ce nom grec ou roumain. » L'influence du grec en Roumanie est forte à cause du mélange de grec dans la *lingua rustica*, la langue des paysans à travers l'Empire romain. En Suisse, il en reste des traces sous la forme du romanche[1].

La guérison magique : « C'est comme les guérisons à Lourdes ou sur les tombes des saints à travers tout le monde musulman, en Afrique du Nord, en Egypte, etc. Je peux seulement expliquer ces guérisons, dont je ne peux certainement pas nier la réalité, par l'effet de la croyance à travers l'autosuggestion dont l'efficacité est toujours accrue par les guérisons. L'atmosphère de Lourdes, où les gens voient les guérisons magiques, a un effet suggestif énorme, la suggestion des foules. » Il décrit comment on tombe sous l'effet de la suggestion de la foi de la foule, et son effet sur toute la foule.

Ensuite il en vient au fait qu'il pense, même dans le rêve, qu'il est très improbable qu'une telle guérison puisse effectivement avoir lieu : « Je doute pouvoir être guéri par un miracle ou une foi aveugle, en dépit du fait que d'autres soient guéris ainsi, et je pense que ce qui m'aiderait c'est de me baigner dans la mer et de contempler le mouvement puissant de la houle dans la lumière du jour. »

La mer : Ici, il utilise un terme allemand qui veut dire le milieu primordial de la vie. C'est dans l'océan que l'évolution a commencé et que le premier germe de vie est apparu. On pourrait appeler la mer le sein de la nature.

Les rouleaux majestueux qui viennent de la mer : « On pourrait dire qu'ils sont l'image de notre inconscient. L'inconscient envoie des vagues puissantes avec une certaine régularité dans notre conscient qui, lui, est à l'image de la vallée qui contient la baie. Il utilise une comparaison que j'ai vue employée par plusieurs de mes patients qui expriment que le conscient est comme une baie ou une lagune dans l'inconscient, connectées à la mer, mais séparées d'elle par une digue ou une péninsule. Il continue : « Observer ces vagues est des plus intéressants et en même temps apaisant. En parlant ainsi notre conscient est porté par le mouvement montant et descendant de l'inconscient. » Il veut dire que le mouvement inconscient est une sorte de respiration rythmique de la nature, comparable à l'idée de « systole et diastole » de Goethe. C'est là le tout premier mouvement, comme chez les protozoaires. Ce qu'il désigne est en fait le mouvement de l'extraversion et de l'introversion.

Le rêveur continue : « Mais approcher l'océan par un jour de tempête peut se révéler très dangereux. La violence de la mer peut briser ses propres murs, les rivages et les dunes qu'elle a construits elle-même. Et nombreux sont ceux qui ne pourraient se sauver eux-mêmes de la puissance des vagues. »

A propos du *garçon*, il dit : « Il est probablement mon préféré. C'est le plus jeune de mes garçons et il s'identifie à moi et veut devenir ce qu'est son père. Il est très jaloux des autres enfants et veille constamment à en avoir autant que ses frères. » Après que le rêveur a contemplé quelque temps le jeu majestueux de l'océan, il veut grimper plus haut sur la colline. C'est alors qu'il voit sur l'autre versant le jet d'embruns qui jaillit en l'air et, tout à coup, la peur le saisit que la colline ne soit détruite. A ce moment, son association est : « De l'autre côté de la colline, il y a apparemment une telle tension que cela pourrait entraîner une catastrophe. Cela oblige à la prudence et il faut éviter de monter au sommet qui pourrait s'effondrer et nous précipiter dans l'eau. » Ici, il s'exprime avec une certaine ambiguïté. En partie, il s'exprime dans la métaphore du rêve et en partie psychologiquement, voulant dire « la tension de l'autre côté est dangereuse ».

Lorsque vous traduisez l'allemand en anglais vous ne

pouvez donner la signification entière. Quelque chose se perd qui reste encore et toujours dans une condition ambivalente. C'est pourquoi il est particulièrement recommandé d'exprimer les significations psychologiques avec des gradations et des nuances. Quand il est question de formulations définitives de faits scientifiques artificiels [et non pas naturels], la langue allemande ne convient pas très bien. Elle contient trop de connotations, de sens dérivés. (Ce n'est pas le cas en anglais ou en français. Le français est une langue idéale pour exprimer la philosophie ou le droit.) Comme le disait Mark Twain, le mot *Zug* a vingt-sept significations différentes : un Allemand va utiliser le mot *Zug* pour exprimer un sens voulu, spécifique, sans jamais penser aux autres sens possibles. On dirait un langage primitif, dans lequel il arrive que le même mot soit utilisé pour le noir et le blanc. Le primitif va l'employer pour dire « blanc », mais pour un autre cela peut aussi bien vouloir dire « noir ». En allemand un courant d'air est un *Zug*. Un train est un *Zug*. Une tendance est un *Zug* et l'un de ces rubans élastiques que vous mettez quelque part dans vos robes est tout autant un *Zug*. Ça c'est du primitif. En anglais vous avez les mots *good* (bon), *better* (meilleur), *best* (le meilleur) qui vient de *bad*[2] (mauvais). En anglo-saxon c'était *bat* pour bad. En français, le terme « sacré » a également un double sens, *le Sacré-Cœur*, et *sacré nom d'un chien**.

Je veux entendre vos impressions sur ce rêve. D'abord le saint : vous souvenez-vous du rêve précédent ? Dans l'interprétation des rêves, nous avons toujours le devoir de relier le rêve qui suit au rêve qui précède. Pouvez-vous voir un lien possible entre les poulets du rêve précédent et ce saint dans notre nouveau rêve ? C'est vraiment très tiré par les cheveux. Moi-même je serais incapable de le trouver si je n'avais pas déjà analysé de nombreux rêves de ce type et si je n'avais la connaissance du lien qui existe entre le motif du rêve précédent et celui de l'actuel. Le motif du rêve précédent était le motif archétypique qui consiste à assembler dans le pot la nourriture sacrificielle, le processus alchimique pour reconstruire l'homme nouveau.

C'est l'idée ancienne de la transformation de l'individu, de l'homme qui a besoin de salut, de rédemption, de guérison. Il ressemble à une vieille machine cassée. Il n'est plus que vieux chiffons et paquet d'os. Il est écrasé, à la fois par les péchés du « vieil Adam » et par ceux de ses ancêtres. Il n'est plus qu'un tas lamentable de misère écroulée. On l'a jeté dans le pot ou cratère, dans ce pot on l'a cuit ou fondu et, quand il en sort, il est tout neuf. Le rêve des poulets y fait à peine une allusion lointaine. La cuisson des ingrédients est une sorte de guérison. En allemand *heilig*[3] a un lien avec *heil*, ce qui est « entier », *geheilt* veut dire guéri. Guérir, c'est restituer quelqu'un à son entièreté et la condition dans laquelle on se met est une condition entière ou complète, alors qu'auparavant il n'y avait que des fragments maintenus ensemble. Ainsi donc, rassembler et rôtir les poulets signifie guérir ou faire du neuf.

Ici l'idée de la médecine fait son entrée. Le Sauveur est toujours le *medicine man* qui donne *pharmakon athanasias*, la médecine de l'immortalité qui produit l'homme nouveau. Quand vous prenez la *tinctura magna* de l'alchimiste, vous êtes guéri pour toujours, et jamais plus vous ne pourrez tomber malades. Tout ceci décrit les connotations mythologiques du processus alchimique ou encore, le creuset de la transformation dans lequel se fait la fusion et il n'y a donc pas à s'étonner si dans le rêve qui suit tout commence avec un saint. Pourquoi justement un saint ? cela aurait pu être aussi bien un *medicine man* ou un magicien. Pourquoi être allé chercher un saint ? C'est une jolie pièce de psychologie de patient. Le saint, c'est le médecin. Il m'appelle au téléphone : « Etes-vous le Dr Jung ? Pouvez-vous me guérir ? Combien de temps faudra-t-il ? » Il invoque le Dr Jung comme un saint. Bien entendu le patient ne pense pas à moi comme si j'étais un saint. Mais son inconscient lui dit : « Tu es en train d'invoquer le nom d'un saint. » L'inconscient lui transmet cette notion, comme cette même vieille vérité que l'on répète : un homme a invoqué son Sauveur, un Indien a invoqué son *medicine man*, un Arabe a invoqué son marabout. Le catholique ira frotter la tombe de saint Antoine pour en recevoir la force de guérison.

Pourquoi l'inconscient emploie-t-il ce langage, quelle en est l'utilisation ?

Mme Schlegel : C'est pour aider la foi.

Dr Jung : Oui, il n'est pas nécessaire que la foi signifie autre chose que la volonté de croire. Une sorte d'attente : « Ma foi et mon espoir sont dans le Seigneur. » Le rêve nous dit que le patient est dans cette même vieille situation archétypique. Un des effets de la situation archétypique est que lorsque vous vous y trouvez, il y a énormément de ressenti. Et plus l'inconscient est mobilisé, c'est-à-dire mis en mouvement, plus on pourra s'attendre à ce que les choses se mettent à la bonne place. Que se passe-t-il dans notre psychologie, lorsque nous touchons un archétype ?

Dr Binger : Il y a un flot d'images tribales ou raciales qui montent de l'inconscient collectif.

Dr Jung : Un archétype appartient à la structure de l'inconscient collectif. Mais comme l'inconscient collectif est en nous-mêmes, c'est aussi une structure de nous-mêmes. C'est une partie de la structure fondamentale de notre nature instinctuelle. Tout ce qui est ramené à ce modèle instinctif est sujet à être guéri. On suppose que cette structure de l'homme est un animal, entièrement adapté, quelque chose de remarquable, parfaitement capable de vivre. La plupart de nos troubles psychogéniques proviennent du fait que nous avons dévié du modèle instinctif de l'homme. Nous nous trouvons tout à coup dans les airs, notre arbre ne reçoit plus la substance nutritive de la terre. Alors regardez, lorsque vous revenez à une situation archétypique, vous vous retrouvez dans une attitude instinctive juste, dans laquelle vous devez être lorsque vous voulez vivre sur la surface de la terre ; dans votre atmosphère juste, avec votre nourriture juste, etc. L'archétype, c'est l'homme naturel instinctif, comme il l'a toujours été. Les anciens prêtres et les *medicine men* avaient compris tout cela, non pas par un savoir, mais par intuition. Pour guérir, ils s'efforçaient de ramener l'homme malade dans une situation archétypique. De nos jours, si un homme était mordu par un serpent, nous lui donnerions du sérum, mais l'ancien prêtre égyptien, quant à lui, se rendait dans sa bibliothèque, se penchait sur ses papyrus et en extrayait l'histoire d'Isis [4], la ramenait à son patient et lui lisait le passage où le dieu soleil Râ traversait l'Egypte tandis que son épouse Isis suscitait un ver terrible, une vipère des sables dont seul le museau sortait du sol. Lorsqu'elle eut placé ce serpent sur le sentier de Râ/ Osiris pour qu'il en soit mordu, il marcha effectivement sur ce ver vénérable et fut sévèrement mordu et empoisonné, au point que ses joues et tous ses membres tremblaient. Les dieux l'emportèrent et pensaient qu'il allait mourir. Ils appelèrent Mère Isis à l'aide, car elle avait le pouvoir de le guérir. Alors on lut l'hymne au-dessus de lui, mais sa magie ne put le guérir entièrement et il dut se retirer sur le dos de la vache céleste et donner sa place au dieu plus jeune. Bon, mais voyons comment la lecture de cet hymne au-dessus de Ré pouvait bien le guérir de la morsure du serpent ? A quoi pouvait bien servir une telle folie ? Je suppose que ces gens n'étaient pas le moins du monde des imbéciles. Ils savaient parfaitement ce qu'ils faisaient. Ils étaient aussi intelligents que nous le sommes. Avec ces méthodes, ils obtenaient de bons résultats, alors ils les utilisaient. C'était de la « bonne médecine ». Quand vous étudiez la pharmacopée du vieux Galien, vous tombez malades. Ce n'est qu'un tas de fumier ahurissant. Et cependant c'était un excellent médecin. Par rapport à nos idées, leur pharmacologie nous apparaît comme absolument ridicule. Mais nous la regardons à partir de l'extérieur, avec nos idées rationnelles, alors qu'ils la considéraient à partir de l'intérieur. Nous sommes incapables de voir l'effet curatif qui vient du dedans de nous-mêmes. La science chrétienne reconnaît cet effet, mais la médecine clinique, même encore de nos jours, existe et travaille avec les effets allant de l'extérieur vers l'intérieur. Ce que cet ancien prêtre égyptien essayait d'apporter à l'homme malade, c'était le message selon lequel sa souffrance n'était pas seulement le destin d'un être humain, mais aussi celui du dieu. C'était inéluctable et Mère Isis qui avait fait le poison pouvait aussi l'en guérir (pas entièrement, mais presque). En amenant le patient à la vérité éternelle de l'image archétypique, de la morsure du serpent, provoquée par la Mère, ses forces instinctives s'en trouvent suscitées et cela représente une aide considérable.

Maintenant, concernant notre patient, si les forces archétypiques pouvaient être suscitées cela l'aiderait. Mais pour nous autres ce n'est pas si facile, nous sommes beaucoup trop loin de telles images.

Lorsque quelqu'un est dans le désespoir ou dans une tristesse extrême, le pasteur lui dit : « Regardez, pensez à notre Seigneur sur la croix comme il a souffert, comment il s'est chargé de tous nos fardeaux. » Cette sorte de technique, nous pouvons la comprendre et elle aura un effet certain chez ceux pour qui cette image archétypique du Christ veut dire quelque chose. Mais pour ceux qui ont quitté cet archétype, ce n'est que du vent. Toute cette technique a commencé naturellement à partir de l'inconscient. Ces vieux médecins, comme Galien par exemple, avaient l'habitude de demander leurs rêves à leurs patients. Les rêves jouaient un rôle important dans la guérison des malades. Un de ces anciens médecins raconte qu'un homme avait rêvé que sa jambe était devenue de la pierre et, deux jours plus tard, sa jambe était effectivement paralysée par une apoplexie. Certains rêves sont très importants pour poser un diagnostic. La technique habituelle du rêve consiste à remettre le patient dans une situation archétypique, afin de le guérir. C'est la situation de l'homme-Dieu en souffrance ou la situation de la tragédie humaine. C'était également l'effet de la tragédie grecque.

Il faut voir à présent que ce rêve place le patient, tout à coup, dans un rôle de pèlerin en train de voyager vers un lieu saint, comme s'il accomplissait une visite au tombeau de saint Antoine à Padoue ou qu'il allait à Lourdes. Il se trouve dans la situation de l'homme ordinaire de tous les temps, et ce faisant, il s'approche de la nature fondamentale de l'homme. Plus il s'en approche, plus il est dans le juste et nous pouvons supposer qu'avec certaines personnes ça marche. Les forces instinctuelles sont libérées, en partie psychologiques, en partie physiologiques et, à travers cette libération, le conditionnement entier du corps peut s'en trouver changé. Un de mes étudiants a fait plusieurs expériences sur la viscosité du sang qui consistaient à suivre les variations de la viscosité tout au long des différentes phases de l'analyse. La viscosité se trouvait très abaissée lorsque le patient était dans la confusion, la résistance ou dans un état d'esprit négatif. Dans un tel état, les gens sont susceptibles d'attraper des infections ou tout autre dérangement physique. Vous connaissez vous-mêmes la proximité qui existe entre l'estomac et l'état mental. Si un état psychique mauvais persiste, vous abîmez votre estomac, et cela peut aller loin.

Mr Rogers : Me permettez-vous de poser une question un peu en dehors du sujet ? Lorsqu'un même mot signifie des choses opposées, qu'est-ce qui dans l'esprit primitif rapproche tellement les opposés ?

Dr Jung : C'est le symbolisme déroutant des choses qui sont encore dans l'inconscient, à la fois existantes et non existantes. C'est quelque chose que vous rencontrerez souvent dans les rêves et dans l'inconscient. C'est comme si vous aviez en poche un billet de 100 dollars : vous savez que vous l'avez, vous avez une facture à payer avec ce billet et vous n'arrivez pas à le trouver. Ainsi en va-t-il avec les contenus de l'inconscient, c'est oui et c'est non, c'est bon et mauvais, noir et blanc. Il se peut qu'il y ait un potentiel dans votre inconscient, mais vous ne parvenez pas à le saisir. Il y a des qualités élevées et des qualités basses. Les deux à la fois c'est impossible, mais ça peut être l'une ou l'autre. C'est ainsi que les personnes « bonnes » ont une certaine ressemblance avec les personnes « mauvaises », en ce sens qu'elles ont toutes un problème moral. Comme chez un artiste, le primitif peut aller de pair avec l'accompli. Tous les Noirs sont des artistes extraordinaires dans ce qu'ils pourraient produire. Tous les artistes ont un côté très primitif dans leur caractère et leur style de vie. Il y a une situation d'ambiguïté dans leur inconscient. Ceci n'est pas réellement une découverte nouvelle. Les gnostiques possédaient cette idée et l'exprimaient comme étant le Plérome, un stade de plénitude, dans lequel les paires d'opposés, le oui et le non, la nuit et le jour, sont rassemblés et lorsqu'ils adviennent c'est soit le jour, soit la nuit. Dans l'état de promesse, avant qu'ils n'adviennent, c'est l'état de non-existence. Il n'y a ni noir ni blanc, ni mauvais ni bon. Dans les rêves, c'est souvent symbolisé par deux animaux indistincts ou un animal qui en dévore un autre. C'est un symptôme de contenus inconscients. En Lombardie du Nord, on voit des frises d'animaux qui s'entre-dévorent, et dans de très anciens manuscrits des XIIe et XIIIe siècles, on voit de très nombreux dessins d'entrelacs formés par des animaux qui s'entre-dévorent. Puisqu'à l'origine l'esprit humain était inconscient, et que l'origine des langues trahit la manière dont les choses étaient et fonctionnaient, vous pouvez, d'une certaine manière, encore le ressentir. Dans un esprit baignant dans le clair-obscur, vous pouvez voir quelque chose de noir qui vous donne presque la sensation d'être blanc. Chez certains primitifs le mot est le même. Vous pouvez voir des réactions ambiguës tous les jours, chaque fois que quelque chose vous bouleverse ou produit en vous des émotions conflictuelles. Supposez que votre servante casse une statue de grande valeur. Ça vous met en colère et vous jurez « Enfer et damnation ! » ou « Mon Dieu ! » ou encore « Par le diable ! ». Quel sens donner à « Dieu » employé dans une telle situation ? Vous l'employez lorsque vous êtes émerveillés, étonnés, en colère ou désespérés, tout comme un primitif va dire « *Mouloungou* [5] » dans toutes sortes de situations. Quand il entend un phonographe, il dit « *Mouloungou.* » Le concept très ambigu de « mana » est utilisé en swahili pour signifier ce qui est important ou plein de sens. Ainsi pour nous « Dieu » ne contient pas seulement les paires d'opposés, mais est totalement indifférencié dans cette utilisation. C'est rempli d'ambiguïté, c'est comme *Mouloungou,* ça se rapporte à quelque chose d'extraordinairement efficace et rempli de puissance. Si nous pensons à l'inconscient, nous devons penser en termes de paradoxe et souvent en termes de oui et non. Nous devons apprendre à penser positivement à propos de quelque chose qui peut être mauvais ou, inversement, à penser négativement à propos de ce qui est bon. Si vous pensez le bon, il faut savoir relativiser. C'est là un principe très important pour l'interprétation des rêves. Conclure que c'est bon ou mauvais dépend entièrement de votre point de vue conscient. En termes psychologiques, il faut faire le lien entre bon et mauvais. À l'origine ce qui était bon ou mauvais avait pour sens ce qui était favorable ou défavorable[6]. Par exemple, un chef, à qui on demandait quelle était la différence entre bon et mauvais, répondit : « Si je prends la femme de mon ennemi, ça c'est bon. Mais si un autre chef vient prendre ma femme, ça c'est mauvais. » Il ne s'agit pas d'une différence entre ce qui est moral et immoral, mais entre ce qui est favorable et défavorable. L'attitude superstitieuse consiste à demander tout le temps : « Est-ce favorable ? » Notre esprit est terriblement sensibilisé à cette question. Le concept de morale n'apparaîtra que beaucoup plus tardivement. Il y a énormément de choses chez le primitif dont nous disons que c'est bon et beau, mais le primitif lui-même ne pense pas en ces termes. Pour lui, c'est ou favorable ou défavorable. Il va se dire : « Me suis-je conduit de telle sorte que ce que j'ai entrepris ne va pas me faire du mal ? »

Dans *Mélanges d'histoire des religions**[7] de Hubert et Mauss, les concepts fondamentaux de l'esprit mythologique sont des catégories reconnues d'imagination créatrice, ce que Kant appelle « catégories de raison pure ». Les catégories de raisonnement ne sont que des applications intellectuelles des archétypes. Les archétypes sont les contenants primordiaux dans lesquels vous exprimez absolument tout ce qui est d'ordre mental ou psychologique. Il n'y a aucun moyen d'y échapper.

Bon, maintenant dans la progression de l'idée de guérison, le rêveur parvient à rejoindre le guide spirituel ou sauveur. On ne traverse jamais ce processus sans un maître qui vous enseigne, un *medicine man*, un guide ou un gourou, un homme en somme qui surveille le processus d'initiation, comme c'était le cas dans les anciens rites de passage à la puberté. Ce qui est intéressant, c'est le fait que le saint du rêve s'appelle Papathéanon, ce qui évoque le père, puisque le vieux « père » est le symbole du guide. Mais alors, pourquoi pas tout simplement Papa ? Pourquoi ce Papathéanon plutôt étrange ? Miss Bianchi suggère que le patient ait pu être influencé par l'opéra *La flûte enchantée* qui raconte une initiation. Le mot italien *papagaï* qui veut dire « perroquet » apparaît dans l'opéra [8]. Il s'agit d'un nom polynésien d'origine exotique. Il se pourrait que le patient ait fait quelque association avec cet opéra, mais il se pourrait tout aussi bien qu'il n'en ait pas fait la moindre. Il souligne le grec et le roumain.

Mme Sigg : Peut-être la signification dépasse-t-elle celle du père. Faut-il y voir les pères de l'antiquité ?

Dr Jung : Oui, le père est insuffisant, il cherche à y ajouter une forme symbolique particulière. Le patient parle l'italien et connaît également le grec et le latin. De ce fait le mot *papa* ou *papas* fait référence, pour lui, au pape, le Père absolu. Le culte d'Attis avait un temple sur l'emplacement exact de Saint-Pierre de Rome et le grand prêtre s'appelait *papas*. Il y avait donc un *papas* à Rome plusieurs centaines d'années avant qu'il y eût un pape au Vatican. Le patient s'est aussi livré à quelques associations, que je ne peux pas vous donner ici, et qui font un lien avec la forme grecque. Il est néanmoins à peu près certain que la forme grecque contient l'idée du patriarche ou pope. Je n'ai pas pu saisir la connotation roumaine, mais je suis certain que je pourrais le faire si je disposais de temps. Le patient parle le roumain, ce qui veut dire que ça lui dit quelque chose, mais en tout état de cause, nous disposons de suffisamment de matériel en rapport avec le saint pour pouvoir dire clairement que le saint signifie le gourou, le meneur, le guide et le conseiller spirituel. Dans cette situation, le patient est mis dans une situation archétypique.

Son association suivante : il se trouve dans un lieu sacré, tel que Lourdes par exemple. L'invocation du nom du saint évoque une sorte de guérison archaïque. Lorsque je voyageais sur le Nil supérieur, et que le tirant d'eau était très faible, des barges avaient été amenées sur les côtés de mon vapeur pour le stabiliser. Sur l'une de ces barges, il y avait un Arabe qui souffrait de malaria et, toute la nuit durant, je l'ai entendu appeler « Allah ! » et encore après un intervalle « Allah ! ». Il invoquait son dieu pour sa guérison. Dans un ancien papyrus grec, attribué au culte de Mithra, une prescription pour l'initiation rituelle prévient l'élève à initier qu'il doit se tenir les côtes et crier le nom de Mithra avec toute la force dont il est capable. C'est là une partie des plus importantes du rituel.

Ce patient a voyagé en Orient et en Extrême-Orient, et il ne fait aucun doute qu'il a assimilé, chemin faisant, ces éléments. Il souligne le fait qu'il souffre de sciatique et qu'il lui faudrait, sans doute, plus qu'une simple invocation pour le guérir. C'est un profane, pas un médecin, et pour lui, avoir mal à la jambe ne peut avoir aucun rapport avec un trouble nerveux, puisque sa jambe n'a aucun rapport avec sa tête ou son cerveau. Pour un profane, la sciatique est une maladie physique et pour la guérir il faut faire quelque chose de physique, comme par exemple se baigner dans la mer.

Mme Muller : La sciatique pourrait retarder le mouvement, n'est-ce pas ?

Dr Jung : Oui, l'idée du patient, c'est que la sciatique est un mal physique et cela suggère que la machine ne se peut pas se mettre en marche, qu'il ne peut pas avancer, certains développements ne pourront prendre place. Cela est suggéré par n'importe quel mal ou blessure aux jambes, et le rêve utilise souvent un tel symbole. Pour le patient, tout semble indiquer qu'on se trouve dans un immobilisme et qu'il y a donc non seulement un trouble mental mais aussi un trouble physique. De quelle nature est ce trouble physique ?

Mme Muller : C'est en fait sa relation au monde extérieur qui pourrait être le trouble.

Dr Jung : Qu'est-ce que ce serait ?

Mme Sigg : Il n'est pas relié à sa femme.

Dr Jung : C'est l'absence de sexualité, un trouble physiologique. Il n'a pas de relation physique à sa femme. Si vous le voulez, appelez cela un trouble glandulaire, voyez-y une situation compliquée, quelque chose de physique qui le conduit à envisager un bain de mer. Sur le chemin de la maison, quelqu'un lui dit que déjà un des pèlerins a été guéri.

A cela, il associe l'atmosphère suggestive de la foule. Si

l'un d'eux est guéri c'est encourageant : le rêve lui dit que quelque chose s'est déjà produit dans son analyse. Le rêve établit le fait qu'il est déjà tombé sous le charme. Pourquoi l'inconscient devrait-il donner ce signe ?

Mr Gibb : Quelque chose en lui est déjà guéri.

Dr Jung : Oui, il est déjà sous le charme, un effet suggestif s'est déjà produit. L'inconscient lui envoie ce signe pour son orientation. Qu'il tombe sous le charme d'une personne ou d'une situation est d'une extraordinaire valeur pour lui. Si on ne réalise pas cette situation on peut se retrouver secrètement ému par cette personne. En analyse, lorsqu'une personne ne sait pas cela, elle se quitte elle-même. Les primitifs ont peur du mauvais œil. Si votre regard se fixe sur eux avec trop d'intensité ils se méfient de vous. L'esprit primitif est constamment sur le qui-vive de peur de tomber sous une influence ou sous un sortilège. En Grèce si vous pointez un doigt vers quelqu'un, il en pointe deux vers vous. Ça en fait trois et ça brise le sortilège. Dans notre cas, il arrive souvent que nous tombions sous un sortilège, mais que nous en soyons inconscients. J'ai vu tellement de gens passer sous l'influence d'une autre personne. Une jeune fille qui m'avait consulté fut prise dans des situations des plus étonnantes dans lesquelles elle développait les fantasmes de quelqu'un d'autre. Il est même possible de vivre l'imaginaire de quelqu'un d'autre, à son corps défendant. Quelqu'un va demander : « Etait-ce dans vos intentions de faire cela ? — Eh bien je pensais ne pas pouvoir faire autrement. »

Les primitifs ont connaissance de cela, mais nous pas. Lorsqu'on tombe sous un tel sortilège, on ne peut rien y faire, ni le voir. Mais quand vous sortez de cette atmosphère, vous ne pouvez comprendre comment vous vous êtes laissés aller, comment vous avez pu penser ou sentir de cette façon. Combien de fois je vois des transferts qui pour n'importe qui d'autre sont parfaitement évidents, mais dont le patient lui-même n'a pas la moindre idée. Il peut être en flammes et même partir en fumée, sans en être conscient le moins du monde. Vous pouvez tomber sous le charme de gens très dangereux. C'est la raison pour laquelle il y a tant de rêves qui y font allusion pour nous permettre de savoir où nous en sommes. Ils peuvent nous paraître ridicules, mais sont de la plus grande importance. Pour le patient, savoir qu'il est sous un charme est important, faute de quoi il le découvrira plus tard et sera amené à penser qu'il y a là quelque chose de mauvais dont il va essayer de se séparer. Il est très probable qu'il sera amené à développer de terribles résistances, à moins d'avoir compris.

Quand nous analysons nos rêves et nos fantasmes, nous ne devons pas seulement analyser notre matériel, mais parfois aussi celui de nos voisins. Je crois que je vous ai raconté le cas de ce patient qui ne rêvait pas et que j'ai analysé à travers les rêves de son fils. Cela s'est poursuivi pendant plusieurs semaines, jusqu'à ce que le père lui-même commence à rêver. Vous dormez dans une chambre et quelque chose s'y insinue, venant de la chambre d'à côté. En tant qu'animaux, nous sommes tellement grégaires que nous devinons le plus léger changement psychique dans l'atmosphère. C'est comme pour les poissons qui nagent en banc : l'un d'eux tourne et tous tournent. Ici c'est dans l'atmosphère suggestive que le patient pénètre. Il entre dans notre groupe de gens en analyse, et tombe sous son influence. Il faut qu'il le sache, faute de quoi il développera des résistances par la suite. Parfois cela se produit d'une façon grotesque. Un jour, une jeune fille tout à fait raisonnable, de très bonne éducation, extrêmement respectable vint chez moi en analyse. Tout à coup, elle ne put plus continuer son analyse et rentra chez elle. Quelque temps plus tard, elle dit à un de mes anciens patients : « Je ne pouvais plus continuer mon analyse avec le Dr Jung, parce que avec moi il s'était impliqué sexuellement. » Alors mon patient lui demanda comment ça s'était produit et elle lui répondit : « Pourquoi ? mais j'avais des rêves très sexuels à son propos ! » Il lui était insupportable qu'*elle* puisse avoir des fantasmes sexuels et par conséquent c'était à moi de les avoir.

Douzième conférence

28 février 1929

Dr Jung : La question de Mr Gibb est importante et simple. Elle nous ramène à la question de la fuite et des poulets. Apparemment, ils sont magiques.

Question de Mr Gibb : « Je me réfère à ce que vous nous disiez, il y a quinze jours, à propos des "fuites" : nos rêves ne feraient-ils pas systématiquement ressortir la contradiction inhérente à une duplicité d'attitude ? Prenons un exemple : un homme entre en analyse, mais cache un penchant secret pour la science chrétienne, le behaviourisme ou la théosophie. Consciemment, il traite ses expériences à partir d'un point de vue analytique avec une certaine partie de son esprit et, en même temps, avec une tout autre partie de son esprit, il se construit, à un niveau différent, un accommodement pour sa théorie privilégiée. Si cette contradiction n'est pas prise en compte consciemment, ne produira-t-elle pas, inévitablement, un conflit inconscient, et pour cette raison des rêves ? — auquel cas la question sera traitée dans le décours de l'analyse, de la manière habituelle.

A cet égard, y aurait-il une différence selon le type psychologique de la personne ? Par exemple, la sorte de conflit que je suggérais à l'instant pourrait provoquer plus de troubles dans le cas d'un type "pensée" que pour quelqu'un du type "intuition".

Ou au contraire faut-il comprendre que l'origine du trouble se trouve dans le refus de la personne à vouloir donner ses associations sur le matériel du rêve, ce qui pourrait conduire à la découverte de la contradiction ? »

Dr Jung : Un tel conflit sera davantage source de difficultés pour un type « pensée » que pour un type « intuition » ou « sentiment ». Un type « pensée » n'a pas d'autres moyens que de jouer pleinement le jeu et au mieux de ses capacités. Au début de son analyse vous pouvez exclure le sentiment. Il interviendra plus tard. Un type « sentiment » doit mettre son sentiment au clair, en premier lieu. Il ne supportera pas d'être aux prises avec une dualité de sentiments opposés. Un type intellectuel peut posséder un catalogue complet de sentiments contradictoires vous concernant, mais cela ne fera qu'une faible différence. Chaque type est à approcher différemment, de façon très personnalisée, « sur mesure ».

Un point de vue contradictoire, une *restriction mentale**, sont souvent utilisés comme une sorte de pôle d'opposition, un garde-fou contre un transfert possible. Puis vient le refus de vouloir donner les associations, ce qui pourra conduire au conflit. C'est aussi la situation que l'on rencontre avec les femmes qui développent un grand amour pour un autre homme, juste au moment où elles ont le sentiment qu'on va découvrir un transfert imminent, ce qui leur permet de construire un contrepoids à une soumission possible au transfert[1]. Egalement, en prenant appui sur le Logos on va construire une défense contre une possible soumission. Par exemple, dans l'Eglise catholique une telle chose n'existe pas : la soumission à l'autorité est universelle. Mais le protestant a perdu tout cela. Il va courir dans tous les sens alors que son désir secret c'est de trouver un lieu où il pourra se soumettre, quoiqu'il n'ose pas l'admettre.

Continuons avec le rêve de la dernière fois. Nous étions parvenus au bain dans la mer et à la contemplation de la houle.

L'image est celle d'une baie, une sorte de renfoncement, dans lequel l'océan pénètre avec ses vagues puissantes et majestueuses qui se brisent sur la rive la plus lointaine. Le rêveur se tient sur le rivage et contemple ce spectacle. Son association, c'est que l'inconscient envoie ses vagues dans le conscient, à l'image de l'océan qui envoie ses vagues dans la petite baie. D'un point de vue théorique voici une description intéressante. Essayez de peindre cette image dans votre esprit. Qu'est-ce que cela vous suggère ?

Mr Gibb : Toute activité vient de l'océan.

Dr Schlegel : La différence étonnante entre les dimensions du conscient et de l'inconscient.

Dr Jung : Oui, la différence de dimension. Nous avons l'habitude d'imaginer l'inconscient comme un petit tas de boue laissé dans un coin. Le rêve lui-même nous apporte une image toute différente. Le petit garçon du conscient n'est rien à côté de l'immensité de l'océan. C'est ainsi que l'inconscient se représente lui-même. Dans ses associations, le rêveur approche de l'inconscient lorsqu'il monte sur la colline. Que représentent ces immenses vagues venant de l'inconscient ?

Dr Binger : Des vagues puissantes pénétrant le conscient.

Dr Jung : Comment ressent-il cela ?

Dr Binger : Comme un rêve.

Mme Sigg : Comme des émotions.

Dr Jung : Quelles émotions ? Les émotions sont-elles évidentes ?

Dr Binger : La peur.

Dr Jung : Oui, ça pourrait être de la peur. Quoi d'autre ?

Mme Sigg : Il se pourrait qu'il fasse un transfert énorme sur son médecin. Sa relation avec sa femme n'était pas bonne. Il a beaucoup de sentiment retenu dans ses antécédents et, en analyse, cela peut arriver à des hommes.

Dr Jung : Vérifier l'exactitude de ce fait serait fatal. Le patient prendrait peur. Essayer de savoir si ces vagues représentent une émotion d'amour, en relation avec le transfert, est un sujet beaucoup trop délicat pour essayer d'en avoir le cœur net. Le patient a une tendance à nier le sentiment. Il ne peut pas l'admettre. Il nous faut davantage d'évidence. Pour le moment c'est indiscutablement la peur. Cela voudrait donc dire que l'océan est en train d'envoyer des vagues de peur, mais s'il en est ainsi, comment peut-il admirer cela ?

Mme Sigg : Il se pourrait qu'il y ait un sentiment religieux. En religion, l'admiration se mélange parfois à la peur.

Mrs Schevill : Le rythme souligne une régularité impressionnante.

Dr Jung : Oui, c'est impressionnant, mais qu'est-ce que cela vous rappelle ?

Dr Shaw : Sa sexualité.

Dr Jung : Oui, c'est sa sexualité qui lui fait peur. Mais à quoi avait-il comparé la mer ? Vous devez tous avoir un complexe mère !

Mrs Schevill : A la mère éternelle.

Dr Jung : Oui. Il est très important que vous vous rappeliez ses associations avec la mer, qu'il appelait « la cause primordiale de la vie, la mère éternelle, le sein de la nature ».

Dr Binger : On pourrait l'appeler un symbole régressif, le désir pour la mère.

Mme Sigg : C'est comme l'océan, contre lequel Faust avait dû construire une digue.

Dr Jung : Oui, mais la digue n'est pas mentionnée ici. C'est une dune de sable que nous avons, une digue naturelle. Quelle valeur donneriez-vous à son association avec la mer ?

Mme Muller : Il l'associe avec la source d'énergie créatrice.

Dr Jung : Quelle est la qualité de cette association ? Esthétique, scientifique, religieuse, régressive ?

Mme Muller : Biologique.

Dr Jung : Non, en tout cas *pas* biologique.

Miss Chapin : C'est philosophique.

Dr Jung : Naturellement. Vous pouvez lire ces véritables traits dans les philosophies anciennes : le « sein de la nature », l'« évolution du premier germe ». Ce n'est pas là de la biologie, mais de la philosophie archétypique à l'ancienne mode, et plutôt romantique. Ainsi, lorsqu'il contemple la mer et ses mouvements, elle est comme il la qualifie. Il est évident que cela fait monter en lui des idées philosophiques. Il regarde la mer avec une sorte d'émotion philosophique.

Mme Sigg : Il a été obligé de changer ses conceptions sur la sexualité et pour cette raison il a été obligé de changer sa philosophie qui s'y rapporte.

Dr Jung : Oui, dans la première partie de son analyse, il vivait la sexualité comme quelque chose d'inconfortable, dans un coin : une difficulté pour laquelle il ne se sentait pas fait et pas prêt le moins du monde. A présent, l'inconscient essaie, progressivement, de lui ouvrir les yeux sur une vision ou conception plus large de la sexualité. Le symbole misérable de la machine à coudre est à présent agrandi à des dimensions presque cosmiques. Le rythme de la machine à coudre s'est transformé en systole et diastole de la vie qui se montre tout autant dans la sexualité, et ainsi, il devrait voir la sexualité comme étant le rythme de la mer, le rythme de la mère primordiale, la contraction rythmique du sein de la nature. Cela lui donne un autre aspect de la sexualité. Il ne s'agit plus du tout de sa petite affaire personnelle misérable, quelque chose qu'il doit mettre dans un petit coin, mais du grand problème de la vie. Il ne s'agit plus d'une sale petite intrigue, mais ça devient quelque chose d'immense, une situation humaine, générale, universelle. Il sera donc amené à mobiliser des troupes très différentes pour s'occuper de sa sexualité, par comparaison à sa manière de traiter celle-ci, du temps où elle n'était qu'une affaire de poste de police.

A présent, il voit son problème comme le grand rythme de la vie, une question qui le relie à la nature et sur laquelle il pose un regard philosophique. Et maintenant il peut se laisser pénétrer par le fonctionnement créatif de cette nature. Au tout début, c'était la machine à coudre qui ne fonctionnait pas, puis le rouleau compresseur qui créa le mystérieux chemin formant un mandala, et maintenant c'est l'océan lui-même qui est devenu le symbole universel. Tout cela l'amène à une attitude philosophique et lui donne une meilleure chance de pouvoir traiter son problème. Une attitude personnelle à l'égard de sa sexualité ne serait d'aucun secours. Quelqu'un de jeune aurait à affronter ce problème au niveau personnel, mais un homme de son âge ne le peut pas. Il doit le traiter sous l'angle de ce qu'il peut acquérir pour enrichir son développement spirituel et non pas pour la multiplication de sa famille déjà particulièrement bénie.

Dans la partie suivante du rêve, il essaie de gravir la colline de gravier avec son fils cadet et, à ce moment, il observe l'embrun qui jaillit en geyser par-dessus les rochers. Il trouve que c'est dangereux, car la colline pourrait être emportée par les eaux, et il se retire. Ceci représente une tentative d'approcher l'inconscient en mouvement, en s'exposant lui-même à la puissance des vagues. Psychologiquement, cela veut dire qu'il va s'occuper de son problème, qu'il va y faire quelque chose. Que penser de son plus jeune fils qui est avec lui ?

Mme Sigg : Cela signifie un progrès. Avant l'enfant était malade, mort. Maintenant il est vivant, en bonne santé.

Dr Jung : Il est un substitut du père (le patient). Il dit que cet enfant s'est particulièrement identifié à lui. En nous en remettant à l'idée primitive que l'enfant est en vérité le prolongement du père, la réplique du père, il est, corporellement et spirituellement, le père. Il y a cette histoire du vieux Noir qui s'emportait après son fils, devenu grand, parce qu'il refusait toute marque de respect à son vieux père qui criait contre lui : « Regardez-le qui part là-bas, avec mon corps et qui refuse de m'obéir ! » De cette façon, le patient dit que maintenant, avec cette nouvelle tentative (le fils), il a repris l'espoir de pouvoir commencer à progresser. Il dit : « Allons voir la mer », puis il prend peur. Que veut dire cette peur dans le rêve ?

Dr Binger : La peur de l'inconscient et des forces qu'il peut libérer.

Dr Jung : Oui, de toute évidence il a sous-évalué la puissance effrayante de la nature, mais maintenant il se rend compte que d'une seule vague elle pourrait emporter le sol sur lequel il se trouve, sa situation stable jusqu'à présent. Cela veut dire que cette force pourrait balayer sa position naturelle, sociale, physique et philosophique. Ce qui frappe, c'est qu'il se tient là, à mi-chemin entre le conscient et l'inconscient. Ces forces pourraient emporter sa colline d'une vague, car elle n'est faite que de gravier inconsistant et de pierrailles charriées par les vagues, le tout sans aucune cohésion. C'est la mer, la puissance de la nature qui l'a ainsi façonnée. C'est ce que nous sommes, du gravier inconsistant, de la matière brute charriée par la puissance de la nature, sans aucune cohésion. Rien à voir avec *notre* mérite. Nous n'avons pas encore trouvé le ciment pour donner une cohésion à cette matière brute. Ceci est la tâche du rêve.

Quand je vous ai expliqué le mandala, j'avais parlé de cette matière brute, sans cohésion, les grains de différents matériaux qui doivent être rassemblés par quelque processus alchimique, de manière à ce que l'action de la mer ne puisse la détruire à nouveau. A ce stade, notre patient n'est encore fait que de fragments ; tout n'est que parcellaire et par conséquent il a bien raison de se défier de la colline, car une vague pourrait tout balayer. Cela nous dit qu'il n'a pas encore d'individualité. Rien en lui n'est cimenté, et la puissance de l'inconscient pourrait le dissoudre. Mieux vaut rentrer.

Dr Shaw : Est-ce que l'enfant, dans son attitude confiante, lui montre comment approcher son problème ?

Dr Jung : Oui, concernant sa sexualité, le patient avait tenté de construire une philosophie de vieille vierge. Il a essayé d'être l'une des onze mille vierges, tout juste initiées, sans prendre en compte la nature. Il s'identifie plus ou moins à l'enfant et l'enfant avec lui. Il approche son problème avec une sorte d'enthousiasme enfantin en bondissant littéralement dessus. Il arrive fréquemment aux patients de bondir... et de se casser une jambe.

Mme Sigg : Les patientes construisent souvent une philosophie dépourvue de sexualité. Pourquoi doit-il être purifié par des bains de mer et par le feu ?

Dr Jung : La référence au feu n'était que très légère. Le bain est effectivement une purification. Dès que nous touchons la nature, nous devenons propres. Les sauvages ne sont pas sales. Il n'y a que nous pour être sales. Les animaux domestiques sont sales, mais jamais les animaux sauvages. La matière qui n'est pas à sa place n'est que de la saleté. Ceux qui ont été salis, par excès de civilisation, éprouvent le besoin d'aller se promener en forêt ou d'aller se baigner dans la mer. Ils vont rationaliser ce besoin, d'une façon ou d'une autre, mais en tout état de cause ils vont secouer leurs chaînes et permettre à la nature de les toucher. Cela peut se faire de l'intérieur ou de l'extérieur. Se promener dans les bois, se coucher dans l'herbe, se baigner dans la mer, c'est recevoir la nature de l'extérieur. Entrer dans l'inconscient, entrer en vous-mêmes, à travers les rêves, c'est toucher la nature de l'intérieur et cela revient au même car les choses sont remises en place. Tout cela a été mis en usage dans les initiations des temps anciens. Ils se retrouvent tous, dans les anciens mystères, dans la solitude de la nature, dans la contemplation des étoiles, dans le sommeil d'incubation dans les temples. A Malte on a découvert un temple souterrain de l'époque néolithique qui possédait des dortoirs pour les initiés et on y voit des petites statuettes de femmes endormies dans le sommeil d'incubation. Elles évoquent la Vénus de Brassempouy, une sculpture en ivoire, trouvée en France, une statuette paléolithique sur laquelle tous les caractères sexuels secondaires, les fesses, les seins, etc., sont considérablement exagérés [2]. Dans les dortoirs de Malte, les initiés étaient plongés dans l'inconscient pour en renaître. Etrangement, il existait un couloir qui reliait les niches d'incubation à un trou carré, profond d'un mètre quatre-vingts, creusé dans le sol et rempli d'eau. Le temple lui-même était très sombre, si bien que lorsque l'initié marchait dans ce couloir, il ne pouvait manquer de tomber dans l'eau froide. Ainsi il avait tout à la fois, le bain froid et le sommeil d'incubation.

Après ce dernier rêve, une réaction tout à fait singulière survint. Le patient m'écrivit plusieurs notes concernant sa famille. Il a trois enfants et écrit certaines observations qu'il fait à leur propos. « Pendant plusieurs jours, j'ai observé que quelque chose n'allait pas avec ma femme. Quand je lui ai demandé ce qui n'allait pas, elle me dit avec quelques hésitations qu'elle pensait que les enfants n'étaient pas pleinement heureux avec leurs parents. Elle me dit que notre fille s'était conduite bizarrement, qu'elle avait tout à coup quitté la pièce où elles se trouvaient, en pleurs, sans pouvoir dire pourquoi. »

Ceci ne veut nullement dire qu'il y ait eu une raison. Elle pouvait pleurer simplement parce qu'elle trouvait qu'à ce moment-là c'était bien de pleurer. (Si elle avait été un garçon les choses se seraient passées tout autrement !) « Ensuite, elle a peur que notre fils ne soit tuberculeux, parce qu'il a toussé. Quant au benjamin, il n'est pas, psychologiquement, ce qu'il devrait être. Il se montre égoïste et un peu névrosé. Lui aussi a pleuré, mais sa mère suppose que c'était pour obtenir quelque chose. » Le rêveur a écrit cela le jour qui a suivi la dernière séance d'analyse. Voici un bon exemple de psychologie pratique. Comment expliquez-vous toutes ces réactions ? Il est évident que le patient a pris peur devant tous ces mauvais événements, auxquels s'ajoutait la mauvaise humeur de sa femme, etc.

Miss Chapin : Il ressent un lien entre sa famille et sa condition psychique, ce qui le conduit à écrire ces notes.

Dr Jung : Oui, mais quel est ce lien ? Pourquoi a-t-il ce sentiment juste après le dernier rêve ?

Dr Binger : Le gravier a été emporté par une vague.

Dr Jung : Pensez donc, c'est sa *femme*, c'est elle qui met ces choses-là sur le tapis !

Dr Shaw : Son inconscient à elle est contaminé par son problème à lui.

Dr Jung : Maintenant vous y êtes. Il a travaillé sur ce problème pendant un certain temps. La machine à coudre, le rouleau compresseur, le mandala, la mer. Il a observé pendant plusieurs jours comment l'état de sa femme se détériorait régulièrement. Lorsque après le dernier rêve il lui demande ce qui ne va pas, elle étale devant lui toutes ses peurs concernant les enfants. Elle est contaminée par ses problèmes à lui. Il n'en a jamais parlé avec elle. Elle en est au stade où tout ce qui est psychologique est tabou.

Mr Gibb : Tout cela n'est-il pas l'effet, de sa part à lui, d'une projection massive ?

Dr Jung : Non, et cela est réel, c'est un homme tout à fait objectif. Il exprime les peurs et les plaintes de sa femme et ne fait que répéter ce qu'elle dit.

Mrs Binger : Dès l'instant où son problème prend une tournure moins personnelle, il peut s'en approcher, mais pour sa femme, c'est là une affaire dangereuse.

Dr Jung : Oui, aussi longtemps qu'elle parvient à contenir le tout, de manière à ce qu'on ne puisse l'approcher sur un mode personnel, elle peut le maintenir sous son contrôle, mais dès lors que ça prend des proportions importantes, elle soupçonne quelque chose. Non pas qu'il ait mentionné quoi que ce soit, mais à cet instant précis, pour ainsi dire, lorsqu'il envisage le problème au plan philosophique, qu'il ressent l'air frais de l'aube, qu'il ne se sent plus en état d'arrestation, et non plus clivé, c'est elle qui en est affectée. Elle en est atteinte quelque part, à travers l'atmosphère. Cela se produit dans de très nombreux mariages. Il a pu lui apparaître un rien plus entreprenant ce jour-là, il est monté de quelques degrés et elle est descendue d'autant. Elle ne pouvait voir que quelque chose se jouait en lui et donc le reportait sur les enfants. Cela, c'est typiquement la mère : c'est soit le mari, soit les enfants. Ici, il n'est que trop évident que ce n'est pas le mari, ce sont donc nécessairement les enfants. Mais alors pourquoi les enfants ?

Mme Sigg : Les enfants symbolisent le nouveau devenir. Ses enfants à lui sont un tel symbole.

Dr Jung : Mais ici les enfants sont le symbole appartenant à la mère. Nous sommes en présence de la psychologie de la mère. Les enfants sont le symbole de ce qui n'est pas encore développé chez elle. Elle prend le mauvais chemin, en développant des résistances contre l'analyse, c'est-à-dire contre ce qui pourrait se révéler bon pour lui. Et elle projette sa peur dans les enfants, en les empoisonnant, chemin faisant. Il en va toujours ainsi avec les mères. La vraie mère ne se trompe jamais. Pourquoi devrait-elle se tromper ? Elle est mère, elle a trois enfants et, de plus, est mariée. Si quoi que ce soit va de travers, c'est forcément soit du côté du mari, soit du côté des enfants. Les enfants sont gentils, ils doivent donc nécessairement être malades. Les mères ont une capacité à rendre leurs enfants malades en un rien de temps. Elles savent projeter la maladie en eux. Le diable développera une tuberculose, ou Dieu sait quoi. Vous projetez la tuberculose sur un enfant et la voici ! Il est fréquent que l'on doive éloigner un enfant de sa famille pour le soulager de la pression terrifiante de fausses suppositions. Le point essentiel c'est que ça va mal avec l'épouse. Et le patient s'en alarme. Il a ce côté charmant de l'homme qui tient à sa famille. Sa femme sait comment agir sur lui. Elle le dérange en faisant du bruit psychologique. En parlant de la maladie des enfants, elle retire son attention de l'analyse. De cette manière, c'est la femme qui agite l'épouvantail, avec pour effet que notre homme gâche au moins une demi-heure de son temps pour me parler de ces maladies qui n'existent pas. Je lui ai dit d'appeler un médecin et de cesser de se faire du souci, qu'il perdait son temps et que ce n'était pas son affaire. Ainsi le progrès peut être entravé par une épouse qui refuse de s'intéresser à ce que fait son mari. Son pouvoir est terrifiant, elle peut créer l'enfer tout autour d'elle, elle peut même provoquer la mort des enfants. Elle a toujours parfaitement raison, mais ce faisant, elle tue ses enfants. J'ai traité une femme qui avait effectivement assassiné son enfant préféré. Ça arrive.

Ce n'est pas pour rien que de petits enfants sont effrayés, en pleine nuit, par leur propre mère. Les mères primitives peuvent tuer leurs enfants. Le jour il n'en est pas question, c'est incompatible, car le jour, ce sont des mères toutes dévouées. Mais la nuit, elles enlèvent leur masque et deviennent des sorcières. Psychiquement, elles traumatisent leurs enfants et même les tuent. Plus elles leur sont dévouées, de manière pathologique, plus c'est insupportable.

J'ai dit au patient qu'il devait s'entretenir avec sa femme pour essayer de lui faire comprendre ce qu'est réellement l'analyse, faute de quoi les enfants allaient tomber malades pour de bon et sa femme, lorsqu'elle réaliserait qu'elle en est responsable, serait anéantie. On peut faire quelque chose pour arrêter cela quand on découvre cette situation dès le début. J'étais persuadé qu'elle pouvait tout arrêter, contaminer les enfants et lui faire quitter l'analyse, sans que le problème soit résolu pour lui. Cela peut paraître de la superstition, mais je sais que de telles choses se produisent, comme cette femme qui a laissé son enfant boire l'eau contaminée de son bain et en outre en a fait boire à son plus jeune dans l'espoir secret qu'ils en mourraient. J'ai eu aussi un patient qui réussit, après trois tentatives infructueuses, à tuer sa femme, d'une manière indirecte de toute beauté. Là-dessus, il s'est enfoncé dans une mauvaise névrose. J'ai découvert toute l'histoire et lui ai raconté qu'il avait assassiné sa femme. A la suite de cette révélation sa psychose disparut et il fut guéri. Depuis lors, je suis amplement convaincu que lorsqu'une femme commence cette sorte de cheminement, il faut jouer la prudence et arrêter ce processus.

Quatre jours plus tard, le patient fit le rêve suivant [6] : « Mon beau-frère me dit qu'il s'est passé quelque chose dans l'entreprise. [Le beau-frère avait pris la place du patient dans la société.] De la marchandise qui avait été vendue n'a pas été expédiée, alors qu'on aurait dû le faire depuis longtemps déjà. Nous sommes maintenant en juin et il aurait fallu faire l'expédition en mai. A cette époque la marchandise avait été oubliée et ça s'est reproduit en juin. J'ai été furieux et j'ai dit à mon beau-frère que si l'acheteur réclamait des dédommagements, nous serions dans l'obligation d'accepter sa réclamation. »

Associations : « Mon beau-frère, qui était entré dans notre entreprise comme partenaire, m'a écrit hier qu'il a fait un voyage d'affaires et voulait me demander un certain nombre de choses concernant des circonstances liées à notre affaire. Mais il ne m'a pas dit ce qu'elles étaient et, dans le rêve, je me demandais ce qu'il pouvait bien vouloir discuter avec moi. Il y a quelque chose qui ne va pas, sinon il m'en aurait fait part dans la lettre. »

Concernant *la vente* et *l'oubli* : « J'ai toujours fait très attention à remplir toutes mes obligations. Pour moi, la vie des affaires exige le plus grand sérieux et quand j'en suis parti, j'avais la crainte que mon beau-frère ne donne pas cette sorte d'attention toute particulière à l'entreprise. Si maintenant, en me fiant à ce que dit le rêve, il y a déjà des oublis dans ce court laps de temps depuis mon départ de mon poste, les affaires vont aller mal et ça va causer un dommage irréparable. Mon beau-frère est quelque chose comme mon ombre, il est plus jeune que moi, arrivé dans la société après moi, et occupe la position que j'occupais auparavant. » Tout se présente comme si le beau-frère, qui est aussi son ombre, l'informait qu'il y a du désordre dans la société, c'est-à-dire du désordre dans sa vie (dans son inconscient), ce qui veut dire qu'il n'est pas à la hauteur des obligations auxquelles il doit faire face et qui sont clairement définies. De telles étourderies ne pourront être réparées qu'en acceptant de payer les dommages. Voici un rêve très clair. Comment l'expliquez-vous ?

Mme Sigg : Il pense peut-être que c'est sa propre faute si sa femme est bouleversée.

Dr Jung : Oui, il sent que c'est sa propre faute, mais comment expliquez-vous ce rêve ?

Miss Chapin : A-t-il parlé à sa femme ?

Dr Jung : Oui, un peu, mais ça n'a pas arrangé les choses et n'a rien à faire avec notre problème.

Mme Sigg : Il y a une obligation qui est faite à cette partie de lui-même qui n'est pas menée à son terme, quelque chose à voir avec son âme.

Dr Jung : Oui, la chose s'est développée dans une sorte d'enthousiasme infantile. Dans le rêve précédent, il essayait de se jeter dans la plénitude de la nature, dans les vagues de l'océan d'amour. Puis il se rend compte que la situation devient un peu dangereuse et il bat en retraite, de peur que le gravier inconsistant et les pierres de la colline, où il se trouve, ne soient emportés par une vague. Jusque-là, tout est parfait. Puis sa femme couve un soupçon et menace de tuer ses enfants. C'est là sa vengeance. C'est comme si elle disait : « Si tu oses changer, je tue les enfants. » Naturellement cela le remue profondément et l'éloigne de sa tâche. Il a peur pour ses enfants, et renonce. Il aurait pu aller plus avant dans cette tâche qui consistait à cimenter et consolider le sol. Cela l'intéressait, mais sa femme le menace et il arrête tout. Et là-dessus survient le rêve qui lui dit : « Voilà le désordre dans tes affaires. Tu les as abandonnées à ton ombre qui ne remplit pas ses obligations. Tes affaires, c'est l'océan et tu dois t'en occuper. Fortifie ton île, installe-toi. Tes affaires n'ont rien à voir avec les petites maladies, comme si tu étais une vieille nourrice. » Il devrait seulement savoir que sa femme est jalouse, rien de plus. Le rêve le maintient à son travail.

Dr Binger : Il me semble que le rêve tourne autour d'un

intense sentiment de culpabilité. Il semble qu'il ressente le fait d'avoir négligé son épouse.

Dr Jung : Les faits montrent, au contraire, qu'il a fait tout ce qu'il pouvait. Il est sans cesse en train de chercher à faire ce qu'il faut. Il a essayé de parler avec sa femme. Il est entré en analyse pour essayer de résoudre son problème. Cela serait également favorable pour ses enfants. C'est mieux pour eux d'avoir un père bien portant. Sa faute c'est peut-être d'y avoir été trop fort, sans réfléchir, agissant avec un enthousiasme juvénile. Les vagues étaient vraiment très hautes. La réaction de sa femme a commencé lorsqu'il a fait marche arrière. Il est juste, fiable et clair dans son esprit, ce qui me fait réellement penser qu'il a été embarqué trop brusquement. C'est fréquent, en analyse : des circonstances extérieures s'opposent à ce que nous allions de l'avant, on n'est pas tout à fait prêt pour le pas suivant, ou il y a encore des résistances.

Rêve suivant, [7] un jour plus tard : Il voit une machine étrange, c'est un nouveau système pour arracher les mauvaises herbes avec leurs racines. La machine était tellement singulière qu'il ne pouvait pas la décrire. La seule chose qu'il savait dans le rêve c'est qu'il avait à s'en servir.

Associations : « J'ai lu récemment dans un journal une sorte d'article sentimental à propos d'un vieux constructeur de routes qui observait une nouvelle machine qui nettoie les rues. Cette machine travaille cent fois plus efficacement qu'il ne pouvait le faire. Pour moi, la signification de ce rêve est parfaitement claire : je dois appliquer cette machine à mon propre cas. »

Mme Sigg : Il me semble qu'il n'a pas assez travaillé sur tous les matériaux du premier rêve, et de ce fait la machine redevient un problème.

Dr Jung : Oui, il doit à nouveau se préoccuper de la machine. Le rêve précédent disait : « Dans le cas où l'acheteur présenterait une réclamation, on devra lui payer des dommages. » Il est possible qu'on ait perdu beaucoup de temps, et maintenant la machine est là pour arracher les mauvaises herbes, et elle est cent fois plus efficace que quelqu'un qui travaille seul. Ce rêve nous montre où se situe le dommage. La régression qu'il a faite concernait sa relation à sa femme. Il a été contaminé par sa femme et l'idée lui est venue qu'il pourrait arracher ses propres mauvaises herbes lui-même, ce qui le mettrait à l'abri des ennuis avec sa famille. Le rêve lui montre qu'au lieu d'abandonner l'analyse il doit, au contraire, employer cette machine pour arracher les mauvaises herbes qui ont poussé.

Rappelez-vous toujours l'hymne de Râ : Isis, sa délicieuse épouse, avait créé le serpent.

Rêve suivant [8], un jour plus tard : « Je fais du tourisme avec ma voiture, près de la Côte d'Azur. Quelqu'un me dit que *la route d'en haut et la route d'en bas** ne peuvent être utilisées dorénavant que par ceux qui séjournent pendant deux mois dans le pays. Toutes les voitures ne peuvent rouler que dans une seule direction sur la route d'en bas et dans la direction inverse sur celle d'en haut. Cette réglementation change tous les jours. Le lundi c'est dans un sens, alors que mardi c'est dans le sens inverse, de manière à ce que tout le monde puisse profiter de la beauté du paysage dans toutes les directions. Quelqu'un me montre une carte qui détaille les deux routes. Des cercles verts et blancs indiquent les jours de la semaine et la direction est-ouest et ouest-est que les visiteurs doivent observer.

Les visiteurs qui ne venaient que pour une courte période n'avaient pas à observer cette réglementation et je trouvais plutôt illogique que ceux-ci puissent aller dans la direction qui leur plaisait. J'ai également entendu dire que d'autres visiteurs protestaient contre ces règles, parce qu'on nous faisait l'obligation de payer pour une période minimum de six années l'autorisation de rouler sur ces routes. Tous, nous trouvions cela très exagéré. »

Associations : « Je n'ai jamais été sur la Côte d'Azur, mais je suis habité par un très beau fantasme concernant ce pays : un printemps éternel, comme dans l'île des Bienheureux. J'ai pensé que m'y rendre en voiture serait, en fait de voyage, une excursion merveilleuse. Je ne suis pas certain qu'il y ait effectivement deux routes. Je suppose que voyager sur ces routes signifie la vie, si toutefois on la vit de façon systématique, sans changer trop souvent. Le fait que ceux qui séjournent deux mois doivent se soumettre à des règles, mais que ceux qui ne restent que quelques jours puissent faire comme il leur plaît, ne conviendrait pas à ma vie, mais pourrait convenir à mon voyage dans l'inconscient. Peut-être est-il tout aussi beau et intéressant qu'un voyage sur la Côte d'Azur. Si l'on veut y rester deux mois, ou plus, on doit se soumettre à la réglementation, même si celle-ci ne paraît pas très logique et que, par ailleurs, les visiteurs de courte durée n'aient pas à s'y soumettre. Lorsque les conditions sont adéquates, on peut monter sur les montagnes ou descendre en contrebas, dans les vallées. Là-bas, on a la vue sur la droite et la gauche. Le *blanc* et le *vert* indiquent que la voie est libre. Seul le *rouge* oblige à l'arrêt. »

Permission de voyager pour six ans : Le patient s'était imaginé que je lui avais dit qu'il fallait six années pour atteindre un renouveau complet de l'attitude. Mais il m'est impossible de me rappeler quoi que ce soit de cette sorte. Il se peut que je lui aie parlé d'un cas qui a demandé six ans. On ne peut émettre la moindre allusion arbitraire, à propos de la longueur du temps d'une analyse. Et puis de toute façon, que signifie un renouveau complet d'attitude ? Il est certain que je ne lui ai pas dit ce qu'il avait entendu. Bon, mais à présent, qu'est-ce que vous faites de tout ça ? Rappelez-vous, nous recommençons et à nouveau il y a une machine.

Dr Binger : Pour moi, cela ressemble à un commentaire de son analyse. S'il ne reste qu'un court moment, il n'y aura pas beaucoup de progrès, mais si cela dure deux mois ou plus, il doit se soumettre aux règles. Il y a de la résistance contre les règles et contre l'élément du temps, mais également contre les deux routes, celle du haut et celle du bas.

Dr Jung : Cela ne fait aucun doute ; tout ça se rapporte à son analyse et nous nous heurtons avec les routes à la même résistance que dans le rêve du mandala. Ici il voyage sur des routes et la machine est sa voiture. Il est à nouveau à flot. La machine à déraciner les mauvaises herbes, c'est du sédentaire, c'est lent comme le rouleau compresseur et vous ne pourriez voyager avec cet engin. Mais avec une voiture vous allez loin et vite. Lorsque vous empruntez la route, c'est pour arriver quelque part. Le but, c'est l'« île des

Bienheureux », « Atlantis », où vivent les immortels. Mais c'est un peu compliqué parce qu'en ce pays il y a certaines réglementations. Tout se passe comme si dans ce pays on lui imposait de telles règles. C'est vers l'inconscient qu'il veut aller et c'est la nature de ce pays-là de le forcer à procéder de façon singulière. Dans le mandala, la route était tout entrelacée. Dans ce rêve-ci, la route va d'abord dans une direction, puis dans l'autre. Il y a d'abord une certaine impulsion, puis l'impulsion contraire. Nous voyons là une belle description, exacte, de l'inconscient. Souvent l'impulsion fait penser à une sorte de mouvement de tissage ou à une pompe qui monte et qui descend. Ceci est typique de l'inconscient : non seulement nous voyons les paires d'opposés, mais aussi des impulsions contrastées qui vont une fois à droite, une fois à gauche. Lorsqu'il suit d'abord une route, puis l'autre, il a amplement le temps de voir le pays, sous tous les points de vue. C'est exprimé de façon très optimiste.

Vous devez vous mettre dans la position du patient. C'est un homme du monde, un homme d'affaires talentueux. Il est habitué à faire les choses avec exactitude et à diriger ses affaires sans perdre de temps. Tout à coup, il se retrouve dans l'inconscient où tout monte et descend, va et vient avec les impulsions et les opinions les plus contradictoires. Nous parlons de ceci et de cela, et du diable s'il comprend de quoi il est question. Il est perdu, il refuse cet état et ne peut pas comprendre que cette expérience tellement singulière soit la chose principale. Il ne lui sera possible de mûrir que lorsqu'il se sera exposé lui-même à cette course d'obstacles qui représente les épreuves imposées à l'initié dans les anciennes initiations, à l'image des douze travaux d'Hercule. Parfois on dirait des choses inutiles, comme de nettoyer les écuries d'Augias, ou d'étrangler le serpent à la tête d'hydre. L'homme d'affaires dira : « Ce n'est pas à moi de nettoyer les écuries ou de tuer le lion qui vit quelque part. » Mais dans l'inconscient, il doit se soumettre à la progression lente du va-et-vient, à une sorte de délibération faite d'hésitations et de balancements, à une sorte de torture. Un jour vous croyez avoir atteint une claire décision et le lendemain tout s'est évanoui. Vous croyez devenir fou, vous jurez, jusqu'à ce que vous appreniez que vous êtes aux prises avec des paires d'opposés et que vous-même n'êtes pas l'un de ces opposés. Celui qui apprend cela a appris sa leçon. Cet homme ne l'a pas encore apprise.

Treizième conférence

6 mars 1929

Dr Jung : Le dernier rêve se rapportait à deux routes sur la Côte d'Azur, l'une au-dessus, l'autre en dessous. A présent, et considérant le problème de notre patient, quelle est la situation réelle ? Une série de rêves est à comparer au développement de l'action dans une pièce de théâtre. Nous ne savons pas quel est le but réel. Nous ne pouvons que suivre le déroulement du drame. Mon souhait serait que vous réfléchissiez toujours, avant le début des séminaires, à la situation réelle qui a été atteinte dans l'analyse.

Nous avons vu le rêve de la machine à coudre et de la couturière. Une jeune femme malade qui travaille dans un trou humide. Puis est arrivé le rouleau compresseur qui a produit un motif. Plus tard il a rêvé d'une nouvelle machine, destinée à arracher les racines des mauvaises herbes. A présent nous avons le rêve sur la Côte d'Azur. Comment voyez-vous la situation du problème du rêveur ? Que nous démontre le dernier rêve ?

Mrs Deady : Il a fait une régression à cause de la réaction de son épouse et des histoires qu'elle a faites autour des enfants. Le symbolisme de la route supérieure et inférieure lui montre où il en est dans la progression de son analyse.

Dr Jung : Que souligne le rêve ?

Mr Gibb : A l'origine, ne s'identifiait-il pas plus ou moins à ses aspects respectables ? Le rêve montrait son désordre intérieur. Ne devrait-il pas s'occuper également de ses impulsions opposées ?

Dr Jung : Oui, déjà bien avant il s'était occupé de ce

problème, et alors il s'est heurté à la réaction de sa femme, ce qui a révélé les effets possibles. Du coup, il a pris peur et a fait marche arrière. Là-dessus est arrivé le rêve qui montre son désordre intérieur, ce qui a suscité la machine à arracher les mauvaises herbes, jusqu'à la racine.

Mme Sigg : L'inconscient ne le force-t-il pas à prendre la route irrationnelle ?

Dr Jung : Oui, dans une situation où il devrait accepter cela.

Dr Binger : Il doit traverser l'horreur, bien que ce soit difficile et long.

Dr Jung : Oui, son erreur a été de prendre tout ça trop simplement. Il pensait qu'il suffisait de tourner le bouton pour que tout s'arrange de soi-même et ainsi il s'y est engagé avec enthousiasme. L'analyse peut se comparer à un laboratoire de chimie où les gens avancent pas à pas, au moyen d'expériences successives. Mais ainsi, les chimistes voient toutes les conséquences qui résulteraient de la mise en œuvre réelle de ces étapes. C'est comme pour les exercices au canon, on utilise une charge de poudre allégée de deux cents grammes au lieu de deux kilos. On voit comment les choses opèrent, sans prendre de risques. Lui a franchi les étapes et a foncé dans des difficultés qui sont autant d'indications sur ce qui se passerait s'il effectuait cette démarche dans la réalité. Ses yeux se sont ouverts et il a fait marche arrière. A nouveau il est parti de l'avant et se trouve dans l'île des Bienheureux sur la Côte d'Azur. Et là, il apprend que toute l'entreprise n'est pas aussi facile qu'il le croyait. Il découvre une situation troublante : toutes ces règles de circulation étranges qu'il faut observer lorsqu'on est là pour deux mois, mais dont on est dispensé si l'on ne reste que quelques jours. Et pour couronner le tout, on l'oblige à s'engager à payer un droit de circulation pour six ans. Par ces six années l'inconscient veut dire une durée *très longue.*

Au Nigeria on racontait l'histoire selon laquelle un milliers d'Allemands avaient traversé le territoire anglais. On a donc dépêché une compagnie de soldats pour s'enquérir de la situation. Ils revinrent et leur rapport mentionna que seuls six soldats d'une patrouille égarée avaient traversé le territoire. L'explication finale est que dans la langue autochtone, six veut dire beaucoup. Ils ne savaient compter que jusqu'à cinq, donc six veut dire tout ce qui dépasse cinq et ça peut être mille ou dix mille. J'ai travaillé avec un vieux *medicine man*. Lui me dit qu'il savait compter jusqu'à cent. Il le faisait avec des bâtons et lorsqu'il avait atteint soixante-dix, il disait : « Soixante-dix, et ça fait cent. » Il lui était impossible de compter au-delà de soixante-dix. Au cours de la civilisation, tous les chiffres entre un et neuf devinrent sacrés : dans le langage religieux par exemple, le trois de la Trinité et le chandelier à sept branches, le sept fois sept, etc. Mais deux plus un sont également sacrés. Dans la religion hindoue, c'est le quatre et en Egypte, c'est le huit et le neuf. $3 \times 4 = 12$, également un chiffre sacré. Le fait que tous les chiffres racines soient sacrés signifie simplement qu'ils ont gardé un certain tabou, une valeur mystique. A l'origine, ce n'étaient pas que des nombres mais aussi des qualités et non pas des quantités abstraites. Lorsque notre inconscient dit trois, c'est moins une quantité qu'une qualité. (Le Dr Jung a fait cette démonstration en plaçant trois allumettes ensemble en un endroit et deux ensemble en un autre.) Si maintenant, on demande à un primitif combien il y a d'allumettes ici, il va dire : « Trois allumettes », et là, il dira : « Deux allumettes. » Maintenant si j'enlève une allumette du groupe des trois et que je l'ajoute au groupe de deux, il dira : « Ici il y a deux trois allumettes et là-bas il y a deux deux allumettes et une trois allumettes. » La qualité du deux et du trois est impliquée. Le primitif compte à partir des nombres que forment les objets. Il fait une distinction esthétique, car il compte sans compter. Par exemple : un vieux chef savait si ses six cents têtes de bétail qu'il possédait étaient bien rentrées dans le kraal, bien qu'il ne sût pas compter au-delà de six. Il les connaissait toutes, par leur nom, si bien qu'il pouvait dire si « petit Fritz » n'était pas encore rentré. Le comptage se fait en évaluant la surface de terrain couvert et quadrillé par le bétail. C'est une vision d'ensemble. Le nombre a une valeur de qualité, une valeur de forme esthétique, visuelle. On pourrait dire : un homme est trois, mais pas trois personnes, ce qui signifie un tabou ou le trois sacré. Tout dépend de la valeur que ces gens donnent au nombre.

Les figures géométriques sont de grande valeur psychologique et ont pour cette raison des qualités magiques. Les nombres prennent les qualités des degrés, comme dans : 3 × 3 = *Saint* — le plus saint des saints.

Le chiffre sept est l'un des nombres les plus sacrés que l'on puisse imaginer. De ce fait, une figure qui possède sept points, sept angles, ou sept unités, est douée d'une puissance particulière.

Donc, lorsque le rêve dit « six », il contient toutes ces connotations. Le rêveur a l'impression qu'un nombre important de conducteurs protestent contre le paiement d'une licence pour six ans, alors qu'ils pourraient avoir l'intention de ne séjourner qu'un petit moment. Il pense à un voyage d'agrément sur la Côte d'Azur et l'associe avec un voyage dans l'inconscient. Il prévoit d'avoir quelques rêves agréables et de retourner ensuite, mais découvre que ça se passe tout autrement.

Son inconscient lui dit : « Commence par attendre ! Tu dois payer pour six ans, t'engager pour une longue période et intensément. » Lorsque l'inconscient le force à cette façon de comprendre, il en est dérangé et n'aime pas ça du tout. Il veut que les choses restent simples et dans le cadre du raisonnable et du coup il commence à douter de la valeur de cette affaire de rêves.

Dans le rêve suivant [9], il se trouve dans une situation somme toute assez intime avec sa femme. Il souhaite lui témoigner de la tendresse, mais elle se montre carrément négative. Alors, il commence à lui parler très sérieusement et lui demande d'être raisonnable. Il lui dit qu'à son avis elle devrait lui permettre d'avoir une relation sexuelle avec elle, au moins une fois par mois. Pendant qu'il lui parle, tous les enfants entrent dans la chambre, ou peut-être pas tous, seulement l'aîné des garçons qui a quatorze ou quinze ans. Il ne peut donc plus parler à sa femme.

Associations : « Occasionnellement, je tente de parler à ma femme, mais dès que je sens la moindre résistance de sa part j'abandonne, car je sais à partir de ses remarques quelles sont ses résistances à l'égard de la sexualité. Ceci est particulièrement évident depuis qu'elle a été stérilisée par un traitement aux rayons X, pour une tumeur. Depuis lors, elle a développé une résistance des plus sérieuses contre la sexualité. Par leur irruption, les enfants rendaient toute discussion impossible. »

Le fils aîné : « Il a toujours été le chouchou de sa mère et lui a causé bien du chagrin. A huit mois, il a failli mourir d'entérite. Depuis l'âge de trois ans, il souffre d'asthme. Il y a quelque chose d'étrange avec ce garçon. Je me fâche facilement contre lui, dès qu'il semble désobéir, et d'une façon qui me paraît démesurée. Je suis certain que les mêmes choses, faites par les autres enfants, ne m'irriteraient pas autant. Ma femme a du reste attiré mon attention là-dessus. »

Dr Jung : Eh bien, quelles idées avez-vous, concernant ce rêve ? Quels sont les liens possibles avec le rêve précédent ?

Dr Binger : L'impasse dans le rêve précédent évoque son impasse avec sa femme.

Dr Jung : Quelles seraient vos conclusions sur le rêve précédent ? L'a-t-il accepté ? Vous avez le moyen de le dire. Il voit que l'analyse est une affaire sérieuse. L'a-t-il accepté ?

Dr Binger : Il a vu la situation avec sa femme, ce qui l'amène à réaliser ce que l'analyse pourrait vouloir dire.

Dr Jung : En premier vient le rêve qui lui fait comprendre que l'analyse est une affaire très sérieuse. Il essaie à nouveau de créer une sorte de solution raisonnable pour résoudre son problème avec sa femme, ce qui peut nous amener à penser qu'il a accepté le rêve de la Côte d'Azur. Mais sa tentative de trouver une solution avec sa femme est-elle raisonnable ?

Dr Binger : Elle est compensatoire, mais déraisonnable dans le sens qu'elle est inefficace.

Dr Shaw : Elle est raisonnable, mais en fin de compte il est confronté à une femme qui prétend avoir quelque chose à dire.

Dr Binger : Il se heurte à un mur.

Dr Shaw : Mais sa femme n'est pas un mur !

Dr Binger : Sa technique n'est pas raisonnable, développer des arguments ne vaut rien. En premier il devrait gagner l'amour de sa femme.

Dr Jung : Oui, en premier, il devrait conquérir son amour. Sa façon de traiter son problème, de cette façon, est terriblement stupide. Un traitement rationnel n'a jamais eu les faveurs d'un cœur de femme. Vous pouvez parler à un moteur et le convaincre de se mettre en marche, vous avez une chance de convaincre une machine à coudre, mais jamais vous ne convaincrez une femme avec cette approche ! Le rêve lui montre l'étendue de sa bêtise, mais bien entendu, il n'a pas agi ainsi dans la réalité. Nous ne savons pas ce qui se passerait s'il essayait la bonne manière. Je n'ai jamais vu sa femme, mais elle paraît être assez bête, vu la peur que je lui inspire. Dans quelque temps les diables s'occuperont d'elle. Elle est l'X dans toute cette situation. Il y a là quelque chose qui va de travers et je ne saurais dire comment ce cas se terminera. Le rêve souligne au rêveur qu'il a pris la mauvaise direction. Que veut dire cette interruption par les enfants ? Pourquoi entrent-ils ?

Dr Binger : Les enfants représentent son côté sentiment.

Dr Jung : Y a-t-il quelque chose qui mette cela en évidence ?

Dr Binger : Oui, dans la façon dont il a pris la suggestion concernant la maladie de l'enfant.

Dr Jung : Oui, c'est bien vu. Que penser du fils aîné ?

Dr Binger : Il symbolise le premier amour des parents.

Dr Jung : Oui, et il souffre. Il symbolise le conflit des parents. L'enfant a, de toute évidence, une névrose et il se débat sous la charge de la mauvaise relation des parents. Depuis l'âge de trois ans, cet enfant est malade et souffre d'asthme. Qu'est-ce que cela prouve ?

Dr Binger : Que quelque chose ne fonctionne plus entre les parents depuis qu'il a trois ans.

Dr Jung : Oui, quand une femme se refuse de cette façon à un homme, il doit y avoir quelque chose de sérieux entre eux deux. Vous pouvez être absolument certains que quelque chose est allé de travers depuis que l'enfant a trois ans. L'oppression constante représentée par ce manteau mortuaire que représente le manque, le nuage de peur suspendu au-dessus de lui la nuit, provoquent la difficulté respiratoire. L'asthme, c'est la phobie de la suffocation. Et plus la peur augmente et plus la suffocation, le noir et l'inconscience sont réels. Le jour, tout paraît raisonnable et en ordre. Mais la nuit, toute cette montagne de sexualité accumulée produit une peur archaïque. Lorsqu'on entre dans certaines maisons où règne une telle situation, on la ressent dans l'air. On reçoit ça de l'atmosphère régnante, les inhibitions, les peurs, les tabous, les esprits, et c'est ainsi qu'un enfant l'absorbe. A cet âge, l'asthme est ou bien organique ou bien provoqué par les parents. A trois ans, les enfants ne sont pas le siège de tels problèmes par eux-mêmes. Ils ne sont pas dissociés. Pendant une minute, ils peuvent être gentils, aimables, adorables et la minute d'après horribles, sans être dissociés pour autant. A trois ans, les enfants n'ont pas encore de valeurs morales parce qu'ils ne sont pas encore suffisamment conscients. Alors qu'un tel enfant n'a encore aucun conflit psychologique, il n'est pas hors d'atteinte des problèmes parentaux. Le père tout comme la mère sont remplis de vibrations et l'enfant les reçoit de plein fouet. C'est l'impact de l'atmosphère. Si vous deviez vivre dans cette maison, vous sauteriez par la fenêtre et partiriez en courant. Seulement l'enfant, lui, ne peut pas s'en échapper. Il *doit* respirer l'air empoisonné. L'enfant est *memento mori*[1], le symbole même de ce qui va de travers. Cet enfant est le « silencieux », dont la mission est d'amortir les bruits, et lorsqu'il entre dans une pièce l'effet de « silencieux » (la mise au silence) fonctionne sans faille, c'est comme si sa présence disait : « Tais-toi, ce dont il est question ici est beaucoup plus profond que tes arguties rationnelles. »

Rêve suivant, la nuit suivante [10] : Le problème continue et nous allons voir, en ce qui nous concerne, jusqu'où il est en rapport avec le problème de l'amour. Le patient dit : « Quelqu'un m'apporte une sorte de mécanisme. En le regardant, je vois que quelque chose ne va pas. Il ne fonctionne pas comme il devrait. Je le démonte pour essayer de voir ce qui fonctionne de travers. La pièce mécanique a la forme d'un double cœur et les parties avant et arrière sont reliées par un ressort en acier. Dans le rêve, je me dis qu'il y a quelque chose qui ne va pas avec ce ressort. Il ne fonctionne pas parce qu'il y a une inégalité dans les tensions. C'est comme si d'un côté il y avait douze et de l'autre quatre. »

Associations : « En règle générale, le ressort est quelque chose comme l'âme d'un mécanisme. Le fait que celui-ci ait la forme d'un cœur est peut-être le signe d'un mécanisme humain. Par exemple, le fait de penser, je devrais l'identifier avec la tête, de même devrais-je identifier l'intuition avec le système nerveux sympathique, le sentiment avec le cœur et la sensation avec les membres. Dans ce rêve, je pense naturellement à mon mariage. L'erreur doit sans doute se trouver dans les différentes tensions du sentiment. C'est par là que je devrais sans doute commencer pour amener le sentiment à un niveau conscient. Il faudrait que j'essaie d'amener ma femme à penser à des sujets délicats sans qu'elle ne parte dans les émotions. »

Dr Jung : Alors, que penser de ce rêve ?

Miss Chapin : Il est moins purement mécanique que le rêve précédent. Il part dans quelque chose d'humain.

Dr Jung : Oui, dans le rêve précédent, il dit que la voie rationnelle ne marchait pas. A présent, il voit qu'il n'a pas affaire à un mécanisme rationnel, mais à un cœur humain. Que faut-il penser de ce double cœur avec un ressort qui fait fonction d'âme du mécanisme, en somme comme le ressort d'une montre ? Le cœur pris comme le ressort d'un mécanisme est une excellente comparaison. Nous parlons du cœur comme étant le siège de la vie et il a toujours été le symbole des émotions. Les Indiens Pueblos disent qu'ils pensent avec leur cœur, ce qui naturellement montre une identification de la pensée avec le sentiment. Ils sont convaincus que l'homme blanc est fou parce qu'il prétend penser avec sa tête. Souvent les Noirs disent qu'ils pensent avec leur estomac. Ils mélangent ainsi intuition et sensation. Toutes les fonctions sont mises ensemble. Ils parlent des rêves comme de réalités, et vous ne pourriez dire dans quel monde ils vivent en réalité. Ainsi, les pensées sont situées dans l'estomac. Avec l'homme plus civilisé, on pense dans la tête. Bon, mais alors que faut-il penser de ce double cœur, dont chaque unité est liée à l'autre par un même ressort ?

Dr Binger : Son propre cœur et celui de son épouse, avec une différence de tension entre eux de douze à quatre.

Dr Jung : Oui, il suppose que c'est là le symbole du sentiment, le sien et celui de sa femme, et sa tension est de douze et celle de sa femme est de quatre.

Dr Binger : Mécaniquement parlant, c'est là un bon ressort.

Dr Jung : Certainement, mais il doit se débarrasser de cette rigidité de pensée. Sa vie dans les affaires a été très dure. Il a dû se battre pour lui-même et pour la réussite. Il a pris l'habitude de tout réduire à une pensée rationnelle, et il sait parfaitement ce qu'il peut obtenir au moyen de son intellect. Il s'identifie à celui-ci si bien qu'à présent, il est pris dans une sorte d'intellectualisme qui lui interdit toute liberté de mouvement. Il est unilatéral, et il lui faudra beaucoup de temps avant de pouvoir se débarrasser de cet état et revenir vers un cœur humain. Il est persuadé qu'il est plein de sentiment, mais ce n'est que du sentimentalisme. Il n'a pas de sentiment, parce qu'il est entièrement et exclusivement dans son mental.

Seuls les hommes sont sentimentaux. Les femmes, en règle générale, ne sont pas sentimentales pour autant qu'elles sont en bons termes avec leur animus. Le sentimentalisme est une faiblesse, une complaisance, toujours un signe d'une faiblesse du sentiment. Il y a des gens qui sont persuadés de posséder un sentiment merveilleux, parce que leurs larmes coulent à flots. Nous allons au cinéma et nous pleurons ! Ne sommes-nous pas pleins de sentiment ? Merveilleux ! Mais je ne suis pas du tout satisfait par cette idée que l'autre moitié du double cœur soit le cœur de son épouse. Ça ne colle pas vraiment avec la réalité. Son sentimentalisme à lui se réduit à un lit, une assiette, une tasse, une cuillère, etc. Son idée du mariage parfait, c'est un seul cœur, un seul esprit, une seule âme, etc., je préférerais, et de loin, l'idée que ces inégalités de tension se jouent en lui.

Dr Binger : Cet homme a un double cœur.

Mrs Zinno : Le chiffre douze est pour ses affaires et le quatre pour son sentiment, et le ressort est fait d'acier.

Dr Jung : Oui, son cœur est toujours et encore un mécanisme fait d'acier ! L'acier, l'excellence de la puissance ! Il pense que les vibrations de l'acier sont son sentiment. En réalité c'est là sa tension glacée et dure. Il a donc deux cœurs, mais en réalité ça n'en fait qu'un avec une tension inégale entre les deux moitiés. La tension la plus grande, c'est pour les affaires, l'argent, le pouvoir et la plus petite, c'est pour son mariage. Cette idée, nous la retrouvons cultivée par chaque homme respectable, à savoir que l'épouse, elle, va son chemin, cela va de soi, tout comme le mariage doit aller son train, sans déranger personne. La seule chose qui ne va pas de soi, ce sont les affaires. Avec l'épouse par contre, la seule chose qui ne va pas de soi, c'est le mariage parce que cela c'est son affaire à elle. Une certaine différence de point de vue !

Avez-vous des questions concernant ce rêve ? Je pense que l'interprétation est parfaitement claire et, à mon idée, satisfaisante. Lorsque l'interprétation s'accorde avec le rêve, je ne peux m'empêcher d'éprouver une sorte de satisfaction. L'idée mécanique reflète un préjugé de notre mentalité. La nature déteste cette sorte de pétrification. Il semble que le rêve s'évertue à promouvoir l'idée que l'inconscient va extirper la racine de cette idée mécanistique, et c'est là le sens de la machine à arracher les racines des mauvaises herbes. Un homme qui ne vit qu'à travers des idées rationnelles cesse de vivre.

Rêve, la nuit suivante [11] : « Je suis à une baignade sur une plage et je traverse, en plongeant, de hautes vagues qui se déversent en remontant vers cette plage. Je vois le fils d'un certain prince. » (Dans les affaires il traite avec ce prince, nous pourrions l'appeler le prince Omar. Il connaissait le prince personnellement mais pas son fils.) « Puis je vois arriver mon père, un homme sans contours, sans forme, d'une obésité terrible. Il dit qu'il a failli tomber dans les escaliers et qu'il a fallu le transporter jusque dans l'eau. Il parle avec le directeur général de la plantation du prince, un homme qui porte une épaisse barbe noire. » (En réalité cet homme ne porte pas une telle barbe.) « Puis, après le bain, le prince Omar en personne arrive et nous invite à déjeuner avec lui. Nous sommes assis à une table avec beaucoup d'autres et mon père parle en schwyzerdütsch[2] avec le directeur général. » (Naturellement cet homme ne pourrait comprendre le moindre mot de ce dialecte suisse. Je vous explique l'affaire. De grosses quantités de coton ont été cultivées sur cette plantation et le rêveur était en relation d'affaires avec ce directeur général.) « Mon père dit que notre société pourrait être tout aussi compétitive que n'importe quelle autre société quand il s'agit d'acheter la récolte de coton, mais que le prix est tellement élevé que notre société préfère que l'achat soit réalisé par une autre société. Il suppose que la plantation fait des offres meilleures à d'autre sociétés qu'à la nôtre. C'est arrivé souvent qu'on nous demande des prix plus élevés qu'à la concurrence, mais jamais avec des écarts aussi importants que cette fois-ci. Puis il accuse directement le directeur général d'être payé par quelqu'un, dans le but de faire monter les prix qui nous étaient offerts, et ainsi de réaliser un bénéfice pour lui-même, comme cela se pratique couramment dans ce commerce particulier. Le prince lui-même n'était pas au courant de cet arrangement particulier et mon père me dit que je devrais expliquer au prince toute la situation. J'en suis également convaincu, mais il me devient évident que je vais perdre toute nouvelle possibilité d'affaires avec cette société, même le négoce de semences de coton, si j'ose expliquer la situation de manière aussi directe que le veut mon père. J'étais très hésitant et craignais de ne pouvoir expliquer les choses sans que le directeur général n'en ressente une offense personnelle. Néanmoins j'essayais, en parlant français. » (En réalité ce directeur avait l'habitude d'acheter les semences de coton à la société de notre rêveur, parce qu'elles étaient les meilleures du marché, mais en règle générale refusait systématiquement de lui vendre le coton récolté.) « Je dis qu'il nous était possible d'acheter leur coton à un prix plus élevé que celui offert à d'autres négociants, s'il pouvait nous accorder une réduction de prix sur les coûts de manutention et d'expédition exécutées par son propre personnel. » (Lorsque vous achetez à partir d'une plantation, la vente est effectuée par une catégorie de gens et l'expédition par une autre, tout comme lorsque vous achetez du vin auprès d'un vigneron, vous devez payer séparément l'acheminement, les fûts, le stockage et les frais d'expédition.) « Je suis convaincu que le transport est fait dans de meilleures conditions pour les gens qui ont acheté jusqu'à présent. Cela peut se comprendre, car les autres acheteurs étaient connus des gens travaillant sur la plantation, alors que notre société leur est totalement inconnue, puisque nous n'avons jamais acheté jusque-là. Les conditions de transport sont toujours infiniment plus raisonnables pour les autres producteurs que lorsqu'on traite avec la propriété du prince. Le prince a saisi ce point et a promis de se pencher sur cette question pour porter remède à cette situation. »

Associations : Se baigner dans la mer : « J'ai souvent pensé à la mer, comme étant mon inconscient et aux vagues qui déferlent sur la plage, comme les contenus de l'inconscient qui montent au conscient. »

Plonger à travers les vagues : « Lorsqu'on nage dans les vagues, on peut être facilement emporté par les déferlantes, mais il est facile de s'en sortir en plongeant à travers, car alors, les déferlantes ne vous emportent pas. Il semblait néanmoins que je pouvais me tirer d'affaire avec ces vagues, venant de l'inconscient, après avoir appris à les traverser en plongeant. »

Le père : (Le père n'a jamais été dans les affaires. C'était un pasteur, mort depuis longtemps.) « Mon père est déformé dans le rêve. Les gens obèses et sans forme sont en règle générale lents au plan physique et mental — et, de ce fait, inférieurs. Il est évident que mon rêve défigure mon père à tous les niveaux. Dans la réalité il n'était nullement ainsi. Il est représenté comme quelqu'un d'inférieur et, comme le rêve le montre plus loin, comme un homme dénué du moindre tact, lorsqu'il décrit la façon dont le directeur général conduit les affaires. De telles manières provoqueraient des dommages irréparables pour notre société. Cette image montre, de toute évidence, que dans mon inconscient, je me place bien au-dessus de mon père, parce que je ne m'aviserais pas à discuter une telle affaire de corruption aussi folle. Dans mon conscient, il m'était impossible d'éprouver un tel sentiment de supériorité par rapport à mon père. »

La barbe noire : « Le directeur général n'avait pas une telle barbe, mais dans ma jeunesse, mon père en portait une, qui devint grise lorsqu'il vieillit. »

Le prince Omar : « Il est le type même de l'aristocrate très distingué, un très bel homme avec une allure véritablement royale. Il joue également un grand rôle dans le monde politique, bien qu'il n'ait pas de position officielle. Il est évident que c'est une figure de pouvoir. »

L'interminable discussion d'affaires : Ça devient très compliqué et le patient est un peu dans la confusion, parce qu'il réalise qu'il a mélangé son père avec le directeur général et le prince avec lui-même. Il demande : « Tout ce rêve représente-t-il un conflit de mon père avec lui-même ? Il y a désaccord entre mon père et ce directeur général. Ça pourrait se terminer en bagarre. Pour cette raison, mon père est-il en conflit avec lui-même sous les traits du directeur général de la plantation, et devrais-je m'interposer pour résoudre ce conflit, en expliquant la situation au prince, ce qui revient à enlever toute l'affaire des mains de mon père ? »

Dr Jung : Il est clair que le directeur général et le père sont en désaccord et que le prince doit intervenir pour tâcher de faire quelque chose. Jusqu'à présent, il n'y a aucun signe qui permette de dire que le prince et le patient ne font qu'un, mais comme le père porte la barbe noire du directeur général, le patient ressent une identité entre eux deux, et de ce fait, il conclut que le prince est son double. Mais il n'est pas convaincu d'avoir raison. Il dit qu'entre sa huitième et sa dixième année, ses parents habitaient une maison, juste en face du palais du prince Omar, de l'autre côté de la rue, ce qui l'amène à s'identifier au prince.

Le détail de la transaction commerciale : C'est la réalité. Le directeur général a toujours indiqué à la société du patient des prix plus élevés qu'aux autres sociétés, ce qui a amené le patient à penser qu'il y avait de la corruption de la part du directeur général. A l'inverse, ce directeur général a toujours acheté les semences de coton à mon patient, pour la simple raison que sa société avait les meilleures semences du marché. Alors, que faites-vous de tout ça ?

Dr Binger : La défiguration du père dans le rêve est une compensation de l'admiration excessive et de la surévaluation infantile opérée par le patient à l'égard de son père.

Dr Jung : Oui, c'est juste. Le père était un ecclésiastique très cultivé. Le rêveur, fils aîné, l'admirait énormément. Le père était savant, le fils partit dans les affaires, et le père resta sur son piédestal, le sage inaltérable ! Et il y resta pour toute sa vie. Le rêve fait surgir une image négative du père. Le rêveur déteste le directeur général du fond du cœur, mais il l'identifie à son père et place ainsi son père dans cette catégorie de sentiment. Il défigure également la beauté physique de son père, qui dans la réalité, était grande. Ainsi le père intérieur est considérablement abaissé. Que pensez-vous du père, dans ce rêve ?

Dr Binger : L'image du père est défigurée.

Dr Jung : Oui, mais vous employez du langage figuré. Qu'est-ce que cela veut dire au plan psychologique ? Le père est mort depuis longtemps. S'il vivait encore près de lui, par exemple dans la rue d'à côté, ou était associé à son affaire, alors nous pourrions dire que son inconscient lui montre sa dépréciation du père qui, en outre, pourrait se montrer ouvert à la corruption tout comme le directeur général. Seulement le père est mort et on ne déprécie pas les morts. Il doit donc s'agir de quelque chose que le père a laissé derrière lui, peut-être un beau souvenir. Lorsqu'il pense à son père tel que le rêve nous le représente, qu'est-ce que cela signifie ?

Dr Binger : Si le père est un homme intelligent, il est capable de faire passer sa responsabilité dans le rêveur et devenir lui-même infantile.

Dr Jung : Ceci serait la psychologie d'un fils dont le père serait toujours vivant. Ce qui ferait vivre au fils une vie provisoire. Il sentirait que le père viendrait sans cesse en travers de son chemin, avec son calepin toujours ouvert.

Dr Binger : Est-ce qu'une telle attitude ne peut survivre à la mort du père ?

Dr Jung : Si, plus ou moins, mais jamais dans une forme aussi définitive. J'ai vu deux cas où les deux fils se sont effondrés à la mort de leur père. Ils n'avaient fait que vivre une vie provisoire qu'ils croyaient être la réalité. Et lorsque leur père mourut, ils s'écroulèrent. Cela me rappelle une histoire d'Alphonse Daudet, *Tartarin de Tarascon* [3]. Tartarin était le plus grand hâbleur et le plus grand filou de toute la Provence. Il appartient au Club alpin, mais n'a jamais mis les pieds sur les montagnes suisses. Alors il décide d'y aller et de faire l'ascension du Rigi. Il arrive avec son casque colonial et tout le harnachement de l'expert en alpinisme. Il découvre un chemin de fer qui monte au sommet et là se retrouve mêlé à toute une troupe de touristes anglais inintéressants. Il se saoule et enrage de toute cette imbécillité. C'est alors qu'il apprend que le Rigi n'est de loin pas la plus haute montagne. On lui conseille d'essayer la Jungfrau. Alors il y va avec deux guides. Il n'y a pas l'ombre d'une possibilité de danger. Tout est organisé pour les touristes par la Compagnie anglo-suisse. Tout est tellement facile qu'il en rit à gorge déployée. Puis il rentre chez lui et là se met à raconter les mensonges les plus scandaleux sur ses exploits. L'un de ses amis doute de la vérité et le met au défi de monter au mont Blanc sans guides. Alors tous deux se mettent en route et bientôt Tartarin découvre que là c'est la réalité, un combat entre la vie et la mort. Ils se perdent dans *la mer de Glace**, les nuages et le brouillard les enveloppent. Tout est noir et la peur les gagne. Si nous tombons, nous mourons ! Par Dieu, ça c'est la réalité ! Ils s'encordent l'un à l'autre et essaient de marcher sur le glacier. Tout à coup, une secousse sur la corde, et Tartarin, vif comme l'éclair, attrape son couteau dans sa poche et coupe d'un coup sec la corde derrière lui, et le voilà seul avec son petit bout de corde qui fait penser à une petite queue, derrière lui. Par un véritable miracle il arrive à redescendre jusqu'à Chamonix, à quatre pattes. De retour à Tarascon, il raconte à ses amis son courage et comment son compagnon malheureux est mort dans ses bras. Et plusieurs jours plus tard, l'autre homme réapparaît à son tour et lui dit : « Mais tu n'es donc pas mort ! » Le mystère fut élucidé après que les guides eurent retrouvé la corde coupée aux deux bouts. Voici un exemple de ce qu'est la vie provisoire. Tartarin avait cru en la Compagnie anglo-suisse, en son père, et on découvre que rien n'était réel. Il est donc possible à un homme de conserver l'attitude qu'il avait du vivant de son père et de poursuivre de cette façon une vie provisoire. Tous nous avons fait la même chose. Posez-vous la question, si cela n'a pas été vrai aussi pour vous. C'est une des plus grandes tentations d'émettre l'hypothèse que « quelque chose va tout arranger » et de vivre dans cette voie. Ceci est un complexe père, un complexe positif. Si un homme est habité par un complexe père négatif, il sera persuadé que jamais rien dans la vie ne sera fait pour lui.

Quatorzième conférence

13 mars 1929

Dr Jung : Voyons à présent ce que nous pouvons apprendre de ce rêve plutôt long et compliqué. Le premier symbolisme c'est celui des immenses vagues à travers lesquelles nage le rêveur. Il identifie son inconscient avec les vagues qui montent de l'océan pour aller dans son conscient. Cela vous satisfait-il ? Une telle association est le genre d'interprétations produites par les types pensée. Chez les types sensation et intuition [1], les associations n'ont pas ce caractère explicatif, mais évoquent des coïncidences ou des coexistences des éléments qui se trouvent dans la même image. Par exemple, s'il est question de ce mur, un type sensation ou intuitif pourra associer cette chaise qui se trouve contre lui, qui donc est coexistant. C'est là une association de caractère irrationnel. Avec un type rationnel nous aurons des associations explicatives. Si le type rationnel essaie de faire des associations irrationnelles elles seront toujours fausses, elles ne collent pas, et dans ce cas je me contente de leur demander ce qu'ils en pensent. Est-ce que l'interprétation du rêveur vous satisfait ? Où a-t-il utilisé le même symbolisme auparavant ?

Mrs Deady : Ça s'est produit dans le rêve précédent, dans lequel il avait associé le petit garçon avec son conscient et les vagues du grand océan avec l'inconscient menaçant de tout balayer [2].

Dr Jung : Oui, et il avait eu peur que les vagues n'emportent le sol sous ses pieds. Mais de quoi avait-il peur, en réalité ?

Mr Gibb : De ses émotions inconscientes.

Dr Jung : Oui, la connotation des vagues est qu'elles sont de type émotionnel et dynamiques. Le type rationnel n'aime pas la nature irrationnelle des choses. Elles n'offrent aucune sécurité et pour cette raison il laisse de côté les éléments irrationnels ou émotionnels. Même dans ses associations, il ne prête aucune attention au fait que ces vagues qui montent depuis l'inconscient sont l'image des émotions. On le voit en train de traiter cette situation avec toute la compétence requise. Il plonge à travers les vagues, et dans ses associations, il dit que lorsqu'on sait faire cela, on n'est pas emporté. Ce rêve le rend euphorique. Le rêve précédent disait que les vagues pourraient balayer d'un coup l'endroit où il se trouvait, ce rêve-ci lui dit au contraire : « Tu sais te tirer d'affaire, tout ça n'est pas tellement dangereux. »

Tout est positif et ne dépend que de lui. C'est alors qu'arrive le « mais ». Il voit le fils du prince (qu'il ne connaît pas personnellement). Le prince lui-même est un homme extrêmement important, un aristocrate, qui joue un rôle très important dans son propre pays. Lorsque dans un rêve survient une telle figure, vous pouvez être certains qu'elle représente une figure très importante, presque un idéal. Mais c'est le fils de ce personnage qui apparaît à présent. Seulement le rêveur ne fait pas d'associations à son propos. Une telle absence d'associations rend les choses difficiles. Tâchons de voir ce qui suit dans le rêve. Peut-être s'agit-il d'un *contrecoup**. La figure qui apparaît aussitôt après est celle de son père, ce qui nous fait supposer que le fils du prince doit avoir quelque lien avec le père du rêveur. Comment se présente ce lien ?

Mrs Zinno : Le fils ne serait-il pas le beau-frère du rêveur qui est en affaires avec lui ? Puisque son père et le directeur sont associés, ne pourrait-il en être de même entre son beau-frère et lui-même ?

Dr Jung : Mais il me paraît douteux que pour le rêveur les personnages du rêve apparaissent psychologiquement comme des personnes réelles. A présent, il n'a plus de relations d'affaires avec ce directeur général, ce qui signifie qu'ici ce directeur est un symbole. Cela veut dire que le fils du prince ne peut pas, psychologiquement, être une personne réelle.

Dr Binger : Ne s'agit-il pas du rêveur lui-même ?

Dr Jung : Oui, comme son père dans le rêve suit immédiatement l'apparition du fils du prince, cela signifie probablement le fils de son père, c'est-à-dire le rêveur. De tout ça nous en tirons le fait que le père est bien le prince, en pleine contradiction avec ce que le rêveur dira plus tard, lorsqu'il annonce dans ses associations qu'il est lui-même le prince. Est-il possible qu'il exprime le père à travers une figure aussi idéalisée ?

Dr Binger : Oui, à travers son complexe père.

Dr Jung : Oui, il exprime le père avec ce personnage du prince. Il possède un complexe père positif, mais néanmoins insiste dans le rêve sur le fait que son père est un homme obèse et sans formes, qui a failli tomber dans les escaliers et qu'il a fallu transporter jusque dans l'eau. Ce portrait dans le rêve est des plus négatifs. Dans ses associations, il dit que les gens obèses et sans formes sont souvent de qualité inférieure. Et plus loin dans le rêve son père se comporte comme un gros maladroit qui manque de tact avec le directeur général, ce qui pourrait créer des dommages importants pour la société du rêveur. Le rêve représente donc son père comme quelqu'un de très inférieur en tous points. Il avilit réellement son père. Pourquoi cela ?

Mr Gibb : Cela montre un aspect négatif de son père.

Dr Jung : Oui, mais pourquoi ?

Dr Shaw : Une compensation inconsciente pour corriger son complexe père positif.

Dr Jung : Oui, son complexe père est trop positif. Un complexe père ou mère positif peut faire autant de tort qu'un complexe négatif. On se retrouve ligoté. L'inconscient ne se soucie ni de l'amour ni de la haine. L'un comme l'autre vous clouent sur place. Seul le conscient, le moi, attache de l'importance à l'amour ou à la haine. La haine peut se révéler être une force passionnelle aussi puissante que l'amour. Nous parlons de gens qui restent attachés l'un à l'autre par pure haine. Ainsi le rêve attaque le complexe positif du père. Pourquoi ?

Mme Sigg : Si ces qualités positives sont investies dans le père, il n'en dispose plus pour lui-même.

Dr Jung : Un complexe père ou un complexe mère va projeter une grande quantité d'énergie, soit sous une forme impersonnelle, soit, au contraire, ultra-personnelle. C'est comme si j'attribuais certaines de mes propres qualités à quelqu'un d'autre, comme si elles appartenaient à cette autre personne et non plus à moi. Pourquoi faisons-nous ça ? Y a-t-il quelque chose à gagner — à perdre ?

Mme Sigg : Quand de bonnes qualités sont projetées, nous n'avons plus à les vivre.

Dr Jung : Oui, cela vous donne l'avantage de pouvoir vivre une vie provisoire. Si j'avais hérité d'une fortune, que pour mon bonheur je n'ai pas héritée, je pourrais la distribuer. Je perdrais cette fortune, mais du même coup je n'en aurais plus la responsabilité. De même, si vous projetez vos qualités sur votre père, vous êtes libérés de la responsabilité attachée à celles-ci et vous pouvez vivre une vie provisoire. Vous pourrez vivre paisiblement, sans plus de soucis, parce que vous avez donné à votre père toutes ces qualités dont vous seuls êtes responsables. Le père du rêveur était un ecclésiastique. Que pensez-vous qu'il ait pu projeter sur son père ? L'objet de vos projections doit présenter une petite accroche. Vous ne pouvez projeter du génie sur un âne. Supposez que vous vouliez projeter des mensonges sur quelqu'un, alors que le menteur c'est vous. Vous ne pouvez réaliser de telles projections que sur quelqu'un qui aura l'accroche adéquate. [Rires.] Je connais cela parfaitement et suis toujours prêt à rencontrer une telle situation. Cela peut arriver à n'importe lequel d'entre vous que quelqu'un projette sur vous. Ce qui veut dire que vous êtes dans la même position que moi. Vous avez tous de ces atomes crochus et vous devez découvrir en vous-mêmes ces sortes d'hameçons, comme je le fais moi-même. La projection est une force terrifiante. Vous en êtes émus et ne savez pas pourquoi. L'impact de la projection vous atteint comme une boule de billard. Les projections peuvent faire surgir des choses terribles. Si vous ne connaissez pas vos accroches en vous ou sur la porte ouverte, alors le diable [la projection] entre en rampant et l'effet est épouvantable. Il est impossible de rester indifférent devant une projection. Et l'importance est la même, que je projette sur quelqu'un ou que quelqu'un projette sur moi. Des projections peuvent provoquer les événements les plus étonnants et les plus inexplicables. Dans l'histoire *The Evil Vineyard*[3] (La vigne diabolique), un homme est conduit à commettre un meurtre après avoir reçu les projections inconscientes d'une femme. C'est l'histoire d'une projection d'animus.

En Allemagne, le cas Arnstein peut être considéré comme un cas similaire[4]. Un homme a tué huit personnes en une seule nuit et on n'a pas pu découvrir le moindre mobile, la moindre raison qui aurait expliqué ces meurtres. Pourquoi un homme qui n'est pas fou commettrait-il de tels meurtres ? Jusqu'à ce que ces meurtres fussent exécutés, il ne pouvait pas trouver le sommeil, il se sentait écrasé par un poids dont il était incapable de dire quoi que ce soit, car il n'en comprenait pas l'origine ni la signification. Après ces meurtres, une fois en prison, il dormit comme une marmotte. Il se mit à bien manger, prit quatre kilos et paraissait parfaitement satisfait. Il avait tué huit personnes parfaitement innocentes, sa femme, sa belle-mère, toute la famille, les jardiniers et même son chien, ce qui était encore plus terrible. Quand je me mis à faire des recherches sur ce cas, je découvris que sa femme appartenait à une sorte de secte de prière. Il y a toujours une raison importante qui conduit les gens à ce genre d'acte. Aussi ai-je mis un point d'interrogation sur *elle*. L'idée que j'en eus fut que sa femme était une sorte de diable, un esprit malin, qu'elle projetait autour d'elle, et lui en avait reçu toute la charge à partir de l'atmosphère ambiante, comme un véritable médium. Lui-même était un être faible et inoffensif. Son propre frère n'y comprenait absolument rien. Il se peut qu'il ait commis ces meurtres sous l'effet d'une projection, comme ce fut le cas dans *The Evil Vineyard*. Ici également cet homme était faible, à proportion de ce que sa femme, elle, était forte. Et il est possible que l'inconscient de l'épouse ait insinué ce qu'il avait à faire (l'épouse qui se rend ainsi dans de telles sectes de prière peut parfaitement posséder un tel inconscient). En lui-même, un travail intérieur a pu s'élaborer sur cette affaire pendant des années, en produisant des hypothèses dans son inconscient. Il avait constamment le sentiment qu'un autre personnage vivait en lui avec qui il avait à débattre. Il avait rédigé un journal et un tel journal est le signe qu'un inconscient est à l'œuvre, qui a besoin de converser avec quelqu'un. Le sentiment lui était venu qu'il devait écrire l'histoire de son autre vie. Quelques semaines avant le crime, des annotations répétées apparurent dans le journal concernant un grand couteau, une suggestion de l'inconscient. La signification pourrait être : « Prépare-toi, c'est ça qu'on attend de toi. » Il se peut donc que l'inconscient de sa femme ait été effectivement projeté en lui [5] et il se trouvait prêt pour l'acte, comme ce fut le cas du mari dans *The Evil Vineyard.* Mais naturellement, il y avait une accroche.

Dans le cas de notre rêveur, nous ne pouvons pas parler d'un effet sur le père, mais le cas existe, de parents qui reçoivent certaines projections qui les placent dans le rôle du Dieu tout-puissant. Nombreux sont les analystes mis dans le rôle du Sauveur et cela leur donne une telle poussée d'inflation qu'ils en perdent le nord. C'est là une maladie spécifique des analystes, car ils présentent et offrent cette accroche à leurs analysants à partir du moment où ils commencent à se préoccuper de l'âme de ceux-ci. Le médecin est obligé de s'exposer à l'infection de son malade. De la même manière l'analyste est exposé aux projections de ses analysants et, de ce fait, doit faire attention à ne pas se faire emporter par celles-ci [6]. Quelle est la valeur des projections que le patient fait sur son père ?

Mr Gibb : Des valeurs morales et intellectuelles.

Dr Jung : Tout a commencé quand il a entrepris ses études sur l'occultisme, les substituant aux valeurs morales et intellectuelles. A présent, tout se présente comme si l'inconscient se mettait à critiquer son père, le détenteur des valeurs morales et intellectuelles, de manière à détruire ces projections. Alors, qu'est-ce qui pourrait se passer ?

Mr Gibb : Toutes ces responsabilités lui retomberaient dessus.

Dr Jung : Oui, il ne peut plus accepter de mener une vie provisoire. A partir de maintenant, il doit ne compter que sur sa propre capacité à décider ce qui est bon ou mauvais, et non plus sur son père. Quiconque mène une vie provisoire dépend des valeurs et des décisions prises pour lui par les autres. Voilà un des avantages de l'Eglise catholique : les lois éternelles concernant le bien et le mal ont été décidées une fois pour toutes. Cela libère l'homme de la nécessité de décider lui-même. Ici, le patient devient maintenant son propre père. Mais nous restons, néanmoins, dans le processus de l'affaiblissement de l'image du père. Lorsque je projette mes valeurs morales sur quelqu'un, ma responsabilité est projetée du même coup sur lui. Je ne suis plus chargé de responsabilités et, de ce fait, pas davantage de la nécessité d'autocritique. Cela me permet de faire toutes les bourdes, sans subir de blâme, ni devoir regarder les conséquences de mes gaffes. Je vais dire : « Je suis désolé, mais je ne savais pas. Excusez-moi. Que puis-je faire ? Eh bien je vous dédommagerai pour les erreurs commises. » Mais je vais poursuivre tout droit sur la même pente. Il y a des gens, et vous en connaissez, qui passent leur vie à gaffer ainsi. Ils tombent dans le trou et il faut se démener pour aller les repêcher. Là-dessus ils repartent et bien entendu retombent dans le même trou comme si c'était la première fois de leur vie. Au point que cela devient un véritable système : sans cesse ils tombent dans le même non-sens et ne s'en rendent jamais compte. Ce sont typiquement des gens qui vivent une vie provisoire, inconscients de leurs responsabilités. Lorsque enfin le complexe père a été sapé, le rêveur reçoit en héritage sa responsabilité et sa capacité à l'autocritique. A présent, le père parle avec le directeur général de la grande propriété, et ce dernier porte cette barbe noire que le père portait habituellement. Il est évident qu'il a identifié ce directeur à son père. L'obésité n'était là que pour rendre le père désagréable, aucun rapport avec la réalité. Mais le père est mélangé avec un homme corrompu. Psychologiquement, qu'est-ce que cela veut nous dire ?

Dr Binger : Un clivage du rêveur, représenté ici par les deux aspects du père, le père comme prince et le père comme un imbécile obèse.

Dr Jung : Oui, mais n'oubliez pas qu'il ne s'agit pas du père lui-même, mais des projections des différents éléments du fils sur le père. Tout ce qui apparaît dans l'image du père appartient en réalité au fils, les valeurs comme les vices. Nous pouvons en conclure que d'un côté le rêveur est un prince, mais de l'autre un homme corrompu. D'un côté, il idéalise son père comme un homme supérieur, un *prince,* de l'autre il le déprécie sous la forme du directeur général corrompu. Les deux personnages appartiennent au rêveur qui les projette sur son père. Il se construit en tant qu'homme plus intelligent et réussissant mieux que son père, mais aussi plus corrompu que lui. Mais tout cela, il ne le voit pas [7]. En projetant ses valeurs morales, cela le dispense de reconnaître ses vices correspondants. Il n'y a rien de grand qui ne se construise sur du bas. C'est Nietzsche qui dit : « Les arbres dont les branches montent aux cieux ont leurs racines en enfer. »

A présent, le prince a invité le rêveur, le directeur général et le père à déjeuner pour parler affaires. Que pensez-vous du rôle du prince ? Nous avons dit que le prince est une surévaluation du père. Et voici que ce personnage supérieur les invite à parler affaires et bien évidemment, d'affaires hautement psychologiques.

Mme Sigg : Le mot « affaires » possède en lui-même quelque chose de tout à fait défini, de très positif. Psychologiquement c'est une bonne chose d'être positif comme lorsqu'on discute affaires.

Dr Jung : C'est certain, cet aspect des affaires peut être très positif, parce qu'il implique fiabilité et justice. Si je vous comprends bien, vous voulez dire que le prince, qui est le père positif, suggère qu'on va traiter une affaire honnêtement, tout comme dans le monde des affaires correctes.

Mme Sigg : C'est Ruskin qui disait : « La justice d'abord, l'amour après [8]. »

Dr Binger : Ne voyons-nous pas là une sorte d'arbitrage ?

Dr Jung : Oui, il y a là une telle quantité d'injustice,

une telle confusion dans ces projections que tout se passe comme si l'inconscient disait : « Arrêtons-nous un instant et discutons de toute l'affaire. » Ce qui suit dans le rêve est un effort de clarification qui demande une explication. Le premier point, c'est que le père ne se comporte pas du tout comme le ferait un homme d'affaires. Il va jusqu'à dire au directeur général qu'il le suspecte de malhonnêteté. Un tel début serait tout à fait impossible et montre à quel point le père n'est pas fait pour le métier d'homme d'affaires. Le rêveur fait la remarque suivante : « Le père est récusé comme homme d'affaires et du même coup toute la responsabilité retombe sur moi. » Cependant le directeur général, en dernière analyse, est le rêveur lui-même, c'est-à-dire celui qui se livre à la corruption. Il lui arrive souvent que sa main gauche fasse des choses que sa main droite ignore, ce qui lui permet d'avoir *bonne conscience**. Le point important, c'est qu'il est impossible de faire des affaires honnêtes et fructueuses parce que le directeur général se laisse corrompre et n'offre pas de conditions décentes. C'est cela que le rêveur doit expliquer au prince. Il n'est pas question de faire des affaires avec ce directeur général qui est acheté par les autres sociétés. Qu'en pensez-vous ?

Dr Shaw : Le prince est le meilleur côté de son individualité.

Dr Jung : Oui, le prince, l'image positive du père, est une sorte d'homme supérieur, avec de hautes valeurs morales qui sont reprises au père pour être rendues au rêveur, à l'homme supérieur en lui-même, à son soi supérieur. Cela peut paraître très maladroit et compliqué, mais c'est en réalité très simple. Par exemple, deux hommes sont en bons termes, et voilà qu'ils se cherchent querelle et en viennent même aux mains ; alors l'un d'eux dit : « Nous ne sommes quand même pas des idiots, pourquoi devrions-nous nous battre comme des chiens ? Soyons raisonnables et regardons calmement le problème. » Tel est le côté supérieur qui se manifeste au premier plan. Ceci pourrait être le prince et le rêveur qui s'allient pour exclure les méthodes corrompues du directeur général, en réalité l'interférence dont l'activité psychologique est efficace. Voyez-vous, le directeur général est en somme l'homme inférieur, mauvais, à l'intérieur du rêveur, son soi inférieur qui tente des moyens vils ou corrompus pour obtenir quelque avantage ou profit passager, sans horizon. A long terme une grande affaire ne s'épanouit que dans l'honnêteté. Elle ne peut se développer sur base de corruption, car la corruption se dévore elle-même. Le rêve essaie de remettre le rêveur à sa juste place dans sa psychologie parce que le problème, c'est-à-dire l'assaut de ces vagues inconscientes qu'il a dû à nouveau affronter, ne peut se traiter qu'avec honnêteté et non pas au moyen d'une corruption sournoise. Il ne peut résoudre son problème qu'en faisant appel à son soi supérieur, mais cet appel resterait sans effet aussi longtemps que cet homme n'est pas son propre soi supérieur, c'est-à-dire aussi longtemps que son soi supérieur est projeté sur son père, ce qui le contraint à vivre une vie provisoire. Ceux qui mènent une vie provisoire vivent enfermés dans une boîte métallique et il n'existe pas d'accès jusqu'à eux. C'est ce qui explique que l'inconscient doive rappeler tous les vices et toutes les vertus projetés. C'est alors seulement, après que l'homme est devenu entièrement conscient de lui-même [9], qu'on pourra faire appel à lui pour traiter des affaires honnêtes. Cela fait pleinement référence à l'analyse ! Il y a des gens qui la considèrent comme une technique que l'on peut acheter pour effacer les rugosités de la route. « Docteur, je voudrais que vous m'analysiez ! Je souffre d'un complexe père. Pourriez-vous l'extirper hors de mon système psychique ? » Voilà des moyens corrompus et mesquins. Cela reviendrait à enlever du corps un organe, comme si l'on pouvait enlever un bras, en l'espace d'une minute, ou extraire le cœur et le jeter. Ce n'est pas possible. Vous ne pouvez pas éliminer un complexe et prétendre que le cas est guéri. Et pourtant, de très nombreuses publications présentent la technique de l'analyse sous cet aspect. C'est de la pure corruption et pourtant des gens bien intentionnés ont publié de telles âneries, comme si tout était aussi simple que ça. Avez-vous des questions, concernant ce rêve ? Une fois que l'idée centrale a été clarifiée, tout devient très simple.

Dr Binger : Jusqu'à quel point le fait qu'il soit clivé dans sa vie privée a-t-il pu jouer dans le développement de ses projections ?

Dr Jung : Cela est difficile à dire. Je suppose que son complexe père a toujours existé. Quand quelque chose est projeté c'est toujours clivé. Dans le même temps il surévalue et sous-évalue son père. C'est oui *et* non, plus *et* moins, positif *et* négatif. Nous avons à apprendre cette façon de penser, paradoxale, lorsque nous voulons comprendre des faits psychiques. Il en va de même avec toutes les paires d'opposés — les sentiments d'infériorité signifient mégalomanie, le sadisme signifie masochisme, etc. Pour cette raison je suppose que cet homme a toujours vécu le clivage. Il n'y a que depuis peu, depuis qu'il y avait urgence à avancer son développement, qu'il a détruit sa vie provisoire. Il doit comprendre qu'il est le constructeur de sa propre vie. Il n'y a pas de rails, la voie n'est pas tracée. Je ne tenterais pas d'expliquer son complexe père par les difficultés dans son mariage, en fait c'est plutôt l'inverse qui s'imposerait. A cause du complexe père, il n'a pas pris suffisamment de responsabilités dans la relation avec sa femme. « Papa va bien arranger tout ça ! » C'est ainsi que les gens écartent le problème de l'Eros. Ceux qui possèdent un complexe père sont tout à fait à l'image de ceux qui vivent dans l'Eglise catholique. Un bon catholique pourrait tout aussi bien dire : « Pourquoi me poser tout un tas de questions d'ordre philosophique ou psychologique ? Tout ça a été réglé une fois pour toutes lors d'un conclave, il y a environ deux mille ans, par les sages Pères de l'Eglise. » Ces gens-là peuvent faire des choses ahurissantes, sans l'ombre d'un scrupule.

Mr Gibb : Ne faut-il pas prendre en compte la discussion d'affaires très vivante et la considérer comme si on traitait une affaire de coton de très grande valeur ? N'a-t-il pas en tête quelque nouvelle valeur de vie ?

Dr Jung : Il est évident que c'est sa vie qui est son affaire. Des affaires non conclues représentent des obstacles importants. Ses affaires ne peuvent pas progresser parce que son entreprise ne peut traiter avec ces grandes propriétés. Son inconscient essaie de lui passer le message qu'il devrait établir une règle différente pour la conduite de sa vie, c'est-à-dire que ses affaires ne peuvent pas aboutir par l'utilisation de procédés mesquins et bon marché, mais seulement s'il met en œuvre ses plus hautes valeurs.

Mr Gibb : Ne pensez-vous pas qu'il s'agisse de quelque chose de plus spécifique ?

Dr Jung : Pas consciemment. J'en suis tout à fait convaincu. Il doit traiter avec le prince lui-même, avec ses propres valeurs les plus élevées. Les gens veulent que le médecin, usant d'un tour de passe-passe, fasse disparaître leurs difficultés, mais ça, ce n'est pas réalisable.

Rêve suivant, la même nuit [12] : Il y a une différence extraordinaire entre le rêve qui suit et le précédent, avec une compensation des plus remarquables. « Je suis dans une chambre à coucher avec ma femme, et je vois une porte qui donne sur une autre chambre s'ouvrir lentement. Aussitôt je vais à la porte, l'ouvre d'une poussée, et dans l'autre chambre je découvre un petit bébé garçon complètement nu. Je le prends et le ramène dans la chambre à coucher et suis convaincu, déjà dans le rêve, que ce garçon n'est pas naturel. Pour éviter qu'il ne se sauve (il se débat dans mes bras), je le serre très fort contre moi et il me procure un sentiment des plus remarquables de grande satisfaction (nullement un ressenti sexuel) comme si ce véritable événement satisfaisait les aspirations de mes sentiments. Puis ma femme apporte tout un choix de nourritures pour l'enfant. Je vois du pain noir et du pain blanc. L'enfant ne veut pas manger du pain noir mais mange le pain blanc. Tout à coup, il s'envole par la fenêtre en nous faisant signe de loin. »

Associations du rêveur : La porte qui s'ouvre lentement : Une allusion au passage, dans la deuxième partie de *Faust*[10], où Faust devient vieux, après avoir tenté de vivre une vie rationnelle. Il y a un monologue à propos du fait que le rêveur aime à voir le déroulement de sa journée sur un mode rationnel et à se comporter de façon scientifique. Puis la nuit survient et tout devient différent : la porte s'ouvre et il n'entre personne. Nous ne pouvons nous passer de magie. Dans le rêve de cet homme, la porte s'ouvre et il n'entre personne. Cela implique quelque chose de surnaturel. Il a étudié l'occultisme et utilise le terme d'extériorisation, la théorie de ce que l'on attribuait dans le temps aux esprits, les tables tournantes, les esprits frappeurs, les bruits dans les murs. Selon sa théorie, ces phénomènes ne sont pas l'œuvre de fantômes, mais sont produits par quelque chose en nous-mêmes, c'est l'extériorisation de contenus psychiques, et le rêveur est convaincu de la réalité de tels faits. Dans le rêve il a le sentiment que la porte s'ouvre d'une façon étrange. Alors il va voir et découvre le petit garçon tout nu dans l'autre chambre.

Le garçon : La seule association qu'il fit est la représentation traditionnelle d'Eros, le bébé garçon tout nu. Le fait de serrer l'enfant contre lui lui procure une étrange satisfaction émotionnelle.

Le pain : Le pain noir est plus nourrissant que le pain blanc car il contient une protéine dans le son qui entoure le grain. « Le petit amour n'a pas été nourri convenablement par ma femme, c'est pour cela qu'il s'envole et nous fait signe de loin. » Vous voyez ici un fragment précieux de psychologie masculine : je renonce à toute sexualité ! Ce rêve mérite quelque réparation. C'est un bon rêve, un rêve de caractère personnel, intime. Comment l'expliquez-vous, venant après un rêve contenant autant d'objectivité ?

Dr Binger : Les contenus sont presque les mêmes. Il se voit comme un enfant, Eros, son soi infantile. Dans le rêve précédent, il se projetait dans son père, se ramenant ainsi à l'état d'enfant.

Dr Jung : Eh bien cela demande à être discuté. Je crois que nous ferions mieux de reprendre le texte pour être certains d'aller dans la bonne direction. Le rêveur se trouve dans la chambre à coucher avec sa femme, ce qui signifie une situation intime avec sa femme. Ce qui a été dit dans le rêve précédent, à savoir qu'il doit s'occuper de ses valeurs les plus élevées et non pas des plus basses, le conduit vers son problème d'intimité avec sa femme. Quelque chose dans cette affaire ne fonctionne pas, quelque chose dans sa relation avec sa femme ne fonctionne pas. L'homme qui mène une vie provisoire n'a aucun rapport avec Eros. Son père sait tout ça, parfaitement, si bien que lui-même n'a pas à s'en soucier. Il peut fermer les yeux sur tout cet aspect d'Eros et de ce fait n'est nullement adapté à sa femme. Avec une femme on ne peut pas se contenter de rapports purement objectifs, et pour cette raison il est tout naturel que dans ce rêve l'obstacle apparaisse. Le rêve le conduit tout droit dans la chambre à coucher, car il y a aussi un problème sexuel, le sexe étant l'expression la plus claire et la plus forte de la relation. Dans cette situation, certains contenus de l'inconscient paraissent extériorisés. Autant que me le permettent mes connaissances, ces contenus de l'inconscient qui sont tellement proches, au point d'être presque conscients, ont une tendance à s'extérioriser. Pour un peu ils jailliraient dans le conscient, mais certains obstacles se présentent sur le chemin et dans cette situation ils sont extériorisés. Ici nous assistons à un petit miracle. Je n'ai aucun préjugé contre ce genre de petits miracles. A l'occasion on voit des choses aussi étranges, mais Dieu seul sait comment tout cela est relié à notre psychologie. Moi je l'ignore. Il n'y a que les fous qui pensent que tout peut s'expliquer. La véritable substance du monde est inexplicable. Dans ce cas particulier le rêveur devrait deviner que ce qui manque dans sa relation à sa femme, c'est Eros. C'est presque un miracle qu'il ne l'ait pas vu. C'est Eros qui devait entrer. Il ouvre la porte mais personne ne vient, c'est alors qu'il trouve le petit garçon dans l'autre chambre et il le serre dans ses bras pour une minute, ressentant un bien-être singulier, et il trouve cela étrange de ne pas ressentir une sensation sexuelle. Voici une de ces folles idées que possèdent les hommes. Ils pensent qu'Eros c'est le sexe, mais pas du tout, Eros c'est la relation. La femme a quelque chose à dire à cela ! Lui se plaît à penser qu'il s'agit d'un problème sexuel, mais ce n'est pas le cas, c'est un problème d'Eros.

Le pain : Le pain noir serait plus nourrissant, pourtant l'enfant le refuse et mange le pain blanc.

Dr Shaw : Le pain noir représenterait-il son intellect, sa fonction supérieure ?

Dr Jung : Rien ne le dit.

Mme Bianchi : Il souligne la différence entre le pain noir et le pain blanc, le contraste. Peut-on supposer qu'il y a là un lien avec la nature des deux personnes ?

Dr Jung : Je n'en suis pas tellement sûr. Je dirais que le pain suggère la nourriture. Notre esprit, notre cœur, notre corps, chaque fonction doit avoir sa nourriture spécifique pour pouvoir continuer à vivre, et ainsi Eros ne peut pas vivre sans être nourri. Ici la nourriture donnée à Eros est le pain. Le noir et le blanc sont des symboles communs pour parler des valeurs morales. Le blanc c'est l'innocence, la pureté. Le noir c'est la terre sale, la nuit, l'enfer. Le véritable pain noir *(Pumpernickel Brot)* est très lourd et pas facile à digérer. Le grain est moulu de façon très primitive, si bien que tout le son est conservé. Cela fait un pain humide et lourd, mais extrêmement nourrissant. L'enfant refuse le pain noir et accepte le blanc. Qu'est-ce que cela veut dire ?

Mr Gibb : Il accepte ce qui est davantage idéalisé.

Dr Jung : Le rêveur est lui-même très préoccupé par ce qu'il mange. Il a un complexe par rapport à la nourriture, et si vous étudiez ce genre de complexes vous trouvez toujours quelque chose d'intéressant. Le pain blanc est produit à partir du cœur même du grain, et le son est éliminé ou donné aux porcs. Ainsi le pain blanc donne une idée de luxe, de noblesse ou d'âme. Il est produit à partir de l'« âme » du grain. Les gens qui mangent du pain blanc sont des nobles, des gens de bien, et ceux qui mangent du pain noir sont grossiers, vulgaires, plébéiens, terre à terre. Maintenant la question est de savoir si l'enfant est nourri avec de la nourriture lourde, consistante, terrienne. Pour notre conscience chrétienne, cela veut dire nourriture des diables et de l'enfer. Qu'est-ce qui vient de la terre et qui est sale ? La sexualité ! Mais l'hypothèse généralement admise selon laquelle Eros est nourri de sexualité est fausse. Assez curieusement il n'est nourri que de pain blanc, du cœur même du grain, par quelque chose de caché au sein de la sexualité et qui se trouve être le *sentiment* et la *relation.*

Si je disais au patient : « Le fait que vous ayez une relation sexuelle avec votre femme ne prouve nullement que vous êtes relié à elle », il ne me comprendrait pas, car il pense que c'est là la preuve matérielle de ce lien. Vous vivez la relation à travers votre sentiment, à travers la qualité harmonique de la relation, et c'est cela qui nourrit Eros. On s'attend à ce qu'après une relation sexuelle l'âme ne soit pas triste, mais la plupart du temps les disputes les plus violentes et les incompréhensions les plus graves dans les mariages commencent juste après une relation sexuelle, parce que la sexualité ne nourrit pas Eros. C'est là souvent la source directe de querelles et de séparations [11].

A ce stade, le rêve est une réalisation très importante. Eros surgit d'une manière miraculeuse et disparaît tout aussi miraculeusement. Il s'envole par la fenêtre. Qu'est-ce que cela veut dire ?

Dr Binger : Cet homme n'est pas prêt pour une relation reposant sur le sentiment.

Dr Jung : Nous ne savons pas ce que ferait Eros s'il restait là suffisamment longtemps. Il pourrait se nourrir du pain noir également, après un certain temps, mais il ne reste pas assez longtemps. Il dit simplement : « Puisque rien ne se passe, au revoir. » C'est à la fois une bonne plaisanterie et une vérité terrible ! C'est la Terre promise qui est entrevue. Mais cette vision fugitive n'est claire que pour un bref instant, et là-dessus, il s'envole avant d'avoir pu manger du pain noir. Ceci se produit fréquemment en analyse. Un bref instant vous voyez très clairement la voie à suivre, puis la vision s'évanouit, la brume noie tout et vous voilà dans la confusion. C'est une vision soudaine de la vérité qui survient puis disparaît sans qu'il y ait eu concrétisation. Manger du pain dans sa maison est un symbole archaïque d'hospitalité. Mais Eros ne mange pas tout le pain, seulement le pain blanc, puis disparaît faisant signe de loin. « *Au revoir**, ce fut sympathique de vous avoir rencontré, peut-être vous reverrai-je, ce n'est pas certain. »

Mme Sigg : J'ai un doute quant à dire que ce garçon n'est qu'Eros. Dans *Faust* le garçon était en rapport avec la poésie et l'imagination. Il était quelque chose d'autre.

Dr Jung : Exact, il pourrait être autre chose que seulement Eros. J'ai également des doutes à cet égard. Mais je me centrais sur Eros car le rêveur ne se rendait pas compte de la qualité générale de son rêve. On pourrait dire que le fait qu'il associe sur Faust tout au début pointe dans la direction du conducteur de char (ou Aurige), de l'Homoncule et d'Euphorion [12], les trois formes de cet élément que je nomme dans les rêves du terme technique de Puer Aeternus symbolique. A mon sens cela se réfère à ce symbolisme. Après le complexe père, le complexe infantile apparaît nécessairement, dans lequel il apparaît comme le fils. D'abord il tourne son regard vers le père, maintenant il est le fils, encore enfermé dans la psychologie d'un garçon de huit ou dix ans. Cela explique que la figure d'Eros est à prendre, ici, comme le côté infantile du rêveur. Mais si vous dites cela, alors le côté infantile va devoir entrer en relation avec sa femme et lui n'est pas encore prêt à se confronter à cette situation. Vous pourriez dire qu'il vaudrait mieux que son sentiment naturel, dépourvu de toute sophistication, vienne se mettre en relation avec sa femme. S'il est vrai que l'enfant représente le côté infantile du rêveur, il représente également le côté prometteur en lui. Ce que l'on a développé est achevé, mais ce qui n'est pas encore développé est une promesse pour le futur. C'est pourquoi le garçon représente ce qui pourrait être développé : l'élément du renouvellement de soi en l'homme. Et le Puer Aeternus est le terme approprié à donner à cette figure. L'idée ancienne était que le Puer Aeternus était un Enfant Divin qui, de toute éternité, apparaissait et disparaissait miraculeusement. Le garçon étrusque Tagès [13], un petit garçon tout nu, apparaît dans le sillon que le paysan laboure et il enseigne aux gens la loi, les arts et la culture. Adonis lui est comparable. Tammuz apparaît aux femmes tous les printemps. Le dieu poisson babylonien Oannes sort de l'eau sous la forme d'un poisson; il apparaît au lever du soleil et enseigne l'agriculture, les lois, etc., au peuple pendant le jour et disparaît à nouveau dans la mer pendant la nuit. Maître Eckhart eut la vision d'un petit garçon nu qui lui rendit visite [14].

Et puis il y a ces contes de fées anglais du garçon rayonnant dans lesquels la vision de ce garçon porte toujours malheur et se révèle parfois même fatale. Il doit y avoir une raison pour qu'il en soit ainsi mais j'ignore ce qu'elle pourrait être. Le Puer Aeternus [15] est simplement la personnification de notre caractère infantile, et réprimé, en vertu même de son caractère infantile. Si le rêveur laisse entrer cet élément, tout se passe comme si lui-même avait disparu et était revenu sous la forme d'un petit garçon tout nu. Si alors sa femme pouvait l'accepter comme tel, tout irait pour le mieux. On devrait élever le petit garçon, l'éduquer, peut-être même le fesser. Si on permet à l'élément inférieur d'entrer dans la vie, alors il y a une promesse de vie renouvelée, les choses peuvent se développer, on peut s'attendre à un progrès. Dans la mythologie la figure de ce petit garçon nu a presque un caractère créateur divin.

Tout comme le Puer Aeternus il apparaît miraculeusement et disparaît de la même façon. Dans *Faust*, il apparaît sous trois formes : le garçon conducteur de char (ou Aurige), l'Homoncule et Euphorion. Ils furent tous anéantis par le feu, ce qui dans le cas de Goethe signifie que les Pueri Aeterni disparaissent dans une explosion passionnelle. Le feu, c'est la fin de toute chose, même la fin du monde. Le feu qui est la sève de la culture peut partir en explosion et tout détruire. Cela survient de temps en temps, comme par exemple dans la révolution bolchevique, lorsque la forme culturelle ne put maintenir davantage la tension des énergies en jeu, et que le feu explosif détruisit la civilisation russe [16].

Quinzième conférence

20 mars 1929

Dr Jung : Nous n'en avons pas terminé avec le symbolisme collectif du dernier rêve. Mais tout d'abord, y a-t-il des questions concernant le dernier séminaire ?

Dr Gibb : Que faut-il penser du fait que c'est l'épouse du rêveur qui apporte le pain et non pas le rêveur lui-même ?

Dr Jung : Oui, cela est important et appartient à la partie personnelle du rêve.

Dr Gibb : En réalité sa femme est plutôt indifférente. Alors pourquoi est-ce elle qui apporte la nourriture dans le rêve ?

Dr Jung : Le patient, dans ses associations, nous l'explique en disant que sa femme a apporté une nourriture mauvaise, ce qui a provoqué le départ d'Eros.

Dr Gibb : Il semble cependant que la femme ait apporté une grande variété de nourritures.

Dr Jung : Oui, les termes du rêve contredisent ce fait. Rappelez-vous, j'ai souligné ce point au cours du dernier séminaire. L'épouse apporte également le pain blanc que l'enfant mange, ce qui signifie que les dires du mari ne sont pas exacts. Nous ferions mieux de reprendre ce rêve. Ce rêve présente une difficulté, car il rassemble deux éléments totalement différents : d'abord la situation concrète du rêveur, l'absence de vie sexuelle et d'Eros dans son mariage ; mais secondairement, quelque chose d'autre s'est introduit : l'intervention surnaturelle qui vient compliquer l'aspect concret, personnel de la situation. Au plan personnel, tout se présente comme un problème insoluble. Il arrive souvent que des gens qui souffrent de certains symptômes qui semblent être personnels ne paraissent pas être en mesure de résoudre leurs problèmes à ce niveau, car leur importance est liée à un fait collectif. L'évaluation d'une situation personnelle peut être largement perturbée par la conviction consciente que l'on nourrit que ce qui provoque le problème en question devrait être comme ceci et comme cela. Aussi longtemps que ce qui fait souffrir les gens est l'idée que certaines situations résultent de leurs propres erreurs personnelles, il est impossible de corriger ces situations.

C'est comme s'ils construisaient une maison légère, qu'arrivait un hiver très rigoureux et que la maison ne pouvait être correctement chauffée. Ils pensent que c'est de leur faute, à cause de la façon dont ils ont construit la maison, alors que la difficulté réelle réside dans la survenue d'un hiver inhabituellement froid. Ce n'est pas leur faute. C'est vrai également des opinions. Des convictions générales peuvent provoquer des troubles individuels. En Inde, les habitants ont des idées religieuses étranges qui ne sont absolument pas saines, si bien que leurs troubles individuels résultent d'erreurs générales. Si vous leur demandez pourquoi ils partagent de telles idées, c'est comme si vous leur demandiez pourquoi ils sont moraux et religieux. Ils se font eux-mêmes du mal, par une sorte d'attitude idéaliste. Le bien, qui doit être considéré comme vertu, peut être la cause des conséquences les plus funestes. Le fait même qui en fait une vertu peut être la cause même des conséquences les plus malheureuses. Aussi, dans l'interprétation de ce rêve, si nous ne prêtons pas attention au caractère collectif du symbolisme d'Eros, nous ne pouvons pas le comprendre. Nous allons essayer d'aller aussi loin que possible dans l'interprétation personnelle. Rappelez-vous que le rêveur est dans une situation d'intimité, dans la chambre à coucher avec sa femme. Et voici que survient le surnaturel. La porte s'ouvre d'elle-même et il n'entre personne. Mais lorsque cet homme va dans la chambre voisine, il trouve le petit garçon nu. Il amène le garçon dans la chambre à coucher, et jusque-là on pourrait dire que l'amour manque assurément. Mais ce n'est pas si simple, car d'une certaine façon il aime sa femme et sa femme l'aime. C'est la sexualité qui ne fonctionne pas. La plupart des gens ne font pas la différence entre sexe et amour et pour eux les deux mots sont facilement interchangeables. En France *faire l'amour** veut dire avoir une relation sexuelle. Vu sous cet angle, quelqu'un pourrait dire que la figure d'Eros, dans le rêve, parle de sexe, car de toute évidence c'est cela qui manque dans ce mariage. Et cependant, lorsque cet homme serre le garçon dans ses bras, il remarque qu'il n'éprouve rien de sexuel. Il ressent la satisfaction d'une sorte d'amour différent. Le rêve insiste là-dessus. Pour cette raison, le garçon ne représente pas la sexualité.

Puis vient le moment dans le rêve où l'épouse apporte quelque chose à manger à l'enfant, essentiellement du pain blanc et du pain noir, et l'enfant refuse le pain noir mais mange le pain blanc. Puis le rêveur suppose que l'enfant s'en va, parce que sa femme n'a pas apporté la nourriture convenable. Lorsque le mari suppose que le garçon représente la sexualité, il est en droit de le faire compte tenu de ce que sa femme est plutôt négative à l'égard de la sexualité. Il est logique dans son esprit que ce soit elle qui provoque le départ d'Eros, puisqu'elle ne lui a pas apporté la bonne nourriture. De toute évidence son interprétation ne le conduit nulle part. Nous devons donc approfondir le rêve. Tout d'abord, rappelez-vous que je vous ai dit que ce patient appartenait au type pensée, ce qui explique qu'il fasse des associations interprétatives. C'est la seule façon d'associer pour ces types. Certains analystes refusent ce type d'interprétation et disent à leur patient : « Vous devez donner des faits simples, pas des explications. » Alors si un type pensée essaie de se conformer à cette manière d'associer, il va se perdre, ne mettra pas en rapport les faits adéquats et cela faussera ses associations. Il est donc nécessaire que vous acceptiez son approche explicative lorsqu'il associe. Ses associations peuvent ne pas convenir, mais cela se retrouvera aussi avec le type irrationnel. L'un comme l'autre peuvent donner des faits et des ressentis qui vont égarer l'analyste, qui doit prendre en compte ces faits.

Toutefois le rêveur associe le petit garçon tout nu à une figure antique que nous pouvons appeler Eros. Mais ceci est une idée grecque que l'on peut interpréter de nombreuses façons. On ne peut se contenter de l'unique interprétation sexuelle. Ce que cet homme ressent dans le rêve est un sentiment d'amour. Dans ses associations il dit : « Il n'y avait rien de sexuel », ce qui montre que, même dans le rêve, il s'attendait à quelque chose de sexuel. Cela, on pouvait s'y attendre, compte tenu de sa relation non naturelle avec son épouse, qui excluait toute relation sexuelle. Cet homme aime réellement sa femme, mais de la façon dont lui comprend l'amour. Et sa femme l'aime. Vous ne devez pas attendre des gens quelque chose qui dépasse leur entendement. Cet homme fait tout ce qu'il peut, à l'exception de la relation sexuelle. Le rêve dit que sa femme fait ce qu'elle peut pour nourrir l'enfant, si bien que son explication à lui, qui dit que sa femme ne donne pas la bonne nourriture, est totalement inappropriée. Nous pourrions au contraire conclure à partir de ce rêve que sa femme agit aussi bien que lui. Lui et sa femme sont dans leur chambre, ensemble, la nuit, et une situation miraculeuse se développe : la porte s'ouvre toute seule et personne ne vient. Ceci devrait faire frissonner même l'intellectuel le plus endurci, mais courageusement cet homme va dans l'autre chambre et y trouve le garçon qu'il ramène avec lui dans la chambre à coucher. C'est là que sa femme intervient et apporte à manger à l'enfant. Il y a là l'image de l'hospitalité dans sa véritable forme primitive, mais ça ne marche pas et l'enfant disparaît par la fenêtre. C'est comme s'il leur avait dit : « Vous faites tous les deux ce que vous pouvez mais la sexualité ne fonctionne pas. » Cela nous oblige à voir que ce garçon représente quelque chose d'autre. Qu'est-il ? Il n'est pas l'activité sexuelle car les faits du rêve le contredisent. Il pourrait être l'amour, mais il n'est certainement pas la seule sexualité. Il y a un autre indice dans le rêve qui nous aide : le garçon est nu, pourquoi cette nécessité ? Le rêveur nous dit que c'est la forme traditionnelle sous laquelle Eros est représenté, et cela pointe vers l'idée de divinité. Ne vous alarmez pas parce que je parle de divinité. Les gens vont penser qu'avec cette accroche métaphysique, je vais faire descendre quelque chose de l'Olympe. Penser à une chose ne signifie pas qu'elle soit vraie, ni qu'elle existe. Nous pouvons émettre une hypothèse. Ici nous sommes confrontés à une idée, un fait psychique que nous avons en héritage. La tendance naturelle de l'esprit est de fonctionner comme il a toujours fonctionné, et la probabilité est bien plus grande qu'il continuera à fonctionner comme il le fait depuis cinq ou dix mille ans, plutôt que d'une façon qu'il n'a encore jamais employée. Les idées qui ont vécu au travers des siècles sont celles qui ont le plus de chances de revenir et de rester opérationnelles. Ce sont là des archétypes, un fonctionnement historique et par là une voie générale.

Les météorologues construisent leurs prévisions à partir du temps qui prévalait pendant les jours précédents. Si vous avez eu une série de journées pluvieuses, la prévision la plus probable pour le lendemain c'est qu'il fera encore mauvais. La continuité est un effet naturel de l'inertie et il en va de même de nos mentalités. Si notre esprit a fonctionné de la même façon pendant des siècles, il est plus que probable qu'il continuera à fonctionner de la même manière. Quand le rêve introduit une divinité dans la conscience du rêveur, cela ne représente rien d'autre, à ses yeux, qu'une sorte de figure de rhétorique. Je peux dire d'un vin : « N'est-il pas divin ? » en une sorte de métaphore langagière, une façon exagérée de vanter le vin. Cela ne signifie nullement qu'un dieu l'habite. De la même façon Eros est introduit, ici, de façon métaphorique, comme une personnification poétique d'une chose appelée amour. Par contre, dans la conception de l'inconscient, l'entrée d'une divinité est un fait divin avec le déploiement de tout l'attirail de la divinité. Lorsque dans le fonctionnement de notre esprit surgit l'idée de divinité, se présente alors ce que les Grecs appelaient le *deisidaimonia* (la peur du démoniaque). La porte s'ouvre et il n'entre personne. Alors, il est temps de se méfier des revenants, des diables, etc. La divinité est toujours précédée par la terreur, la peur ou le sentiment d'une présence divine, une atmosphère particulière ; on est au bord de quelque émotion. Cela est clairement manifesté dans ce rêve et nous pouvons supposer, sans nous tromper, que nous sommes dans le droit-fil des anciennes idées liées à l'apparition de la divinité. Les anciens, romains et grecs, s'y entendaient en matière de divinité. Ils ne disaient pas : « Tel homme est tombé amoureux », mais : « La flèche d'Eros l'a transpercé. » On parlait de la personnification de l'émotion d'amour, un principe autonome et actif agissant dans l'homme. Naturellement, ces divinités étaient projetées dans les arbres sacrés, les bosquets, les cavernes, les rivières, les montagnes et l'Olympe. Nous ne comprenons plus de nos jours cette psychologie, mais l'homme primitif (et le Grec était un primitif) était à ce point relié, dans une telle *participation mystique** avec l'objet, que les dieux faisaient intégralement partie de sa vie. C'est ainsi que s'il avait dit : « Le dieu de cette table m'a parlé cette nuit », cela signifierait à peu près la même chose que si l'un d'entre nous disait : « J'ai rêvé qu'un certain complexe m'apparut sous la forme de cette table. » Par exemple, une femme qui avait perdu son père rêva qu'elle le rencontrait et qu'il lui dit qu'après sa mort il s'était réincarné sous la forme d'un clerc et se trouvait être maintenant un jeune homme très pauvre (il avait été très riche de son vivant). Elle lui demanda : « Comment as-tu fait pour t'échapper ? », car elle savait qu'il était dans sa bouilloire. Il répondit : « Tu sais, Jung a soulevé le couvercle et je me suis échappé ! » Voici une idée des plus extravagantes, mais si vous connaissez un peu la psychologie des primitifs, vous la comprendrez sans peine. Là, les ancêtres vivent dans des pots et des jarres. Cela explique que les Indiens d'Amérique centrale façonnent leurs pots à eau comme des visages humains. Ils peignent des bras et des jambes, des yeux et des oreilles sur leurs ustensiles de cuisine et leurs casseroles, car ce sont là les esprits, les lares et les pénates, les dieux du foyer assis auprès du feu. Quand j'ai eu raconté cela à ma patiente, elle en fut tout illuminée et renforça encore son transfert sur moi, ce qui signifiait que son esprit était libéré et qu'elle pouvait aller travailler. Elle associa la réincarnation de son père à sa propre renaissance et son propre renouveau. C'est cela l'idée archétypique dans les rêves.

Dans le rêve actuel de notre patient, nous avons un cas similaire. Une divinité est une personnification d'un facteur autonome. Qu'est-ce alors si nous le ramenons à un fait psychologique ?

Dr Binger : Je pense qu'il s'agit de la propre âme de cet homme, une sorte d'anima. Il prend cela dans ses bras. C'est une partie de sa totalité.

Dr Jung : Mais ce n'est pas une femme.

Dr Binger : Ce pourrait être son soi renouvelé.

Dr Jung : C'est à coup sûr une partie de sa psychologie, mais introduite comme un dieu, un garçon.

Dr Schlegel : Quelque chose qui appartient à son futur. C'est plus jeune que le rêveur, un soi plus jeune.

Dr Jung : Oui, une part plus jeune de lui-même, sous la forme d'un garçon, mais cela ne permet pas d'expliquer l'idée de la divinité. C'est quelque chose qu'il ne peut atteindre personnellement. Je vous ai dit auparavant qu'il existe de tels parallèles historiques. Tagès, le garçon-dieu étrusque qui jaillit du sillon pendant que le paysan laboure : il enseigne les lois et les métiers au peuple, puis redisparaît. Ensuite il y a la vision de Maître Eckhart au XIVe siècle. Il advint que Maître Eckhart reçut la visite d'un garçon nu, très beau. Il lui demanda d'où il venait. « Je viens de Dieu. — Et où t'es-tu séparé de Lui ? — Dans des cœurs vertueux. — Et où t'en vas-tu ? — Vers Dieu. — Où Le trouveras-tu ? — En me séparant de toutes les choses créées (apparences, voile de Maya). — Qui es-tu ? — Un roi. — Et où est ton royaume ? — Dans mon propre cœur. — Et permettrais-tu que quelqu'un le partage avec toi ? — C'est ce que je fais. » Il l'emmena à sa cellule et dit au garçon : « Prends n'importe quel vêtement qui te plaise. — Dans ce cas, je ne serai plus un roi », et il disparut. C'était Dieu lui-même qui était avec lui pendant un petit moment. Il y a également cette relation que fait Maître Eckhart du rêve de frère Eustache, à Paris : « Il voyait de nombreux frères du monastère qui faisaient cercle dans le réfectoire, mais il ne pouvait pas voir ce qui se passait, c'était quelque chose de nouveau et de plaisant qui provoquait une joie chez les frères. Il se demandait ce que cela pouvait bien être et, se rapprochant, il vit au milieu des frères le plus beau des petits enfants, Notre Seigneur Jésus-Christ, le Fils de la Vierge, notre chère Dame. Sa beauté était telle qu'aucun homme aussi triste ou sévère qu'il fût n'aurait pu faire autrement que de rire devant une beauté aussi extraordinaire. Le petit enfant réclama du pain à manger et frère Eustache se rendit au garde-manger, mais il ne put y trouver du pain suffisamment bon ; juste un petit morceau de pain blanc. Il continua à chercher jusqu'à ce qu'il trouve un pain entier, mais il n'était pas entièrement blanc, et cela ne convenait pas pour le petit enfant. L'anxiété le gagnait lorsque frère Ruopreht, qui avait la charge de faire le pain, vint à lui et lui demanda ce qu'il cherchait avec tant d'assiduité. "Ce que je cherche, c'est du très beau pain blanc, que je puisse donner à notre Seigneur." Frère Ruopreht lui dit : "Ne vous faites pas de souci, je vais vous en trouver un." Il le trouva et Frère Eustache l'apporta à l'enfant. L'enfant dit : "Il y a beaucoup de grands prêtres, mais ils ne veulent pas m'apporter quelque chose qui soit à la fois aussi pur, parfait et simple. Ils possèdent des choses qui sont pures et d'autres qui sont parfaites, mais rien qui ne soit à la fois pur, parfait et simple. Mais il existe un petit nombre d'hommes, le plus souvent incultes, qui m'apportent quelque chose qui est à la fois pur, parfait et simple." C'est alors que frère Eustache se rendit compte que l'humble frère qui avait trouvé le pain était un tel homme et à partir de ce moment il fit grand honneur à frère Ruopreht et l'aima avec toute la force de son cœur, car il était l'homme capable d'apporter quelque chose qui fût pur, parfait et simple [1]. »

Ici, vous pouvez voir de quelle sorte de divinité il s'agit, une pensée nouvelle, un nouvel esprit. Tous les dieux anciens étaient des faits psychologiques qui par la suite devinrent des idées. Les dieux anciens représentés par les planètes Saturne, Jupiter, Mars sont les anciens dieux personnels qui vivaient sur l'Olympe. Plus tard, ils devinrent des constituants psychologiques de caractères humains. Nous parlons d'expression saturnienne, d'un tempérament mercurien, d'un port martial, d'une conduite joviale, etc., et ce faisant, nous oublions que nous assimilons l'homme aux seigneurs de l'Olympe. Un dieu peut vous apparaître si c'est sa volonté, et si vous l'intégrez ou, pour ainsi dire, le recevez, cela signifie un nouvel esprit, une nouvelle attitude en vous. Le Christ est un idéal personnel, puis il meurt et devient esprit. A la Pentecôte, il descend du Ciel, sous la forme de langues de feu. Les disciples furent emplis par un certain esprit, une nouvelle force commençait à agir en eux, une nouvelle idée. Supposez que je me mette à agir sous l'effet d'une nouvelle idée. Avant que je ne la possède, alors qu'elle était encore dans mon inconscient, c'était une divinité, un daïmon, quelque chose de divin. Puis cela devient ma nouvelle attitude, mon nouvel esprit. D'où toutes les significations différentes du mot « esprit[2] ». « Dans l'esprit de mon défunt père » peut signifier « je ne veux pas déplaire à son fantôme » ou pourrait aussi signifier « en harmonie avec ses convictions » et cela ne fait référence qu'à une attitude. Cela nous conduit maintenant à la question de savoir ce qu'est réellement la divinité. Maître Eckhart dit que le petit enfant nu est Dieu ou Jésus. L'enfant lui-même dit qu'il vient de Dieu, qu'il est un roi, que son royaume se trouve au sein des cœurs vertueux. Ainsi vous pourriez dire que la qualité ambiguë de l'enfant, dans cette vision, ne se réduit pas seulement à un dieu, mais s'étend aussi au Roi du Royaume céleste qui est à l'intérieur de nous, et ne s'applique pas au dieu extérieur. Ce dieu intérieur est presque un terme technique, démontré avec la figure de l'enfant. Cela signifierait que Dieu a les qualités d'un enfant. En partant de ce fait psychique, vous pouvez comprendre les paroles de Jésus : « Si vous ne devenez semblable à un petit enfant[3]. » Ce dieu, cette divinité, a l'apparence d'un enfant. Si vous ne devenez comme un petit enfant, vous ne pourrez entrer dans le Royaume des Cieux, vous ne pourrez rendre vrai le dieu intérieur.

La difficulté apparaît lorsque le dieu intérieur se rend visible. Vous ne pouvez, dès lors, suivre sa trace qu'au moyen d'éléments infantiles, enfantins, trop juvéniles en nous-mêmes, mais ce sont ces éléments-là, précisément, qui sont la promesse même des développements à venir. Ce qui est déjà développé en vous n'a pas d'avenir. Vous en êtes déjà au point culminant. La continuation de la vie s'origine continuellement dans ce qui n'est pas encore développé. Ceci représente cette base de créativité continue qui donne naissance aux nouveaux développements. Et ce qui se présente sous une forme autonome, qui donc n'est pas soumis à notre choix, ce sont des dieux et des daïmons. Tout ce qui, dans notre psychologie, nous résiste est un dieu ou un daïmon car cela ne se conforme pas à nos souhaits. C'est comme si nous étions possédés par des peurs, des émotions, des sous-entendus extérieurs. Tout nouveau contenu est d'abord un contenu autonome, et là où se manifeste un tel contenu, nous pouvons être certains que dans son développement il possédera l'individu, avec ou sans son consentement, et introduira un changement profond dans sa vie. Plus tard ce sera dans un esprit que les choses s'accompliront ou seront dites. Ainsi dans ce rêve un esprit nouveau est entré. Alors même que cet homme est entièrement absorbé par le problème sexuel, son inconscient lui dit : « Il ne s'agit nullement de cela, il s'agit de Dieu, quelque chose qui est à la fois là et pas là, qui échappe à ta volonté. Si ton esprit ou ton attitude sont réceptifs à la divinité, alors elle peut apparaître et donner sa bénédiction. » Cela échappe entièrement au rêveur. Comme ses associations nous le montrent, il ramène son problème à une difficulté mécanique, une difficulté sexuelle, mais son inconscient lui dit que la solution de son problème dépend du dieu qui entre en scène. Le dieu est encore un complexe autonome, pas encore une attitude ou un principe directeur. Les parallèles collectifs nous montrent cet enfant comme toujours relié aux idées en cours au temps présent. Pour ceux du Moyen Age, l'idée était chrétienne, l'Enfant Jésus. L'idée ne leur serait pas venue de l'appeler Tammuz ou Dionysos. Peut-être même ignoraient-ils que les anciens adoraient Dionysos sous la forme d'un petit garçon. Ils l'appelaient l'enfant Christ. Ils le représentaient sous une forme qui, à leurs yeux, était porteuse d'un sens, quelque chose qui les impressionnait. C'est pourquoi ils l'appelaient le Fils de Dieu. A cette époque, Dieu était un fait extérieur. Nous ne pourrions appeler cette petite divinité Tammuz ou Dionysos, car nous ne vivons plus en ce temps-là. Dans notre monde moderne nous ne pouvons plus l'expliquer ainsi ; nous en avons, de nos jours, une compréhension infiniment trop psychologique. Notre explication du petit garçon nu est celle d'un fait psychologique. Dans mille ans ce même fait ancien trouvera peut-être un nom entièrement nouveau mais ce ne sera qu'une nouvelle forme d'expression. Jamais les planètes ne protesteront contre les noms que vous leur donnez. Jupiter reste indifférent au fait que vous l'appeliez Jupiter ou par un autre nom. Vous devez interpréter ces faits psychologiquement, mais pour cette interprétation vous devez vous appuyer sur les meilleures théories à votre disposition. En son temps, l'enseignement chrétien originel était le meilleur qui fût. Un ancien Père grec qui vivait en l'an 190 après J.-C. comparait le christianisme à « notre philosophie qui fleurit au temps d'Auguste ». Le christianisme de ce temps-là était interprété comme une philosophie. Il était l'un des systèmes gnostiques, une sorte de théorie sur la meilleure manière de vivre. Nous voyons une telle possibilité dans un ajustement psychologique à la vie. Une révélation autoritaire n'appartient plus à notre croyance. Nous ne pensons plus en termes d'absolu. Pour ceux qui vivaient il y a deux mille ans, dire : « Le Fils de Dieu est apparu » avait un sens. Dans ces temps anciens, avoir des révélations était chose commune. Le principe qui a opéré pendant deux mille ans était que quelqu'un possédait la vérité et pouvait la révéler. La colonne vertébrale de l'Eglise catholique réside dans sa proclamation de posséder la vérité éternelle. Celle-ci est investie dans le pape et vous n'avez qu'à simplement l'accepter. Mais pour nous, cela ne fait pas l'affaire. A présent, personne n'irait dire que la vérité lui a été révélée. Nous ne pouvons bâtir sur une révélation. Nous croyons à un effort honnête pour comprendre des faits psychologiques. Si vous traitez ces choses avec suffisamment de sérieux, dans un esprit de dévotion scientifique, vous obtiendrez le même effet que celui obtenu jadis par la révélation autoritaire. A présent, êtes-vous satisfaits par cette interprétation du symbolisme collectif ?

Dr Binger : En termes de symbolisme moderne, quel nom donneriez-vous au garçon ?

Dr Jung : Je fais toujours usage de la métaphore pour désigner ces choses-là. Si je m'avisais de l'appeler de tel ou tel nom, c'est comme si je m'en saisissais et le tuais. Les gens s'accrochent au *mot.* Mais si je dis Puer Aeternus, utilisant une métaphore, nous en comprenons tous le sens.

Dr Binger : Existe-t-il un symbolisme moderne ?

Dr Jung : Non, cela n'existe pas. Je préfère infiniment ne pas inventer une cage dans laquelle je pourrais prétendre avoir enfermé le Puer Aeternus.

Dr Binger : Je veux dire qu'auparavant on a fait usage du « Christ ». Existe-t-il un symbole pour cela ?

Dr Jung : Ce qui a trouvé son origine dans les temps anciens est parvenu jusqu'à nous à travers l'usage. Le Puer Aeternus est le garçon berger. Il existe de nombreuses figures de berger dans la philosophie chrétienne. « Le Berger des hommes » est également un des noms du Christ, « le Dieu de Mystère », « le Maître qui enseigne les Mystères ». Dans *Le Berger d'Hermas*[4], le berger est le Christ, mais le nom de Christ n'est pas prononcé pendant tout le livre. On prétendait qu'Hermas était le frère du deuxième pape[5], un chrétien. Mais à cette époque le christianisme était un culte à mystères et on ne pouvait nommer les dieux. De ce fait, on l'appelait simplement le Berger. Il y eut un moment où l'on représentait le Christ sous les traits d'Orphée ou comme le bon berger portant une brebis sur son dos. L'usage était de nommer ce principe directeur « le Berger qui gardait les troupeaux », « le Guide des hommes », « le Pêcheur d'hommes » ; ainsi on identifiait le Christ à Orphée et aussi à Bacchus. Le symbole du poisson, utilisé par les premiers chrétiens, était représenté fréquemment dans les cultes à mystères. Dans un temple voué à Bacchus, le sol est couvert d'une mosaïque où le symbolisme du poisson est utilisé comme dans le culte chrétien. Pour les Etrusques, Tagès était appelé « le garçon sorti de terre », « le garçon déterré par le soc de la charrue ». Quant à l'origine du nom de Tagès, je l'ignore, mais il est évident que l'usage voulait qu'il reçoive un nom. Ceux de mes patients qui ont fait l'expérience du Puer Aeternus se contentent de l'appeler « le garçon ». Lorsque je les entends parler du « garçon », de « l'étoile », du « faucon des mers » ou de « l'étincelle de feu », c'est comme si j'entendais un texte antique, tout comme lorsqu'en Egypte on parlait de « l'œil d'Horus ». Ce n'est qu'une abréviation pour une expérience d'une essence très subtile qui impose sa valeur intrinsèque, une sorte d'atmosphère de mystère. Personne ne sait ce que pourrait bien être ce « garçon ». Ces gens qui parlent du « garçon » sont d'une certaine façon tabous et tout naturellement on pense qu'ils sont un peu fous. Je suis certain que lorsque dans l'Antiquité, les gens parlaient du « Poïmandres », du « Pêcheur d'hommes », du « Dieu pendu », les autres les traitaient de fous. A Rome, sur le Palatin, on vient de découvrir sur les murs d'une pièce, dont on suppose qu'elle a servi d'académie militaire des cadets, un faux crucifix, un dessin enfantin d'un homme à tête d'âne [6], accompagné d'une inscription grecque : « C'est ainsi qu'Alexandre adore son dieu. » Ceci est à mettre en relation avec ce vieux conte juif dans lequel Jéhovah est adoré sous les traits d'un âne. Il y a les représentations de Seth, le diable égyptien, avec une tête qui ressemble à celle d'un âne (probablement pas un âne mais un okapi [7], une sorte d'antilope aux longues oreilles découverte en Haute Egypte), crucifié au moyen de trois couteaux. L'effet d'un tel culte sur les gens de cette époque qui ne comprenaient pas de quoi il était question était étrange. Les grands écrivains d'alors ignoraient le fondement sur lequel il reposait et ne connaissaient pas non plus le langage de ce nouveau culte. C'était une sorte de culte juif à mystères, mais tout ce que les gens en retenaient c'est qu'on ne sacrifiait pas aux Césars.

Question : Quelle est la signification du Dieu crucifié ?

Dr Jung : Cela nous entraînerait trop loin du sujet de ce rêve. Le berger est un symbole du « Guide du troupeau », une figure qui rassemble. Le berger est exactement ce que nous avons ici dans le rêve, celui qui maintient son troupeau rassemblé. Ici, il agit comme l'élément unificateur entre l'homme et la femme. Chacune de ces deux personnes est concernée par le garçon. L'homme ramène le garçon tandis que la femme apporte à manger. Le garçon est le *tertium comparationis.* Quand deux choses sont opposées, elles doivent être unies par une troisième, c'est-à-dire une nouvelle unité et non pas simplement par un compromis entre les deux. Il faut que le processus soit triangulaire. La relation ne peut pas fonctionner, à moins que quelque chose de nouveau ne soit introduit. Dans le cas présent, c'est la sexualité qui ne marche pas, car ce qui manque, c'est ce qui vient d'en haut. Si ce qui vient d'en haut manque ou d'en bas manque, ça ne fonctionne pas. Tous les deux sont tout à fait capables de mesurer l'importance de ce qui vient d'en bas, mais pas de ce qui vient d'en haut. Nous nous cramponnons au monde tangible et concret et hésitons à admettre que ne pas avoir une religion vivante puisse jouer un rôle quelconque. Au sein de l'Eglise catholique romaine, deux personnes ne sont pas mariées comme nous le sommes. Elles sont mariées *in Christo,* le Christ les unit. Deux personnes non mariées *in Christo* ne sont pas mariées du tout, ce n'est pas réel. L'autorité de l'Eglise est suprême pour le mariage comme pour la séparation. L'idée est que deux personnes ne peuvent être unies, excepté à travers Dieu. J'ai vu un vase romain du IIe siècle, probablement fabriqué par un chrétien, puisqu'il représentait la scène d'un mariage chrétien. On y voit plusieurs scènes représentant différents aspects de la relation entre homme et femme. Il y a un couple uni grâce au trident — grâce à *Neptune* ! Un homme charme une femme à l'aide d'une racine de mandragore — *séduction, sorcellerie.* Puis un couple dont un poisson unit les mains ; le poisson est une représentation du Christ. Voilà l'idée de l'Eglise catholique, à savoir que les deux sont unis dans et à travers ce fait spirituel. Quant à nous, nous donnons au poisson le sens d'un contenu de l'inconscient. Ainsi donc, ce « garçon », en tant que nouvelle personnification, représente une révélation de l'inconscient, la naissance à partir de l'inconscient. L'idée qui domine ce rêve est que le garçon devait intervenir pour établir la connexion entre l'homme et la femme. Il apparaît puis dit : « Au revoir ! » Il ne peut pas rester car ces gens ne comprennent pas ce qu'il représente.

Seizième conférence

27 mars 1929

Dr Jung : Cela vous étonne certainement que j'attache autant d'importance au symbole du « garçon », mais il est pratiquement impossible de surestimer l'importance de ce symbole. Il m'a donné beaucoup de soucis et m'a profondément interpellé. Pour cette raison je me suis plongé dans son histoire, aussi loin que possible. Déjà je vous ai donné quelques aperçus d'exemples historiques concernant ce « garçon » et mon intention, aujourd'hui, est de vous donner des exemples plus récents dans le même sens. Dans la deuxième partie de *Faust*, le « garçon » apparaît. Très peu de gens sont familiarisés avec cette deuxième partie. Jeune homme, je ne la comprenais pas du tout et ce n'est que beaucoup plus tard que la lumière s'est faite en moi. On y trouve des choses belles et merveilleuses, mais sans la connaissance de l'inconscient collectif il est impossible de comprendre ce que nous dit Goethe. Les commentateurs ne savent pas, en réalité, de quoi il est question. Goethe écrivit la première partie de *Faust* dans ses jeunes années et la deuxième partie quand il fut très vieux. L'expérience d'une longue vie s'intercalait entre les deux. C'était sa dernière œuvre et une grande quantité de matériel inconscient s'y trouve. Ce fut la manière propre à Goethe d'exprimer ses expériences de l'inconscient collectif. C'était un génie, ce qui lui permit d'être en contact avec lui. Lorsqu'on fait réellement l'expérience de l'inconscient collectif, on éprouve l'expérience décisive d'une vie. C'est une expérience terrifiante. Cela ne se compare à rien, si ce n'est à l'expérience réelle de ce monde visible, avec toutes ses beautés et tous ses risques. Dans *Faust*, Goethe dit à Wagner[1] : « Tu es seulement conscient de l'une des faces de la vie, sois heureux de ne rien connaître de cette autre face. » Cela signifie que la vie humaine est suffisante pour les gens ordinaires, ils ne s'en sortent même pas ainsi. Cependant certaines personnes ont affaire à cet autre côté du monde, l'inconscient collectif, le monde intérieur. Ainsi, nous ne pouvons nous étonner de rencontrer le Puer Aeternus dans *Faust*. Le symbole y apparaît sous trois formes. Faust traverse de nombreuses situations différentes dans sa vie extérieure. Goethe fut très impressionné par la terrible révolution sociale en France et aussi par l'invention des billets de banque. Ainsi, la première apparition de Faust se fait sous les traits d'un grand réformateur social et économique à la cour, un conseiller du roi. Il était également une sorte de sorcier, un jongleur adroit, un génie de la finance, un Mussolini[2]. Voici donc un diagnostic du caractère de Faust. Le dernier travail de Faust était celui d'ingénieur, métier qui commençait tout juste à prendre de l'importance au moment où Goethe écrivait, et à cette époque, en Suisse, cela devenait un fait réel.

Konrad Escher[3], un ingénieur suisse, réalisait le grand projet d'assèchement des grands marécages, infestés par la malaria, au pied des montagnes. Il accomplit ce travail dans un esprit de grand dévouement personnel, et Goethe s'est servi de ce dévouement comme d'un symbole dans la deuxième partie de *Faust*. En Hollande, au XVIIe siècle, les grandes tempêtes de la mer avaient détruit les digues et l'on avait préparé des plans pour la construction d'une grande digue, destinée à reprendre à la mer ces terres envahies par les eaux. Et ainsi dans *Faust*, on voit la construction de digues et les travaux pour regagner sur la mer les terres fertiles perdues, afin de les cultiver. Le « garçon » apparaît pour la première fois sous le nom de Knabe Lenker, le garçon guide ou conducteur du chariot, alors que Goethe se trouve à la cour du roi. Lorsqu'on lit ce texte on ne comprend pas l'apparition de ce garçon et Goethe lui-même était plutôt embarrassé par cette arrivée et ne savait comment l'expliquer. Le garçon dit : « Je suis la générosité, la poésie. Je suis le poète qui se parfait lui-même en jetant ses biens. Je suis aussi infiniment riche et alors je suis Plutus. Et même j'anime et je décore ses bals et ses festins. Ce qui lui manque, je le dépense[4] » (il surpasse Plutus, riche au-delà de toute imagination). Son intensité augmente, comme s'il s'enflammait de plus en plus. Il s'adresse à la foule lors d'une grande fête : « Mes mains vous distribuent les plus grands cadeaux et, voyez là-bas, sur une tête par-ci ou une tête par-là, j'ai allumé une petite flamme. Et voici qu'elle saute d'une tête vers l'autre. Une flamme qui monte ici, juste pour un moment, puis s'évanouit. Il est bien rare qu'elle reste, et pour la plupart, avant même qu'ils ne s'en aperçoivent, elle meurt, tristement, épuisée. » Alors, le destin final du conducteur de char survient. La fête entière se termine par des feux d'artifice, et tout à coup tout s'embrase et il disparaît dans le feu, ne laissant que des cendres. C'est la fin de ce personnage. Dans son apparition suivante, Faust continue à courir le monde, réalisant des merveilles. Il rentre et retrouve Wagner, le rationaliste, installé dans son ancien laboratoire dans lequel il fait quelque chose d'extraordinaire : il produit un petit homme dans une cornue, un homoncule. Au Moyen Age on rêvait de pouvoir fabriquer un tel petit homme, et Faust est émerveillé. Puis à la nuit, Homoncule s'échappe dans son ampoule de verre, par les airs, et arrive aux champs Elysées. Au Moyen Age, Méphistophélès jouait un rôle terrifiant, mais ici il apparaît dans une situation trouble, car il fait plutôt figure d'âne au milieu de ces personnages issus de la mythologie grecque, dans ce monde antique où n'existent ni le mal ni le bien. Homoncule surgit dans ce monde de dieux et de déesses et les consulte, dans l'espoir de trouver une solution pour sortir de son ampoule de verre et atteindre le monde réel. Seul le vieux dieu Protée, qui prend sans cesse de nouvelles formes, est en mesure de lui donner un conseil : « Si tu veux advenir, commence d'abord par les plus petites choses. » Très sage, Homoncule est ravi de recevoir un aussi bon conseil et se met à sauter dans tous les sens dans sa bouteille de verre. Et alors une merveille s'accomplit. Galatée traverse les mers sur son trône. Rappelez-vous Pygmalion qui avait fait une merveilleuse statue de Galatée et qui pria les dieux de lui donner vie. Sa prière fut exaucée et elle vint à la vie, femme réelle. Homoncule la voit venir, il est dans le ravissement et se précipite à sa rencontre. Il se jette contre son trône, son ampoule explose et il disparaît dans les flammes. Cela va nous donner la troisième forme du garçon, car Faust, insatisfait comme toujours, descend chez les Mères. Là il trouve le trépied magique. A partir des flammes du trépied il produit le couple parfait, Pâris et Hélène. Faust tombe amoureux d'Hélène (qui en réalité se cache derrière Marguerite), la femme la plus belle et la plus parfaite. Il vit avec elle et le fruit de leur union est Euphorion (le bienheureux). D'une nature brûlante, air et feu, il court après les filles, leur sautant dessus comme une flamme. Il poursuit une brève existence, jusqu'à ce qu'il se consume dans les flammes de l'amour et disparaisse. Dans ce symbolisme, ce qui frappe c'est l'existence aussi brève qu'une flamme qui chaque fois se termine dans le feu. Dans le premier cas, c'est la puissance qui met fin à la vie du « garçon » (il se consume en flammes au sommet de sa puissance). Dans les deux autres cas c'est l'émotion de l'amour qui le brûle.

Il existe un autre ouvrage dans lequel le Puer Aeternus fait une apparition. L'auteur[5] est tout à fait inconnu. C'est probablement un excentrique et le livre est rempli d'invraisemblances. Mais l'idée est extraordinaire. C'est l'histoire d'une petite ville allemande tout à fait respectable qui possède une cathédrale. Il y a là le pasteur luthérien et la société ordinaire, le médecin, le bourgmestre et les notables de la ville. Tout le monde se fait modeste et respectable. Une rumeur court. Plusieurs garçons bizarres seraient apparus. Et ces garçons portent des capuchons de cuir marron. (Il s'agit là d'une vision régulière de démence précoce. Cet auteur pourrait bien avoir un trou dans le cerveau.) Il semble qu'il y ait quelque chose d'inquiétant, d'inexplicable autour de ces méchantes rumeurs liées aux garçons, car personne ne peut se protéger contre eux. Il y a aussi un homme mystérieux qui apparaît lors d'une soirée. Il est très intéressant. Il a beaucoup voyagé et raconte plein d'histoires. Il exhibe une drôle de petite fiole dans laquelle on voit une toute petite flamme. Et il raconte aux gens de la soirée que c'est là une rareté et que celui qui regarde à l'intérieur y verra la vérité. Les dames et les messieurs se pressent pour voir à l'intérieur de la bouteille, dans laquelle apparaissent deux petits êtres humains, l'hôtesse de la bouteille et un homme qui n'est pas son mari. Ils sont nus et s'étreignent violemment.

Tout le monde est scandalisé, mais continue à regarder. Puis le groupe se défait, tous les invités honteux et outragés. L'étranger, quant à lui, a disparu, et personne ne l'a jamais revu. A quelques mois de là, toute la bonne société se retrouve au grand complet pour le bal officiel, l'événement de la saison. Les petites filles sont en blanc, et les vieilles dames tout en noir. On est assis, bien raide, sur sa chaise le long des murs. On échange juste quelques mots et l'on danse à petits pas. Tout est terriblement respectable et ennuyeux. Personne ne remarque l'arrivée, par la porte du fond, d'un petit garçon avec un capuchon en cuir marron sur la tête. Il monte au balcon et se cache. A l'instant même, l'atmosphère change. L'orchestre se met à jouer avec plus d'entrain, les filles à rire bruyamment, et le bourgmestre lance des plaisanteries surprenantes à sa dame. Et cela ne fait qu'empirer, devient de plus en plus fou, jusqu'à devenir une orgie, en bonne et due forme, une scène terriblement primitive, sans que personne en ait conscience. A ce moment, le garçon disparaît, riant sous cape. En un instant, ils reviennent à eux, se découvrant dans des attitudes des plus scabreuses, avec des partenaires étrangers. Ils vivent la honte, le désarroi et le scandale. Tous s'enferment chez eux pendant des semaines, et personne n'ose plus regarder son voisin dans les yeux. Puis des nouvelles du monde extérieur arrivent selon lesquelles ces garçons ont commis des choses terribles à l'étranger, tant et si bien qu'on finit par se dire que ce qui est arrivé de si bouleversant, au bal, devait avoir un rapport avec eux. L'un de ces garçons avait dû être là, responsable du désastre, et ils se réconcilient. Mais le pasteur, qui n'a pas assisté au bal, n'est nullement réconcilié. Personne n'osait plus se rendre au temple, mais à présent cela redevient possible. Le pasteur les attend, et se met à sermonner sévèrement ses paroissiens pour s'être livrés à une orgie diabolique. Il refuse de croire à cette histoire de garçons. Les paroissiens se sentent flétris sous les accès de colère de leur pasteur. Mais le pasteur n'a pas fait attention à l'arrivée d'un petit garçon, coiffé d'un capuchon en cuir marron, qui s'est glissé par la porte et qui a grimpé le long d'une colonne, tout près de la chaire. Un regard au pasteur, et aussitôt celui-ci se met à sourire et son visage s'éclaire. Il continue à prêcher mais se met à dire des mots qu'il n'avait nullement l'intention d'employer. Le voilà de plus en plus en colère, certes, mais d'une tout autre nature, proférant des obscénités et des paillardises, jusqu'à conduire toute l'assistance à une nouvelle scène d'orgie déchaînée. C'est pire qu'au bal, et dans une église ! C'est le moment choisi par le garçon pour disparaître ; et toute l'assemblée de revenir à elle. Le pasteur se retrouve avec la femme du bourgmestre, etc. Cette fois c'en est trop. Impossible de vivre avec cela sur la conscience. C'est très précisément la psychologie du caractère de l'enfant, dans la seconde partie de *Faust*, qui finit dans les flammes qui le consument rapidement, ne laissant que des cendres derrière lui.

Le troisième exemple se présente sous une forme philosophique et théologique. Dans le livre de Wells *God the Invisible King* [6] (Dieu le roi invisible), Dieu est une sorte de jeune ignorant qui essaie d'améliorer le monde, mais qui pour cela a besoin de notre aide. Wells décrit Dieu comme un adolescent qui tâche de faire de son mieux avec un grand enthousiasme. On a sévèrement critiqué Wells d'avoir écrit ce livre, mais j'ai rencontré un jeune homme dans notre pays, un garçon doué de seize ans, qui a eu une révélation religieuse et qui m'a fait part de son idée de Dieu. C'était exactement la même que celle de Wells : elle était sa révélation la plus chère. Le symbole du « garçon » semble être une image archétypique encore très vivante de nos jours. Vous pouvez inclure Goethe dans les modernes, car *Faust* n'a pas subi la moindre usure, il est toujours vrai.

Par exemple, si j'avais un tel fantasme et que mon analyste devait l'interpréter, il me dirait : « Vous n'êtes plus un jeune homme, mais l'idée du jeune homme est en vous. Le garçon représente une compensation au côté inévitable de votre âge avancé. Pourquoi cela ? Vous êtes trop vieux dans vos attitudes, votre conduite et vos croyances. Vous êtes plus vieux que nécessaire, c'est pour cela que votre inconscient compense votre côté vieux, en vous envoyant une image de garçon. » Goethe est bien entendu le mégaphone des temps modernes. Tous les grands poètes expriment les idées et les sentiments qui nous sont communs à tous. Sans cela ils n'auraient pas d'audience. Ils ne seraient ni compris ni appréciés. J'ai fait l'expérience des idées de Nietzsche sur un public incapable de le comprendre. Il vivait dans ma propre ville[7]. Son style et sa pensée étaient singuliers. Personne n'osait admettre qu'ils voyaient quelque chose chez Nietzsche, car cela les aurait mis à l'écart du troupeau. Ils se seraient sentis sortis de leur monde. Mais Nietzsche était en avance sur notre temps, comme l'était Goethe dans la deuxième partie de *Faust.* Nous pouvons parler de symboles généraux, communs au plus grand nombre, et qui s'expriment de nombreuses façons différentes, et nous pouvons appliquer l'interprétation individuelle au phénomène social de notre temps. Comment utiliseriez-vous cela ?

Dr Binger : Tout comme vous le feriez sur le plan individuel. Nous sommes vieux.

Dr Jung : Oui, nous sommes plutôt des vieux, et l'inconscient collectif général ressent un besoin de faire vivre le symbole de la jeunesse, comme une compensation. De quelle manière sommes-nous trop vieux ?

Dr Binger : Nous sommes comme des bourgeois.

Dr Jung : Nos attitudes, nos idéaux sont passés de mode. Pourquoi ? Demandez à nos pasteurs, ils ne l'admettront pas.

Dr Binger : Je suppose que nous avons peur des petits garçons.

Dr Jung : Le fait est qu'il n'y a pas de petits garçons à capuchon de cuir. Les gens ne réalisent pas que nos idées générales, nos théories générales, reposent sur des principes qui sont morts. Ce ne sont pas des idées modernes. Beaucoup de gens se mettent à combattre nos institutions, car ils ne croient plus aux principes qu'elles soutiennent. Et cela explique que partout il y ait des troubles. Notre moralité repose encore sur des suppositions du Moyen Age. Nous n'admettrons pas que nous croyons encore au feu de l'enfer, mais les faits sont là, nous n'avons pas d'autres bases pour notre moralité que l'idée du feu de l'enfer. Dans certains esprits, cette idée a des effets effroyables. Lamprecht, un Allemand disparu, avait écrit un petit livre intitulé « L'Histoire de la civilisation [8] », et dans ce livre il disait : « C'est l'évidence que l'humanité a été très immorale, car elle dut traverser l'âge de l'inceste. Les premiers êtres humains étaient frères et sœurs. » Cela repose sur l'hypothèse que les premiers parents étaient Adam et Eve. Cet homme n'a jamais réfléchi. C'est la façon de procéder des idées archétypiques. L'auteur avait accepté l'histoire d'Adam et Eve, si bien que tout naturellement l'homme avait dû traverser un âge d'inceste. Si l'homme voulait se multiplier, il n'y avait pas d'autre voie que la sœur. Et cela a été publié dans un ouvrage scientifique !

Dans le feu de l'enthousiasme, un professeur à Berne a dit : « L'humanité s'étend des régions glaciaires du pôle Nord au feu des flammes éternelles du pôle Sud. » Pendant un certain temps cela passa, puis c'en fut trop, et il dut démissionner. Mais Lamprecht, quant à lui, s'en tira très bien avec son escroquerie, et personne ne vint jamais lui demander des comptes [9]. L'acceptation de ces idées archétypiques influence nos pensées et nos actes. Mais personne ne pense à les discuter. Tout récemment, un Américain a écrit un article magnifique, « La Mort d'un idéal », l'idéal de l'amour. On croit généralement que l'amour est l'idéal le plus élevé. Cela ne se discute jamais, mais on devrait le faire. Notre âge va démontrer que l'amour n'est pas l'idéal le plus élevé — c'est la vie qui l'est. Je n'ai eu aucune influence sur cet auteur, car je n'ai jamais dit publiquement que l'amour n'était pas l'idéal le plus élevé.

Après tout ce que je vous ai dit à propos du Puer Aeternus, nous pouvons revenir encore une fois au rêve et au pain blanc qu'il préfère. Comme vous l'avez déjà vu, le pain blanc signifie la pureté. Le « garçon » veut du pain blanc, pur comme dans l'histoire de Frère Eustache. Il y a un rapport très particulier entre ce rêve et le rêve compliqué du monde des affaires. Comment pourriez-vous les relier ?

Dr Binger : Il y a un contraste entre le directeur commercial corrompu et le prince.

Dr Jung : A coup sûr, le directeur commercial aurait été bien incapable de fournir du pain blanc. Il y a là une salissure morale. Il y a danger à utiliser ce mot « moral ». Ce n'est pas un mot approprié car il n'a pas une signification définie. Dans certaines sociétés, il est moral de sacrifier des enfants, de torturer, d'acheter et de vendre des esclaves. Le mot « moral » vient du latin *mores* : habitudes, coutumes. Nous relions cela à l'idée de bien et de mal, mais nous devons toujours nous rappeler que ce terme a une signification relative. L'idée de bien et de mal n'est pas la même d'un siècle à l'autre, ni d'un pays à un autre. Ici, une personne qui ment est immorale, mais en Italie cela peut être vu comme une habitude bienveillante, l'expression d'un geste plein de bonté parfaitement convenable. Il n'y a que les Allemands pour s'en offusquer, lorsqu'ils viennent en Italie, et sans doute les Anglais. Un jour que je voyageais en vélo en Italie, j'eus un ennui sérieux, sur une très mauvaise route. J'ai eu un pneu crevé par un clou et un paysan italien m'a aidé avec beaucoup d'amabilité. Lorsque je lui offris de prendre un verre de vin avec moi dans l'*osteria* proche, il accepta avec plaisir, très fier de s'y exhiber en ma compagnie. Il refusa que je lui paie son aide. Je me disais cet homme ne pouvait mentir et lui demandai l'état de la route qui allait suivre. Il hésita à peine et dit : « *Bellissima* (superbe) ! C'est la meilleure route du monde, tout le monde emprunte cette route ! » Je m'y engageai donc et les dix premières minutes ce fut parfait. Puis elle devint un véritable enfer. Les nids-de-poule étaient tellement profonds qu'il n'était plus possible de rouler et pendant les deux heures suivantes, j'ai dû marcher à pied et pousser mon vélo dans le noir de la nuit. Au début j'étais furieux, mais ensuite j'ai réalisé qu'au moins il m'avait rendu heureux pour dix minutes. Un Suisse m'aurait dit la vérité d'emblée et pesté contre cette route, j'aurais été furieux contre cette route dix minutes plus tôt ! Pour cet Italien sa version était des plus morales. Présenter comme vérité l'horreur qui m'attendait aurait été une impolitesse pure et simple. Luther disait : « Si votre femme se refuse, prenez la servante », et c'était un réformateur religieux ! De nos jours, nous trouverions cela parfaitement immoral. Si vous lisiez ses discours à table vous découvririez de nombreux passages très savoureux qui ne sont naturellement jamais mentionnés. De ce fait, la recommandation morale de ce rêve est à prendre comme l'expression d'une coutume, la meilleure chose à faire en tenant compte de vos meilleures connaissances qui changent d'un siècle à l'autre, mais toujours ce qu'il y a de mieux pour ce cas particulier et pour l'époque. Le rêve dit : « Ça doit être votre meilleure tentative. En faisant appel à vos meilleures capacités, vous devez fournir à cet enfant la meilleure nourriture possible. » Dans le rêve précédent, il doit réparer la perversion du directeur commercial corrompu. A présent, il doit faire de son mieux pour donner la meilleure nourriture à l'enfant. Quel est votre pronostic ? Que pourrait apporter, peut-être, le prochain rêve ? Il n'est pas encore suffisamment avancé pour pouvoir faire un lien entre sa vie consciente et le monde de ses rêves. Sa vie se déroule sur des rails sécurisés et son inconscient est entièrement vécu dans mon cabinet.

Dr Binger : Il pourrait faire un rêve représentant un vécu érotique avec sa femme.

Dr Jung : Voilà une supposition. Quelque chose d'autre ?

Mme Sigg : Un rêve pourrait lui apporter une recommandation sur ce qu'il aurait à faire maintenant.

Dr Jung : Et quelle serait cette recommandation ?

Mme Sigg : Je ne sais pas.

Dr Jung : Mais il est important que vous sachiez. Par « recommandation », entendez-vous ce qu'il aurait à faire pour remettre en bonne voie la situation avec son épouse ?

Dr Shaw : Qu'il devrait essayer d'arranger sa relation avec sa femme, d'une manière plus avisée, pas par la sexualité.

Mr Gibb : Vous nous avez dit qu'il n'était pas encore en mesure de mettre en pratique ce que les rêves lui disaient de faire, alors dans ce cas, pourquoi le rêve ne serait-il pas quelque chose d'un ordre opposé, d'une nature contraire ?

Dr Jung : Nous voilà avec deux points de vue, clairement définis. Pour lequel votez-vous ?

Dr Binger : Je vois que je me suis trompé et j'accepte de me retirer.

Dr Shaw : Je pense qu'il devrait maintenir son point de vue.

Dr Jung : Ce serait la voie du conscient, mais nous avons dit que le patient ne pouvait pas relier tout ça à son conscient. La question concerne son prochain rêve, pas sa réaction consciente.

Dr Shaw : Je souhaiterais que Mr Gibb nous précise un peu plus à quel « contraire » il pense.

Mr Gibb : Il ne s'agit pas de quelque espoir, mais quelque chose qui ressemble à une régression.

Dr Shaw : A quelle chose faites-vous allusion ?

Dr Schlegel : Le vrai problème du rêveur est moins la relation réelle qu'il entretient avec son épouse que celle qu'il entretient avec sa propre âme. Il en résulte que vous vous attendriez davantage à voir le rêveur descendre dans les profondeurs de son inconscient, derrière la réalité.

Mr Gibb : Je suis d'accord.

Dr Jung : Une autre idée ?

Mme Sigg : Je pense que la survenue du « garçon » a quelque chose à voir avec l'analyste.

Dr Jung : Je refuse absolument toute identification avec le Puer Aeternus ! On peut dire que, d'une certaine façon, je suis responsable de la survenue du rêve. A moins d'être en relation avec moi, il n'aurait pas fait ce rêve, mais nous avons là tout le fondement du travail pour l'interprétation des rêves.

Rêve suivant [13] : « Ma femme et moi, allons avec des gens qu'apparemment nous connaissons (je ne suis pas sûr du tout de savoir de qui il s'agit). Nous allons à une fête ou une célébration. Il y a plusieurs grandes salles décorées qui représentent le fond de l'océan. C'est comme si on voyait, par transparence, un paysage marin, éclairé électriquement, dans lequel il est possible de voir toute sorte d'animaux marins, en train de ramper et de nager, comme si nous étions des plongeurs debout au fond de la mer. Les tables étaient nombreuses et nous sommes allés nous asseoir. Les tables n'avaient pas l'élégance attendue dans un tel endroit, mais étaient plutôt rustiques, comme celles des concours de tir, très populaires en Suisse. (Ce n'est qu'après le rêve que je me suis rappelé ces tables. Elles ne m'avaient pas frappé au cours du rêve.) Maintenant je me retrouve seul, en train de monter une grande volée d'escaliers. Une femme plutôt âgée me reçoit et me conduit dans une grande pièce, une sorte de salon, joliment décoré. Au milieu, il y a une sorte de fontaine. Le long des murs, je vois des portes qui de toute évidence donnent dans d'autres pièces. Ces portes sont entrouvertes et je vois des prostituées dans les pièces. La dame me fait les honneurs et après avoir parcouru toute la longueur du salon, sans que j'aie exprimé le moindre souhait d'entrer en relation avec l'une de ces filles, l'hôtesse me dit que plusieurs des filles ne sont pas encore arrivées, et parmi elles les sœurs X (Kaiser[10], pense-t-il). Ensuite j'ai l'impression que je lis un livre français. Je tourne la page et arrive au début d'un nouveau chapitre.

Il y a une illustration et les mots "La nuit a été excellente". L'image représente une scène orgiaque, représentée étrangement. Dans la partie supérieure, dans une forme semi-circulaire, des hommes en tenue de soirée avec des femmes en toilette très légère, assises ou allongées sur des tapis et des coussins. Parmi eux, suspendus par des fils, comme des marionnettes, des policiers et des soldats à cheval. Les fils forment une sorte de délimitation entre les groupes. Je me reconnais, ainsi qu'un homme, dans le premier groupe, à gauche (mais ne peux pas dire de qui il s'agit). Ensuite, je descend les escaliers, avec mon épouse, mais ne peux retrouver mon chapeau. Je le cherche partout, en vain. En fin de compte, je décide de prendre un chapeau qui n'est pas le mien. Ma femme voudrait que nous attendions les amis avec qui nous sommes venus (impossible de me rappeler qui ils sont), mais nous continuons vers la sortie, et au moment de franchir la porte, je me regarde dans le miroir pour vérifier comment me va le chapeau que j'ai emprunté et je découvre que je porte à la place du chapeau un bonnet marron foncé. »

Vous voyez, votre pronostic colle avec le rêve. En analyse pratique, je peux prévoir habituellement ce que sera le rêve suivant. Naturellement je n'aurais pas pu garantir la survenue d'un tel rêve, mais dans un rêve tel que le précédent, qui contient une intuition extraordinaire qui dépasse de loin la situation mentale de l'homme, et dans lequel la figure d'Eros nous apparaît, faisant signe de loin, nous pouvons être certains que le rêveur en a fait trop et qu'il a entraperçu quelque chose dont il ne se doute absolument pas. Rien n'est plus décevant qu'une telle vision quasiment prophétique. Ça vous laisse complètement décontenancé et vous êtes entièrement convaincus que cela vous dépasse. Quand vous n'atteignez pas ce que vous cherchez, vous descendez encore plus bas. Dans l'interprétation de ce rêve (qui ne fut pas aussi exhaustive qu'ici), j'avais dû l'élever dans une atmosphère spirituelle à laquelle il n'était pas du tout habitué. L'air était trop léger, trop spirituel et ça a fait bondir tous ses diables. Lorsqu'on spiritualise la sexualité à l'excès, on est conduit à une orgie sexuelle. Le serpent éternel des abîmes réagit et vous mord. Nous voyons donc que cet homme a été conduit vers une régression. C'est pourquoi dans ce rêve-ci il est conduit au fond de la mer. Mais ce n'est pas une régression réelle : il n'est pas noyé sous les eaux. La réalité c'est qu'il se trouve dans un bordel, une vérité toute simple, mais artificiellement embellie.

Associations : Le fond de la mer : « Le fond de la mer me rappelle une publicité du Lido. Il y avait de nombreuses représentations de salles de bal, apparemment placées au fond de la mer. La scène marine avec les poissons me rappelle un aquarium. J'ai comparé de façon répétitive l'inconscient avec le fond de la mer. Je me rappelle qu'étant monté au premier étage, j'ai admiré le magnifique paysage marin. »

Les tables rustiques : « Je les associe à nos concours de tir où l'on trouve de telles tables rustiques avec leurs bancs et où toute la gaieté est un peu forcée par l'abus de boissons. » Il dit qu'il déteste ce genre d'activités, parce que c'est trop artificiel, et insiste sur ce côté artificiel.

La salle au-dessus : « Elle me rappelle une certaine salle vue dans une ville d'eau allemande, dans laquelle se trouve également un étang artificiel avec une fontaine. Les gens aiment à comparer cette salle avec les thermes de Caracalla à Rome. » Une comparaison audacieuse.

Les sœurs qui ne sont pas venues et le nom de Kaiser ne lui évoquent rien, bien que le mot *Kaiser* représente un personnage très important. Puis suit une association « explicative » qui résume le rêve : « Après qu'on a regardé les images de l'inconscient (la scène marine) mises en rapport avec des situations inconfortables (les bancs durs dans ces pièces), on peut alors se rendre aux aventures orgiaques, sans excitation particulière : l'orgie de l'illustration dans le livre et les prostituées. »

Les images dans le livre lui rappellent des images vues d'orgies romaines, les bains de Caracalla. Puis, il se met à philosopher : « Un homme qui se comprend devrait être capable de participer à une telle orgie et de s'y voir, comme dans un livre. » Il s'était vu dans ces scènes, dans le rêve.

Aux *officiers et soldats*, il associe l'autorité publique et le contrôle. Il dit : « Dans le rêve ces officiers de police sont représentés comme des marionnettes, et c'est vrai que l'autorité publique n'est rien d'autre qu'une marionnette. Cela a à voir avec ma peur de l'opinion publique et du contrôle public. »

Le chapeau : Bien que ce chapeau étrange m'aille bien, je découvre, lorsque je me regarde dans le miroir, que ça me fait une drôle de tête. Ce n'est pas seulement le bonnet d'un fou, c'est un bonnet étrange, déroutant. »

Maintenant, vous possédez toute la représentation du rêve, la chute après le rêve précédent et à nouveau cette critique. Avec ces associations-là, vous pouvez constater que l'idée directrice du rêve est de le faire descendre dans une situation collective, dans une scène festive où viennent des milliers et des milliers de gens, une situation collective populaire. Le « fond de la mer » est une métaphore pour l'inconscient collectif, la grande collectivité au fond de la mer. Il ne s'y trouve rien d'humain, rien que des poissons et autres animaux rampants. Puis, remontant de ce niveau, il parvient au moins à atteindre un niveau relationnel, c'est-à-dire métaphoriquement à participer à une orgie, dans une maison de prostitution, et à repartir de là coiffé avec le chapeau qui n'est pas le sien, le drôle de bonnet marron.

Trimestre d'été

mai-juin 1929

Dix-septième conférence

15 mai 1929

[Le Dr Jung a répété le rêve du dernier séminaire, du 27 mars, en incluant les associations du patient, pour permettre aux nouveaux venus, qui avaient manqué les séminaires précédents, de suivre les développements du séminaire en cours. Il en a profité pour ajouter un certain nombre de suggestions aux associations de son patient. Il a notamment mentionné les décorations des salles au fond de la mer, qui évoquent celles de la Tonhalle [1], ici à Zurich, à l'époque du carnaval. Le rêveur dit que ces scènes lui rappellent l'aquarium de Naples, bien que dans le rêve il y ait infiniment plus de compartiments qu'à l'aquarium de Naples. Les tables rustiques et singulières ainsi que les bancs de bois inconfortables lui évoquent des fêtes populaires ou certains grands spectacles historiques, en costumes d'époque, manifestations qu'il fuit. Il lui est désagréable de s'asseoir sur des bancs aussi durs et la gaieté lui semble forcée. La suite du rêve se réduit pour lui au bordel avec des scènes tirées de ses propres souvenirs qui décrivent la nature de l'endroit. Les deux prostituées qui portent le nom de Kaiser ne lui évoquent rien de particulier, n'était-ce le sentiment que ces deux sœurs jouent un rôle particulièrement important bien qu'à l'évidence elles ne soient que des prostituées. Un mot tel que *Kaiser* suggère à lui seul l'importance, mais il se peut qu'il s'agisse ici d'un simple jeu de mots. Il dit qu'après avoir fait l'expérience des images inconscientes, la vue de scènes orgiaques ne devrait pas entraîner d'excitation particulière. Le Dr Jung lui en demande la raison, et il répond : « Lorsque vous regardez des images de l'inconscient, vous voyez tant de choses pénibles et désagréables que ces scènes du rêve ne contribueraient guère à une quelconque excitation. Un homme qui se connaît lui-même serait même capable de participer à de telles orgies, ou de les observer avec le même sang-froid que s'il en lisait une description dans un livre. » Il ajoute que les figurines de policiers et d'officiers suspendues à des fils ne sont que des marionnettes qui représentent sa peur de l'autorité[2].]

Dr Jung : Dès que quelque chose va au-delà de son expérience, il a très peur et a besoin de quelque autorité sur laquelle prendre appui. Il n'est donc pas improbable que sa supposition concernant les marionnettes ait quelque chose à voir avec les autorités, mais le sens de son association ne me paraît pas clair.

Concernant la scène avec le chapeau, le rêveur dit : « C'est comme si je prétendais m'affubler du chapeau ou des plumes de quelqu'un d'autre. Il me semble qu'il me va, mais lorsque je me vois dans le miroir, je découvre que je suis ridicule. C'est le bonnet d'un fou, peut-être pas tout à fait, mais il donne une apparence un peu folle, un bonnet de deux couleurs. »

Je serais tenté de dire que le début du rêve est plutôt évident, mais j'aimerais établir le lien avec le rêve précédent. Je voudrais vous faire comprendre l'importance de ce rêve marqué par le symbole du Puer Aeternus. Son symbolisme remonte presque trop loin pour pouvoir en décrire entièrement la valeur particulière. Quand un rêve vient d'aussi loin, on peut s'attendre à une régression. Monter trop haut signifie tomber trop bas. Dans le dernier séminaire, vous-même étiez parvenus à la conclusion que le prochain rêve du patient refléterait quelque chose d'une régression et immanquablement ce rêve commence avec le fond de la mer, le lieu le plus bas qui existe. Les scènes qui suivent n'ont rien de spirituel, mais sont au contraire aussi charnelles que possible : nous sommes au bordel. Le rêve se déplace de l'inconscient au bordel ; sans aucun doute, de mal en pis. Au tout début du rêve, il y a cette idée qu'il emmène sa femme à un tel spectacle, une sorte de festival au Lido, un lieu plutôt douteux. Qu'en dites-vous ? Quelqu'un a-t-il une idée sur cette question ?

Miss Chapin : Son problème dans les autres rêves concernait sa relation avec sa femme, et maintenant il l'entraîne dans cette situation.

Dr Jung : Mais elle était déjà avec lui dans le rêve qui précède. N'est-ce pas surprenant qu'il l'emmène dans un endroit tel que celui-ci ?

Dr Binger : Il l'emmène au nom de la décence.

Dr Jung : Ça, c'est excellent. Ce pourrait être une explication. Cet homme a besoin d'être protégé et il emmène sa femme et des amis respectables, comme gardes du corps. C'est entièrement exact, mais entièrement négatif. Avec un introverti comme notre homme, il faut faire attention. Si je suggérais que d'un point de vue moral c'est un couard, qu'il a peur d'y aller seul et que pour cette raison il emmène sa femme et ses amis, il accepterait cela comme étant vrai, parce que je représente une autorité à laquelle il se soumet. Cela reviendrait à ouvrir une trappe sous ses pieds et à lui ôter toute possibilité de se reprendre. Nous devons donc éviter d'être par trop négatifs et souligner que la présence de ses gardes du corps lui sert de bouclier contre le mal. Nous devons traiter cette partie du rêve dans une perspective plus positive.

Comme Miss Chapin vient de le dire, sa femme représente un problème — mais ses parents et ses amis représentent tout autant des problèmes. La difficulté par rapport à sa femme consiste en sa propre attitude. Il se limite à présenter à sa femme un côté excessivement respectable qui devient un élément de séparation entre eux. Pour sa femme, il n'est pas un homme réel. Il est figé dans une attitude de compagnon respectable, même lorsqu'il se retrouve seul avec elle. Nous pouvons donc voir que, dans le rêve, il adopte une attitude tout à fait inhabituelle. Il a eu un nombre inimaginable d'expériences avec des prostituées à l'occasion desquelles il n'a jamais emmené sa femme. Dans ces circonstances, il n'avait nul besoin de gardes du corps bien que d'un point de vue moral il lui en aurait fallu.

Mais bien entendu, il aurait eu le choc de sa vie à la seule pensée d'emmener avec lui ces gens tellement respectables. Dans ce rêve, il emmène avec lui en enfer toute cette atmosphère de respectabilité sociale. En réalité, c'est quelque chose qu'il n'aurait jamais pu faire. Alors le faire en rêve représente un acte de courage extraordinaire, à moins que ce ne soit une erreur fatale. Le rêve nous dit qu'on descend dans un bordel et que, là, on assiste à une terrible scène d'orgie en compagnie des proches, ce qui veut dire qu'il leur révèle l'autre côté de lui-même. Naturellement c'est précisément ce qu'il ne fait pas. Jamais il n'oserait raconter de telles expériences ou fantasmes à sa femme. Ce qui veut dire que le rêve met, comme toujours, le doigt là où ça fait mal. Dans sa relation avec sa femme, qu'est-ce qui fait office de pont ? Dans le rêve précédent, le pont consistait dans la vérité. Quand le Puer Aeternus s'est présenté, il a essayé de comprendre cette arrivée comme l'image de la relation. Mais ce qu'il lui faut, c'est dire la vérité. A partir de ce qu'il dit, je suppose donc qu'il n'y parvient pas. Sa femme exploserait ! Sa femme, c'est un bébé ! Quoique...

Il y a peu de temps, un homme est venu me consulter et m'a raconté l'histoire de son aventure avec une autre femme. Cela a suscité en lui un sentiment négatif à l'égard de son épouse. J'insinuai qu'il gagnerait à être franc avec sa femme, mais sa réponse fut qu'il ne pourrait jamais le lui dire. Un peu plus tard, je reçus sa femme qui de son côté m'a déballé un chapelet d'aventures avec six hommes. Elle souffrait d'une gonorrhée et en accusa son mari. Il avait eu une gonorrhée avant son mariage et le médecin de sa femme avait dit à celle-ci qu'il était possible qu'il n'en fût pas entièrement guéri et qu'en cas de rechute, elle pouvait en être à nouveau infectée. L'homme s'était senti infériorisé à un point tel qu'il ne m'en avait même pas parlé. Cette situation est exactement identique au problème des parents qui hésitent à dire quoi que ce soit à leurs enfants qui les éclairerait sur les questions de sexualité. Et les enfants de dire : « Que notre mère est stupide, elle semble tout ignorer de ces choses. » Le rêve présente donc une vérité impartiale. Il représente une situation qui *existe* selon les lois de la nature. Il ne dit pas : « Vous devriez faire ceci ou cela » et pas davantage ce qui est bon ou mauvais. Il montre simplement le rêveur dans une certaine situation. En dessous, l'homme *est ainsi*. Voici la vérité. Il se rend avec tous ses contenus à tel endroit. Quelle conclusion tirez-vous de tout ça ? Peut-être qu'il appartient au médecin de le conseiller. Tout ce que je peux dire, c'est : « Votre femme est maintenant en âge de ne plus être choquée, elle n'est plus un tel bébé qu'elle ne sente qu'il y ait anguille sous roche. » Peut-être est-elle remplie de fantasmes, peut-être est-elle tellement timorée, sur le plan moral, qu'elle ne peut voir la vérité. Il devrait l'envoyer en analyse et laisser les choses sortir. Peut-être sera-t-elle choquée, peut-être fera-t-elle semblant, le tout est parfaitement ridicule. Toute femme ayant du bon sens doit savoir qu'un homme dans sa situation ne sera pas parfaitement fiable, côté sexualité. Beaucoup de gens, les hommes comme les femmes, ne le sont pas. C'est un fait universel et il en a toujours été ainsi. Pourquoi devrait-elle être déchirée par ce fait ? Mais peut-être le serait-elle dans la réalité. Avec cet homme, je ne pouvais rien faire : il avait tellement peur de sa femme, qu'il n'osait rien lui dire. Néanmoins, le rêve dit la vérité telle qu'elle est. La chose la plus raisonnable consisterait à lui dire : « Allez-y maintenant, ayez une conversation intelligente avec elle, et dites-lui : ainsi va le monde, ainsi se présente la vérité. » Mais en réalité, ce que j'ai dit au patient, c'est que je pensais que pour certaines raisons il ne devait pas avoir une conversation sérieuse avec sa femme. Avant qu'il n'ait fait le présent rêve, je le prenais un peu pour un timoré sur le plan moral et je m'étais dit qu'avec un bon coup de pied au derrière il finirait bien par trouver le courage de parler. Mais ce rêve m'a apporté quelque chose et des rêves ultérieurs m'ont révélé d'autres choses, si bien que depuis j'hésite. A présent, la situation dans ce rêve est que nous sommes au fond de la mer. C'est là une situation des plus dangereuses et à moins d'être un plongeur équipé de son scaphandre, vous pourriez bien vous retrouver à l'état de cadavre. Nous sommes ainsi amenés dans l'inconscient réel. Alors pourquoi pensez-vous que l'inconscient soit ainsi représenté par un aquarium ? Un aquarium marin est une bonne représentation de l'inconscient, mais n'importe qui peut aller visiter un aquarium. Rappelez-vous, je vous ai dit que cet homme est un peu du type timoré sur le plan moral.

Mme Schlegel : Ce fond de mer est artificiel.

Dr Schlegel : C'est constitué de compartiments.

Dr Jung : Pour lui, il doit en être ainsi, ça doit être artificiel et compartimenté. Plus loin nous retrouverons ce facteur, celui de l'irréalité. Il ne l'expérimente pas en termes de réalité. Il ne s'agit que d'une mise en scène, comme s'il la lisait dans un livre. C'est cela que dit le rêve. S'il ne s'agissait que de nous, nous lui dirions : « Eh bien, allez-y, ayez une conversation avec votre femme, osez vous jeter à l'eau », mais l'inconscient parle un autre langage. Il pointe un doigt menaçant qui souligne l'aspect artificiel, la mise en scène, l'aquarium, le livre. Que signifie un tel rêve ? De quelle compensation nous parle-t-il ? Le rêve aurait pu le placer dans une situation sanglante et orageuse, tellement réaliste qu'il en aurait transpiré et hurlé, comme dans un véritable cauchemar, ce qui représenterait une compensation à une attitude irrévérencieuse et superficielle du conscient.

Mr Gibb : Le conscient prend la situation trop au sérieux.

Dr Jung : Oui, maintenant le rêve présente un environnement désinvolte pour compenser une attitude trop sérieuse du patient dans le conscient. Rappelez-vous, cet homme est un introverti et il a peur. C'est pourquoi le rêve lui dit : « Oh, ce n'est qu'un fantasme, c'est juste un aquarium et il ne s'agit que d'une lecture dans un livre. » On dirait la voix de la mère : « Ce n'est qu'un ours au zoo. »

Dr Binger : N'est-ce pas là une manière inhabituelle pour l'inconscient de se présenter ? D'habitude ses images sont beaucoup plus terribles.

Dr Jung : C'est vrai que d'habitude l'inconscient rend les choses terribles. Seulement de nos jours les gens ne prennent pas les choses suffisamment au sérieux et pour cela il faut les impressionner un bon coup. Mais ici, nous avons affaire à un homme plutôt sérieux et l'inconscient lui fait un peu peur. Au début je n'avais pas vu les choses sous cet angle, et plus tard je me suis aperçu que l'inconscient l'effrayait carrément. Si vous voulez traiter avec l'inconscient, il ne faut pas en avoir peur. Si vous prenez les choses trop à la légère dans le conscient, le rêve va dramatiser la situation et vous allez transpirer et vivre des cauchemars. Si vous appréciez l'inconscient à sa juste valeur, vous n'aurez pas peur. Si vous avez peur, vous êtes faits. La partie est perdue. Parce qu'à partir de ce moment-là, l'inconscient disparaît. Aussi longtemps que vous pouvez le voir [3], vous pouvez l'attraper et l'intégrer dans votre conscience. Mais lorsqu'il disparaît, il va agir dans l'ombre et dès lors devenir dangereux. Le pire, c'est l'ennemi invisible. Invisible, l'inconscient peut vous assaillir par n'importe quel côté. Cet homme a peur de son inconscient, il doit donc être prudent, faute de quoi il va paniquer et, s'il parle à sa femme dans cet état-là, il va la réduire en miettes. Les gens les plus dangereux sont ceux qui paniquent : ils provoquent l'explosion. En présence d'un cas *borderline*, je m'oblige à rester tout à fait tranquille pour ne pas induire une explosion. Si mon patient garde la tête froide, il pourra gérer la situation. Naturellement, sa femme est dans un état de très grande tension, car elle a beaucoup accumulé. C'est une bombe prête à exploser. Si donc le mari a peur, il va gérer la situation de façon maladroite. Il va, à coup sûr, infecter sa femme avec sa panique et provoquera une explosion. Dans cet état, certaines femmes soit utilisent un revolver, soit se suicident. J'ai l'impression d'une affaire de nature vitale. Il ne faut jamais forcer de telles choses. Il doit donc se montrer prudent et certainement pas moralisateur. Mieux vaut être avisé que bon.

Dans la partie suivante du rêve, après la scène de l'aquarium, il découvre que les sièges sont des bancs de bois rudes, semblables à ceux que l'on voit dans les fêtes paysannes. Ils ne sont nullement assortis aux circonstances. On s'attendrait plutôt à des sièges très travaillés, mais dans le rêve ces bancs sont totalement inconfortables. Qu'en pensez-vous ? Rappelez-vous, ils se trouvent dans l'aquarium.

Mrs Deady : Il dit qu'ils lui rappellent les fêtes que l'on donne ici et qui lui paraissent toujours très artificielles.

Dr Jung : Mais pour les gens d'ici, elles ne paraissent pas du tout artificielles. Il n'aime pas ce genre d'événements, il est mal à l'aise dans une telle foule, ce qui lui rend les choses artificielles. Tout ça concerne ses heures d'analyse avec moi. Les sièges font référence à l'inconfort qu'il éprouve pendant les consultations et ces heures représentent pour lui une gaieté forcée. Bien entendu il est séduit par les magnifiques perspectives que l'analyse lui ouvre, mais le prix à payer, ce sont toutes ces heures pendant lesquelles il est assis de façon très inconfortable sur ces bancs en bois. Je ne serais pas surpris de découvrir qu'il associe ces bancs de bois à mes manières de Suisse mal dégrossi. Je lui ai dit des choses qui l'ont mis terriblement mal à l'aise. Dans le rêve il monte d'un étage par les escaliers et aboutit à un bordel ! N'est-ce pas surprenant ? On s'attendrait plutôt à ce qu'il descende, ouvre une trappe et continue à descendre, jusqu'au bordel. Mais il monte ! Pourquoi ?

Dr Binger : Il monte dans son conscient, où se trouvent tous ces éléments.

Dr Jung : Oui, mais il ne s'agit pas de ça.

Dr Leavitt : Il s'est trouvé vraiment très bas.

Dr Jung : Il a été très bas dans mon cabinet. Est-on plus élevé dans un bordel ?

Dr Leavitt : Il se sent mieux dans cet endroit.

Dr Jung : C'est votre supposition qu'il s'y sentirait mieux ! Le rêve dit : « L'analyse, oui, mais si vous montez d'un niveau, vous arrivez à un bordel. » Que signifie cela, à présent ?

Mrs Deady : C'est une relation plus humaine.

Dr Jung : Il en a peut-être assez de la relation inhumaine de l'analyse. Ça serait bien mieux si nous pouvions vivre quelques scènes d'orgie tous les deux ! Seulement, jusqu'à présent, je ne lui ai découvert aucune homosexualité.

Dr Leavitt : Mais cela le ferait sortir de ses répressions, n'est-ce pas ?

Dr Jung : Mais ce n'est pas sa sexualité qu'il réprime, ce sont ses sentiments pour sa femme.

Dr Deady : Le rêve dit : « C'est au-dessus de l'analyse, à un niveau supérieur, plus franc. »

Dr Jung : Vous pouvez amener n'importe quelle dame

visiter un aquarium. C'est parfaitement convenable et décent. Il n'y a là aucune implication particulière. Mais emmener votre épouse dans un bordel, c'est infiniment plus dangereux. C'est pourquoi le rêve dit « en haut » pour cette démarche. C'est là un effort moral plus important que l'analyse. Dans l'inconscient, il en vient maintenant à confronter son épouse avec la réalité des choses, avec la réalité des faits le concernant et que l'analyse lui a enseignés.

Mme Sigg : Il semble qu'il s'agisse là d'un problème très important pour les femmes modernes. Elles ne cachent plus leur connaissance des bordels et discutent très librement du sujet.

Dr Jung : La prostitution existe en fonction du mariage. Les statistiques nous montrent que les clients qui font vivre les bordels sont les hommes mariés, pas les célibataires.

Mme Sigg : Les hommes qui font ça répriment leur âme.

Dr Jung : Attention, n'allez pas trop loin. Le rêve dit qu'il emmène ses amis pour les confronter à la réalité du bordel. Puis tout devient irréel, comme s'il lisait un livre. L'inconscient a été transformé en musée, irréel parce que trop réel dans le conscient.

Mr Gibb : C'est devenu une obsession.

Dr Jung : Oui, trop réel signifie qu'il en est obsédé. Lorsque quelque chose devient trop réel, je m'engouffre dedans, comme un oiseau s'engouffre dans la gueule du serpent. Sa sexualité misérable est devenue tellement réelle, tellement surévaluée qu'il ne peut même plus rêver, en parler. La réalité est trop forte, elle est devenue un absolu. C'est pour cela que l'inconscient dit : « Oh, ce n'est que quelque chose que tu lis dans un livre, une histoire, même pas un rapport officiel, vraisemblablement quelque chose de tout à fait incroyable. C'est tellement loin de toi que ça ne peut pas te toucher. Même si c'était vrai, tu pourrais t'en tirer. Il n'y a rien de bien excitant dans tout ça. » En fait, le rêve le calme pour compenser la peur bleue qu'il éprouve à l'idée de raconter cela à sa femme.

Dr Leavitt : Est-ce là la réalisation d'un souhait ?

Dr Jung : Il n'y a pas de souhait réalisé dans le rêve. Il a bien trop peur pour souhaiter vouloir emmener sa femme. En fait, il pourrait plutôt vouloir souhaiter ne jamais emmener sa femme.

Dr Leavitt : Alors, le rêve ne dit-il pas simplement ce qu'il devrait faire ?

Dr Jung : Un rêve ne dit jamais ce que quelqu'un devrait faire. Jamais la nature ne fera de suggestions. Il faut connaître les détails de la vie consciente pour pouvoir interpréter un rêve, car le rêve est construit à partir de tout ce que nous ne vivons pas ou dont nous ne devenons pas conscients. Dans mon conscient je risque d'aller trop à droite. Si vous vous penchez trop d'un côté, il y aura une compensation dans l'inconscient. L'inconscient est comme une boussole, il ne vous dit pas ce que vous avez à faire. A moins de savoir lire une boussole, elle ne peut pas vous aider.

Dr Leavitt : Alors, après une interprétation, le rêve est-il un guide ?

Dr Jung : Oui, autant qu'une boussole peut être un guide — si vous savez lire une boussole. Elle donne la direction. Mais elle ne sert à rien si vous ne savez pas la lire. C'est tout comme l'oracle de Delphes qui ne vous dit jamais ce qu'il faut faire. C'est une situation mythique et c'est à vous de lui donner son sens. Aussitôt que le rêve est expliqué et que la situation est ressentie comme irréelle, l'homme est libre de peindre le pire : une scène orgiaque. Et ça c'est quelque chose qu'il pourrait présenter à sa femme. Il pourrait lui dire : « Regarde ce que j'ai trouvé dans ce vieux livre. » Il n'en est nullement responsable, puisque cela a été fait il y a très longtemps par quelque artiste. Avez-vous remarqué ce qu'il y a de singulier dans l'image de la scène marine ?

Dr Binger : L'aquarium est divisé en compartiments.

Dr Jung : Oui, c'est cela même. Il est divisé en compartiments. Mais auparavant, je voudrais attirer votre attention sur quelque chose de très suggestif concernant les mouvements d'ondulation des créatures primitives dans un aquarium. Les contorsions et les tortillements qu'elles vous montrent ouvertement sont des mouvements invisibles en surface. Ils ressemblent aux mouvements du corps humain, des intestins et du système nerveux sympathique. Il y a une analogie singulière que j'ai observée fréquemment dans les rêves et les fantasmes de patients : des mouvements de l'intestin, analogues aux mouvements sexuels. Ce qui veut dire que les images vues en bas, dans l'aquarium, et qui se transforment progressivement en images orgiaques, en haut, au bordel, sont pratiquement les mêmes. Elles finissent dans la sexualité. À présent nous ne pouvons plus ne pas parler des compartiments. Pourquoi ces séparations sous forme de compartiments ?

Dr Binger : C'est ce que le rêveur a fait, en réalité, dans sa vie.

Mr Gibb : Il est plus facile d'exercer un contrôle sur des compartiments.

Dr Jung : L'idée même du compartiment signifie le contrôle. Vous séparez les différents compartiments par des murs étanches et vous pouvez affirmer : « Ceci va ici et cela va là-bas. » On gère plus facilement ce qu'on peut séparer et il n'y pas de risque de mélanger les choses. Tout reste à sa place, ce qui évite les avalanches. C'est précisément ce que l'homme a fait avec le côté obscur du monde, en le séparant de l'autre côté par des compartiments étanches. Mais pourquoi faut-il que les poissons des réservoirs soient séparés des autres scènes marines ? Ils sont pourtant de la même essence. Ici, nous avons une grosse difficulté à comprendre pourquoi cette séparation en compartiments est nécessaire. Par sentiment de sécurité, c'est propre, plus facile à gérer, mais cela ne me satisfait pas. Il y a plus à découvrir.

Mme Sigg : Il est tout à fait étonnant de constater que dans les formes anciennes de littérature on avait l'habitude d'écrire en donnant force détails et dans un style pédant. Il doit y avoir quelque analogie ici.

Dr Jung : Vous avez tout à fait raison, en ce qui concerne cette forme de pédantisme, dans les écrits anciens. Tout y est décrit avec les détails les plus ahurissants, si bien que dans ces descriptions tout finit par avoir la même importance.

Dr Schmitz : On retrouve la même façon pédante d'arranger certaines scènes dans la peinture italienne ou indienne, la même analogie.

Dr Jung : Voilà qui va dans la direction que je souhaitais souligner. Ce pédantisme singulier ne peut se manifester que grâce à une concentration extraordinaire de la libido sur chaque événement particulier, ce qui explique qu'il y ait un trop-plein de détails. La valeur subjective est augmentée, ce qui explique que chaque événement doit être représenté pour lui-même, rehaussé par des détails étonnants, entouré d'un cadre et décoré par des statues, etc. Cela nous montre qu'il y a une valeur considérable attachée à chaque événement. Chaque fait se justifie par lui-même et on n'observe nulle tentative de synthèse dans l'image. Si ces scènes d'orgie n'avaient pas été aussi floues dans le rêve, je suis convaincu que mon patient aurait pu me raconter chaque situation particulière qu'il avait rencontrée et qui reste chaque fois un élément isolé, n'ayant fait l'objet d'aucune synthèse, et là nous revenons à la notion de sécurité. Supposez que vous ayez commis, un jour, un meurtre, volé quelque chose, et que vous ayez mis toute une série de choses épouvantables chacune dans son propre compartiment. Mais pour l'instant, dans le compartiment présent, vous n'êtes concernés que par une petite escroquerie. C'est l'approche du criminel, et cela explique son sentiment de « bonté ». Sa vie entière est divisée en une multitude de compartiments, jusqu'à ce que la police intervienne avec tous ses procès-verbaux.

Un jour, un homme est venu me voir et me dit : « Mon véritable problème, c'est que je n'ai jamais eu la moindre expérience avec les femmes. » Je répondis : « Mais comment est-ce possible ? Vous êtes marié. — Ah oui, mais je n'ai pas connu d'autre femme. — Vous m'avez pourtant dit avoir été fiancé auparavant. — Oui, mais c'était il y a longtemps. » Après l'avoir quelque peu forcé à me raconter sa vie, j'ai eu droit à la révélation d'une longue série d'histoires d'amour : trente-deux. Mais cet homme maintenait qu'il n'avait jamais eu d'expériences avec une femme, et c'était vrai. A la fin de son analyse, il eut encore un dernier dérapage qui le rendit conscient et il dit : « Plus jamais. » Les compartiments avaient disparu.

Voici un autre cas, celui d'un homme charmant qui entretenait simultanément une relation avec cinq femmes, dont son épouse. Je n'en avais pas dit grand-chose, jusqu'au jour où, expliquant un rêve, je lui dis quelque chose concernant la nature polygame de l'homme : « Mais, me dit-il, je ne suis quand même pas polygame, je ne sais pas ce que c'est. » Je lui répondis : « Que dire de Mrs X. ? — Ah, mais elle, c'est différent, elle est musicienne et de temps à autre nous jouons ensemble et ensuite... — Et Mrs G. ? — Oh, Mrs G., c'est différent, nous jouons ensemble au golf, et ensuite... — Et Miss B. ? — Mais voyons, elle n'est que ma secrétaire, nous sortons ensemble de temps en temps, mais ça, ce n'est pas de la polygamie ! » Vous voyez, cet homme avait chacune de ses femmes dans un compartiment à part, la musique, le golf, le bureau, son épouse, etc., et ainsi il restait un homme parfaitement respectable. Sa vie entière n'était qu'une suite de compartiments. Aussi je lui dis : « Moi, j'appelle cela de la polygamie : vous entretenez des relations sexuelles, simultanément avec cinq femmes. — Docteur, je pense que vous avez raison, c'est épouvantable. — Oh non, pas épouvantable, mais pas très avisé, mieux vaudrait changer un peu tout ça. » Savez-vous ce qui est arrivé à cet homme ? Il est devenu totalement impuissant ! On a peine à le croire, et pourtant c'est vrai.

J'avais une tante [4], une méchante femme, une très mauvaise langue, et mon oncle était un inventeur qui possédait un phonographe et produisait des disques. Un jour qu'elle lui servit un horrible sermon, il l'enregistra sans qu'elle le sût. Le lendemain, redevenue calme et raisonnable, il lui dit qu'il avait quelque chose à lui faire entendre et mit le disque. Elle s'exclama : « Je n'ai jamais dit ça, ce n'est pas vrai ! » J'encourage souvent les gens à rédiger leur journal intime et à relire leurs notes plus tard ou encore à écouter les autres leur raconter leur vie. Cela peut les aider grandement à sortir de leurs compartiments. Il est extrêmement éclairant d'écouter quelqu'un raconter la vie d'autrui. Ce que nous faisons se retrouve dans des compartiments, ce qui nous maintient singulièrement dans l'inconscience. Jusqu'à présent, le rêveur n'a jamais fait le résumé de sa vie et je suis convaincu que si l'inconscient avait été plus explicite dans le rêve, il en aurait éprouvé le choc de sa vie. Un introverti conserve souvent les événements de sa vie dans des compartiments séparés, en les séparant par un mur pour interdire les mélanges. Si les compartiments venaient en contact, ce serait l'explosion. Cet homme s'est protégé contre une telle explosion.

Dix-huitième conférence

22 mai 1929

Dr Jung : Aujourd'hui, nous allons continuer notre rêve. Nous étions restés bloqués près de la fin. Il n'y a qu'une partie sur laquelle je veux attirer votre attention. Vous vous rappelez que les souvenirs de la vie du rêveur sont enfermés dans des compartiments et, dans le rêve, ils sont séparés par des ficelles au bout desquelles pendent des marionnettes de policiers et de soldats qui, eux-mêmes, marquent les séparations entre les compartiments. Le rêveur s'en fait une idée qui est une sorte d'interprétation mais ne fait pas d'associations. D'après vous, quelle pourrait être la signification de ce symbole particulier ? Le fait que sa psychologie de compartiments soit scindée par des policiers et des soldats qui, de toute évidence, surveillent les murs des compartiments ?

Dr Schlegel : Les gardiens de la morale. Les policiers sont les symboles de la morale conventionnelle.

Dr Jung : Oui, et à ce propos je vais vous raconter une blague. C'est l'histoire d'un père zurichois qui dit à son fils, devenu grand : « A présent, tu es en âge d'entrer dans la vie et il faut que tu saches quelque chose. Les imbéciles croient que la Bible va te dire ce qui est bien et ce qui est mal, mais pour les intelligents il y a le code pénal ; voilà, tu sais tout. » Et voilà le fils qui se lance dans la vie, persuadé que les policiers et les soldats ont pour vocation de défendre l'ordre moral. Dans le temps, la police suffisait pour l'imposer, mais de nos jours les gens ne croient plus à l'autorité et nous avons dû mobiliser plus de soldats et de mitrailleuses. Il est certain que dans le rêve le code pénal a sa place : cet homme porte en lui la notion conventionnelle de morale. Mais pourquoi faut-il des policiers et des soldats pour délimiter ces compartiments ? Voilà un morceau de psychologie intéressant en lui-même, car en nous en remettant au rêve, ces compartiments résultent de la présence même des policiers et des soldats. Essayez d'expliquer ce fait.

Dr Schmitz : Je dirais volontiers qu'il est suffisamment avancé à présent pour comprendre que la police et les soldats ne suffisent plus. Maintenant il construit ses propres compartiments et, quant aux soldats et policiers, ce ne sont plus que de pauvres marionnettes. On peut critiquer le fait de se constituer ses propres compartiments, mais c'est mieux que de croire encore à l'autorité de la police. Il a fait des progrès.

Dr Jung : Oui, les marionnettes sont des objets morts, exception faite pour les mains vivantes qui les manipulent. Les soldats et policiers n'ont plus d'importance et l'inconscient voit ce fait. Mais pour reprendre ma question : comment se fait-il que la morale conventionnelle produise des compartiments, car c'est évidemment ce qui se passe.

Dr Schmitz : Il s'agit là de la morale bourgeoise qui nous dit : « Faites des bordels, mais maintenez-les dans des compartiments loin de vos épouses, de vos sœurs et de vos filles. » Et qui plus est, la police protège les bordels.

Dr Jung : Oui, c'est un fait bien établi que la police est alliée aux bordels et à ce qui s'y rapporte. La psychologie de compartiments est suscitée en réalité par la morale conventionnelle qui affirme que certaines choses sont fournies par l'Etat. Puisque vous êtes un citoyen soumis à la loi, vous êtes aussi autorisé à utiliser cet instrument. Je me rappelle il y a longtemps avoir rencontré un Américain à bord d'un transatlantique. C'était un homme marié, conventionnel. Il était tombé amoureux d'une jeune femme et voulait se débarrasser de son épouse pour épouser la jeune femme. Il me demanda mon avis sur la question. Je lui dis : « Avez-vous des reproches à formuler contre votre épouse ? — Non. — Avez-vous des enfants ? — Oui, cinq. — Et vous allez, tout simplement, la mettre à la rue ? — Mais, dit-il, je l'ai épousée selon la loi et celle-ci prévoit également le divorce. Je peux donc divorcer selon la loi. » Voilà de la psychologie de compartiments ! Aussi longtemps que vous êtes sous la protection de la police, une telle morale produit des situations totalement privées d'âme. Sans âme, pas de synthèse. Un homme parfaitement sain me dit un jour : « Vous pouvez faire tout ce qui vous plaît, aussi longtemps que la police n'en sait rien. » Cependant, il avait des cauchemars terribles et souffrait de symptômes névrotiques parce qu'il n'agissait qu'au gré de sa fantaisie et n'avait jamais fait le lien entre ces deux faits. Il y a en nous une loi qui autorise certaines choses et en interdit d'autres. Chez une personne consciente, utiliser comme moyen l'attitude de la persona revient à utiliser la morale conventionnelle chez quelqu'un d'inconscient. Je n'ai que faire d'un homme qui pour vivre ne s'appuie que sur la morale conventionnelle. Il peut tout aussi bien n'être qu'un criminel, mais se tenant à l'intérieur des limites de la morale conventionnelle, il va se considérer comme respectable. Un homme qui fait mal et qui sait qu'il fait mal peut changer. Il ne fait pas de tort à sa propre âme. Ce qui est meurtrier pour l'âme humaine, c'est d'aider les gens à constituer des compartiments. Posséder une telle morale est un péché contre le Saint-Esprit. Aucun développement n'est possible si l'on se range sous la loi de la morale conventionnelle. Elle conduit à une psychologie de compartiments, et comment un homme peut-il se développer s'il oublie ce que contiennent ses compartiments ? Un tel homme peut faire n'importe quoi en se rangeant sous cette loi. Il peut dire : « Oui bien sûr, mais c'était il y a des années. »

Dr Bertine : Une scène orgiaque n'implique-t-elle pas la morale conventionnelle ?

Dr Jung : Oui, la police et les scènes orgiaques sont une seule et même chose, mais les scènes orgiaques se trouvent dans des compartiments séparés, par sécurité, des autres compartiments dans lesquels d'autres choses se produisent. Après ces scènes dans le rêve, il redescend avec sa femme et cherche son chapeau qu'il ne peut pas trouver. Alors il en prend un qui a une drôle de forme et, comme il se dirige vers la sortie, il se voit dans un miroir, avec un curieux bonnet marron au lieu d'un chapeau. Cette scène indique un changement. Quelque chose a dû se produire dans le dernier rêve qui entraîne un changement dans son apparence extérieure, ce qui est symbolisé par ce chapeau singulier. Comme le patient ne fait aucune association à cet égard nous ne pouvons pas détecter ce changement. Dans un tel cas, nous devons faire appel à notre propre intelligence. Le symbolisme du chapeau doit être quelque chose d'impersonnel, car s'il était d'ordre personnel il aurait fait plein d'associations. L'absence d'associations prouve en quelque sorte qu'il s'agit là d'un symbolisme impersonnel, une manière de métaphore acceptée de façon générale. Connaissez-vous quelque chose sur ces bonnets ?

Dr Schmitz : Le bonnet de Siegfried.

Dr Jung : Oui, le bonnet étrange de Siegfried qu'il prit au dragon pour se rendre invisible. D'autres matériaux vous reviennent ?

Mrs Schevill : Vous nous avez rapporté l'histoire de ces mystérieux petits garçons, en bonnets de cuir marron, qui surgissaient dans des petites villes allemandes et du pouvoir qu'ils avaient sur la morale conventionnelle.

Dr Jung : C'était tiré d'un livre allemand dont j'ai oublié le nom [1]. Personnellement je n'ai jamais rencontré ce genre de symbolisme, mais il m'a frappé. Ce n'est qu'après avoir rencontré ce symbole de manière répétitive que j'ai commencé à en ressentir l'importance. Mon patient n'a jamais lu ce livre. C'était l'histoire d'une ville allemande hautement respectable dans laquelle apparurent ces garçons mystérieux, coiffés de capuchon de cuir marron, qui par leur présence provoquaient des événements étranges [2]. Dans ces villes toutes sortes de *Vereins* (associations) étaient organisées. Là où il y a trois Allemands, il y a un *Verein.* Vingt de ces associations se réunissent et organisent le bal annuel. C'était très respectable et toutes les jeunes filles étaient là, bien alignées pour le « marché du mariage ». Tout le monde était présent, à l'exception du pasteur dont, comme la suite va le prouver, l'absence fut une erreur fatale. Tout allait bien, comme d'habitude, lorsque apparaît derrière une colonne, dans la galerie, un jeune garçon coiffé d'un capuchon de cuir marron. Et dès ce moment, l'atmosphère devint beaucoup plus gaie. L'orchestre se mit à jouer avec entrain, une flamme sautillante traversa la salle de bal, chacun perdit la tête et le bal se transforma en une orgie primitive des plus sauvages, s'achevant en une totale promiscuité. C'est à ce moment-là que le garçon disparut et *tableau** ! chacun reprit conscience. On vit le bourgmestre avec la serveuse, etc. A présent, notre rêveur évoque le même symbolisme, celui du capuchon de cuir marron. Il n'a jamais lu ce livre, mais il est clair qu'il s'est branché sur une conduite souterraine de matériel symbolique à l'instar de l'auteur du livre. Nous découvrons le garçon au capuchon de cuir marron, sans doute responsable de la soirée sauvage de notre histoire. Cette salle de bal dans une ville respectable est comme l'arrière-plan du conscient de cet homme. Tout à coup, un trou s'ouvre dans le mur, et le voilà, avec son épouse, dans un endroit terriblement choquant. C'est cela que font ces garçons : ils ouvrent soudainement d'horribles possibilités comme ce fut le cas de cette bouteille magique montrant les amants enlacés, ce qui choqua terriblement les invités de la soirée. Or la bouteille ne faisait que révéler les fantasmes secrets de ces gens. C'est cela qui s'est produit dans le rêve : le déchirement du voile, le percement du mur du compartiment, et cela on le doit aux garçons avec le bonnet de cuir marron. Connaissez-vous d'autres choses concernant ces garçons ?

Mrs Crowley : Les nains.

Dr Jung : Oui, les lutins, les farfadets. Dans l'histoire de ce symbole, le capuchon est la coiffure spécifique de toutes sortes de personnages, le *pileus* de Mithra ou d'Apollon, le bonnet phrygien d'Attis ou d'Adonis [3], et ensuite les cabires [4] grecs, tous portant un capuchon ou bonnet pointu. Je pense que c'est Pausanias qui rapporta que deux statues du cabire avaient été placées sur des rochers, à un endroit particulièrement dangereux pour protéger les navigateurs. Habituellement les cabires étaient de petites choses que l'on gardait cachées dans de petites boîtes et toujours soigneusement emballées. Le *spiritus familiaris* d'Esculape en faisait partie, et on le trouvait sur tous les monuments d'Esculape sous la forme de son gardien. Il était un dieu particulier pour les médecins — Telesphoros, celui qui apporte la perfection ou l'accomplissement. Ils portaient tous des capuchons pointus et habituellement marron. Vous avez peut-être eu la possibilité de voir sur les armoiries de la ville de Munich le *Münchner Kindl* (le petit enfant de Munich) [5] qui porte une longue robe de moine qui lui couvre les pieds, car il est interdit de voir les pieds d'un nain. Il y a cette histoire de la femme d'un meunier qui était particulièrement favorisée par les nains. Ils lui faisaient tout son travail. Elle laissait tout en l'état, dans sa cuisine, et la nuit elle entendait des bruits et savait que le lendemain matin tout serait nettoyé. Elle savait que c'était les nains, mais comme elle était curieuse elle voulut les voir. Alors une nuit elle répandit de la farine par terre, et le matin suivant elle put voir le sol couvert de traces de pattes de canard. Seulement les nains ne revinrent jamais. Elle dut s'atteler à son propre travail. Elle n'aurait pas dû chercher à savoir comment sont les pieds des nains. Il y a là une idée très profonde. Ce matériel devrait nous donner une clef pour saisir le sens de ce qui se cache en réalité derrière le capuchon. Le rêveur échange son chapeau habituel pour ce qui paraît lui ressembler, mais qui se révèle être, en réalité, ce capuchon marron si singulier. Alors que représente le *chapeau*, son chapeau habituel ?

Dr Bertine : La coiffure d'un monsieur bien conventionnel.

Dr Jung : Pourquoi l'exprimer avec le chapeau ?

Mrs Schevill : Fréquemment, on constate qu'un chapeau représente une attitude.

Dr Jung : Oui, mais pourquoi l'utiliser pour être conventionnel ?

Mme Sigg : L'homme le porte lorsqu'il sort dans la rue.

Dr Schmitz : C'est son toit, sa couverture.

Dr Jung : Un homme porte son chapeau dans la rue où d'autres personnes le voient lorsqu'il est dans sa respectabilité, c'est-à-dire lorsqu'il sied qu'il soit vu. Il est donc présentable. Si quelqu'un s'avisait aujourd'hui de porter dans la rue un capuchon de cabire, on le prendrait pour un ivrogne, un original ou un musicien ! Un honnête homme ne peut pas se permettre de fantaisies quand le chapeau est en jeu. A San Francisco, passée une certaine date, si vous apparaissiez dans les rues portant un chapeau de paille, on vous emmenait tout droit à l'asile d'aliénés. Quand je me rendis aux Etats-Unis, je portais mon chapeau habituel, un européen, mais un ami me dit aussitôt : « Ton chapeau n'ira pas, tu dois absolument porter un chapeau melon, parce que là-bas, tout le monde le fait. »

Mr Gibb : La même chose arriva au Dr Baynes [6].

Dr Jung : Exactement, le chapeau est un symbole. Dans un rêve d'homme, il signifie que le rêveur est préoccupé de son apparence extérieure, de son image publique. Il représente aussi les préjugés ou les doléances du rêveur. Ici, le rêveur quitte cette maison, il ne peut pas retrouver son chapeau, à nouveau son apparence extérieure, une perte sérieuse pour lui, car il se rend compte qu'il ne peut pas se montrer en public comme il en a l'habitude. Quelque chose l'a atteint en profondeur ! Il trouve un autre chapeau qui lui paraît ressembler au sien. Voilà à nouveau un élément de consolation dans le rêve. Le rêve lui dit : « C'est sans importance, ce n'est pas vraiment ton chapeau mais c'est néanmoins un chapeau comme les autres. » Et à son étonnement, il découvre qu'en fait de chapeau il porte un étonnant capuchon marron. On pourrait dire que celui qui quitte cette maison n'est plus l'honnête homme conventionnel qu'il était en y entrant, mais qu'il est devenu un de ces méchants garçons métaphysiques et malveillants ou un cabire. Pour le rêveur ce fut un tel choc qu'il se réveilla.

Dr Schmitz : Le capuchon est le signe du paysan, il n'est donc plus le « monsieur » qu'il croyait être.

Dr Jung : Certes, mais à présent cette idée du capuchon n'est plus en accord avec nos vues. Un homme en tenue de golf peut parfaitement porter un capuchon ou un bonnet, mais avec notre « monsieur », ça ne fera pas l'affaire. Il est méticuleux à l'excès pour tout ce qui touche son apparence extérieure. Il s'habille avec un soin extrême. Sa cravate, son mouchoir et ses chaussettes doivent tous être du même bleu. Porter une telle capuche dévalorise l'opinion qu'il a de lui-même, et dès lors il devient aussi commun que n'importe qui dans la rue, comme un boucher par exemple. Un homme aussi conventionnel doit pouvoir se distinguer par une apparence méticuleusement soignée, faute de quoi il ne sera pas différent de son boucher. Ainsi, le fait de porter cette capuche l'infériorise dans sa condition sociale, et c'est pour lui le premier élément d'insécurité. Pourquoi est-il ainsi abaissé ?

Mme Sigg : Il s'identifie d'abord avec le père et le fils et ensuite avec le Puer Aeternus. Il est trop haut et de ce fait doit être diminué.

Dr Jung : C'est parfaitement exact. Lorsque nous sommes inconscients de quelque chose qui s'est constellé en nous, nous nous identifions à cela, et cette chose va nous activer, ou bien nous faire agir comme si nous étions des marionnettes. Nous pouvons échapper à cette emprise uniquement en rendant cet élément conscient et en l'objectivant, en le sortant de nous-mêmes, c'est-à-dire en le sortant de notre inconscient. Voilà un travail excessivement difficile à réaliser pour notre patient. Puisqu'il ne connaît pas le Puer Aeternus, il ne peut pas le sortir de lui-même, le concrétiser, ou l'objectiver comme un élément extérieur à lui-même. Je vois souvent cette difficulté considérable chez mes patients. Il m'est difficile de voir quelque chose qui a été au plus intime de ma psychologie et de l'objectiver aussi clairement que ce porte-allumettes.

Mais le patient s'identifiait au Puer Aeternus, et cette identification l'a éliminé de la sphère humaine. Comment puis-je prouver cette identification ? Il n'y a qu'une chose que je puisse dire : un homme qui s'identifie avec la morale conventionnelle n'est pas lui-même. Il est la police, il est le bordel, il est le code pénal, il est n'importe quoi d'autre. En toutes circonstances, ce sont les lois qui lui servent de repères, ce qui explique qu'il ne cesse de s'appuyer sur cette formulation : « Si c'est cela que vous croyez, alors n'importe quel homme ou n'importe quelle femme peut faire ceci ou cela ! Qu'adviendra-t-il de notre civilisation ? » Ce à quoi je réponds : « Votre problème n'est pas le destin des onze mille vierges[7] mais bien le vôtre. » Mais bien entendu, il est tellement plus facile de se préoccuper du devenir des onze mille vierges que de s'occuper de soi-même. Ainsi on devient une sorte de Sauveur qui se préoccupe du bien-être du monde. Mais ce qui compte en réalité, c'est de se préoccuper de son propre Soi. Le roi de France Henri IV avait dit : « Mon idéal est que chaque paysan puisse mettre la poule au pot, le dimanche. » Et moi je dis : « Il importe que chaque homme se préoccupe de sa propre moralité et non pas du bien-être des autres. Il ne peut pas résoudre le problème des onze mille, car il devrait y consacrer sa vie entière sans que rien se produise jamais, et ainsi il se garantirait la plus grande sécurité. »

Puisque cet homme est le code pénal, il est tout autant la morale conventionnelle. Comme par ailleurs il est secrètement mû par le Puer Aeternus, il est le Puer Aeternus mais aussi le garçon avec le capuchon marron, l'opposé du Puer Aeternus, un petit nain tout marron[8] qui vient de la terre, la couleur de la terre. Il n'est plus dans le monde des belles idées générales. Maintenant, il est sous la terre, recouvert d'une capuche de terre brune, recouvert de boue sale. Autant il était au-dessus de lui-même, autant il est à présent en dessous de lui-même, désespérément enfermé dans le pouvoir magique de la terre. Naturellement, cette situation influence sa constitution psychologique. Il descend jusqu'à l'homme primitif, l'homme des cavernes qui vit littéralement *sous* la terre. Nous en venons maintenant à la question importante : quelle est, dans sa totalité, la signification de ce rêve ?

Mr Gibb : Cela ne veut-il pas dire qu'il commence à se connaître davantage ? Qu'il voit tous les compartiments d'un seul coup ? Il emmène la totalité de lui-même dans ce rêve.

Dr Jung : C'est de la plus grande importance. Quelle valeur donneriez-vous à ce point ? Que veut dire le fait qu'il emmène tout le monde dans cet endroit, la famille, ses amis, ses connaissances ?

Mr Gibb : Ce sont des parties de lui-même.

Dr Jung : Exactement. Un homme n'est jamais représenté uniquement par lui-même. Un homme n'existe qu'en relation avec d'autres individus. On ne peut avoir une image complète de lui-même qu'en le voyant dans ses rapports avec ses proches, de même que vous ne pouvez appréhender la connaissance d'une plante ou d'un animal qu'après avoir découvert son habitat. Lorsque dans le rêve il emmène tout son entourage, cela signifie y aller ensemble, c'est-à-dire mettre chaque élément de son entourage dans sa vie. En termes de langage conscient, nous dirions qu'il rassemble tous ses gens, et pendant vingt-quatre heures on ne dira rien d'autre que la vérité. Son sentiment procède à une sorte de constat relatif à toute sa psychologie, un constat de ce qu'il devrait entreprendre. Dans le début du rêve, nous avons cette critique puissante à l'égard de sa psychologie du compartiment. C'est comme si le rêve disait : « A présent amène-les tous et emmène-les voir ce spectacle bien connu ; qu'ils voient tout, de bout en bout. »

Mr Dell : Les compartiments sont-ils l'un à côté de l'autre comme pour former un panorama ?

Dr Jung : Oui, ce qui signifie qu'il devrait avoir un regard objectif sur sa vie entière, réunir les compartiments et faire la somme de tout ça. C'est précisément ce que ce genre de personnes ne font pas. Ils séparent soigneusement les éléments de leur vie pour éviter tout court-circuit. Le rêve lui donne une vue panoramique qui prend en compte sa vie entière pour permettre à chaque côté de lui-même de faire connaissance avec sa vie, prise comme un tout. Cela revient à verser tous ses différents contenus dans un fondoir [9], histoire de voir ce qui en sortira, et ce sera enfin le moment pour lui de pouvoir réaliser une synthèse.

Mr Dell : Les cauchemars résulteraient-ils des courts-circuits ?

Dr Jung : Certainement, et le choc ici, c'est que le rêveur s'en sort avec une capuche brune ! Il est rabaissé, il descend du haut de sa position respectable dans laquelle tout le monde ignorait ce qu'était sa vraie vie, y compris la police. Il porte le capuchon marron et sait maintenant qui il est en réalité. Nombreux sont ceux qui ignorent qui ils sont en réalité, à cause de leur psychologie du compartiment. Ils sont habités en permanence par cette merveilleuse bonne conscience que possède le criminel. Ils ne font pas l'addition, ne regardent pas leur vie dans sa totalité. J'ai souvent entendu dire par des gens à qui des amis leur avaient rapporté des épisodes de leur propre vie ou encore qui avaient relu leur journal personnel : « Quand j'ai entendu/ relu tout ça, j'en ai été sidéré. » Mais la plupart du temps les choses ne vont pas aussi loin — ils en ont trop peur. Par exemple, un homme très extraverti vint me voir. Il était toujours suroccupé du matin au soir et je lui dis : « Vous devriez vous asseoir au moins une heure tous les jours et dans cette immobilité, considérer ce que vous êtes en train de faire. » Il m'a répondu : « Très bien, je pourrais jouer du piano avec ma femme ou lui faire la lecture ou jouer aux cartes. » Il ne pouvait se passer de l'idée que quelqu'un devait se trouver avec lui. Quand finalement il eut compris que ce que j'attendais de lui c'est qu'il reste seul, il me dit : « Dans ce cas, je deviens tout à fait mélancolique. » Alors je lui dis : « A présent, vous voyez quel genre de compagnie vous êtes pour vous-même. Je veux vous voir très déprimé pour que vous réalisiez ce que vous vivez. » Pour lui, cela était exclu. Cet homme menait une vie invraisemblable, toute compartimentée. Lorsqu'il se trouvait seul avec lui-même, il était dans la pire des compagnies. Toutes les parties qui constituaient sa vie passaient devant lui et il ne pouvait pas le supporter. Il y a des gens pour qui la vie n'est qu'une grande peur.

Mr Gibb : Ne diriez-vous pas que le rêveur commence à agir pour abandonner sa vie toute compartimentée ?

Dr Jung : Effectivement, je devrais dire que quelque chose est en train de se passer. La capuche brune lui a apporté une certaine compréhension. Il y a des situations dans lesquelles ni le médecin ni le patient ne peuvent faire grand-chose et l'analyse dépend de la bonne volonté de l'inconscient. Et la réalisation finale doit nous venir du monde étrange de l'inconscient. Soyez assurés que lorsque les choses nous viennent des entrailles de la terre, comme ce capuchon marron, quelque chose s'est produit que personne ne comprend. Les plus grandes idées du genre humain se sont produites pendant des années et des années et personne n'a jamais rien compris. Voici un exemple tout simple : quand j'ai interrogé les Elgonys en Afrique sur leur religion, ils ont nié toute croyance en un dieu, fantôme ou esprit ou quoi que ce soit de la sorte. Ils étaient dans l'incapacité de me dire quoi que ce soit. Il m'a fallu trois semaines pour découvrir pourquoi tous les matins, juste avant le lever du soleil, ils sortaient de leur hutte, chaque homme portant ses mains à sa bouche pour y souffler, puis après les avoir tendues vers le soleil ils partaient à leur travail. Je leur demandais : « Que faites-vous là ? » Ils me répondaient : « Je ne sais pas, mon père le faisait, mon grand-père le faisait, alors je le fais aussi. » J'ai posé ma question de très nombreuses fois et chaque fois j'ai reçu la même réponse. J'ai insisté et les mettais sur le gril. Finalement un vieillard à qui j'avais demandé ce que cela signifiait me dit : « Nos pères le faisaient : nous sommes heureux que la nuit soit passée. » Cette sorte de souffle forcé s'appelle *roho*, ce qui correspond au mot arabe *ruh* qui signifie « se ruer », « se bousculer », d'où le « vent », l'« esprit ». Dans le Nouveau Testament, le vent et l'esprit s'expriment par le même mot, *pneuma*. « Le vent souffle là où il veut » (Jean 3 : 8). Le jour de Pentecôte, le *pneuma* est descendu sur les disciples comme un vent puissant qui remplit la maison. En swahili, il existe une onomatopée poétique pour désigner le bruit que fait la mort en approchant : *roho* (relié au mot arabe *ruh* et à l'hébreux *ruah*) [10]. Le souffle qui s'échappe du mourant est son esprit et c'est la raison pour laquelle le fils aîné doit poser ses lèvres sur celles de son père mourant pour prendre le dernier souffle. Ce qui veut dire que le geste que j'ai observé dans la coutume elgony revient à offrir le souffle vital, ou l'esprit, au soleil levant. C'est un acte de grâce, ils offrent leur âme à Dieu [11].

Nous-mêmes l'exprimons en mots alors qu'eux ne savent pas pourquoi ils accomplissent ce geste. Cette idée opère en eux dans un état prépsychologique. Je sais qu'ils ont de nombreuses cérémonies : circoncision, tatouage, etc., et ils ne savent pas pourquoi ils les font. Et nous, nous disons : « Ne sont-ils pas primitifs et inconscients ? Ces gens ne savent pas ce qu'ils font. »

Dr Leavitt : Est-ce que dans le symbolisme religieux moderne les gens en savent plus ?

Dr Jung : Je devrais vous poser la question : pourquoi avez-vous des arbres de Noël ? Ou encore : que veut dire, pour vous, le lapin qui vient pondre des œufs à Pâques ? Personne ne sait ce que signifie tout ça, nous devons nous adresser au folklore pour en connaître la signification. Cependant, vous savez comment l'inconscient travaille. C'est l'esprit ou ce qui est né au ciel. L'esprit était là bien avant la conscience de l'homme. C'est lui qui fait agir l'homme d'une certaine façon, sans que l'on ne puisse jamais l'expliquer. Les animaux ne tendent pas leur patte vers le soleil levant mais les hommes le font. Les Elgonys disent qu'un esprit les meut. Pour eux, le concept d'esprit n'existe pas. Ils accomplissent tout simplement leur geste. C'est une instance spirituelle qui les meut. Ce n'est que dans nos avions[12] que nous donnons notre esprit à Dieu.

Mr Gibb : En Inde du Nord, les autochtones doivent toujours mourir là où l'air et l'eau ont la « juste qualité ». Ils appellent ce lieu *Ab o hawa* qui veut dire « à la maison ». Nous traduisons par « climat », mais pour eux, c'est infiniment plus important que pour nous. Ils doivent aller là où l'air est juste, là où c'est *leur air*. Même pendant les épidémies nous ne pouvions pas les empêcher de se déplacer et ainsi d'aller répandre dans leurs voyages la peste et le choléra. C'est assez dire si cette idée représentait une force en eux.

Mr Dell : Crachent-ils dans leurs mains ou se contentent-ils de souffler ?

Dr Jung : Ils soufflent puissamment. C'est comme s'ils crachaient. La salive est la connotation aqueuse de l'esprit. Le Christ utilisait sa salive pour oindre, la mélangeant à la glaise pour guérir l'aveugle. Dans le monde entier, cracher ou souffler a une signification magique. Mr Gibb prend l'exemple du vent et de l'eau qui symbolisent tous deux l'esprit de vie, ce qui se répand partout. La terre ne bouge pas, n'est pas esprit, au contraire du vent et de l'eau. Par exemple, en astrologie le signe du Verseau (un signe spirituel) dérive du signe égyptien qui signifie l'eau. A l'origine ce signe comprenait une partie plus dense et une autre plus aérienne, la partie supérieure étant la plus spirituelle. Y a-t-il des questions en rapport avec ce rêve ?

Mme Sigg : Ceci est le troisième rêve qui dit que le moi du rêveur n'est pas en accord avec celui de son épouse. Tout à fait au début, c'était la machine à coudre qu'il ne pouvait pas donner à la pauvre fille, parce qu'elle appartenait à sa femme. Ensuite, c'est le rêve du Puer Aeternus, à propos duquel il dit que sa femme n'avait pas apporté la bonne nourriture. Et dans ce dernier rêve sa femme lui demande d'attendre les autres, ce qu'il ne fait pas. Trois fois elle représente un handicap. Je ne vois pas le lien, à moins que ce ne soit son refus de la sexualité. Il semble bien qu'il ait quelque chose contre sa femme. Il n'a pas la bonne attitude, il ne réalise pas l'anima.

Dr Jung : C'est certain, il y a réellement une très grosse difficulté entre lui et sa femme, mais pour le moment nous ne pouvons discuter que les points essentiels du rêve, car il n'est nullement prêt à aborder le problème de l'anima.

Mme Sigg : N'est-il pas dangereux pour lui de s'identifier aux nains ?

Dr Jung : Ce n'est pas à lui de le dire. Ma tâche consistait à lui faire voir qu'à présent il s'identifie à la terre, comme il s'était identifié à l'idée collective. C'est bien mieux de descendre sous terre que d'accepter de se conformer au code conventionnel.

Dr Binger : N'a-t-il aucune idée de ce qu'est l'anima ?

Dr Jung : Non, pas pour le moment. Il est très difficile de conceptualiser l'objectivité de notre psychologie. Pour lui, rendre l'anima objective serait de l'ordre du mystique. La plupart des gens n'ont pas la moindre capacité à voir ce que pourrait être un non-moi psychologique ou encore quel degré d'autonomie ou de réalité possèdent certains faits. Ils n'ont, en fait, jamais considéré la chose. Auparavant, on niait totalement la soi-disant autonomie des phénomènes psychiques. Cela permet la projection de représentations, avec pour effet de conduire au spiritisme et à la théosophie. Vous aboutissez à des figures telles que le « gardien du seuil » et autres lutins du même genre. Ça ne peut pas davantage faire l'affaire. Il y a la voie moyenne de l'autonomie psychique, un concept qui n'est pas encore entré dans l'esprit philosophique de notre temps. Faire comprendre l'importance de cette « voie du milieu » a été l'objet de mes plus grands efforts.

Dr Leavitt : Tout ceci sont des rêves, n'est-ce pas ? Pas des fantasmes ?

Dr Jung : Ce ne sont que des rêves. Si le patient avait eu la capacité de faire émerger tout ce matériel sous forme de fantasmes actifs, il n'en aurait pas rêvé. Mais il ne peut pas le faire, car il éprouverait une trop grande gêne à l'idée que ce soit là une production dont il est l'auteur. L'idée que « je construis mon propre esprit », c'est de la toute-puissance divine ! Il s'en défend et cela fait partie de son préjugé.

Dr Schmitz : Le patient n'a-t-il pas la possibilité de recevoir un enseignement de son rêve ? Le rêve dit : « Si tu vas dans ce bordel, tu es un homme qui fréquente de tels endroits et tu dois le savoir. »

Dr Jung : Oui, il doit voir qu'il est descendu en dessous de sa propre estimation de lui-même. Passé un certain temps, tout ça lui est devenu répugnant et il a ressenti qu'il ne pouvait plus l'endurer. Depuis lors et à plusieurs reprises il a tenté de se faire de violents reproches, mais il a dû constater qu'il retombait à chaque fois. Le type sensation ne peut apprendre que par l'expérience vécue. Quant à lui, il a pensé plusieurs fois que l'analyse ne lui apportait rien, et c'est alors que certaines choses se sont produites et il a dû admettre que les rêves agissaient sur lui. Il a été forcé de réaliser qu'il avait changé le jour où il a découvert qu'il ne pouvait plus aller au bordel.

Mr Dell : L'esprit travaille en nous sans que nous en ayons conscience ?

Dr Jung : En dépit du fait que nous ne comprenions pas le rêve, il agit et provoque les changements. Si nous le comprenons cependant, nous avons le privilège de travailler avec l'esprit atemporel en nous.

Mr Dell : Cette allusion au capuchon, en tant que signe de son rabaissement, est tout de même très indirecte. Sans l'analyse, il serait passé complètement à côté. Existe-t-il quelque chose dans la psychologie du rêve qui s'oppose à une allusion directe ? Il aurait pu rêver qu'il était tombé dans le ruisseau ou quelque chose comme ça.

Dr Jung : C'est tout juste ce qu'il a rêvé.

Mr Dell : Freud parlerait de la censure dans le choix du symbole, n'est-ce pas ?

Dr Jung : Oui, et maintenant je comprends où vous voulez en venir. Le rêve pourrait dire : « Maintenant tu es rabaissé », mais ce qu'il dit à la place, dans ce cas-ci, c'est : « Maintenant tu portes une capuche brune. » Que nous l'analysions ou pas, l'esprit opère en nous sans que nous en soyons conscients. Il est arrivé quelque chose à cet homme. Il m'est arrivé d'avoir des rêves que je n'ai pu comprendre que plus tard, lors de la survenue des événements. Parfois, le rêve nous prépare à des événements concrets. De ce fait, ce n'est d'aucune importance si nous ne comprenons pas le symbolisme du capuchon. Mais à l'opposé ça le devient, dès lors que nous le comprenons, car pour nous c'est l'occasion d'un élargissement considérable de notre conscience. C'est la raison pour laquelle nous analysons les rêves. Si nous sommes inconscients, nous courons sans cesse le risque d'être manipulés par des facteurs inconscients, d'une façon énantiodromique[13], tout comme l'hiver suit (et s'oppose à) l'été, etc. L'inconscient ne se préoccupe pas réellement des objectifs humains, tels que la construction de notre civilisation. Il est doué d'un mouvement singulier, comme si le temps n'existait pas.

Mr Dell : Un changement dans la personnalité est toujours accompagné d'une prise de conscience, n'est-ce pas ?

Dr Jung : Vous pouvez être conduits à un changement par des facteurs inconscients. Le matin, c'est un homme différent qui peut se réveiller, mais de tels changements sont sans mérite, ils ne peuvent apporter quoi que ce soit à notre civilisation. Notre but devrait être l'accroissement de notre état de conscience. Les événements se produisent que nous en soyons conscients ou non. Seulement, lorsque nous en sommes inconscients, la vie n'a pas de sens. Beaucoup de gens viennent me voir sans avoir la moindre idée de ce que cela signifie. Les gens ont besoin de comprendre les choses, les événements et pourquoi ils vivent.

Dr Binger : Le stock de vie inconsciente est sans limites, n'est-ce pas ?

Dr Jung : Oui, il n'y a pas de fin. Vous pouvez dire — et tant pis pour la théorie d'Einstein — l'espace, en ce qui nous concerne, est, autant dire, infini.

Mr Gibb : Diriez-vous que beaucoup de choses se produisent sans rêves ou est-ce que le rêve est en fait lui-même l'événement ?

Dr Jung : Je pense que vous avez raison de prendre le rêve comme un événement, car alors vous pouvez vous dire : « Quel bonheur d'avoir fait ce rêve, maintenant les choses se sont passées. »

Mr Gibb : Mais ne devons-nous pas laisser les événements se produire, même si nous n'en rêvons pas ?

Dr Jung : Naturellement, mais nous devons permettre que tout ce qui est d'importance fondamentale fasse l'objet d'un rêve. Les rêves sont des messages envoyés par l'inconscient qui nous montrent ce qui est en train de s'y jouer.

Dr Binger : Pensez-vous qu'il s'agisse ici de quelque chose d'assimilable à une transformation de caractère ? Est-ce quelque chose de directionnel, qui se dirige vers une fin ?

Dr Jung : Je tendrais à croire que cela puisse être vrai, à la seule condition qu'il y ait une perception consciente. Dans les rêves de fous incurables, vous trouverez la même qualité que dans ceux de gens normaux ou névrosés. Les rêves de fous sont remplis de couleurs, d'espoir et contiennent des symboles de croissance. Alors le sentiment qui vous vient, c'est que si on pouvait en parler avec eux, rien ne devrait s'opposer à ce qu'on puisse aider ces patients. Seulement, on ne peut pas leur parler, ils n'écouteront pas. Ces rêves atteignent un certain sommet, puis commence une descente, tous les symboles deviennent destructeurs et vous ne pouvez qu'assister à un fourvoiement total. Devant une personne normale, on dirait : « C'est très mauvais. » Mais avec les fous ça recommence peu après. On assiste à un processus naturel, sans aucune intervention de la part du conscient. J'en conclus donc que pour le processus qui consiste à construire une individualité, le concours du conscient est indispensable.

Dr Binger : C'est comme si l'on voulait faire un jardin dans la jungle.

Dr Jung : Oui, c'est comme si l'on voulait faire un jardin dans la jungle. L'homme est seul à pouvoir faire des jardins. La nature, jamais. Cela vous permet de voir à quel point notre développement dépend de l'intervention du conscient. La nature possède le facteur du développement, de l'évolution, mais c'est lent et ça demande des millions d'années. Voyez comme le primitif est resté pendant des siècles prisonnier d'une condition inchangée, alors que les nations civilisées ont fait des progrès énormes dans un laps de temps relativement court, grâce à l'intervention de la conscience.

Dr Binger : Est-il possible de rêver et, sans comprendre le rêve, en avoir un bénéfice, tel qu'un certain développement de la conscience ? Y a-t-il là une valeur constructive ?

Dr Jung : Jusqu'à un certain point. C'est la vague de la marée montante qui vous soulève, mais avec le risque d'être entraînés vers le bas lors du reflux. Si vous avez la chance de pouvoir vous agripper à un rocher et de vous redresser, c'est parfait.

Mr Dell : Si le rêve est la représentation d'une situation psychique, de quelque chose qui s'est passé, comment peut-il, dans le même temps, être également une compensation ? Qu'est-ce qu'il compense ?

Dr Jung : L'idée que le rêveur se fait de la respectabilité.

Mr Dell : Le rêve nous fait part d'un changement d'attitude, mais je ne vois pas vraiment la compensation.

Dr Jung : C'est simple. Il est un homme conventionnel, et d'avoir eu sous les yeux cette vision panoramique, quelque chose a été changé en lui. Avant d'avoir fait ce rêve, il était trop haut, et cela la nature ne l'admet pas, aussi l'a-t-elle rabaissé. Maintenant il est abaissé, dévalorisé à ses yeux : c'est ça la compensation. Nous avons là un symbolisme singulier, pourquoi le rêve ne dit-il pas qu'il est abaissé ?

Mr Dell : Freud dirait qu'il a été déguisé par la censure pour protéger le dormeur, mais le fait est qu'il s'est réveillé.

Dr Jung : Freud dirait qu'il a été déguisé par la censure et moi je vous dis que nous n'avons pas encore atteint l'explication complète du caractère consolateur du rêve, ni de la raison pour laquelle il s'exprime sous la forme d'une allusion cryptée. Si le rêve disait : « Maintenant tu es tout en bas, parce que auparavant tu étais tout en haut », ce ne serait pas tout à fait vrai, car d'un point de vue spirituel il est plus haut maintenant : c'est maintenant un homme bien meilleur que lorsqu'il était *trop haut.* Lorsque la nature use d'un terme aussi singulier qu'un personnage encapuchonné comme un nain, par exemple, quelque chose de terreux qu'il faut cacher, quelque chose de bas, de mauvaise réputation, cela peut également signifier un être spirituel, un moine avec une capuche de cabire. Les moines ont adopté le capuchon marron du cabire. C'est là un symbolisme à double face. Lorsqu'il est abaissé, il est en réalité élevé. Cabire vient de l'arabe *el kabir* [14], le grand, et en réalité les cabires sont très petits, « si petits par la taille et si grands par le pouvoir ». Le dactyle ou poucet, de la taille d'un pouce, est petit, mais très puissant. Dans la philosophie hindoue il est Purusha, le petit homme mystique qui demeure dans le cœur de chacun, et en même temps il recouvre toute la terre, « plus petit que petit, cependant plus grand que grand [15] ». Si vous poursuivez le symbolisme d'un peu plus près, vous verrez que l'inconscient de l'homme essaie de faire ressortir la relativité des choses. Si vous comprenez cela, vous verrez que l'inconscient va le placer au centre des événements et c'est là le but ultime de l'inconscient.

Dix-neuvième conférence

29 mai 1929

Question de Miss Hannah : Le capuchon marron a-t-il quelque chose à voir avec la nécessité de ne pas paraître absurde dans l'inconscient collectif ? J'entends par là adopter l'attitude d'un enfant devant le monde objectif ?

Dr Jung : Expliquez, s'il vous plaît. Je ne vois pas ce que vous voulez dire.

Miss Hannah : Je veux parler de ce que vous disiez en citant Faust qui se sentait devenir idiot lorsqu'il parlait aux griffons et aux sphinx. Le patient, en se coiffant de la capuche, se faisait l'effet d'un idiot, non pas dans l'aquarium, mais lorsqu'il en sort pour aller dans le monde où il serait vu. Comment expliqueriez-vous cela ? Vous quittez l'inconscient et vous vous sentez idiot.

Dr Jung : Mais pourquoi devrait-on se sentir idiot ? Avez-vous déjà observé les gens qui sortent du cinéma, avec des torrents de larmes qui leur coulent le long des joues, encore sous l'emprise des images qu'ils ont vues ? De la même manière, notre homme est obsédé par une idée singulière ; quelque chose s'est emparé de lui. Dans des rêves ultérieurs, vous allez voir comment il se sentait. Les capuchons, bonnets et tous couvre-chefs sont porteurs de la signification générale « qui recouvre tout » — pour employer un langage philosophique, c'est un concept qui unit un grand nombre de concepts plus petits. La langue allemande a une expression qui illustre cela : « *Alles unter einen Hut bringen* [1]. » Cet homme porte donc le capuchon des nains, il a été dans le monde d'en bas, il regarde les choses d'en bas, ce qui lui donne le point de vue d'un nain et n'est donc pas adapté au monde extérieur. A présent, il est recouvert par cette idée générale et cela naturellement lui donne le sentiment d'être un imbécile.

Dr Schmitz : Il n'est pas encore adapté au monde des réalités.

Dr Jung : Le point de vue de l'inconscient collectif est sans rapport avec celui de notre monde. La mise à l'unisson de ces deux points de vue sera le résultat final d'une longue analyse. Dans ce rêve il pénètre dans quelque chose qui sera inadapté à son monde, quelque chose qui ne pourra pas y être compris, quelque chose qui l'a rendu étranger à lui-même dans une certaine mesure. Dans le rêve qui va suivre, vous allez voir l'effet réel que produit ce capuchon sur lui.

Rêve suivant [14] : Il rêve d'un certain négociant grec (à moitié négociant, à moitié planteur) qui possède une plantation de coton, sur laquelle il cultive une nouvelle espèce de coton. Il vient voir le rêveur et lui apporte plusieurs graines immatures (les fruits du coton qui ressemblent à des capsules et à l'intérieur desquelles on peut voir le coton mais qui ne se sont pas encore ouvertes) et il l'informe de ce que, dans le pays où il a sa plantation, un ver d'un genre nouveau est apparu, une sorte de parasite du coton. Il ouvre une des capsules et le rêveur observe d'un côté une sorte de ver en forme de chenille et de l'autre une substance ressemblant à la gelée que l'on voit sur les prunes mangées par des vers. Le rêveur connaît quelque peu les parasites qui détruisent les récoltes de coton, mais ce ver-là ne ressemble à rien qu'il ait vu auparavant. L'animal avance en se tortillant et produit des excréments noirs. Cela l'effraie, car de toute évidence le ver s'est multiplié en grand nombre et a détruit une grande partie de la récolte. Il pense qu'il devrait télégraphier à ses agents, car ce dommage va avoir un effet désastreux sur le prix des récoltes. Aussitôt il prend le livre des codes secrets (ce qui lui permettra d'informer sa société, sans que les autres agents ne le sachent), mais découvre qu'il tient en main un autre livre. Son frère entre alors qu'il consulte le livre, et le rêveur lui demande où se trouve le livre des codes, en lui disant qu'il en a besoin pour câbler la condition des récoltes. Son frère se met à rire et lui dit qu'il a déjà câblé un rapport sur les récoltes. Le rêveur est furieux car il estime qu'il aurait fallu lui montrer ce câble, afin qu'il sache quel message a été envoyé.

Associations : concernant la plantation d'une nouvelle sorte de coton et les vers : Dans les affaires cotonnières il est très important que l'on ouvre une très grande quantité de graines de coton avant la récolte, pour voir le nombre de vers et pouvoir calculer le pourcentage de pertes, afin d'estimer la valeur probable de la récolte.

Plantation : Elle existe en réalité, mais ce n'est pas un Grec qui en a la charge. Le pays particulier où la plantation se trouve est supposé être peu infesté par ces parasites ce qui explique que le rêveur éprouve un choc à la nouvelle qu'un si grand nombre de vers soient apparus dans une région réputée relativement à l'abri, provoquant des dommages considérables dans la récolte. Il sait que ces excréments noirs colorent le coton, qui devient inutilisable. Vraisemblablement, le dommage va être important.

Câble : Il dit qu'il n'est pas satisfait de la manière dont il a géré l'information. La voie logique eût été d'arrêter toute transaction à la Bourse, jusqu'à ce qu'il connaisse l'étendue des dommages. Au lieu de cela, il souhaite simplement informer ses agents, sans toutefois leur donner d'instructions, pour acheter ou vendre. Lorsque le montant des dommages subis par les récoltes sera connu, le prix du coton en sera influencé, et il pourrait bien y avoir un mouvement de panique à la Bourse. Il sent qu'il a un peu manqué de prévoyance. Il est également étonné d'avoir pris un autre livre que celui des codes secrets. Il dit : « En réalité je n'aurais jamais commis une telle erreur, mais en rêve nous faisons des choses que nous ne ferions jamais dans la réalité. Il est vrai que mon frère, qui avait déjà vu mon erreur, a davantage de sens pratique que moi, mais je l'ai vu en difficulté lorsqu'il est question de traiter des affaires compliquées dans lesquelles il faut garder son calme et prendre de la hauteur. »

Le rêveur se sent donc supérieur à son frère, en raison de sa plus grande expérience des affaires. Il continue :

« L'envoi des télégrammes, concernant la condition des récoltes, est une tâche très difficile, dont je me chargeais toujours personnellement lorsque je travaillais encore dans la société. En réalité, c'est parfaitement incroyable qu'un tel câble ait pu être envoyé sans qu'il m'ait été montré auparavant. Je suis frappé par le fait que dans ce rêve un grand nombre d'événements illogiques se produisent, sans que je puisse en voir le sens. »

Voici à nouveau un rêve dans le climat des affaires. Je pense que nous allons commencer par essayer d'établir un lien entre ce rêve-ci et le précédent. Le rêve du coton contient un élément extrêmement choquant pour quelqu'un qui fait de la spéculation sur le coton. Dans une grande entreprise dont il est le chef, il a une énorme responsabilité, qui porte sur plusieurs millions. Les rapports des agents concernant les récoltes avaient été sa préoccupation tout au long d'une longue période, si bien que lorsque quelque chose survient dans cette sphère de sa vie cela revêt une importance extraordinaire. Un tel rapport qui signale l'apparition d'un grand nombre de vers dans une région dans laquelle les récoltes étaient réputées sûres est rempli de sens pour l'esprit d'un homme d'affaires, car cela bouleverse tous ses calculs. Une analogie peut être faite, ici, avec la situation d'un chirurgien qui procède à une intervention, puis reçoit un rapport l'informant que son patient est en train de décéder. Il en aurait un choc terrible. L'information du rêve est symbolique, et sa signification est qu'un ver est apparu ! C'est ce fait-là que nous avons à relier au rêve précédent. Le capuchon marron fait sa réapparition. Nous avons dit que quelque chose était arrivé au patient lorsqu'il était sorti du spectacle du fond des mers avec cette étrange coiffure sur la tête : il n'était plus le même homme. Vous devez vous mettre à la place de cet homme. Il appartient au type sensation, au sens le plus strict du terme. Son monde est sans mystères, tout s'y explique parfaitement : tant de coton à tel et tel prix. Si donc quelque chose vient à changer l'aspect de son monde, il en sera tout à fait bouleversé.

Habituellement, les femmes acceptent qu'il y ait dans

leur monde des événements inexpliqués. Dans le monde des femmes, certaines choses peuvent se produire qui sont totalement exclues du monde de l'homme. Un homme a une croyance absolue en son image du monde. Il doit avoir une image vraie de son monde, car lui va agir sur le monde tandis que le monde va agir sur la femme. Si une femme veut agir sur le monde, elle doit d'abord développer une idée définie du monde. Le fait que l'image du monde que la femme se fait ne soit pas trop définie est naturel. Exceptionnellement, il peut se faire que l'eau monte plus haut que sa source ou encore que le baromètre monte alors qu'un cyclone se produit. Il sera difficile à un homme d'accepter ces faits et il trouvera que la femme possède un côté étrange parce qu'elle accepte que des événements inattendus lui tombent dessus. L'homme s'est toujours mesuré à la stricte réalité et se confronte aux faits évidents de la vie. Il n'est pas question de se permettre des fantasmes au sujet du prix du coton. La moindre erreur à cet égard pourrait mettre sa vie en danger. Une femme pourrait dire : « Ce ne sont que des bagatelles, rien n'est vraiment arrivé. » Lui ne comprendra pas. Pour une femme, il n'y aurait rien d'étonnant à ce qu'une allumette s'élève d'elle-même d'une boîte d'allumettes. Si cela devait arriver à un homme, il se rendrait immédiatement dans un asile d'aliénés et dirait : « J'ai vu une allumette sortir toute seule d'une boîte d'allumettes ! » J'ai connu un homme qui est allé à l'asile parce qu'il avait lu dans un journal qu'il avait été porté disparu.

Le rêve précédent a certainement dû impressionner le patient. Lorsque j'étais réellement préoccupé par ce rêve, je ne pouvais pas dire de quoi il s'agissait, mais nous pouvons risquer une hypothèse en allant dans le symbolisme du ver qui mange les graines de coton. Il s'est produit quelque chose dans son monde qui l'a bouleversé, quelque chose qui ne s'était encore jamais produit auparavant. Il se sent aussi stupide que s'il s'était surpris en train de fantasmer sur le cours du coton à la Bourse de New York. J'insiste sur ce point qui concerne sa propre psychologie, car tous les humains n'ont pas cette sorte de psychologie. La sienne est celle d'un esprit spécialement entraîné pour un but particulier. Et ce n'est qu'en tenant compte de sa psychologie particulière que nous pouvons saisir l'effet que lui fait un tel rêve, dans lequel survient un événement imprévu. Il est sorti coiffé du capuchon marron, et à présent le ver dans la graine de coton montre que quelque chose de sérieux lui est arrivé, aussi bouleversant que si ce ver avait commencé à ruiner l'économie du coton dans une région du pays jusque-là à l'abri, et qu'il ait dû faire cette découverte dans la vie réelle. Ce n'est qu'au prix d'une véritable compréhension de cette situation que nous pouvons saisir la vraie valeur de son émotion et de son étonnement. Il prend un livre et le confond avec celui des codes. Les événements prennent un tour incroyable. Quelque part son monde est dérangé. Avant de pouvoir saisir le sens du rêve vous devez, avant tout, comprendre ce patient en tant qu'homme. C'est d'une importance énorme, car par rapport à la vision que le patient peut en avoir, cette compréhension vous donne, à vous le thérapeute, une vue intériorisée, beaucoup plus profonde du processus d'évolution. Le patient est inconscient de ce qui se passe. Je lui dis : « N'avez-vous rien ressenti ? — Non. — Y a-t-il eu quelque chose qui vous ait énervé ? — Non. » Par contre, d'autres patients vous diront : « Oh, j'ai fait un rêve merveilleux, j'ai abattu une besogne inimaginable ! », et à partir du rêve suivant, on découvre qu'il ne s'agissait là que d'une ride à la surface des eaux, rien n'avait bougé dans les eaux profondes. Ils peuvent rêver pendant six mois de volcans sous-marins sans que rien ne bouge en surface. Et pourtant des volcans sous-marins sont des faits. Après ce rêve, mon patient a poursuivi sa vie pendant une demi-année sans en être touché le moins du monde. Ecrire ses rêves devint pour lui une astreinte. Il vivait son analyse comme un passe-temps intéressant, mais il ne voyait aucun changement. Il n'avait nulle envie de devenir médecin ou psychologue, aussi envisageait-il l'abandon de l'analyse. Il fit de nouveau l'expérience de ne plus venir à ses séances, et vécut l'enfer : il devint dépressif et se sentit misérable. C'est alors seulement qu'il réalisa que quelque chose s'était produit à l'époque où il avait fait ces rêves.

Pour en revenir au symbolisme réel, ce sont les Grecs

qui ont en main une grande partie des échanges commerciaux avec l'Orient et l'Extrême-Orient. Dans les pays du Levant, il y a un dicton selon lequel les plus habiles sont les Arméniens, et viennent en second les Grecs. Pour l'homme d'affaires de l'Est, le Grec est l'intermédiaire. Une de ses facettes est son côté simple et primitif, l'autre une certaine sophistication. On trouve les Grecs partout en Orient. Même en remontant le Nil, dans le pays le plus perdu du monde, vous trouverez des bureaux commerciaux tenus par un Grec. Il est en bons termes à la fois avec les autochtones et avec les Blancs. Il est très malin, ce qui le fait détester par les uns comme par les autres. Pour le rêveur, le Grec signifie l'intermédiaire. C'est désagréable, mais vous ne pouvez vous passer d'un tel compagnon. Ici, celui qui apporte le rapport n'est pas un homme réel mais une figure collective. Alors quelle est votre interprétation ?

Pr Schmaltz : Mon idée est que la récolte de coton représente le soi du rêveur. Il découvre que cette récolte qu'il estimait de grande valeur contient un ver, et lui qui se croyait à un niveau social supérieur voit sa réputation et sa respectabilité amoindries, car il a des vers en lui. Mais le rêve ne dit pas que toute la récolte est perdue, seulement une partie de celle-ci. Toutes les graines ne sont pas encore à maturité, il y a donc une possibilité que cette partie de la récolte ne soit pas encore infectée. Cela c'est plutôt la bonne nouvelle, mais c'est éprouvant d'avoir la révélation de tels matériaux dans son inconscient, et il ressent qu'il ne peut plus agir comme à l'habitude dans sa vie consciente. Il ne parvient plus à agir avec clarté et commet une erreur après l'autre. Il faut envoyer le télégramme sous forme codée, parce que c'est un secret, une chose désagréable que les autres ne doivent pas connaître. D'un autre côté, il ne mesure pas les conséquences, ne prend pas ses responsabilités et ne donne pas l'ordre à ses agents de cesser toute vente et tout achat. Il se contente d'informer ses agents qu'il y a un ver en leur laissant le soin de décider ce qu'il convient de faire. Voilà, je pense, ce que dit le rêve.

Dr Jung : C'est pratiquement le sens du rêve, mais maintenant nous devons entrer dans les détails techniques.

Indiscutablement, il commet une série d'erreurs. Pour un homme d'affaires un tel manque d'attention est révélateur. Le fait que le télégramme soit envoyé par le frère, alors que lui seul, en tant que chef d'entreprise, aurait dû le faire, montre que déjà quelque chose s'est produit. Alors que lui-même est bouleversé, le frère travaille. Cela met en évidence lc fait que lorsque nous sommes distraits, quelque chose se passe que nous aurions dû contrôler.

En premier lieu, nous sommes concernés par le Grec. Pourquoi l'information est-elle donnée par le Grec ?

Dr Binger : C'est son côté oriental, le côté inférieur, le côté messager.

Dr Jung : Oui, dans son caractère il a un côté inférieur ; une partie de lui-même est proche de la terre, autochtone et c'est là qu'apparaît cette figure quelque peu douteuse, un messager, qui lui annonce ce qui se passe dans des couches inférieures de lui-même. Pourquoi possède-t-il une figure aussi basse que ce messager à la moralité douteuse ?

Dr Binger : Parce que beaucoup de choses des strates inférieures sont douteuses.

Dr Jung : Oui, et l'inconscient fait usage de cette figure douteuse pour représenter ce fait. Son opinion de lui-même est celle d'un homme parfaitement respectable, incapable de mal faire, mais il y a une porte arrière par laquelle ce personnage douteux entre sous la forme d'un messager qui révèle de tels secrets. C'est amusant de regarder ces personnages en Orient. Quand j'étais à Tunis [2], j'avais l'habitude de prendre mon café dans un petit *café**, dont la clientèle n'était pratiquement composée que d'hommes d'affaires. Tous les jours, un homme avait l'habitude de venir me susurrer à l'oreille : « Ils vendent du froment à tel et tel prix, il y a des affaires à faire. » Chaque fois, je répondais : « Désolé, je ne suis pas un homme d'affaires. » Mais puisque j'étais là, il ne me croyait pas — quelle autre bonne raison aurais-je pu avoir d'être là ? Et chaque jour il continuait à m'informer sur les prix du blé et de l'huile. Il faut donc au minimum un Grec pour lui révéler ces choses-là. Le Grec est une sorte de fonction, une sorte d'intuition qui va fouiner dans les coins secrets.

Le *ver* dans le coton, comme symbole de destruction qui apparaît dans son monde, peut s'expliquer de façon très rationnelle. Il est ce qu'un planteur craint le plus puisqu'il peut détruire la valeur de la récolte. Une nouveauté, destructrice, a surgi qui est tout aussi étrange et bouleversante que le fait de porter un bonnet marron. Rappelez-vous, les garçons avec leur capuche brune dans la ville allemande qui jetèrent le trouble chez le pasteur et dans la bonne société respectable. Il en va de même chez cet homme. Tout à coup, il reçoit l'information qu'il existe des éléments immoraux dans son inconscient et ça le bouleverse. Pourquoi est-ce un ver ? De la vermine. Les gens sont tous un peu pourris à l'intérieur. Mais pourquoi ce mal doit-il être expliqué par un ver ?

Mme Schlegel : C'est quelque chose d'invisible, un trouble secret, c'est sous la terre — ça pourrait être aussi bien un ver ou un serpent.

Dr Jung : Oui, mais des souris feraient aussi l'affaire.

Dr Schlegel : Le serpent est souvent appelé le ver.

Dr Jung : Oui, dans la Bible, le péché est le « ver immortel [3] ». C'est le poison qui mange de l'intérieur. Pourquoi ?

Mme Sigg : C'est quelque chose qui monte de la terre.

Dr Jung : Oui, le ver ou le serpent est censé être un élément chtonien qui vient de l'intérieur ou d'en dessous. C'est en relation avec la terre. C'était invisible, puis ça apparaît dans le fruit. Psychologiquement, quel en est le sens ?

Dr Schmitz : Cela vient du côté instinctif de la vie.

Dr Jung : Cela vient du corps, notre terre psychologique. En ce qui nous concerne, notre corps est ce qui est le plus en rapport avec la terre. Mais pourquoi spécialement un *ver* ? C'est quoi, un ver ?

Mme Sigg : Une étape inférieure.

Mr Dell : Un invertébré.

Dr Jung : Oui, un ver n'a pas de cerveau, tout juste un système nerveux sympathique qui est la forme la plus primitive de la vie nerveuse. Ainsi, si nous nous montrons audacieux, nous pouvons dire que le ver a à voir avec le système nerveux sympathique. Ce qui signifie les couches les plus profondes, les formes les plus simples de la vie, absolument préconscientes, une vie qui n'est même pas centrée quelque part. On a affaire à une série de ganglions séparés, et de ce fait quelle forme de vie est ainsi représentée ?

Dr Binger : Une vie déconnectée.

Dr Jung : Oui, déconnectée, compartimentée, segmentée. On le voit chez le ténia. Une représentation anticipatrice du symbolisme du ver se voit dans le fait que chaque segment du ver est un animal en lui-même. Cette forme la plus simple de la vie nerveuse, la forme originelle, est une vie en compartiments, en segments. Si la vie est entièrement segmentée elle est totalement inconsciente ; il n'y a pas de synthèse. Si donc la vie se résume à un système nerveux sympathique, il n'y a aucune conscience. Lorsque apparaît le ver, c'est la forme totalement inconsciente de la vie qui se montre, et le risque est grand que ce soit une forme destructrice pour notre conscient. Le ver va dominer notre psychologie, et la vie sera vécue de manière compartimentée, comme on le voit dans la schizophrénie. La désintégration du conscient et sa dissociation en compartiments est toujours le grand danger. L'étude en est fascinante. Les patients entendent des voix qui leur parlent d'une certaine façon à partir de l'un des compartiments et d'une autre façon à partir d'un autre. Schreber[4], qui fut un grand juriste, a écrit une autobiographie célèbre avant de devenir fou. Il différencie ses voix. Elles se donnent des noms à elles-mêmes, tels que « Ceux qui sont suspendus sous Cassiopée », un groupe social ou société qui s'exprime en un langage ayant un style particulier. Un autre groupe appartenait au comptable et ses membres s'expriment comme s'ils lisaient à partir d'un livre dans lequel tous les faits nouveaux sont enregistrés au paradis. Cet homme aimait la musique, mais chaque fois qu'il s'asseyait au piano une voix lui disait : « Ça, nous l'avons déjà », mais s'il lui arrivait d'avoir un sentiment chaleureux nouveau, alors les voix du paradis lui hurlaient : « Ça y est, tu l'as ! » Puis survenait une autre séquence dans laquelle de tout petits personnages flottaient dans les airs. Chaque fois qu'il se cognait dans l'un d'eux, celui-ci rentrait en lui, disant : « Sacrebleu ! »

et s'évanouissait. Certains petits compartiments explosaient en lui et fondaient en lui, mais plus tard, comme sa maladie progressait, ces compartiments devinrent étanches. Les petits bonshommes s'asseyaient sur ses sourcils, mais les compartiments n'explosaient plus, qui leur permettaient d'entrer. Voici le danger, c'est de cela que les gens ont peur, lorsqu'ils touchent pour la première fois à l'inconscient collectif. Ils sont effrayés à l'idée qu'un ver pourrait entrer dans leur cerveau. Ça inquiète. Non pas qu'un ver soit stupéfiant en soi, mais une maladie au cerveau, ça fait peur. Beaucoup de gens rêvent qu'ils doivent manger quelque chose de tout à fait impur. Une de mes patientes avait rêvé que je la conduisais à un arbre recouvert d'une sorte de sirop de glucose, sur lequel grimpaient des escargots. Elle était dégoûtée, mais je lui donnais une fourchette et un couteau et lui disais : « Servez-vous ! » Elle dut rassembler tous ces escargots et les manger. Ce qui voulait dire qu'elle devait assimiler l'animal sans cervelle — comparable au ver.

A présent, vous êtes informés sur le ver et vous savez pourquoi on en a tellement peur, mais aussi vous savez maintenant l'effet singulier que produit sur notre monde une apparition imprévue surgissant de l'inconscient. Le rêve nous donne encore davantage de détails sur le fonctionnement étrange du ver. Il produit un excrément noir qui abîme le coton, même dans la partie de la graine qui n'est pas mangée par le ver. Ça doit être quelque chose de singulier. Avez-vous une idée, à son propos ?

Dr Schmitz : S'il existe un élément névrotique dans l'inconscient, il aura un effet de pourrissement sur le conscient.

Dr Jung : L'idée, c'est qu'il y a un grand nombre de ces graines, encore immatures, que l'on ouvre pour estimer le dommage probable qu'encourt la récolte. Quand on trouve un nombre important de graines contaminées, une certaine partie, non mangée par le ver, devrait être en bonne condition. Mais au contraire, tout est perdu à cause des excrément noirs produits par ce ver. L'inconscient insiste particulièrement sur ce point. Il y a deux causes qui contribuent à détruire la récolte. Pourquoi le ver ne suffit-il pas lui-même ?

Dr Binger : Pourrait-il s'agir du produit d'un fantasme ?

Dr Jung : Pour interpréter cette partie du rêve, nous devons d'abord savoir ce que signifient les graines, car elles sont le fruit d'une plante sortie de terre. Nous avons interprété le ver. Pour cette raison nous devons aussi interpréter les graines. La plante ne possède même pas un système nerveux sympathique. Aucune relation n'existe entre cette forme de vie et une quelconque forme de vie nerveuse. C'est une condition antérieure à toute vie nerveuse, quelque chose d'inimaginable pour nous. Aucun lien n'est possible dans notre conscient, et cependant le fonctionnement de cette condition végétative produit un fruit qui va servir de nourriture au ver, à notre système nerveux sympathique. Voici un symbole très important. La capsule, ou la graine, est une sorte de fleur (fleur est plus approprié que fruit) qui grandit à partir de rien, de l'inconscience la plus absolue, d'une invisibilité totale, et le ver se nourrit et vit de cette fleur. C'est comme si notre système nerveux sympathique était fondé sur un processus végétatif duquel il tire son existence. Et ce processus végétatif, complètement inconscient, est partiellement détruit par le ver.

Dr Bertine : Dans le fait que cette graine de coton soit blanche comme neige et que le ver soit la première chose qui la pourrisse, ne faut-il pas y voir notre côté infantile, l'innocence de l'enfant ?

Dr Jung : Oui, la graine de coton est innocente de toute couleur, blanche comme de la neige. Et le ver est la première chose qui la pourrit. Vous vous rappelez le mythe d'Adam et Eve. C'est le début de toute l'histoire des difficultés du monde. Le ver apparaît dans le jardin d'Eden et tout est ruiné. Un diable de ver ! Ceci jette une certaine lumière sur la nature du ver. Nous pouvons encore aller plus loin. Nous pouvons comparer la vie préconsciente avec la vie végétative des animaux inférieurs, parce que tout ceci s'accomplit dans la vie utérine individuelle. Ce qui au départ n'est que vie végétative va se développer en un système nerveux sympathique, puis se développera la moelle épinière, et enfin le cerveau. De cette manière nous répétons quasiment le développement qui commence par la vie de la plante pour aller jusqu'à la vie humaine. La plante correspond au tout premier stade de l'existence humaine. Puis vient un stade de vie mentale obscure, non encore capable de conscience, et dès ce stade les difficultés commencent : le ver commence à vivre à l'intérieur de la capsule et détruit les conditions de l'innocence. Le commencement de la vie mentale, de la vie psychique est, en nous référant au symbole, le commencement du mal. Alors vous-mêmes, qu'en pensez-vous ?

Dr Bertine : Ça veut dire conflit et le commencement de la destruction de l'« âge d'or ».

Dr Jung : Mais pourquoi conflit, pourquoi doit-il y avoir conflit ? Pourquoi pas développement à partir de quelque chose d'autre ? Pourquoi le ver ne pourrait-il pas se nourrir d'autre chose ?

Dr Binger : Le mythe d'Adam et Eve semble tourner autour de la question de la connaissance. Le serpent était relié à l'arbre de la connaissance du bien et du mal. Une vie ganglionnaire n'a rien à voir avec une quelconque connaissance.

Dr Schmitz : Le ver n'est pas encore un serpent, à ce stade.

Dr Jung : Vous savez bien que le système nerveux sympathique est relié à quelque chose de psychique « qui voit avec les yeux de la profondeur [5] ». Le plexus solaire joue un rôle proche de celui du cerveau, une sorte de contre-cerveau, ce qui nous ramènerait bien plus loin en arrière que les événements fatals du paradis.

Dr Schmitz : Le commencement de quelque chose d'individuel, une tentative pour relier deux centres et ainsi une tentative d'intégration.

Dr Jung : Le système nerveux essaie continuellement de relier les centres, peu importe qu'il y en ait un ou plusieurs, et qui dit centre signifie quelque chose d'individuel. Nous ne sommes plus dans la soupe primordiale. Il s'agit du premier commencement de la dissociation du continuum parfait de la vie indifférenciée. Et ainsi, ce premier commencement de différenciation est le commencement de la destruction. Apparemment, c'est là la source du mal. Vous pouvez me dire que ce rêve est un rebord bien étroit pour marcher dessus, mais ce symbolisme se répète toujours. Je ne parle pas ici uniquement de ce rêve-ci, mais de très nombreux rêves que j'ai présents à l'esprit. Ce symbolisme est très ancien. Il représente le problème du commencement du mal ou de la souffrance et d'une certaine façon du commencement de la connaissance. C'est comme si le présent rêve allait répondre à la question éternelle de l'homme : « Pourquoi est-ce que je souffre, quelle en est la cause ? » La Genèse nous dit que c'est ce sacré serpent qui vous a mordu. Vous n'êtes plus un enfant. Vous avez mangé du mal et vous êtes conscient de la connaissance, mais pour l'inconscient ça ne suffit pas. Il va bien plus profondément, loin derrière le paradis, jusqu'au commencement des êtres différenciés. Et même là, c'est : « Je suis moi et tu es toi ! » Les difficultés du mariage, c'est juste la même chose. C'est parce que « Je suis moi et elle est elle ! ». S'il n'en était pas ainsi, il n'y aurait pas de conflits. A l'aube de la vie psychique il n'y a pas de conflits, il n'y a que de la souffrance. Ce rêve est extrêmement négatif. Bien entendu, il n'est pas question de convaincre le rêveur que de tels vers sont une bénédiction. Il dira : « Une nuisance infernale ! » Il n'arrive pas à accepter que quelque chose d'imprévu fasse irruption dans son monde. En usant de son rationalisme, il a essayé de se débarrasser de tout ça, de tous ces problèmes : « Il n'y a que les femmes pour avoir de tels problèmes. » Mais maintenant, il y est confronté. Il ne peut plus nier qu'il est face à un tel conflit, qu'il a un tel problème et qu'il ne parvient pas à voir à quoi tout ça pourrait bien servir. Je dois vous avouer que je n'ai pas eu le courage de lui dire quoi que ce soit de sympathique concernant ce ver, quand j'ai analysé ce rêve. Si les rêves ne sont pas de nature consolatrice, je n'ai aucune raison d'être consolateur et donc je ne lui ai pas parlé de vers métaphysiques. Mais ici, au sein de notre séminaire, c'est différent. Nous pouvons avoir un regard objectif sur les choses et nous poser la question : pourquoi un ver ?

Ce ver est-il vraiment destructeur ? Dieu a-t-il créé cette

vermine, les mouches, les moustiques de la malaria, les poux, la maladie du sommeil, et tout le reste, juste pour rire ? S'agit-il ici uniquement de la destructivité originelle, de cruauté, de folie, ou faut-il y voir un sens plus profond ? En d'autres termes, ce début de la vie psychique, avec toute cette destructivité, a-t-elle un but précis ? Sans souffrance, personne ne devient conscient. Si vous baignez continuellement dans les eaux maternelles à 35° C, vous n'avez besoin de rien, mais vous ne devenez jamais conscients. Il semble que la nature essaie de toutes ses forces de nous rendre conscients. Si donc vous décidez que la conscience c'est merveilleux, divin et souhaitable, vous devez rendre grâce au ver qui mange ces fleurs. Il dévore pour produire un état de conscience à long terme. Par suite, si vous supposez que la conscience est une bonne chose, vous devez reconnaître qu'il est également bon que nous ayons ce ver. Mais alors, la grande question qui se pose est : est-ce bon que nous devenions conscients ? Beaucoup de gens disent : « Ne pensez-vous pas que c'est dangereux ? » Certains hommes disent : « Ne pensez-vous pas qu'il soit dangereux de rendre les femmes conscientes d'elles-mêmes ? » Quant à moi, je dis : « Oui, c'est dangereux pour les hommes ! » En réalité les hommes qui parlent ainsi sont tous des âmes vierges, qui tentent de préserver leur ignorance, par la peur qu'ils ont de leur propre innocence, des hommes dont on n'a jamais défloré l'âme. Si vous considérez l'état de conscience comme une grande réussite, alors le ver est très important. Les premiers philosophes gnostiques pensaient que le ver avait été créé par Dieu pour créer un monde spirituel — Yahvé [6] avait créé le monde matériel, mais Dieu, ensuite, en a eu pitié et a envoyé son messager, son fils, le serpent pour qu'il prenne en pitié ses créatures et leur donne la connaissance. Le serpent, un déguisement pour une bénédiction, leur dit de manger de l'arbre de la connaissance pour qu'ils voient à quel point l'œuvre du démiurge divin était imparfaite. C'était le premier pas vers leur libération. C'est lorsque vous reconnaissez les imperfections que vous pouvez commencer à y porter remède.

Les gnostiques supposaient que le serpent était le Messie,

le fils du Dieu spirituel qui enseigne aux hommes à échapper à la malédiction de l'inconscience[7]. Cet enseignement a joué un grand rôle. L'Eglise catholique a failli s'engager dans ce sillon, mais les premiers Pères ont reconnu son danger. Tout au long des IIe et IIIe siècles, le christianisme faisait penser à un immense ver solitaire, sans la moindre synthèse, et il fallait sortir de cet état, à tout prix — il n'était donc plus question d'accepter une théorie dans laquelle une compréhension supérieure, un état de conscience supérieur, était un idéal. Ils ne pouvaient accepter qu'une obéissance à l'autorité comme idéal principal, de manière à rassembler tous les éléments dissidents et former ainsi l'unité de la grande Eglise catholique. A cette époque, c'était la seule chose à faire. Pour cette raison la gnose resta à l'état de bourgeon qui jamais ne s'épanouit, mais de nos jours nous commençons à comprendre que du mal sort le bien et que du bien sort le mal. La relativité des choses.

Nous ne pouvons plus supporter les ténèbres. Nous ne pouvons plus endurer l'inconscience. Nous avons, par exemple, des symptômes psychologiques et nous devons savoir d'où viennent ces éléments si déroutants. Nous ne parvenons pas à voir qui manipule ces choses en nous. Il y a des arrangements, et des plus malins, que nous sommes incapables de voir. C'est comme si quelqu'un les avait inventés pour nous, pour nous forcer à quelque activité. A l'intérieur de nous, il doit y avoir un type terriblement astucieux qui invente un schéma : il nous attrape ici et là et, pour finir, arrive à ses propres fins. Lorsque nous faisons de telles découvertes, nous ressentons que nous avons à comprendre ce qui se joue dans notre propre maison. C'est comme si nous vivions au rez-de-chaussée et qu'il se passait des choses mystérieuses à la cave. Nous sentons des odeurs étranges et entendons des bruits bizarres. Nous ne pouvons vivre de cette façon et devons savoir ce qui se passe. C'est exactement ce à quoi les gens étaient confrontés il y a deux mille ans, mais à cette époque l'humanité était bloquée dans une impasse. Notre manière de chercher à nous en sortir pourrait tout aussi bien nous conduire dans une impasse. Nous pourrions être amenés à nous confronter à une nécessité plus grande. L'immaturité de la grande majorité des gens pourrait les conduire à la panique et c'est là qu'on verra surgir le grand ver. Quel que soit le développement de l'esprit humain, il ne pourra se faire que s'il est soutenu par un certain corpus minimum de la population. Si une certaine limite (inférieure) est franchie, ce mouvement de développement sera conduit à un arrêt pour des raisons sociales, car surviendrait alors la menace d'une désintégration de la société. Au début du christianisme, on a failli aller trop loin. Les populations se scindèrent en factions dissidentes individuelles, mais avant que le chaos total ne fût atteint, l'instinct a pu créer des limites au-delà desquelles il était interdit d'aller et dès lors la vie sociale a pu s'organiser.

Ce qui nous concerne pour l'instant, c'est d'accéder à la compréhension de l'inconscient, car décemment nous ne pouvons plus vivre sans être conscients. Cette compréhension s'appelle la gnose, mais sa traduction en langage moderne est que le ver n'est pas le Messie, il est le symbole du commencement de la vie psychique, une nouvelle forme d'épanouissement de l'esprit. Quel que soit l'aspect destructeur de ce ver tel qu'il nous apparaît au début, il sera néanmoins votre plus grand bienfaiteur, car il va vous apporter le germe de la vie, la gnose de vie. L'un des derniers groupes gnostiques, ceux qu'on appelle les mandéens, ont un concept du Sauveur qui signifie la « compréhension de la vie » : *manda d'hayye, manda,* « gnose » ou « compréhension », et *hayye,* « vie ». Ces gens sont vivants aujourd'hui. C'est la secte des suppas ou subbas (baptistes), près de Kut-el-Amara, en Mésopotamie [8]. On en compte trois mille, connus comme orfèvres talentueux. Leurs livres sont connus, mais difficiles à traduire. Un universitaire allemand, Lidzbarski, a fait paraître leur *Livre de Jean* [9] qui par endroits est des plus intéressants. On connaît également les liturgies manda. Cette secte ne mange que les animaux noyés. Ils ne tuent les animaux d'aucune autre façon. Ce sont des disciples de Jean Baptiste qui, selon le *Livre de Jean,* eut un désaccord violent avec le Christ, sur la question de savoir s'il fallait rendre public leur message spirituel. Le Christ voulait révéler son enseignement au monde, mais Jean Baptiste disait qu'il ne fallait pas le révéler, car le monde détruirait la vérité. Mead a donné une traduction anglaise d'extraits du *Livre de Jean* dans *Jean Baptiste*[10]. Nous y trouvons une atmosphère qui explique une mentalité du type de celle du Christ. Le *Livre de Jean* l'appelle « l'Imposteur », parce qu'il a trahi les mystères. Il y eut une discussion interminable entre le Christ et Jean, d'où aucune décision ne sortit. Les arguments reflètent leur nature introvertie et extravertie. Jean, l'introverti, dit : « Ne révèle rien, ils vont tout détruire. » Le Christ, en tant qu'extraverti, lui répondit : « La révélation me permettra d'accomplir des miracles. »

Dr Bertine : L'Ami de Jésus, d'Ernest S. Bates[11], donne le point de vue gnostique moderne. L'ami de Jésus, c'est Judas.

Question : Qui sont les Eglises gnostiques modernes ?

Dr Jung : Les nouvelles Eglises gnostiques sont toutes de nouvelles inventions de choses anciennes, des soupes réchauffées et n'ont aucun lien direct. La dernière trace d'un enseignement gnostique s'est éteinte avec les cathares et les albigeois[12]. C'étaient des manichéens, des gnostiques qu'on appelait « bougres », en France. « Bougre » dérive de « bulgare » et apparut dans le Midi de la France. Il se peut que les rose-croix ne représentent qu'une tentative moitié réussie, moitié ratée pour compenser la sécheresse du protestantisme de cette époque et son manque d'imagination.

Le livre de King, *Gnostics and their Remains*[13], et l'ouvrage de Mead, *Fragments of a Faith Forgotten*[14], sont deux ouvrages qui traitent des gnostiques anciens.

Vingtième conférence

5 juin 1929

Dr Jung : Puisqu'il n'y a pas de questions, nous allons continuer à travailler sur le rêve. Nous sommes arrivés à une compréhension plus profonde de la signification du ver qui détruit le fruit. Dans la dernière partie du rêve se présente la question de savoir comment le rêveur va se tirer d'affaire. La découverte du ver est très importante, bien qu'il s'agisse naturellement d'une perception entièrement inconsciente, tandis que le conscient du patient en est très éloigné. En dépit des explications de grande portée que je lui avais données, le patient est encore loin de comprendre l'importance du rêve ainsi que son champ d'action. Jamais il n'aurait été capable de concevoir les explications que je vous donne. Ici, nous essayons d'approfondir, de façon à comprendre la théorie entière et le principe de l'expression du rêve. Chaque rêve est comme un petit drame. Au début on assiste à une sorte d'exposition qui représente en quelque sorte l'état des lieux, exactement comme le montrent merveilleusement les drames grecs. Il y a d'abord la présentation de la situation initiale. Puis vient le développement des intrigues et à la fin survient la catastrophe qui est en réalité le dénouement. Dans la deuxième partie du rêve, on rencontre habituellement l'explication de la façon dont le rêveur va traiter la situation. Ceci peut sembler quelque peu arbitraire, mais il faut reconnaître que l'inconscient travaille réellement de cette manière. D'abord l'énoncé du point de vue de l'inconscient, suivi de la méthode possible que le rêveur va employer pour traiter la question.

Nous serions tentés de dire : ce que le rêveur devrait faire, compte tenu des circonstances, mais à l'exception de cas très rares, l'inconscient ne dit pas ce qu'il faudrait faire, en fait jamais, sauf lorsque c'est évident. Habituellement, il y a toujours plusieurs solutions, c'est la raison pour laquelle le rêve se contente de présenter un choix de solutions possibles.

C'est la même chose avec le *Yi King* : le premier hexagramme que vous tirez vous donne la situation présente, une image des choses telles qu'elles sont. Ceci peut paraître statique, signifiant que cela va durer longtemps, et dans ce cas vous n'aurez pas de second hexagramme. Mais si vous êtes dans un état de mobilité, les chiffres vont indiquer un deuxième hexagramme qui dérive du premier par transposition des lignes. Et ainsi le deuxième hexagramme va donner le pronostic, une idée des possibilités futures de transformation. Rien n'est certain, car il peut y avoir des changements imprévus dans les situations et, d'autre part, les conclusions que l'on tire du premier hexagramme auront une grande influence. Par exemple, le premier hexagramme pourrait vous montrer comment vous devez vous comporter. Si vous prêtez attention à ses indications et les suivez au meilleur sens du terme, et si alors le pronostic de la dernière ligne est défavorable, celui-ci ne se réalisera pas nécessairement. Il y a toutes sortes de possibilités, selon ce que vous faites du premier hexagramme. Ce rêve est construit comme un hexagramme du *Yi King*.

Dans la deuxième partie du rêve, le rêveur dit : « Je veux informer nos agents par télégramme, et pour assurer le secret de la transmission de l'information, je prends le livre des codes. » Ici, vous voyez le commencement de l'activité du rêveur. Il veut faire quelque chose face à ce rapport sur les vers. Son idée de vouloir informer ses agents est juste, et la tenue du secret est parfaitement correcte dans cette partie de l'affaire. Traduite en langage psychologique, l'idée dans le rêve, c'est que quelque chose s'est produit : un ver nouveau a surgi soudainement, le ver qui semble devoir être un danger terrifiant. Et cependant, nous avons vu que ce ver a également une signification très positive : le début d'une conscience supérieure. Cela explique qu'il y ait tellement de gens qui aient peur d'un état de conscience supérieure qui se présente comme une prise de responsabilité plus grande et donc comme un danger. Pouvez-vous me donner quelques exemples ?

Dr Bertine : Prométhée qui a volé le feu aux dieux et qui fut puni en ayant ses organes vitaux mangés par un vautour, pendant des années.

Dr Jung : Oui, la découverte du feu. Voici un bon exemple mythologique. C'est comme ces médecins qui ont payé de leur vie la poursuite des expériences avec les rayons X. Mais vous avez aussi des exemples historiques.

Dr Kirsch : Galilée.

Dr Jung : Etait-il en danger ? Oui, il a eu maille à partir avec l'Inquisition.

Mme Sigg : Luther ?

Dr Jung : Oui, la Réforme, ou encore l'exemple beaucoup plus impressionnant de l'avènement du Christ qui a bouleversé la civilisation et provoqué d'immenses massacres. Pensez donc à ces centaines et milliers de gens qui sont partis au désert, mener une vie ascétique. Des villes entières furent vidées de leur population et les monastères remplis à craquer. Jusqu'aux tombeaux qui servaient d'abris. Une dévastation ! Et n'oubliez pas le bouleversement des familles, lequel est au fondement de la détestation du christianisme par les Romains : les familles se trouvèrent éclatées, ce qui menaçait de destruction les fondations mêmes de l'Etat romain. La tolérance des Romains était grande pour toutes sortes de religions, mais le christianisme était trop dévastateur. Voilà un bon exemple de ce qu'une nouvelle pensée peut engendrer.

Mme Sigg : Freud.

Dr Jung : Oui, combien vouent la psychanalyse aux gémonies.

Dr Schmitz : Mais pas Jung.

Dr Jung : Oh mais si, je pourrais vous raconter des tas d'histoires à ce sujet, et tous, vous pourriez me fournir le matériel nécessaire pour cela. Autre événement sanglant : l'explosion de l'islam en Orient. Rappelez-vous les croisades, la Réforme en Allemagne et les jacqueries paysannes. Une pensée nouvelle construit une route pavée de sang.

Dr Deady : Que penser de la situation en Russie ? Avons-nous là un élargissement de la conscience ?

Dr Jung : Certainement.

Dr Deady : J'ai du mal à penser que les communistes soient un exemple d'élargissement de la conscience.

Dr Jung : Mais les communistes ne représentent qu'une mince couche. C'est le moujik. Maurice Hindus a écrit un excellent livre, *Broken Earth*[1] (La terre brisée), qui montre pourquoi le bolchevisme représente un élargissement de la conscience. Le moujik commence par rouspéter contre son destin, à jurer et à se plaindre contre son gouvernement, ce qui signifie qu'il se met à penser. En Russie, il s'agit là d'un miracle. Pendant des millénaires, la Russie est restée inconsciente à côté de l'Europe et rien ne s'est infiltré en elle. Le moujik était resté primitif, mais à présent quelque chose se met à bouger dans son cerveau. Pour nous le communiste ne signifie rien, mais pour le moujik cela veut dire qu'il pourrait se mettre à réfléchir. Je suis tout à fait convaincu qu'à long terme, le moujik sera aiguillonné pour agir et conduit à penser socialement et politiquement. Ce sera là le résultat positif du bolchevisme en Russie. Jusqu'à présent, le paysan acceptait de se soumettre à n'importe quoi et n'importe qui, mais s'il commence à réfléchir, quelque chose se produira[2].

A présent le danger d'un accroissement de la conscience pousse notre rêveur à l'action. Le rêve dit, dans un langage symbolique, qu'il va informer secrètement ses agents. Comment traduiriez-vous cela psychologiquement ?

Mme Sigg : Dans le dernier rêve, il portait le capuchon couleur de terre et à présent on parle du fruit de la terre. L'agent pourrait bien représenter l'analyste.

Dr Jung : Je refuse d'être l'agent du patient[3]. Il va informer ses agents. Les agents sont à coup sûr autre chose que l'analyste, mais en fait ce sont les subordonnés de cet homme.

Dr Schmitz : Ses fonctions.

Dr Deady : Sa fonction supérieure qui le maintient en contact avec le monde, ses outils.

Dr Jung : Oui, naturellement, il informe son conscient. Ses agents représentent son conscient. Ils sont tous les fils tendus de son cerveau au monde. Il veut informer son conscient pour réaliser cela. A présent, le code : qu'est-ce que cela veut dire ?

Mme Sigg : Un langage raccourci.

Dr Jung : Non, pas un langage raccourci, un langage caché. Il pourrait envoyer un câble qui dirait : « La récolte de coton dans telle partie est infectée par une nouvelle vermine », mais quelle serait l'erreur dans ce texte ?

Dr Schmitz : Tout le monde en aurait connaissance.

Dr Jung : Oui, dans une affaire aussi importante qui met des millions en jeu, il ne pourrait pas prendre le risque d'envoyer à ses agents un télégramme en clair. La nouvelle pourrait être trahie trop facilement. N'est-il pas amusant de voir qu'il ne pouvait informer son conscient directement ? Et pourquoi cela ?

Mrs Kirsch : Une communication directe aurait été trop choquante pour lui.

Dr Jung : Oui, c'est une bonne raison, mais il y en a une autre. Il ne peut informer son conscient en secret qu'à la condition qu'il soit *le seul* à le savoir. C'est pourquoi le code protège son message contre une quelconque trahison. Comme vous le dites, cela peut être dû au fait qu'il se ménage, ce qui explique qu'il se le dise avec ménagement. Une autre conséquence pourrait résulter d'un message trop brutal : il pourrait se trahir lui-même. Supposez que vous ayez le sentiment que quelque chose ne soit pas à sa place, une intuition vous dit de le garder pour vous et à ce moment-là une autre voix vous dit : « Mais sacrebleu, les choses *sont ainsi* et tu ferais mieux de le dire. » Alors, vous allez trouver votre femme et vos amis et vous leur dites que les choses sont ainsi, comme si vous en étiez persuadés. C'est là le danger, car vous serez immédiatement dans les pires difficultés. Ainsi donc, le code le protège d'une reconnaissance claire, pour contrer toute manifestation immédiate de ses convictions. Mais s'il n'en a qu'une vague intuition ou qu'un vague sentiment, il peut conserver ce fait dans un de ses compartiments. C'est cela le sens de la forme codifiée. Il doit faire usage de la clef du code et découvre qu'il tient en fait un autre livre en main.

Son frère voit son erreur et sourit lorsqu'il lui demande le code. Et à présent il apparaît que le frère a déjà envoyé le message, si bien que les agents sont informés. Seulement le rêveur ne connaît pas le texte du câble. S'attarder à ces petits détails peut passer pour de la pédanterie. Pourtant c'est de la plus grande importance, car c'est l'exposition de la manière extrêmement subtile que nous avons de nous occuper de nous-mêmes. C'est de la haute diplomatie. Nous possédons toutes les nuances du conscient, la demi-obscurité, l'obscurité, la demi-clarté, la clarté, le clair-obscur, le noir, et pour chacun de ces niveaux nous avons une façon propre de nous y prendre. Nous nous parlons à voix basse, et ainsi ne bouleversons pas le système des compartiments. Si nous parlons à voix haute, on nous entendra dans la pièce à côté, et ils en seront bouleversés. Garder le silence sur certaines choses, c'est bien pratique et c'est la raison pour laquelle je vous parle de ces moyens subtils. Il vous est possible de surprendre les gens en train de se livrer à ces jeux. L'important, c'est qu'il veut informer son conscient d'une manière habile, sans qu'il en soit atteint. Seulement il fait une erreur, laquelle ?

Dr Schmitz : Il avait l'intention d'envoyer son télégramme avec le code habituel. Or maintenant il a trouvé un nouveau code, peut-être un de vos livres. La psychanalyse. Le frère est l'ombre.

Dr Jung : Il est extrêmement probable que si le frère a envoyé le câble, il l'a envoyé codé, car en tant que directeur général, il saisit aussi bien que le patient le côté sérieux de la situation. Cela veut dire que le conscient du patient a été informé quasi automatiquement par l'ombre.

Dr Schmitz : A partir de l'expérience acquise en analyse, il essaie d'agir d'une manière nouvelle. Le livre signifie pour ainsi dire un code amélioré.

Dr Jung : Le fait même que ce soit fait par l'ombre prouve que l'on a suivi ses vieilles habitudes. L'ombre signifie une approche brumeuse, incertaine, imprécise. Si nous abandonnons les choses dans l'obscurité, ce sont les voies anciennes qui prévaudront, ou même pire, à l'image d'une conduite qui fuit ou d'un vieux moteur qui n'est pas entretenu. Lorsque le rêve dit que c'est l'ombre qui a agi, vous pouvez être certains que cela s'est fait selon les vieilles habitudes.

Le rêveur se trompe en confondant un livre avec celui des codes, mais en réalité il s'agit là de sa première tentative pour faire les choses selon une nouvelle approche, bien qu'il n'ait pas la moindre idée sur le moyen d'informer le conscient selon une voie nouvelle. Naturellement, le rêve ne dit rien de l'analyse. Le rêve parle d'« un autre livre ». Notre homme ne fait aucune association et n'a aucune idée de la manière dont ses faibles connaissances du processus analytique pourraient lui servir pour informer le conscient d'une manière innovante.

Il existe une voie analytique pour informer. Lorsque vous découvrez une vérité choquante dans l'inconscient, vous la réalisez parfois en étant aveugle, comme s'il s'agissait d'un code. Mais parfois, elle vous tombe dessus avec une telle clarté que vous ne pouvez que dire : « Ah, c'est donc comme ça ! » Cela peut vous frapper comme un coup sur la tête, vous en êtes étourdis et ne comprenez rien.

C'est là que l'analyse fait son entrée pour jouer son rôle. L'approche analytique consiste à comprendre dès que l'on réalise. Beaucoup de rêves sont véritablement effrayants. Par exemple, supposez que vous rêviez que vous voulez tuer quelqu'un, votre père ou votre mari. Si vous n'avez aucun moyen pour comprendre ce rêve, c'est trop horrible. Cela tient au fait que vous ne disposez d'aucun code analytique et ne pouvez le mettre dans le contexte. Du coup, ce rêve vous tombe dessus comme un bloc de plomb et menace de vous écraser. L'analyse, quant à elle, essaie de fournir le contexte nécessaire, afin de mettre en valeur la *relativité* de telles situations. Si vous prenez ce rêve au sens littéral, que vous vouliez tuer votre père : c'est épouvantable. Mais lorsqu'il est traduit en langage analytique il perd son caractère horrible. La règle veut que *l'on prenne le rêve au plan symbolique* et, dès lors, tuer le père peut vouloir dire écarter le père ou encore éliminer son influence pour le rendre inactif. Le langage primitif, radical de l'inconscient se contente de dire : « Tue-le », ce qui ne signifie pas plus que lorsque nous parlons de « tuer le temps ». C'est tout à fait innocent et ça veut simplement dire : « Arrête son activité. » Si vous pouvez le présenter de cette façon, le conscient peut l'accepter sans être anéanti. Vous pouvez dire qu'il y a derrière cette image une pulsion instinctive meurtrière. Voyons, nous avons tous dans nos ancêtres des meurtriers, et parmi nous il y en a beaucoup qui pourraient commettre un meurtre sans l'ombre d'une hésitation, si les circonstances s'y prêtaient. La soif originelle de sang s'y trouve, mais la signification en est différente, si bien que vous pouvez l'accepter.

C'est là le *code analytique* qui rend les choses possibles, en lieu et place de l'ancien code qui, pris littéralement et en dehors de tout contexte, serait destructeur. Le code ancien ne servait qu'à cacher les choses au lieu de l'amener en pleine conscience. Le rêveur veut informer ses agents, mais à l'aide du vieux code. Il est choqué à la lecture du rapport sur le danger encouru par les récoltes et ne sait pas quoi en faire. Beaucoup de mes patients me disent : « Mais comment pourrais-je commettre un meurtre ? », « Que puis-je faire, face à cela ? » L'approche ancienne ne permet que la voie de la répression, mais la voie nouvelle, l'approche analytique, consiste à digérer cela jusqu'à un certain point, ce qui le rend gérable. Je leur dis : « Cela ne veut pas dire que vous allez tuer votre père littéralement. Vous pouvez contrecarrer son influence sans devoir aller jusque-là. » Ceci montre déjà au patient ce qu'il a à faire. Il reçoit l'information sous une forme assimilable et gérable et cela cadre avec son image du monde. Il peut assimiler l'image sans plus en être choqué. Mais notre rêveur, lui, n'est pas encore prêt, pas encore capable de le recevoir sous cette forme. Il n'y a aucune indication sur ce qu'est ce livre qu'il tient dans sa main et pas davantage en ce qui concerne la nouvelle manière de s'en servir. Tout ce qui lui vient c'est une colère contre son frère, parce que ce dernier ne lui a pas montré son télégramme. Le patient réalise néanmoins que c'est l'ombre, son frère, qui l'a fait. Mais ce que lui-même aurait pu faire reste dans l'inconnu. Ceci est la fin négative de ce rêve. Les faits nouveaux sont présentés sous une forme désagréable et menaçante, cependant les allusions liées au symbolisme du ver ne sont pas négatives. Le rêveur commence à éliminer les anciens modes de fonctionnement pour favoriser progressivement les nouveaux, si bien que je serais tenté de dire que le rêve n'est pas du tout négatif. Il présente des contenus positifs sous une forme négative.

Rêve suivant [15] : « Je suis assis sous un cerisier et je regarde les cerises rouges, très grandes et bien mûres. Je me dis : "Ça vaut la peine." Là-dessus, je vois mes enfants qui ramassent dans un petit panier les cerises immatures qui sont tombées par terre. Je leur dis : "Ces cerises ne nous appartiennent pas et ne sont pas mûres" et je les jette à nouveau par terre sous l'arbre. Je remarque une petite fille d'environ deux ans parmi les enfants. Elle dit : "Moi aussi, j'ai un cerisier dont je suis très fière." Elle veut me le montrer et me conduit à travers les buissons à un très jeune arbre, et elle parle avec la même intonation dans la voix que celle de ma femme quand elle parle à de petits enfants. Elle dit : "Il n'a pas de cerises", et je la console doucement et lui explique que le petit arbre doit encore grandir avant de pouvoir porter des fruits. »

Associations : Le cerisier avec les fruits : « Ça vaut vraiment la peine de planter ces arbres, parce que le moment venu, ils portent de si beaux fruits. »

Les enfants qui ramassent les fruits verts : « Ça me fait penser à mon rêve précédent, avec mon drôle de chapeau qui me rend ridicule. De la même façon, les fruits de cet arbre ne m'appartiennent pas. Pour cette raison, je ne devrais pas y toucher, mais par contre je devrais planter mon arbre à moi. Cette petite fille me ramène à la petite fille d'un rêve précédent. »

L'enfant de deux ans ramène à la petite fille de son premier rêve, le petit enfant malade de son anima qui refusait de prononcer le *a* à la fin de Maria qui est le nom de l'épouse du rêveur. Ce que vous voyez ici, c'est la réapparition de l'anima. Il est particulièrement frappé par le fait que l'enfant utilise la même intonation que sa femme quand elle parle à de petits enfants. Il ajoute : « Il semble à présent que la petite fille a établi une relation avec mon épouse, parce qu'elle se sert de sa voix lorsqu'elle me parle. »

Analyse du rêve : Il commence avec le magnifique cerisier, rempli de fruits mûrs. Le rêveur dit : « Ça vaut la peine », comme si quelqu'un venait à l'instant de dire : « Ça n'en *vaut pas* la peine. » Il ne fait pratiquement pas d'associations, car il est encore sous l'effet du rêve précédent, dans lequel ce qui le préoccupait, c'étaient les fruits pas encore mûrs du coton. J'ai oublié de vous dire ce que M. Gibb vient tout juste de me rappeler : lorsque le coton est infecté par ce ver, les fruits tombent de la tige, encore immatures. Je me rappelle que le patient m'avait décrit ce fait, très en détail, à l'époque. Nous revoilà avec un fruit immature. Que faites-vous de cet arbre magnifique et des cerises ?

Mr Gibb : L'arbre de la connaissance.

Dr Deady : Ce qui pousse du sol et produit du fruit.

Mrs Crowley : Serait-il question de sexe, avec ces cerises ?

Dr Jung : Oui, nous y viendrons plus tard. Dans le rêve précédent, il y avait un problème sérieux avec la récolte : les fruits n'étaient pas sains. Par contre ici, nous avons un magnifique arbre avec des fruits. La première impression, c'est celle d'une santé retrouvée, d'une complétude : la maladie est vaincue. Que s'est-il passé entre-temps ?

Dr Schmitz : Il s'agit d'une compensation aux manières trop mécaniques de l'homme d'affaires. Jamais l'idée de planter un arbre ou une fleur ne lui viendrait. Il dirait aussitôt : « Ça n'en vaut pas la peine, ça ne paie pas. » L'analyse évoque quelque chose de la terre, une croissance naturelle. Il faut avoir la patience du paysan qui laboure la terre et qui sait se satisfaire de peu, tout à fait à l'inverse de l'homme d'affaires. Ce bel arbre exprime la nature et il voit que « ça en *vaut* la peine ».

Dr Jung : Vous êtes en train de nous décrire l'atmosphère de ce rêve. Vous voyez que l'inconscient a déplacé le paysage et qu'il insiste sur un aspect tout nouveau. Dans le rêve précédent, la croissance du coton n'intéresse pas le rêveur le moins du monde. Il ne s'agit que d'acheter et de vendre. Dans ce nouveau rêve, il est confronté à une situation nouvelle, la croissance d'un arbre par laquelle il n'a, jusqu'à présent, jamais été intéressé puisque des fruits, il peut en acheter au marché. Mais c'est comme s'il lui était impossible d'acheter la beauté d'un arbre couvert de fruits. Il dit : « Ça en *vaut* la peine. » Il est obligé de reconnaître qu'il y a une vertu et un mérite à cultiver de tels arbres, ce qui pour lui, en tant qu'homme d'affaires, ne devrait avoir aucun intérêt : c'est du gagne-petit. Nous voyons ainsi que le problème psychologique, dans sa totalité, s'exprime maintenant dans un nouveau langage, on pourrait dire un langage naturel, le langage de la terre. Le problème qui l'occupe maintenant ne peut plus s'exprimer en termes d'affaires. Le langage de l'achat et de la vente est par trop rationnel et ainsi le langage de l'inconscient propose à présent un symbolisme différent. Voici un arbre magnifique, couvert de fruits, et il est forcé d'admettre que ceci en vaut aussi la peine. C'est quelque chose qui s'oppose à l'industrialisation, son attitude précédente. Tous les jours j'entends : « Mais à quoi cela sert-il ? », « Qu'est-ce que je peux en faire ? », « Quel en sera le résultat ? », « C'est comme dépenser beaucoup d'argent et beaucoup de temps et ne rien pouvoir en faire ». Il y a à peine quelques jours, je disais à l'un de mes patients : « La seule chose qui vous intéresse, c'est de savoir quels sont les faits et qu'est-ce que vous pouvez en faire. Tout reste en surface. Jamais vous ne vous demandez ce qui va surgir qui soit en rapport avec ces faits, ou comment vous en êtes affecté ou quel sentiment cela vous fait vivre, ou encore ce que pouvez entreprendre pour *vous-même.* » Nous sommes convaincus que rien ne peut se faire sans l'emploi de dynamite. Nous sommes incapables de réaliser que beaucoup peut être accompli au moyen d'un développement, à travers une croissance.

Souvent nous sommes conduits devant un mur, un mur trop haut. Nous ne parvenons pas à passer par-dessus et restons là, à le regarder fixement. Notre rationalisme nous dit : « Pas question de passer par-dessus, ne reste pas là, tu n'as qu'à partir. » Et cependant, le développement naturel a conduit le patient à une situation presque insoutenable afin de lui montrer qu'il est au bout de ses solutions rationnelles. Ce qui lui est dit, c'est qu'il devrait aller jusque-là, peut-être même y rester, y laisser pousser des racines et se mettre à grandir comme cet arbre et, avec le temps, vaincre l'obstacle en se développant par-dessus le mur, comme le ferait le lierre ou l'ampélopsis. Il y a des questions dans notre psychologie qui ne peuvent trouver leur réponse aujourd'hui même. Il se peut que vous vous heurtiez à un mur, mais ce que vous avez à faire, dans cet instant, c'est de vous poser là et de grandir, et dans six semaines ou dans un an votre croissance vous aura permis de passer par-dessus cet obstacle. Dans le *Yi King* vous en trouverez une très belle expression[4]. Il s'y décrit une situation tout à fait comparable et qui est tout aussi désespérée : « Un bouc se heurte à une haie et s'y prend les cornes. » Mais à la ligne suivante : « La haie s'ouvre. Il n'y a pas de complications. La puissance repose sur l'essieu d'un grand char. » Si donc vous cessiez de foncer contre la clôture, vos cornes ne seraient plus emprisonnées et à présent vous auriez la puissance d'un char, muni de ses quatre roues. Dans la nature, il y a une autre voie, la voie de l'arbre. Cela va à l'encontre du rationalisme et de l'impatience de l'homme animal. C'est la concupiscence qui pousse à se jeter sur les choses, comme un tigre. L'arbre reste immobile. Il croît et produit des racines et finalement pousse par-dessus les obstacles. Ce rêve attire donc son attention vers une autre sorte de symbolisme. C'est une voie particulièrement utile, lorsqu'on traite de difficultés psychologiques. Aujourd'hui, il est sans aucun doute bien incapable de s'occuper de son problème. Il n'a pas la moindre notion sur la manière d'établir une relation décente avec sa femme. Il n'a pas les mots, ni les manières pour cela, et tout ce qu'il entreprendrait ne conduirait qu'à un fiasco lamentable. Son inconscient lui dit : « Le mieux que tu aies à faire, c'est te taire. » Puis son côté rationnel ajoute : « Pars en courant, construis des compartiments. » Cependant la voie de la nature, c'est d'être comme une plante : un être stable. Et le moment venu, l'arbre portera du fruit. La seule façon dont il peut être aidé, c'est au moyen d'une évolution. Cette idée traverse le rêve de part en part. La petite fille le conduit à son arbre, fière de lui, bien qu'il soit trop jeune ; il ne porte pas encore de fruits et c'est lui qui explique à la petite qu'il grandira avec le temps et portera du fruit, le moment venu. Mais que penser des cerises qui tombent par terre et que l'on ramasse dans des paniers ? Il est évident que ce sont là les fruits immatures du coton qui tombent, infectés par le ver. Chaque cerisier produit des fruits qui n'arrivent pas à maturité. Qu'est-ce à dire psychologiquement ?

Dr Leavitt : Certains processus psychiques ne sont pas destinés à mûrir. Ils meurent avant d'atteindre la maturité.

Dr Jung : Oui, dans la psychologie de chacun, certains éléments sont destinés à mourir, comme des écorces inutiles qu'il faut jeter. Dans le métabolisme du corps, certaines cellules meurent journellement — aujourd'hui vivantes, demain mortes et destinées à être rejetées. De même en psychologie, nous devons construire certaines choses qui n'arriveront jamais à maturité. Elles nous sont utiles pour un temps, puis disparaissent, comme certains dons qui paraissent prometteurs chez un jeune et qui par la suite passent et disparaissent. Pourquoi pensez-vous que le rêve insiste sur une telle banalité ?

Dr Leavitt : Ne s'agirait-il pas d'expériences sans intérêt ?

Dr Jung : La vie est un laboratoire, une expérimentation de la nature et les échecs sont nombreux. Les gens diront : « Ceci et cela a échoué » et restent tout à fait inconscients de ce qu'ils *peuvent* faire. Ils sont pessimistes, et ainsi ne sont conscients *que* de ce qu'ils *ne peuvent pas faire.* Le rêve dit : « Chacun prend des risques, la nature prend des risques, nous sommes tous une expérience qui peut échouer. » Les cerises vertes tombent de l'arbre. Mais notre rêveur ne peut pas voir ce fait. S'il était un peu moins rationnel, il pourrait jouer davantage avec la vie, mais un être aussi rationnel ne peut pas jouer avec la vie, car le jeu c'est irrationnel. Nous devons avoir la capacité de dire de certaines choses : « Je vais essayer cela, même avec la conviction que ça pourrait être une erreur. » Ce n'est qu'en vivant selon cette recette que vous pourrez faire quelque chose de la vie, peut-être selon une voie aujourd'hui et une tout autre demain. Chaque racine dans la terre doit trouver le moyen de contourner la pierre qui se trouve sur sa voie pour croître. Il se peut qu'elle prenne une mauvaise direction. Dès l'instant que vous êtes dans l'idée de croissance et de développement vous êtes confrontés à l'aspect irrationnel de la nature. Chaque esprit rationnel déteste cela, car pour lui la devise c'est : « Pas de risques, je vous prie. »

A présent les enfants ramassent les fruits qui n'ont pas la moindre valeur ! Que signifie cela ? Et d'où viennent tout à coup ces enfants ? Les enfants *sont* les fruits verts, ils représentent ses propres tendances infantiles. Mais que représente le fait de ramasser ces fruits immatures ?

Mr Gibb : Rester accroché aux valeurs infantiles.

Dr Jung : C'est l'image que présente le rêve. Il dit : « Regarde les enfants, comme ils jouent, comme ils prennent la vie telle qu'elle se présente. Ils ramassent même les fruits pourris et ne se demandent pas si ces cerises ont une quelconque valeur. » Voilà l'idée que le rêve lui présente. Vous avez à vivre certaines choses de la vie, comme si elles étaient destinées à devenir des fruits mûrs, et s'ils ne mûrissent pas, il faut les laisser tomber pour qu'ils soient ramassés, comme s'il s'agissait d'un jeu d'enfants, sans le moindre préjugé. Dès l'instant que vous portez des préjugés, vous excluez certaines possibilités et votre vie n'est plus entière.

Dr Schlegel : On pourrait l'interpréter comme le côté infantile de cet homme qui le conduit à ramasser ces fruits verts, comme s'ils avaient de la valeur, ce à quoi son inconscient répond, en critiquant sa conduite infantile.

Dr Jung : Cette interprétation serait parfaite pour un type irrationnel, mais nous devons prendre en compte le type rationnel de notre rêveur. C'est en fait ce qu'il dirait lui-même de son rêve. Je l'ai interprété à ma façon, parce que l'un de ces enfants est l'enfant de son anima. En suivant l'interprétation du rêveur, ce dernier exclut son anima, ce qui veut dire qu'il exclut son âme, ce qui le ramène au commencement. Théoriquement, ce serait là une très bonne interprétation, mais elle a l'inconvénient de ne pas prendre en compte la psychologie du rêveur.

Il m'arrive souvent que des inconnus m'envoient leurs rêves, mais sans connaître le rêveur, je ne peux que faire une interprétation théorique. Pour une bonne interprétation, il vous manque *le point de départ**. Pour cette raison, et en contraste avec Freud, tout en admettant que les rêves utilisent les mêmes images, nous devons nous rappeler qu'ils sont l'expression symbolique de situations psychologiques différentes. Dans un cas, un serpent peut être favorable, il représentera la « sagesse des profondeurs » ; dans un autre, quelque chose de défavorable, par exemple l'annonce d'une maladie. Une femme rêva un jour d'un serpent long d'un kilomètre, grand comme un éléphant, qui annonçait une fièvre typhoïde. Cette femme m'avait dit : « A chaque fois, avant de tomber malade, je rêve d'un serpent, mais jamais d'une telle taille. » Un serpent peut signifier sept mille choses différentes.

Dr Bertine : Pouviez-vous interpréter son rêve avant sa maladie ?

Dr Jung : Non, je ne l'avais pas analysée. Je n'ai fait que la rencontrer, lorsqu'elle me l'a raconté, mais j'ai pensé qu'il s'agissait d'une longue maladie. Chaque fois que l'inconscient domine, chaque fois que l'inconscient prévaut sur le présent, il se présente comme lourd, massif et important et est gros du passé ou de l'avenir. Lorsque l'inconscient est rempli du futur ou qu'il se présente sous la forme réactivée d'un passé qui n'a pas été réalisé, alors il prévaut sur l'homme et son histoire personnelle. C'est pour cela que le serpent peut vouloir dire le passé comme le futur.

Dr Schmitz : Qu'en est-il des types qui ne sont pas définis, comme par exemple l'intuitif qui ne peut vivre sur son intuition et qui a pour fonction secondaire exagérée la pensée ou le sentiment ? Son nouveau langage est bon, il paraît très rationnel. Lorsque nous développons un nouveau langage, nous avons tendance à l'utiliser davantage que notre langage habituel. De ce fait, un type irrationnel peut apparaître comme un type hyper-rationnel. Et dans un tel cas, comment interpréteriez-vous le rêve ?

Dr Jung : C'est un cas compliqué. Si la personne est exagérément rationnelle, alors le rêve est à interpréter comme je l'ai fait. Dans notre cas, je ne suis certain de rien et, en fait j'ai failli penser que le rêveur était originellement de type irrationnel. Sa pensée résulte d'un raisonnement, et ainsi il a commencé à se rationaliser lui-même, si bien qu'il exagère. Très vraisemblablement il s'agit d'un type sensation qui a compensé par un rationalisme exagéré, si bien que la tâche du rêve est de briser cela.

Mrs Crowley : Ceci ne rend-il pas l'interprétation de nos propres rêves très difficile ?

Dr Jung : Oui, avec mes propres rêves, je suis tout aussi démuni que n'importe qui. Le rêve tombe dans ma propre ombre, là où ma lumière me manque. C'est comme si je n'avais jamais entendu parler de l'analyse des rêves. C'est ce qui est fou, car vous n'êtes jamais d'égal à égal avec votre rêve. Je dois commencer au tout début et me livrer à une analyse des plus laborieuses. Cela prouve que nos rêves sont toujours juste un peu en avance sur nous. Jamais nous n'atteignons la stature divine et jamais nous ne rejoignons nos dieux. Notre essence humaine fait que nous serons toujours un peu en dessous, un peu imparfaits. Il *faut* qu'il en soit ainsi ! Vous devez vous couler dans l'attitude du bébé nouveau-né. L'humilité est de rigueur quand il s'agit de nos propres rêves. Après vingt ou trente ans, j'ai appris à adopter l'attitude qui consiste à reconnaître que ce qui a de la valeur est toujours en avance sur moi. Il y a des choses en nous qui sont supérieures à nous-mêmes. Et c'est pour cela que nous développons l'idée d'un nouveau centre hypothétique, supérieur au conscient.

Les types irrationnels se prennent tout le temps les pieds dans le tapis. Ils passent leur temps à faire fausse route et à courir après des chimères. S'il leur arrive de ramasser des fruits le long de la route, ils vont les jeter, car c'est un fait accompli.

Nous arrivons maintenant au fait important que l'un des enfants du rêve est son anima infantile et à la question de savoir pourquoi cet enfant n'a que deux ans d'âge.

Son âge a à voir avec le début des études de psychologie

du rêveur. A partir des rêves précédents, nous avons vu que son intérêt pour la philosophie et la théosophie était plutôt morbide. Il avait tendance à prendre la théosophie sur un plan trop concret, ce qui provoqua la maladie de l'enfant de son anima. Dans le rêve auquel il fait référence, elle ne parvenait pas à dire le nom de son épouse et maintenant elle parle, avec l'intonation de la voix de celle-ci, avec qui, de surcroît, elle est en bons termes, un changement important. Donc, après un mois d'analyse, l'enfant n'est plus malade et elle montre son petit cerisier ravissant au rêveur. Il est évident qu'il ressent que le grand arbre ne lui appartient pas et, pour cette raison, il ne permet pas aux enfants de ramasser les cerises. Quand l'anima l'emmène voir son arbre, il ressent qu'elle en est l'entière propriétaire. Alors, à qui donc appartient cet arbre ?

Dr Bertine : A-t-il eu une perception intuitive des possibilités d'un tel arbre après une conversation avec vous ?

Dr Jung : Oui, c'est l'arbre de mon anima [5]. Il ne le perçoit qu'intuitivement. Il ressent que ce dont nous avons parlé vaut la peine. Puis vient la tentation de jurer sur les mots du maître [6], à l'image des pythagoriciens, et de prendre chaque mot que je prononce pour la vérité absolue. Je dis beaucoup de sottises en une journée. Et il y a des gens pour ramasser les fruits verts et les baies pourries et les manger ensuite en étant persuadés qu'ils ont bien mangé. Cet arbre a produit beaucoup de choses immatures et cet homme aurait pu avoir tendance à tout ramasser et à le valoriser sans sens critique. Seulement le rêve le met en garde et lui dit : « Laisse tout ça, ce n'est pas ton arbre, tu as à te préoccuper de tes propres affaires. » Puis la petite anima l'emmène à son arbre à elle, et là, il est très paternel avec elle et lui dit : « Sois patiente, et avec le temps, il va grandir et portera du fruit, le moment venu. » Il est trop paternel quand il parle à son anima ! Pourquoi est-elle si jeune ? Il a quarante-sept ans et elle seulement deux ans.

Dr Schmitz : Elle vient de naître.

Dr Jung : Maintenant que l'intérêt spirituel augmente, elle commence à vivre. Elle est immortelle et peut changer son apparence. Parfois elle est très vieille, une vieille sorcière. Pourquoi est-elle si jeune ici ?

Dr Deady : Elle est jeune parce que sa relation à cette enfant, qui représente la relation à la femme, est très récente.

Dr Jung : Oui, sa relation à sa femme, mais aussi parce que son attitude consciente est trop vieille. Tout cela entraîne une compensation par l'inconscient qui produit une anima trop jeune. Tout homme rationnel essaie de vivre comme s'il avait deux mille ans, à l'image d'un arrière-arrière-grand-père expérimenté. Si nous nous étions mis d'accord avec le vieux Pythagore, le monde entier de nos jours serait rationnel. Lorsque nous vivons avec le point de vue rationnel, l'anima est un bébé. Deux ans, c'est vraiment très jeune. Cela vous permet de mesurer l'âge de cet homme : je dirais volontiers neuf cents ans. Ce dont il a besoin pour devenir humain, c'est une énorme dose de jeunesse. La différence entre deux et neuf cents ans symbolise l'écart dans sa propre nature. Il est clair que l'arbre auquel la petite fille le conduit, c'est son arbre à lui.

Selon une très vieille idée germanique, chaque homme possède son arbre, le totem qui a été planté à sa naissance. Si un malheur arrive à cet arbre, un malheur arrivera à l'homme. Mais s'il grandit et fleurit, tout ira bien pour lui. Vous pouvez blesser un homme en enfonçant un clou dans *son* arbre. Vous pourriez tuer un homme en abattant *son* arbre. Le thème de l'arbre est utilisé par Rider Haggard[7] dans *The People of the Mist* (Les gens de la brume) où chaque individu de la tribu possède son arbre. Il existe une relation singulière entre chaque homme et son arbre et, lorsque l'arbre tombe, la vie de cet homme se termine. Selon César, les druides avaient pour coutume de tailler un arbre en y sculptant une forme humaine, avec les bras tendus pour former une croix[8]. Le Christ sur la croix en est un autre exemple, en ce sens que la croix est également l'arbre de vie. Et puis il y a cette légende juive selon laquelle Adam, juste avant de mourir, a le droit de regarder pour une dernière fois le paradis. L'arbre est mort, mais dans ses branches un petit bébé est couché.

Vingt et unième conférence

12 juin 1929

Dr Jung : Nous en avons terminé avec le rêve du cerisier. Y a-t-il des questions ?

Dr Deady : Pourquoi dites-vous que l'ombre agit toujours selon les « vieilles habitudes » ? Je ne saisis pas le sens de « vieux ».

Dr Jung : Cela, je le dis comme un constat moyen. La vérité générale est que l'ombre représente les habitudes anciennes. Naturellement il y a des circonstances exceptionnelles, comme lorsque l'inconscient prend le pas sur le conscient. Pourquoi dis-je que l'ombre représente les voies anciennes ? L'ombre est la personnalité inférieure, la vieille personnalité, la facilité. Elle est votre réaction la plus personnelle, la manière dont vous avez toujours réagi. Par exemple, vous trouvez l'ombre dans vos ressentiments personnels, dans vos impulsions intimes. Ceux-ci restent pratiquement les mêmes, tout au long de votre vie. Dans l'enfance, alors qu'il n'y avait encore pratiquement pas de conscience, vous réagissiez d'une façon parfaitement naturelle, résultat de vos impulsions immédiates. Par la suite, l'éducation est venue recouvrir ces réactions, et c'est tout le processus de la prise de conscience qui est entré en jeu. La plupart des gens cachent leurs réactions personnelles qui, de ce fait, tombent de plus en plus dans l'ombre. C'est parfaitement plausible qu'en surface et à première vue ces réactions ne soient pas agréables, car les relations interhumaines exigent et nécessitent certaines mises en forme. Alors les vieilles voies, les anciennes réactions, sont préservées en tombant dans l'ombre, dans l'inconscient. Tout ce qui tombe dans l'inconscient n'a aucune chance d'être jamais corrigé. Tout ce qui remonte de l'inconscient est aussi neuf, aussi frais que le jour où c'était tombé dedans. Tous ces éléments ne se sont pas frottés les uns aux autres, ils n'ont pas séjourné dans un mélangeur ni dans un fondoir[1]. Ils se présentent comme des pièces de musée, à l'abri dans des caissons de verre. Rien ne vient les user ni en changer la forme. Voilà la raison pour laquelle je dis que l'ombre, à la limite de l'inconscient, signifie les « voies anciennes ». Certaines exceptions existent où l'ombre n'est pas la « voie ancienne ». C'est le cas lorsqu'un élément nouveau monte de l'inconscient sans que le conscient ne soit en mesure de le saisir. Pour ces gens-là, il y a un sentiment de dérangement ou de désordre intérieur. Des situations qui ont pu être gérées il y a longtemps, dans le passé, deviennent tout à coup ingérables. A la veille d'un éclatement psychotique, les gens éprouvent un bouleversement pour des faits qu'ils n'auraient jamais relevés auparavant. Mais à présent, ces faits deviennent des obstacles insurmontables et une obsession. Bien entendu, ce serait une faute grave pour un analyste de se fier à la pure apparence des faits. Il devra vérifier avec soin si ces réactions particulières n'ont jamais pu être gérées, si elles sont de nature habituelle ou si, au contraire, ce n'est que maintenant qu'elles sont devenues ingérables. Par exemple, un homme vit un ressentiment. Il a été trompé il y a trente ans et, tout à coup, l'événement resurgit maintenant et le fait rentrer dans une rage effroyable, comme si l'incident s'était produit tout récemment. C'est cela qui se produit dans le début d'une névrose ou d'une psychose. Ceci se voit à l'occasion de maladies vénériennes qui ont été traitées de manière satisfaisante dans un passé lointain, mais un sentiment d'infériorité s'est développé progressivement et, des années plus tard, cet homme peut commencer à se faire un souci de tous les diables à propos de cette maladie. Et pour finir, ça lui tombe dessus comme un poids de cent tonnes. Lorsqu'on analyse le poids de la recrudescence de ce ressentiment, on découvre que ce n'est dû à aucun élément nouveau, mais à quelque chose de caché, quelque chose qui n'a jamais été conscient. Cela monte des profondeurs, caché sous l'habillage de réactions personnelles.

Mr Dell : Entendez-vous par là que des symptômes physiques se réactualisent ?

Dr Jung : C'est de l'ordre du possible ; ou encore les symptômes peuvent être purement psychologiques. Pour s'exprimer, l'inconscient prend les « formes d'ombre », parce qu'il n'y a pas de formes conscientes dans lesquelles se couler. Ces réactions sont des avenues qui donnent accès à l'inconscient. Il est facile de déceler l'anima ou l'animus à travers l'exagération de ces réactions.

Dr Bertine : Est-ce à dire que l'anima ou l'animus est l'archétype derrière ces réactions ?

Dr Jung : L'animus est une fonction et ne devrait pas avoir un caractère tellement personnel. S'il l'est, c'est en vertu de son contenu, parce qu'il transporte un poids. Un gros poisson est apparu dans l'inconscient collectif et l'animus l'a avalé. L'animus devient gros, son ventre enfle et il commence à parler avec des mots puissants. Ces mots, vous ne les entendez pas, en fait vous n'entendez rien, mais vous ressentez quelque chose comme une prévention, et vous traitez la situation sur des prémisses inconscientes. Soudainement vous découvrez, et c'est dû à une influence singulière, que vous faites fausse route. C'est comme si les opinions exprimées par l'animus, d'une voix inaudible, venaient s'infiltrer dans vos propres pensées, et ce qui en résulte, c'est que tout se passe comme si c'était vous qui aviez exprimé ce point de vue. Ça ressemble à l'histoire du pigeon qui pensait qu'« ils avaient parlé », mais qui en réalité n'avait rien pensé du tout. Voici la meilleure histoire d'animus que je connaisse, stupide, mais profonde comme peuvent l'être certaines idioties.

Un cheval, une automobile et une pigeonne se rencontrèrent très fortuitement. Il faisait très beau, et ils pensaient se rendre jusqu'à une certaine auberge. Pour que l'excursion devienne encore plus amusante, ils décidèrent de la transformer en course dont l'auberge serait le but. La voiture fila à toute vitesse et, bien entendu, arriva la première à l'auberge. Elle commanda un café noir et attendit. Peu après le cheval arriva tout essoufflé et en sueur. Il faisait chaud ce jour-là et il commanda une bière. Puis ils attendirent la pigeonne. Ils attendirent et attendirent, mais pas de pigeon à l'horizon. Alors ils commencèrent à se faire du souci et se dirent : « Quelque chose de malheureux a dû arriver à cette chère pigeonne. » Ils retournèrent en arrière et virent de loin une tache blanche sur la route : c'était la pigeonne qui marchait non loin du départ, toute couverte de poussière et les plumes ébouriffées. Ils lui demandèrent : « Mais que fais-tu là ? » Et la pigeonne de leur répondre : « Oh, je croyais que nous avions dit que nous y allions en marchant ! »

Maintenant dites-moi, comment la pigeonne pouvait-elle penser un instant qu'on allait y aller en marchant ? La voiture roule avec ses roues, le cheval galope des quatre fers, et où est la logique pour un pigeon de marcher ? Ses ailes ne lui servent donc à rien ? Juste gentiment à côté de la plaque, c'est ça l'animus !

Mr Dell : Pourquoi faites-vous du pigeon un féminin ?

Dr Jung : Oh, le mot allemand pour « pigeon » est du féminin [2]. La colombe est également le symbole de l'amour, de Vénus, d'Astarté, et un signe pour le Saint-Esprit, à la place de la mère, etc. ; et ainsi vous voyez que j'ai bien d'autres raisons de parler du pigeon au féminin. Même s'il s'agissait d'un pigeon mâle, la logique n'en serait pas moins une logique d'animus qui voit des prémisses auxquelles personne n'aurait songé.

Dr Schmitz : N'est-il pas possible que l'ombre reçoive une éducation, par la vie elle-même ?

Dr Jung : Effectivement, au moyen de l'analyse ce serait possible.

Dr Schmitz : Et pas normalement ?

Dr Jung : Non, parce qu'elle est plongée dans l'obscurité, inférieure, cachée avec soin, comme un squelette dans un placard. La tendance naturelle c'est de la conserver là, ce qui garantit qu'elle restera immuable. Votre ombre, vous ne l'introduisez pas auprès de vos invités, pas plus que vous ne lavez votre linge sale en public. C'est ce qui explique

que « normalement », l'ombre ne peut être éduquée. Même au sein du mariage, on maintient une certaine distance, les deux partenaires tentent de maintenir leur ombre à distance de leur conjoint. Ils appellent cela l'« intégrité de la personnalité ». « *Integer vitae scelerisque purus*[3] ».

Dr Schmitz : Puisque dans l'âge mûr nous connaissons mieux la vie et arrondissons nos angles vifs, cela n'implique-t-il pas que l'ombre finit par grandir également ?

Dr Jung : Sur le long terme, il est presque impossible que l'ombre ne finisse pas par apparaître au grand jour. Elle se montre notamment lors de circonstances particulières. Par exemple, si vous voulez tester un ami, saoulez-vous avec lui et vous verrez apparaître la bête.

Dr Schmitz : Parfois, il pourra vous apparaître beaucoup plus sympathique et beaucoup plus plaisant.

Dr Jung : Absolument, n'oublions pas que l'ombre peut nous sembler très charmante. Il y a des gens qui cachent le meilleur d'eux-mêmes sous une opinion d'animus ou des humeurs d'anima, ou encore sous un préjugé hérité, l'influence familiale, etc. Certains, les introvertis en particulier, ont l'art de partir du mauvais pied et ont le génie pour remuer le couteau dans la plaie.

Dr Bertine : Chaque fois que l'ombre se manifeste avec une force irrésistible, ne peut-on penser que l'anima ou l'animus ne font que la renforcer ?

Dr Jung : L'anima ou l'animus jouent constamment en coulisse, mais il est tout à fait impossible d'affirmer qu'ils augmentent le volume de l'ombre. L'ombre augmenterait, en fait, plutôt le volume de l'anima. Parfois il est incorrect de parler d'animus ou d'anima. On peut avoir affaire à un contenu nouveau qui monte de l'inconscient collectif. Il arrive que vous saisissiez quelque chose sous la forme d'une inspiration ou d'une intuition. Dans un tel cas, parler d'animus ou d'anima ressemblerait à de l'affectation.

Dr Schmitz : Si l'introverti montre son plus mauvais côté, est-ce à dire que son ombre est extravertie ?

Dr Jung : Oui, il attend tellement longtemps qu'au moment où il se décide à parler, son ombre démarre du pied gauche. J'avais un ami introverti. Avant de pouvoir parler, il hésitait toujours et attendait. Si bien que sa bouche se mettait à parler avant qu'il ne fût prêt et immanquablement, il disait ce qu'il ne fallait pas. Lorsqu'il était étudiant, il dut aller rendre visite au grand et célèbre professeur Virchow [4]. Il se sentait terriblement nerveux et imaginait le professeur sous les traits d'un rhinocéros à deux cornes. Tremblant, il entra dans la salle, et s'étant incliné, il murmura : « Mon nom est Virchow. — Oh, dit le vieux professeur, vous portez le même nom que moi ! » A ce moment même, mon ami réalisa que son ombre avait parlé trop vite et à sa place, embrouillant totalement la situation, et il rentra sous terre. Le meilleur film que j'aie jamais vu, *L'étudiant de Prague* [5], montre la séparation de l'homme conscient d'avec son ombre, si bien que l'ombre se déplace d'elle-même. Dans ce cas particulier, le héros avait fait serment de ne pas tuer son adversaire en duel. Comme il approche du lieu, il rencontre son double qui essuyait le sang de son épée sur l'herbe. Le doute le saisit, et lorsqu'il arrive sur les lieux du duel, il découvre son adversaire gisant, déjà mort. L'ombre, sans respect pour les intentions de l'homme conscient, avait tué son adversaire.

Dr Schmitz : Comme Dr Jekyll et Mr Hyde [6].

Dr Jung : Oui, un bon exemple, et il y en a beaucoup dans la littérature. Mais je me demande pourquoi vous insistez autant sur cette affaire d'ombre ?

Dr Deady : Je pensais au contraire que c'était vous qui insistiez.

Dr Jung : C'était pour répondre à toutes vos questions. Voyez-vous, l'homme inférieur a infiniment plus de possibilités que l'homme supérieur et cela explique notre intérêt, à nous tous, pour l'analyse. La véritable créativité dans l'homme nous vient toujours de là où on l'attend le moins. Elle trouve son origine dans ce qui est petit, dans ce qui ne se montre pas. C'est pour cela que l'ombre est un élément d'une telle importance chez l'être humain.

Rêve suivant [16] : « Je vois une machine et, comme je la vois, je sais que j'en parle au Dr Jung comme si je lui rapportais un rêve. Je lui dis que certaines pièces de la machine ne fonctionnent pas, et ces pièces défectueuses sont repérées par le collage de petites étiquettes jaunes. Le Dr Jung me conseille de surveiller ces pièces défectueuses de la machine dans le prochain rêve. Je veux regarder plus attentivement la machine pour relever les pièces qui ne fonctionnent pas ou qui sont abîmées, mais à ce moment même la machine disparaît, et je vois ma petite fille qui porte une jupe avec de grandes déchirures en forme de trous sur le devant. Et je me dis : “Ah, voilà la solution à cette obscurité sur laquelle le Dr Jung attirait mon attention.” »

On dirait que le rêveur retourne au commencement de son analyse, et qu'il est à nouveau préoccupé par l'idée de machine. Ceux parmi vous qui ont entendu les rêves précédents se rappelleront que la machine y joue un rôle des plus importants, mais étonnamment, dans ses associations, le rêveur lui-même n'est pas conscient de ses rêves précédents. Il parle d'une insinuation curieuse. Il dit que la machine nous aide à nous déplacer plus rapidement que si nous marchions. Elle peut produire ce qui nous est nécessaire pour vivre d'une manière moins laborieuse que s'il fallait le fabriquer manuellement. Il ajoute : « A mon sens, la signification de cette machine, c'est l'augmentation du pouvoir humain. L'accroissement de la puissance humaine dans la sphère psychologique représente la dynamique de nos fonctions, la source, l'outil, l'instrument avec lequel nous augmentons notre volonté de puissance. » Il arrive ainsi à la conclusion que la machine, dans le rêve, est la volonté de puissance humaine. Il dit : « Si le Dr Jung attire mon attention sur un défaut dans ma machine, c'est que quelque chose ne va pas avec ma volonté de puissance, et il m'appartient de découvrir ce que c'est. »

Les étiquettes jaunes : « Dans les grandes usines les pièces défectueuses ou cassées sont repérées avec des étiquettes jaunes, ce qui permet au réparateur de trouver facilement les pièces à réparer ou à changer. »

La disparition de la machine nous montre qu'il ne faut pas prendre la machine comme quelque chose de très réel mais davantage comme un symbole. Elle disparaît parce que ce qu'elle exprime est épuisé et il nous faut un symbole nouveau. Et la machine est remplacée par sa petite fille.

La petite fille : Le rêveur dit : « Ma petite fille, en opposition avec mon épouse, attend quelque chose de la vie. Elle aime jouir de la vie et ainsi symbolise quelque chose du plaisir que je tire moi-même de la vie. »

Les trous dans sa jupe : Le rêveur dit : « Ce détail me suggère qu'il y a quelque chose qui va de travers dans ma sexualité. Cela est suggéré par la position des trous dans la jupe. Cela veut dire globalement que quelque chose marche de travers dans ma volonté de puissance appliquée à ma sexualité. »

Avant de voir ce rêve-ci, nous avons analysé le rêve du ver dans la graine de coton. Pour des raisons pratiques, j'ai attiré l'attention du rêveur sur un point particulier que je ne vous ai pas signalé, à savoir la substance gélatineuse dispersée avec les excréments du ver à l'intérieur de la capsule de coton. Lorsque je lui ai demandé ses associations sur ces excréments et sur cette gelée qui rappelle celle que l'on voit sur les prunes véreuses, il a dit quelque chose qu'il n'avait pas dit dans ses associations initiales, ni lorsqu'il avait raconté son rêve. Il est fréquent qu'un patient laisse de côté des détails de ses rêves. Tantôt il pense que c'est sans valeur, tantôt il en ressent un sentiment d'inconfort et il n'est alors nullement désolé si tel ou tel détail tombe dans les oubliettes. C'est ce qui s'est passé avec cette affaire d'excréments et de prunes. À présent il associe la gelée des prunes avec les organes génitaux de la femme et l'excrément du ver lui rappelle le grain de café. Le grain de café est un symbole sexuel féminin archaïque. De telles analogies, aussi lointaines, se produisent lorsqu'il y a énormément de sexualité stockée et profondément enfouie. Dans ces cas-là, on relie la sexualité à toutes sortes de choses qui sont sans rapport. Tout le développement humain du rêveur est lié à son problème sexuel, tant et si bien qu'il voit des analogies sexuelles absolument partout et même dans les grains de café ! Ce n'est qu'à l'occasion de l'analyse du présent rêve que lui est revenue son association avec le rêve précédent, et qu'il fit état de ce que quelque chose dans le rêve précédent avait été la cause de ce rêve-ci. Il a parlé de la prune comme image de la vulve et est revenu sur l'analogie avec le grain de café. Comme le rêve précédent était un rêve de désordre et de destruction, le sens en était, soit le désordre dans sa sexualité, soit un désordre qui entraînait le désordre dans sa sexualité. La véritable essence du désordre, c'est le ver, le ver qui produit des symboles sexuels, et le ver se retrouve également dans sa sexualité. Les organes génitaux féminins (la *yoni*) sont là pour représenter la sexualité chez l'homme et le phallus la sexualité chez la femme. Ces symboles sexuels sont uniquement là pour représenter la sexualité et tout ce qui peut survenir à l'intérieur ou autour d'eux prend le sens d'un désordre dans la sexualité. Quant à sa sexualité, tout est très intriqué et rien n'est clair : est-elle le siège d'un désordre, ce qui expliquerait qu'il y ait un trouble plus général ou, au contraire, y a-t-il un désordre général qui entraînerait un trouble dans sa sexualité ? Selon ce rêve, les deux interprétations sont possibles et il est probable que les deux soient justes, car il y a tout lieu de nous préoccuper du problème sexuel en premier. D'une part, la sexualité de cet homme ne fonctionne pas correctement ; de l'autre, il y a un trouble qui vient provoquer un dysfonctionnement de sa sexualité. Une difficulté sexuelle névrotique est un Janus à deux faces. Il se peut qu'il y ait un autre problème, un problème d'ordre spirituel non encore développé mais encore au stade embryonnaire, qui déjà s'exprime en un symbole sexuel. Chez l'homme dont le développement est achevé, la sexualité est une fonction. Ici vous avez une insinuation paradoxale et embrouillée de l'inconscient, mais qui perd cet aspect dès lors que l'on a la capacité d'entrer dans la pensée paradoxale. En philosophie ancienne, ou philosophie mystique comme certains l'appelleraient, ce problème s'exprimait, selon un dicton grec, dans les termes suivants : « Le taureau est le père du serpent et le serpent est le père du taureau [7]. » Cela résume tout. Impossible de faire mieux que cette merveilleuse clarté, mais il faut comprendre ce que sont ce taureau et ce serpent. Le taureau, c'est le mois de mai, la merveilleuse fécondité du printemps. Le Taureau est la maison de Vénus, dans toute sa manifestation virile, la puissance incontrôlable. A l'opposé, le serpent est l'animal à sang froid, la divinité terrienne qui signifie les ténèbres, la nuit, l'humidité. Il est caché dans la terre, il symbolise la mort, la peur. C'est le poison. Il est l'absolu opposé du taureau et, de ce fait, ce dicton fait du père du taureau son opposé évident et fait du positif, le père, du négatif. Selon l'adage chinois, lorsque le Yang atteint son sommet, le Yin apparaît. Dès lors que le Yin atteint son point le plus bas, le Yang est créé. C'est pour cela que les Chinois peuvent dire : « Minuit crée midi et midi crée minuit. » C'est la même chose. Cette voie extrêmement paradoxale est l'une des qualités intrinsèques de la pensée inconsciente, ce qui explique que le langage de l'inconscient soit tellement difficile et qu'il nous plonge dans la confusion du fait que nous essayons de le traduire avec maladresse dans notre langage [8] qui est le lieu de notre croyance en une vérité positive et définitive. Une telle idée, vue d'un point de vue plus élevé, est absolument barbare. Multatuli [9] dit : « En réalité, rien n'est absolument vrai et même ceci n'est pas absolument vrai. » Notre volonté, c'est que les choses soient vraies, mais si une chose est absolument vraie, il s'agit d'une terrible erreur. Soyez prudents, le désastre est imminent et toute votre sentimentalité de minuit disparaîtra en fumée.

Il nous faut revenir sur les premiers rêves du patient qui parlaient de machines. Dans sa toute première forme, l'idée de la machine était apparue sous l'aspect de la machine à coudre qu'il voulait donner à la couturière, elle-même une sorte d'anima et qui vivait dans une pièce insalubre et sombre, souffrant de tuberculose. Cette forme fut suivie du rouleau compresseur, censé construire des routes et qui dessina une sorte de mandala carré primitif. Ce qui nous a conduits à envisager le mandala comme un symbole d'individuation. Nous avons vu que la machine qui représentait de toute évidence sa sexualité, compte tenu de son caractère automatique, le conduisait vers son mode de comportement originel et, s'il en a peur et qu'il l'évite, il développera la même peur et le même évitement devant le chemin qui conduit à son individuation. C'est cela le sens du rêve. A présent, vous voyez comment il retourne à son problème et les moyens qu'il met en œuvre pour essayer d'y échapper. Vous vous rappelez le rêve de l'aquarium, son étage supérieur et avec quelles précautions le rêve avait introduit le sujet qui consistait pour lui à discuter de son problème avec son épouse. Pensée audacieuse ! Et puis le dernier rêve, celui du cerisier, dans lequel il admirait le merveilleux arbre adulte, rempli de fruits (pas le sien, puisque le sien est tout petit). Chez cet homme, il y a une tendance à admirer ce qui est en dehors de lui, de prendre des prétextes pour ne pas se tourner vers lui-même. Mais le rêve l'oblige à revenir à sa propre problématique, sa sexualité, comme ce fut le cas du rêve avec le ver. Comme une surprise soudaine, le ver apparut dans la graine de coton, menaçant la récolte de destruction. Il ressentit qu'il devait prendre la situation en main, et qu'il n'était plus possible d'en nier l'urgence. Puis survient ce rêve qui dit : « Oh, ce n'est nullement un désastre, ton petit cerisier à toi va grandir et portera, le moment venu, de très beaux fruits. » Nous voyons là l'aspect positif du même problème. Et après cela nous avons le nouveau rêve qui renvoie au problème sexuel. Le thème du rêve de la graine de coton est à nouveau repris : certaines pièces de la machine sont défectueuses et j'attire l'attention du rêveur là-dessus. Je le fais d'une façon singulière. Dans le rêve j'en suis presque à analyser le rêve. Quelle explication proposez-vous ? Ce n'est pas facile, mais votre expérience personnelle vous a fait vivre le fait de rêver dans un rêve. On dirait un jeu de boîtes qui s'emboîtent les unes dans les autres.

Mme Sigg : Il semble qu'une partie de sa s'identifie avec vous.

Dr Jung : C'est bien possible. Quelle partie serait-ce ?

Mme Sigg : Cette partie de lui-même qui a été la plus réprimée, celle des fantasmes. Vous appréciez ceci, plutôt que sa pensée logique.

Dr Jung : Mais il m'a associé au grand cerisier. C'était beaucoup plus facile et plus souhaitable pour lui d'avoir un héros qui fasse le travail [10]. Il est bien plus facile de manger les fruits cultivés par quelqu'un d'autre et notre éducation nous pousse dans cette direction. Le christianisme nous enseigne à mettre la totalité de notre fardeau sur le dos de

Jésus qui va effectivement le porter, ce qui nous réduit psychologiquement à des nourrissons. Ce patient est persuadé que je peux analyser son rêve et que lui peut le considérer d'un œil théorique. La plupart des gens pensent que lorsqu'une chose a été analysée, elle ne peut plus nuire et ils peuvent la contourner. L'analyse leur donne la puissance des mots de pouvoir. Ils disent : « Ah, voilà un complexe père ! » C'est comme si le fait de donner le nom juste au complexe le faisait disparaître. Prenez le conte de fées de Rumpelstiltskin, un petit diablotin des forêts qui fait toutes sortes de vilains tours la nuit, tels que voler des enfants, etc. Personne ne sait qui il est, mais si quelqu'un pouvait deviner son nom, alors son pouvoir serait perdu et il exploserait sur-le-champ. C'est une idée très ancienne et partiellement vraie. Les noms ont une sorte d'influence, les mots sont apotropaïques. Lorsque vous pouvez donner un nom, mettre un mot, le patient est déjà à moitié libéré. Cela explique que nous utilisions l'effet curatif qui consiste à donner des noms aux choses, ce qui conduit à abolir leur effet négatif. Mais donner un nom n'altère pas l'essence de la chose, ne la détruit pas. Les noms exercent une attraction : si vous prononcez certains noms, la chose apparaît. Et aussitôt vous dites : « On ne parle pas de corde dans la maison d'un pendu. » Vous touchez du bois et utilisez des euphémismes qui recouvrent la noirceur de la chose. Certains noms sont des plus défavorables, comme par exemple la mer Noire que l'on appelle la « mer Hospitalière [11] ».

Mr Dell : Dans la *Psychologie de la suggestion*, Charles Baudouin [12] dit : « Ne dites pas "je ne dors pas", dites "je n'*ai* pas bien *dormi*". »

Dr Jung : Oui, c'est la même idée. Mon patient est contaminé par le pouvoir des mots, ce qu'il suppose être mon pouvoir, mais son inconscient n'a pas les yeux bandés. Lorsque le rêve parle de moi, il est vraiment question de moi. Dans ce rêve il s'agit véritablement de moi et non pas d'une partie de lui-même. Toutefois il ne faut pas me prendre au sens littéral où je suis en train de l'analyser dans le rêve, mais mon image représente l'analyse. Le déroulement du rêve est le suivant : « Je vois une machine et immédiatement je sais qu'il s'agit d'un rêve. » Il sait que la machine est une image qu'il a interprétée dans un rêve précédent comme étant sa sexualité et de ce fait le rêve poursuit : « Je vois que c'est l'image de la sexualité, mais je sais qu'il s'agit d'un rêve (pas tout à fait réel). Je raconte cela au Dr Jung, comme matière à être analysée. » Ainsi donc le rêve dit : « Cette sexualité par laquelle je suis concerné n'est que partiellement réelle. Aussi je consulte le Dr Jung immédiatement car je n'arrive pas à m'en dépêtrer. » Le Dr Jung dit que quelque chose va de travers avec sa sexualité. Elle n'est pas seulement un *mixtum compositum*, mais aussi pervertie d'une certaine façon. Nous ne voyons pas la machine dans son ensemble et de façon bien distincte, et il n'y a que certaines pièces qui sont désignées à l'attention par les étiquettes jaunes. Aussitôt après, dès qu'il s'approche pour inspecter la machine plus en détail, celle-ci disparaît, elle n'était qu'un symbole. Cela veut dire que ce qui lui apparaissait comme de la sexualité pure s'évanouit dès qu'il prétend en faire une inspection détaillée. Beaucoup de gens ont fait cette observation : lorsqu'on cherche à inspecter un élément dans ses détails, il tend à disparaître, au moins en partie. Maintenant nous arrivons à cette partie très importante du rêve dans laquelle la machine a disparu pour faire place à sa petite fille. Elle est l'expression du plaisir de vivre du rêveur, elle regarde vers l'avenir et espère jouir de la vie comme il le fait lui-même. Il s'identifie à elle. Que représente-t-elle ?

Dr Schmitz : Son anima.

Dr Jung : Mais pouvez-vous dire cela sans autre forme de procès ? Cela serait une interprétation subjective [13], alors que sa petite fille existe réellement.

Mme Sigg : Son premier regard sur la sexualité était d'ordre mécanique, une machine.

Dr Jung : Oui, comme une sorte de mécanisme glandulaire, automatique, sans aucune implication psychique. A présent, le rêve dit : « Ce que tu regardais et considérais comme étant la sexualité et prenais pour un engin mécanique est un être humain, ta propre petite fille. » Pourquoi, le rêve ne dit-il pas « ta femme » ou n'importe quelle autre femme ? Il se limite à dire « ta propre petite fille ». Pour lui, sa petite fille est très réelle. Elle est avec lui tous les jours. Si bien que lorsqu'il en rêve, vous pouvez être — absolument — certains que le rêve parle d'elle [14]. Cette enfant est aussi réelle que lorsqu'il rêve de moi, et même encore plus réelle. Quel est le message spécifique de la petite fille ? Pourquoi cette longue pause ?

Mrs Deady : L'idée de l'inceste.

Dr Jung : Oui, nous ne voulons pas porter la culpabilité de l'inceste.

Dr Schmitz : Notre complexe, ici, dans ce séminaire, est un complexe antifreudien. J'avais effectivement pensé au complexe de l'inceste, mais c'est un complexe freudien et je n'ai pas voulu le formuler.

Dr Jung : C'est absolument vrai. Ici nous avons affaire au complexe freudien de l'inceste, c'est la vérité. C'est pour cette raison que le rêve dit « *ta* petite fille ». Car ce qui se produit invariablement, c'est que lorsqu'un homme s'enferme dans sa forme la plus respectable et qu'il entasse dans sa cave tous ses matériaux les plus sombres, ils vont ramper sous la porte pour en sortir et se manifester quelque part ailleurs. Ça va s'insinuer, sournoisement, non seulement dans l'inceste, mais aussi dans son fils, ses chiens et son mobilier. Il n'existe pas de nom pour parler de perversion avec le piano, mais ça va jusque-là. Ça peut même atteindre l'installation du chauffage central. Notre libido laisse traîner des restes, des rémanences qui très lentement peuvent pénétrer n'importe quel objet. S'il n'y a pas de petite fille et par conséquent pas de place pour l'inceste, il y a un petit chien pour se livrer à une sodomisation inconsciente, ou un petit chat ou un ours en peluche. Je connais des gens qui ont des ours en peluche dans leur chambre à coucher. Si ce n'est pas ça, il doit y avoir un vieil héritage, un vieux coffre ou le fauteuil du grand-père que l'on garde jalousement avec les marques d'attention les plus étonnantes. Si quelque chose de malheureux arrive à l'un de ces objets, la mort frappe l'un des descendants ! J'ai connu un homme qui avait mis une telle libido dans un certain arbre que lorsque celui-ci fut abattu, il mourut à son tour. Cet homme portait en lui l'inceste avec cet arbre. Cette sorte de libido qui s'exprime dans la sexualité ne peut se passer d'un « corps ». Si elle ne peut investir un « objet », elle en investit un autre. Elle envahit l'environnement immédiat et investit les objets (les « corps ») d'une importance démoniaque.

Pour beaucoup de gens, certains objets sont des diables singuliers et cependant nous considérons avec ironie, comme une bonne plaisanterie, le livre qu'a écrit un professeur allemand au sujet de la ruse des objets inanimés [15]. Pour les Africains certains objets sont des diables et des démons. Il existe une relation singulière entre l'homme et les objets. Dans certaines langues, ceux-ci ont des genres masculin, féminin et neutre. Les langues primitives ont encore d'autres sortes de classes : les arbres, les pays, les rivières appartiennent à la même classe mais ils ne peuvent exprimer une certaine classe sans l'emploi d'un préfixe ou d'un suffixe qui implique que cet objet « a à voir avec une qualité de lieu ». C'est comme si vous disiez : « New York *pa* » pour préciser une qualité de lieu et la distinguer d'une autre, car New York, pris seul, pourrait être n'importe quoi d'autre. Le préfixe donne également la qualité de vivant. En allemand nous disons : *Der Mann* (l'homme), le primitif serait obligé de préciser : « *Der Mann* vivant. » Dans certaines langues primitives, on va encore plus loin et on dit : « *Der Mann*, debout, là-bas, dehors. » A présent, vous avez le tout, l'homme est vivant, dressé, debout, dehors, devant sa hutte. Pour parler d'un objet, ils devront dire : « La table, debout, morte, dans la maison. » Chaque détail est exprimé par des préfixes et des suffixes. Si je parle de *mon* canoë je dis : « Canoë, dehors, vivant. » Et quand je désignerai *votre* canoë je dirai : « Canoë, dehors, mort. » Le vôtre est mort, le mien bien vivant et personne ne peut le prendre. Il est habité par le mauvais pouvoir de vie. Mon mana y est investi, ce qui fait que si quelqu'un s'en emparait, ce serait mauvais pour lui. Les primitifs ont une telle conscience de leur relation aux objets — une véritable relation de sang — qu'ils les voient comme étant vivants ou morts.

A présent nous arrivons au point que je veux véritablement élucider : y a-t-il une vérité psychologique dans tout ceci ? Ces objets se comportent comme remplis de la vie de l'homme et, du coup, l'épée s'adresse à lui. Un homme fait l'amour avec son arme. La mythologie nous enseigne que les armes du héros sont vitalisées, presque vivantes. Il est possible de parler de l'âme d'un objet, et pris à un niveau primitif, cela veut dire que les objets ont une vie propre. On raconte l'histoire de cette maison dans laquelle le mobilier faisait la fête lorsque tout le monde était parti, les chaises et les tables tournant sur elles-mêmes. Dès que vous posez vos mains sur un objet, il se met en mouvement, chauffé par votre mana. C'est simple : vous en augmentez la puissance vitale. Pour un primitif, il n'y a rien d'étonnant dans tout cela, car il est convaincu que les objets sont vivants.

Ainsi vous pouvez voir que la vie non vécue, la libido immobilisée chez notre rêveur, se met tout simplement à s'écouler, sans discrimination, dans toutes les directions, venant investir l'objet le plus proche, sa fille. Tant que sa libido va s'investir dans les chaises, les tables et les chiens, c'est pratiquement sans danger. Mais si elle s'investit dans les enfants, vous constaterez que le danger est immense. Dans ce rêve, les trous dans la jupe sont l'indice qui révèle ce danger. Dans ces terribles meurtres sexuels, il est courant de découvrir les vêtements déchirés. Chez le meurtrier, la brute a tout simplement donné libre cours à l'impétuosité la plus extrême, aux émotions les plus folles de la bête. Comparer notre rêveur avec un tel indice révélateur ! Vous ne pouvez y croire ! Et cependant l'inceste et le meurtre sexuel ne sont guère éloignés l'un de l'autre. Avez-vous remarqué que chaque fois qu'il approche ce complexe, un signal d'alarme se manifeste et vient l'alerter ? Eh bien, voilà, ce que vous voyez à présent, c'est la matérialisation, effectivement possible, d'une pulsion dangereuse. Ecartez-le un peu de son conscient, faites-le boire un peu, et vous ne savez plus ce qui pourrait survenir. Il existe des familles très respectables, dans lesquelles il s'en faut parfois de très peu que ne survienne une catastrophe et, avec notre homme, j'irai jusqu'à dire que le désastre n'était pas bien loin. Les meurtres sexuels ne sont jamais prémédités. Le meurtrier se trouve comme saisi par une attaque d'épilepsie. Cela explique que Lombroso[16] prenait ce type de criminels pour des épileptiques, car ces gens appartiennent au type épileptique. Ils sont brusquement saisis par un état de folie soudaine et alors ces choses-là se produisent. Lorsqu'une telle accumulation de libido a lieu, associée à un état d'inconscience extraordinaire, alors une lame de fond peut surgir, ou une avalanche peut soudainement se déclencher, ou un rocher peut se détacher de la montagne. Le poids suspendu là-haut peut produire une catastrophe et c'est ainsi que le rêveur est alerté : « inceste avec suggestion de meurtre sexuel », et à nouveau c'est à moi d'attirer son attention sur ce point.

A présent, je vais vous révéler quelque chose concernant l'interprétation des rêves d'ordre technique. Quand un patient rêve que : « Je dis au Dr Jung que... » ou : « Il attire mon attention sur le fait que... », il s'agit là d'une information qui m'est destinée personnellement, en tant que thérapeute. L'inconscient du patient s'adresse à moi et me dit : « Ecoute-moi bien, Dr Jung... » Et à ce moment-là, j'ai à parler à cette personne. Il m'appartient de prendre une part active. L'inconscient du patient pousse à l'approfondissement de l'interprétation du rêve et j'étais poussé à le faire — et je dis : « Voici, ce rêve pointe la possibilité d'un inceste ou d'un meurtre sexuel. » Il y a des murs d'une épaisseur telle qu'il est impossible de les percer. Humainement il est impossible d'attendre de cet homme qu'il viole sa petite fille adorée. C'est pourquoi, à ce stade, l'analyste doit prendre les choses en main, et lui dire que c'est là quelque chose qui s'inscrit dans le cadre des possibilités humaines, que ces meurtres sexuels sont dans notre sang. Il se peut que vous ayez eu un tel meurtrier dans vos ancêtres. C'est là l'horreur inscrite dans l'homme[17]. Dans la population il y a un certain pourcentage de meurtriers et nous avons à œuvrer pour que ce nombre reste limité et ainsi, statistiquement, nous en faisons partie. Peut-être que notre contribution se fera grâce à notre décence ou plus indirectement par l'assiduité avec laquelle nous amassons les richesses qui suscitent et provoquent les voleurs. D'un côté la Nature vous rend très vertueux, afin de donner une chance à d'autres de développer leurs vices, mais si toute la population était vertueuse, la Nature y perdrait son équilibre.

Dr Schmitz : Quelles pourraient être les conséquences d'une telle révélation faite au patient ?

Dr Jung : Je vais vous le dire : le choc de sa vie ! Mais j'ai pris beaucoup de précautions en lui parlant et j'ai pris soin de nuancer mes termes, de tiédir l'eau. Son inconscient avait véritablement l'intention de le secouer pour le faire sortir de sa droiture vertueuse. De cette façon, il lui montre qu'il appartient à l'humanité la plus commune et la plus crue, et qu'il avait à redescendre de ses hauteurs prétentieuses pour s'y replonger. Il faut qu'il se dise : « Je suis comme le pire d'entre eux, alors pourquoi me montrer si hésitant en analyse ? » C'est en utilisant de tels chocs que l'inconscient essaie de rendre les gens humains.

Pr Schmaltz : Je trouve très intéressant que les étiquettes soient jaunes. Le jaune, c'est la quarantaine, la variole, le poison, etc.

Dr Jung : Oui, et c'est là pour la prostitution. Et nous disons également pour désigner la lâcheté : la « bande jaune ». Ce patient n'avait fait aucune association avec le jaune. Pour lui le jaune signifie l'inconscient, seulement l'inconscient est en fait son langage propre. Vous n'iriez quand même pas jusqu'à imaginer que les étiquettes devaient être bleues !

Pr Schmaltz : Pour autant que les étiquettes soient présentes, vous savez qu'il y a danger.

Dr Jung : Oui, nous voyons ici la tendance naturelle de ce patient qui consiste à maintenir les choses en ordre, bien propres et en sécurité. Le jaune, c'est le danger, il n'y touchera donc pas.

Dr Deady : On dit que les hommes n'aiment pas le jaune.

Dr Jung : Le jaune est la couleur de l'envie, de la jalousie, de la colère, de toutes sortes de choses que nous considérons comme négatives. Mais en Extrême-Orient c'est tout le contraire.

Mrs Crowley : Ce serait la couleur de leur peau.

Dr Jung : Les valeurs sont renversées entre l'Orient et

l'Occident. Chez nous le deuil se porte en noir, chez eux c'est en blanc.

Question : Le jaune n'est-il pas la couleur de l'intellect ?

Dr Jung : Je devrais plutôt dire qu'elle était la bannière de l'anima !

Vingt-deuxième conférence

19 juin 1929

Dr Jung : Pour autant que je puisse en juger, nous sommes arrivés à une interprétation satisfaisante du rêve d'inceste de ce patient.

Dr Gilman : Quelle a été la gravité des blessures éprouvées par votre patient, après que vous l'avez assommé avec votre interprétation du rêve ?

Dr Jung : Oh, rien, aucune blessure. Il n'en a pas été assommé du tout, car il n'a tout simplement pas réalisé son rêve. Dans certains cas, la compréhension d'un tel rêve ne survient que beaucoup plus tard. C'est étonnant de voir à quel point certaines personnes peuvent être aveugles. Dans le cas présent, c'est la première fois que l'inconscient de cet homme lui a envoyé un « direct » capable de le mettre à terre — et de mon côté, je lui ai donné une pilule enrobée de sucre. Chacun est protégé par un système anaphylactique[1] qui le protège contre une réalisation par trop acide. Je ne possède nullement ce sentiment des protestants qui estiment qu'il faut faire entrer les choses de force. Ce n'est que lorsque je pense qu'il serait temps qu'un patient commence à réaliser certaines choses que j'insiste pour faire appel à sa compréhension. Ce patient maintenait sa réalisation prudemment sur le plan théorique. Ces gens-là montrent une fierté particulière à déployer leur capacité de compréhension intellectuelle. Si je lui avais dit : « Vous avez un instinct meurtrier », il m'aurait tranquillement répondu : « Oui, bien entendu, nous le possédons tous. » Mais de là à ce qu'il pense qu'il pourrait casser une bouteille sur la tête de sa femme, impossible ! Une fonction pensée n'est jamais frappée par une pensée, seulement par un sentiment. Dans une discussion un peu tendue, personne n'est plus imperméable à un sentiment qu'un type sentiment. Un type sentiment s'interdit l'accès à son sentiment, parce qu'il le gère. C'est sa grande faculté, il s'en sert pour entrer en contact avec les autres. Le type pensée, vous l'atteignez à travers son sentiment, car c'est là qu'il est vulnérable. Dans notre fonction supérieure, nous sommes invulnérables. Dans cette fonction supérieure, tout se passe comme si nous étions enclins à être privés de vie, à nager dans la mesquinerie, à être privés de sang. L'attitude est grise, morne et nous avons une peau d'éléphant, mais nous avons une capacité sans pareille pour attaquer l'autre et obtenir des résultats. C'est un outil de prix, mais manquant de sensibilité en lui-même. Nous commettons une erreur considérable en supposant qu'une fonction pensée possède une pensée profonde. Ce serait plutôt l'opposé. Sa pensée ne sera profonde que mélangée à sa fonction inférieure. Et pour un type sentiment, c'est le même schéma mais inversé. Notre patient réalise bien qu'il y a quelque chose dans cette question de l'inceste, mais de là à faire émerger son sentiment, il y a loin. Ce n'est pas un cas de névrose et je ne le vois que de loin en loin. Il lui a fallu plus de deux ans pour commencer à saisir ce qu'est le sentiment. Je vous ai raconté comment il a failli arrêter l'analyse [2] lorsqu'il s'est approché du sentiment. Il est donc loin d'une réalisation du sentiment, dans ce rêve d'inceste. Il va dire : « Oui, ces faits sont réels », mais il va parler comme s'il lisait un livre.

Dr Deady : Dans ce rêve, quelle serait la réalisation du sentiment ?

Dr Jung : Oh, une réalisation du sentiment consisterait en une profonde horreur qui produirait une énorme impulsion pour changer la situation, sur-le-champ. Il serait amené à dire : « Cela *ne se produira pas* ! » Il en parlerait à sa femme et lui dirait : « Par Dieu ! tout ça est épouvantable et nous devons faire quelque chose. » Mais même à ce jour, il n'en a pas encore dit un mot à sa femme. Je ne le bouscule pas.

Je lui ai dit que nous avions à avancer très lentement et que s'il nous fallait six ou sept ans, c'était sans importance.

Dr Schmitz : Quel aurait été le résultat si vous l'aviez quelque peu pressé ?

Dr Jung : Oh, il m'aurait dit : « Je ne suis quand même pas crétin au point d'aller mettre ma main dans l'eau bouillante. » Il aurait tout simplement mis fin à l'analyse. Comme vous le savez, je ne cours pas après les patients, mais ce cas m'intéresse en tant qu'expérimentation tranquille de laboratoire.

Dr Schmitz : Mais ce cas avance-t-il ? Que se passerait-il si vous recommenciez à le presser quinze jours plus tard ? Ou ne faut-il pas le presser ?

Dr Jung : Oui, il avance. Mais il n'est pas névrosé. S'il l'était, c'est sa situation qui le pousserait. Pourquoi devrais-je le faire ?

Dr Schmitz : Pourquoi alors vient-il consulter ?

Dr Jung : Par intérêt intellectuel. C'est un homme intelligent, une fonction pensée. Il n'est pas de mon devoir de le presser, ça ne fait nullement partie de mon travail. Dans ce sens, je ne suis pas son médecin, car il n'est pas un cas thérapeutique. S'il était un patient névrosé, je devrais le presser et je lui dirais : « Ne soyez pas si bête, allez voir votre femme et faites quelque chose. » Ici, ce qui est convenu entre nous, depuis le début, c'est qu'il s'agit d'un jeu entre gentlemen.

Dr Schmitz : Vous venez de nous dire que le patient n'est pas accessible à la pensée, que de ce fait il ne peut être touché que par le sentiment et qu'un type sentiment ne peut pas être touché par le sentiment. Je croyais qu'un type sentiment serait touché par des situations qui laissent froid un type pensée, comme de voir un cheval qui tire une charge au-dessus de ses forces.

Dr Jung : Non, ce n'est là que leur discours. Ils agissent à travers leur fonction supérieure et parlent le langage du sentiment. Si quelqu'un doit travailler avec un type sentiment, il devra utiliser le même langage. Par exemple, j'avais en traitement une femme du type sentiment. Son fils venait de se fiancer et un petit jeu au parfum incestueux se déroulait en sous-main, mais la mère était incapable d'apprécier ce problème. Je n'ai pas fait mention de la situation, mais lui dis avec une intonation subtile : « Ça doit être très difficile pour une mère de perdre un fils. » Sans hésiter, elle le prit au pied de la lettre, l'avala et dit : « Non, ce n'est pas trop grave, je pense que c'est pire de perdre sa fille. » Si je lui avais parlé sur le mode intellectuel, il s'en serait suivi toute une argumentation sur les horribles choses que sont l'inceste et autres horreurs du même acabit et alors c'est *elle* qui se serait exclamée : « C'est tellement dur pour une mère de perdre son fils. » Elle sait, tout comme je sais, que ce n'est pas la réalité. C'est un faire-accroire nécessaire. Cette femme est un type sentiment brillante, pas une idiote. Lorsque deux hommes de type pensée, qui ne sont pas des imbéciles, sont réunis, ils savent parfaitement qu'en réalité, pendant qu'ils discutent rationellement par a + b = c, etc., ils savent fort bien qu'ils sont en réalité en train d'emballer quelque chose qui n'a rien à voir avec leur discours. Ils font un bel effort pour présenter ce qu'ils ont à dire, sous une belle apparence intellectuelle bien propre. C'est une *façon de parler**, chacun se disant : « Il sait que je sais », et il en va de même avec le type sentiment. Mon patient présente tout ça sous une très jolie forme, comme s'il réprimait quelques larmes au coin de l'œil, mais chacun de nous sait qu'il s'agit d'un jeu monté de toutes pièces pour l'occasion. Nous savons que rien ne brûle véritablement, pas comme si ça sortait du four. C'est là la supériorité de la fonction supérieure : les choses ne brûlent pas vraiment et ne sont pas aussi sévères. La fonction supérieure prend de la hauteur et laisse les difficultés très loin en dessous, inaccessibles, tout en entretenant l'illusion de s'en occuper activement. Sans ce subterfuge, vous tapez là où ça fait mal et ça conduit tout droit à l'explosion. N'essayez pas de parler le langage du sentiment avec un type pensée, pas plus qu'il ne faudrait essayer d'employer le langage de la pensée avec un type sentiment. Si avec cet homme j'usais du sentiment et lui disais : « N'est-ce pas d'une tristesse épouvantable, lorsque deux êtres humains qui s'aiment, qui ont vécu ensemble des années, partageant les joies et les douleurs de l'existence, perdent leur confiance mutuelle ? Allez rejoindre votre femme et prenez-la dans vos bras, etc. », il penserait que je suis mûr pour l'asile. Ou, au contraire, il avalerait le tout et, les yeux pleins de larmes, me tomberait dans les bras pour me dire qu'il ferait tout ce que je lui demande. Et sitôt sorti de mon cabinet, il s'écrierait : « Enfer et damnation ! A quoi joue-t-il celui-là, qui me fait pleurer comme une fontaine ? »

Traiter un type pensée de cette façon, et l'amener à verser des larmes amères, générerait des résistances infernales pour au moins six mois. S'il est courageux, il ne parlera pas à sa femme parce qu'il ressent qu'il a été leurré et trompé. Lorsque avec un type sentiment, vous empruntez un langage intellectuel, vous préparez le terrain pour une belle explosion et quelque chose de terrible pourrait surgir à l'improviste, car la fonction inférieure n'est nullement adaptée. Donnez un fusil à un orang-outan et voyez ce qui se passe. Pour cette raison nous devons, en analyse, nous adapter à la fonction supérieure et nous tenir sur nos gardes. Laisser le patient parler.

Lorsque je suis en face d'un type sentiment, j'évite de trop parler, car je ne fais pas confiance à mon sentiment. Lorsque je parlais de son fils avec cette femme, j'ai cru qu'elle allait voir le diable, mais elle a tout accepté et tout avalé, ce qui veut dire que mon sentiment est à la hauteur de la situation. Nous avons là la preuve que ma fonction sentiment fonctionne parfaitement. C'est là la forme adéquate d'introduction, un bonjour au complexe incestueux. C'est la forme qui convient pour la fonction sentiment.

Dr Deady : La bonne forme pour son sentiment supérieur ?

Dr Jung : Oui, en vue d'établir une bonne relation. Pour elle, cela paraît être la bonne approche de ma part. Néanmoins, de ma part ce n'est rien d'autre qu'une escroquerie à l'état brut, mais l'intention est bonne, décente. Auparavant, j'aurais eu honte d'avoir recours à de pareils procédés, mais en réalité il ne s'agit que de la forme appropriée, pas plus malhonnête qu'elle-même. Supposez que vous pensiez de votre voisin qu'il est le diable incarné ; ne pensez-vous pas qu'il soit plus approprié de le saluer aimablement plutôt que de lui tirer dessus ?

Dr Deady : Supposez qu'elle fasse appel à son sentiment primitif inférieur ?

Dr Jung : Ce serait catastrophique, la dernière chose à faire. Cela donnerait l'impulsion à son complexe incestueux et le rendrait évident. En fait, ce qui s'est passé, c'est qu'à la fin de l'heure, nous sommes arrivés à la conclusion qu'une mère pouvait avoir certains sentiments pour son fils. Si elle n'avait pas été très avancée dans l'analyse, elle n'aurait pas supporté cette simple pensée. Mais il lui manque encore le sentiment primitif inférieur qui se cache derrière cet inceste. L'émergence de son sentiment primitif inférieur viendra plus tard, et c'est alors qu'elle deviendra réellement consciente. Bien que notre homme ait pu comprendre ce que sont ses sentiments, par rapport à son complexe incestueux, même rendu à ce point-là, la dernière touche marquera encore. La dernière touche serait la réalisation, à travers sa pensée inférieure. Invariablement je vois que la dernière réalisation, l'élément primordial dont est faite la fonction supérieure, est ce qui sera touché en dernier par l'analyse. Un « penseur », par exemple, pense sa morale. Le penseur dira : « Penser ne peut être mauvais, c'est un péché que de penser de manière illogique, ce serait une pensée impure. Penser de manière illogique est un péché contre le Saint-Esprit. Le penser juste résulte de l'instinct. » De même, avec un type sentiment, le sentiment est nécessairement juste. Si ce n'est pas le cas, alors il est perdu. Tout cela donne une idée de l'effort énorme que l'humanité a dû déployer pour pouvoir se détacher de la partie inférieure de sa fonction supérieure pour enfin devenir humaine, pour s'établir, pour ainsi dire, contre la nature. Mais cette question ne se pose que dans le cadre d'une analyse extrêmement avancée.

Dr Schmitz : Se peut-il que la partie inférieure de la pensée soit en fait tout autre chose que de la pensée ?

Dr Jung : C'est indiscutablement de la pensée, mais totalement impure, c'est-à-dire la façon de penser que développerait la nature, la pire des pensées féminines, la pensée qu'aurait un cuisinier ignorant.

Dr Schmitz : L'esprit naturel de la femme ?

Dr Jung : Non, plutôt la pensée du ver femelle. Donnez à Kant la possibilité de découvrir sa pensée inférieure et il se pend sur-le-champ. Pour moi, sous le soleil, il n'y a rien de pire que de devoir admettre ma pensée inférieure. Il me serait infiniment plus facile d'admettre d'abord la folie morale, l'inceste, n'importe quel vice. Cette pensée inférieure, c'est la pire des choses. Mais ça nous conduirait trop loin.

Avant que nous ne continuions, je veux résumer, pour vous, la situation. Avant le rêve de l'inceste, nous avions eu le rêve du cerisier. Le rêveur était amené à voir qu'un développement irrationnel s'opérait en lui et qu'en conséquence il devrait prêter attention à son propre développement, plutôt que d'admirer ce qui est développé en moi. Là-dessus, il a le rêve de l'inceste. Tout commence par en bas, ce qui l'oblige à aller à la rencontre de certains faits fondamentaux en lui. Saint Augustin dit : « Notre naissance se place entre fèces et urine[3]. » Il doit donc d'abord comprendre l'inceste avant de pouvoir aller plus loin. Il doit savoir que son sentiment est en bas. Ça se présente comme un vieux mystère initiatique : « Commence par donner tout ce que tu possèdes et alors tu recevras. » Il doit s'humilier, se repentir. Puis viendra un rêve d'incubation qui lui permettra de saisir le mystère. Dans notre psychologie, cela se passe de la même façon. Notre rêveur, quant à lui, doit comprendre l'idée de l'inceste et autant qu'il en sera capable — c'est-à-dire très peu — le sentiment créé par la situation. Nous allons poursuivre en émettant l'hypothèse qu'il a compris, au moins au plan intellectuel. Peut-être que quelque chose va se produire.

Rêve suivant [17] : « Je marche sur une route qui monte. » (Le rêve de l'inceste signifiait une humiliation, une descente et maintenant il reprend un mouvement ascendant. Dans les anciennes initiations à mystères, après la repentance, la prostration, la descente, on voit souvent une volée de marches qui signifie, en langage astronomique, les sept constituants de l'homme ou la montée à travers les sept sphères[4] de notre constitution, la réalisation complète de nous-mêmes.) « Comme la marche est très pénible, je fais des sauts et j'avance très rapidement, moitié volant, moitié bondissant, touchant tout juste le sol de temps en temps. De cette manière, je finis par rattraper un vieux mendiant avec son bâton qui marche sur la même route. Il y a des arbres de chaque côté de la route, et tout à coup, je me vois en train de sauter dans ces arbres, bondissant de branche en branche, comme un acrobate dans un cirque. Ensuite je vois une femme et un petit garçon qui marchent sur la route. D'une certaine manière, ils paraissent m'appartenir. Au moment où je me retiens aux dernières branches basses d'un arbre, le petit garçon vient vers moi et veut me battre avec une baguette ou une petite canne. J'attrape la baguette et essaie de la lui arracher. A ce moment-là, je constate qu'il la tient dans sa bouche. Je l'arrache et vois qu'il saigne de la bouche. Alors je lui dis : "C'est bien fait, ça t'apprendras à vouloir battre les autres." Pour finir la route mène à un bâtiment de pierres jaunes, construit sans raffinement, avec deux ailes de chaque côté, ce qui forme une sorte de cour au milieu sur le devant. A l'endroit où les deux ailes s'ouvrent se trouve une sorte de portail. Pour commencer j'ai l'impression d'une prison. Le soleil est très chaud et darde ses rayons sur le bâtiment de pierres jaunes. A côté du portail se trouve un porche qui ouvre sur le jardin, mais je découvre rapidement qu'il ne s'agit que d'un muret qui monte à hauteur de poitrine. Je parviens à regarder par-dessus et découvre un vieil homme couché par terre. Il est en haillons et semble étirer ses bras raides. Son corps paraît raide et je me demande s'il vit encore ou s'il est mort. Dans le jardin se trouve un enfant arabe de six ou huit ans qui se moque de nous. Alors je saute jusqu'à attraper la barre du portail et me retrouve à califourchon sur celui-ci, les pieds en direction du jardin. Alors l'enfant arabe se met à hurler et dit qu'il ne nous est pas permis d'entrer dans cette cour. Mais je l'ignore et grimpe par-dessus le portail, puis m'approche de la porte de la maison. Il fait très chaud et le long du mur, près de la maison, nous trouvons des pièces de mobilier tout neuf, comme si on venait de les déballer après les avoir sorties du camion de livraison. Parmi ces meubles se trouve une sorte de lavabo muni d'un cadre pour un miroir, mais sans miroir. Je dis (ironiquement) que pour ces meubles, être exposé en plein soleil, ce ne doit pas être fameux. A la suite de tout ça, j'essaie d'attraper l'enfant arabe avec une corde et de lui lier les bras au corps, mais l'enfant hurle comme un possédé et je me dis que je ferais bien mieux de le laisser partir. Je m'approche de la porte de la maison et vois sur une plaque le nom "Dr Bauer". Alors je vais à une autre porte et sonne. »

Associations : La route : Le patient dit : « Je compare cette route qui monte à l'évolution de l'humanité et aussi à l'évolution de l'individu qui peut être exprimée par cette marche ascendante. Une telle évolution peut[5] s'effectuer sans difficulté. Dans le but d'avancer plus rapidement, il faut se détacher des pesanteurs terrestres et utiliser la terre comme point de départ*. » En faisant ce saut, il utilise la terre comme un tremplin.

Le vieux mendiant sur la route : « Il me fait penser à un fakir hindou, une sorte de saint. »

Sauter de branche en branche : « Me rappelle les singes et leur façon de se déplacer de branche en branche à travers les arbres. »

La femme et le garçon sur la route : « C'était une femme inconnue, mais je pense néanmoins à mon anima et le garçon pourrait être l'Eros du rêve du Puer Aeternus. Je sens que la femme et l'enfant m'appartiennent, mais ne saurais dire comment. »

Le garçon qui le frappe avec une baguette : « Pendant un moment, je ne réalisais pas ce que le garçon allait faire et alors il a commencé à me frapper. »

Le sang dans la bouche du garçon : « Le sang pourrait être un symbole de castration. »

Le bâtiment en pierres jaunes : « Me rappelle certaines constructions en Afrique, près du désert libyen, des bâtiments qui auraient pu appartenir à l'administration égyptienne, mais dans la réalité il n'y aurait pas eu de jardin. » Dans le rêve, sa première impression était qu'il aurait pu s'agir d'une prison et dans ses associations il dit : « Le corps est la prison de l'âme. »

Le porche à côté du portail, à l'entrée principale : Le rêveur dit : « En Afrique, l'entrée d'une propriété est toujours surveillée par un garde qui vit habituellement sous le porche ou, à défaut, dans une construction primitive, proche de l'entrée principale. Pour nous, on parlerait de la loge du concierge. »

Le vieil homme couché sous le porche : Il hésite devant l'homme, est-il vivant ou mort, et il lui rappelle un fakir hindou ou un yogi. Il ajoute : « Le yoga m'a énormément intéressé, cependant je dois confesser qu'une introversion absolue, impliquant la perte totale du monde extérieur et même la perte de la réalité de mon propre corps, n'a pas vraiment le moindre attrait pour moi. » Vous vous rappelez que dans la première partie de son analyse, il avait exprimé le fait qu'il sentait que son intérêt pour les études occultes avait quelque chose de morbide et ne le menait nulle part. Puis il reparle de la femme et du garçon qui l'accompagne. Il en dit : « Assez curieusement, au moment où je saute en l'air pour me retrouver à califourchon sur la barre du portail, la femme et l'enfant sont en fait assis dans le jardin, comme s'ils n'avaient pas eu la moindre difficulté pour y entrer. Dès l'instant que j'y mets un pied, ils s'y trouvent et de ce fait j'en conclus qu'ils font partie de moi-même. »

Singulièrement, l'*enfant arabe* n'amène aucune association. Il en dit : « Ce n'est qu'un enfant ordinaire, comme on en voit des milliers en Afrique, absolument réel. Je n'ai pas d'accès à cet enfant. »

Le mobilier tout neuf mis contre le mur de la maison en plein soleil : A son propos, il me dit : « C'était du pas cher, comme vous en voyez dans certains magasins très bon marché. Il n'y avait rien de particulier ni de personnel dans ces meubles, rien qui fasse envie. » Le patient souligne que ce n'est pas bon pour les meubles d'être mis ainsi en plein soleil, et j'en conclus que ces pièces de mobilier n'appartiennent pas vraiment à ce bâtiment.

Essayer de ligoter l'enfant arabe avec une corde : Le rêveur dit : « Je ne sais pas vraiment s'il s'agissait d'un garçon ou d'une fille. Tout se passait comme si je voulais montrer à cet enfant qu'il ne me faisait nullement peur. Cet enfant pouvait appartenir à cette maison, peut-être était-ce l'enfant du concierge. » Si cette maison avait été une propriété privée en Afrique, dont les propriétaires seraient partis en vacances, nul doute qu'elle aurait été surveillée par un garde. Ces gens disposaient de toutes sortes de serviteurs, ce qui explique le nombre impressionnant de sales gamins en train de traîner dehors toute la journée. Tout à coup il se rappelle que ça fait huit ans qu'il n'a pas passé un été à l'étranger. Il est donc resté en Suisse pendant les huit dernières années.

L'inscription sur la plaque de la porte, « Dr Bauer » : « Ça me rappelle le Dr Faust et aussi les deux derniers mots inscrits sur la poitrine de Pernath, dans l'histoire de Meyrink, *Der Golem*[6] (Le golem). Je pense que cette inscription signale l'arrivée de la magie ou de la sorcellerie. » Les deux derniers mots auxquels se réfère le rêveur sont les mots hébreux *Aur Bocher*, qui veulent dire « lumière » et « disciple », ce qui renvoie à celui qui doit être initié, si bien que son interprétation intuitive s'accorde bien avec cette phrase : « Le jeune qui doit être initié à la lumière. »

Du rêve entier, il dit : « Pour pouvoir monter le long de cette route ascensionnelle, la route de l'évolution, il est nécessaire de se détacher de la terre et de se servir de la terre uniquement comme d'un *point de départ**. Il ne faudrait pas être troublé par Eros, encore que son accompagnement soit inévitable ou peut-être nécessaire. Par-dessus tout, il est nécessaire de se livrer à l'introspection et à l'introversion, mais ce n'est quand même pas la chose absolument la plus importante. Lorsqu'on approche de la porte qui ouvre sur l'âme, des objets aussi ordinaires que ce mobilier ne devraient pas se trouver dans le jardin de l'âme. Je devrais les enlever de là. Ces choses ordinaires indiquent que je voudrais me protéger de ce que je suis appelé à faire. La porte qui indique le nom du Dr Bauer n'a pas l'air d'être la bonne porte. Je sens que c'est la voie de la magie et, à cause de cela, je quitte cette porte et vais sonner à l'autre porte. » Concernant l'enfant arabe, il dit : « Je n'ai pas la moindre idée de ce qu'il vient faire avec moi. »

Je dois vous dire que ce rêve est quelque peu influencé par sa lecture du livre *Der Golem* de Meyrink. Dans la dernière partie de ce livre, le héros Pernath est conduit à la porte des visions qui ouvre sur un jardin inconnu d'une maison mystérieuse. Sur le portail il y a les symboles du culte d'Osiris qui décrivent l'initiation et la renaissance. L'initiation se déroule toujours dans le monde souterrain et Osiris est le dieu du monde souterrain. Ce qui revient à dire que *Der Golem* met le décor en place pour le rêve, bien que naturellement la traduction dans le rêve soit toute différente. Nous avons ici un rêve très difficile et nous devons avancer pas à pas. Au début, il y a cette route qui le fait monter vers un certain but. Comme la chaleur du soleil l'accable, il se met à sauter de branche en branche dans les arbres, comme un acrobate ou comme un singe.

Pr Schmaltz : J'ai un doute très sérieux quant à la valeur de ses explications. Bondir d'arbre en arbre, est-ce là la bonne manière d'atteindre son but ? La route pénible sous un soleil accablant me paraît davantage le chemin correct et il élude cette difficulté en passant par les arbres, la facilité, la voie intuitive. J'ajouterais volontiers que les explications qu'il donne ne sont nullement satisfaisantes pour arriver à la véritable signification.

Dr Jung : Lui-même n'en était pas satisfait.

Pr Schmaltz : Et il n'y a pas davantage lieu de penser que le garçon est Eros, mais bien plutôt une figure qui veut lui dire la vérité, et lui faire rentrer la vérité à coups de bâton. Je refuse de croire qu'il y ait un symbole de castration. La baguette dans la bouche du garçon n'est rien d'autre que la vérité, une vérité très désagréable, et cette vérité doit saigner.

Dr Jung : Oui, avec des mots vous pouvez frapper et même fouetter quelqu'un. Pour commencer, le garçon frappe notre homme avec sa baguette et ensuite, lorsque le rêveur se saisit de cette arme, la tige se trouve tout à coup dans la bouche du garçon et il l'arrache avec du sang dessus.

Le rêve commence de la bonne façon. Nous partons

d'une situation dont nous pouvons supposer que le rêveur l'a réalisée. Il s'est humilié et maintenant s'élève de sa prostration pour aller sur la route ascendante. Mais sur cette route la marche est des plus pénibles, c'est une sorte de torture. Le soleil darde ses feux comme s'il lui tombait dessus des tonnes de plomb et, fort à propos, le rêve utilise un langage que l'homme connaît bien. Il parle de « *la chaleur accablante** » d'un été africain bien que sous les arbres on puisse marcher à l'ombre. Mais si vous êtes un « *tricheur** », un homme qui joue de mauvais tours, ou un singe, vous pouvez éviter la poussière de la route, en sautant d'arbre en arbre. Ce serait là une façon très intuitive de se déplacer. L'intuitif avance par sauts successifs, il touche à peine la réalité, et hop, le voilà reparti. Il voit le but du haut des sommets et pour lui il y est déjà, touchant terre de-ci, de-là. Sa supposition qu'il va pouvoir atteindre son but n'est pas juste. Il ne pourra y parvenir qu'au prix d'une progression difficile, un pas après l'autre, en se livrant à une ascension laborieuse et douloureuse, et pour cette raison nous devons être très réservés quant à sa progression par sauts et par bonds, abandonnant la femme et le garçon à une marche misérable sur la route brûlante et empoussiérée. Eux deux doivent marcher, pendant que lui fait des facéties et des singeries ! De ces images, nous devons donc conclure que dans le rêve précédent le rêveur n'a pas pu descendre de ses hauteurs, jusqu'à pouvoir développer le sentiment réel de la situation. En dépit de sa confession et de son humiliation, il ne réalise que partiellement la vérité et de ce fait tente à nouveau d'emprunter ses anciens modes. Il reçoit l'intuition de l'ascension brûlante et douloureuse qu'il lui faudra accomplir, mais il y répond en reprenant ses singeries. Il a peur de toucher la réalité douloureuse et le rêve nous montre ce fait dès le début.

Mme Sigg : Après le dernier rêve, j'ai ressenti un parallèle entre le rêve du petit garçon, le Puer Aeternus qui devait être nourri avec du pain blanc, et celui de la petite fille du rêve d'inceste. Dans les deux rêves, la réalisation est incomplète, ce qui l'oblige à répéter les situations sans fin, jusqu'à ce que les choses lui apparaissent en toute clarté.

Dr Jung : Oui, c'est exact, comme je l'ai déjà souligné auparavant. Le présent rêve est de ce fait une critique de ses trucs lamentables destinés à lui permettre de fuir la réalité. Le rêveur ressent que le petit Eros de l'ancien rêve est le même que le garçon du présent rêve. En d'autres termes, nous retrouvons ici, intact, le même problème, celui de sa relation à son épouse. S'il acceptait de présenter le problème à sa femme, ne serait-ce qu'une seule fois, ce serait, certes, extrêmement douloureux, mais cela représenterait la route réelle, celle où l'on marche sous un soleil accablant et dans la poussière. Il continue à flirter avec l'idée que le garçon devrait être une sorte d'Eros. Seulement le Puer Aeternus représente notre tentative la plus sincère à rencontrer notre propre vérité, notre dévotion la plus profonde pour la création de notre avenir, notre effort moral le plus grand. Le devoir de l'homme, c'est de marcher sur la route. Il ne peut pas sauter d'arbre en arbre. C'est ce qui explique que lorsque le rêveur descend de l'arbre, le garçon tente de le frapper. Cette image représente à nouveau une critique, il aurait besoin d'être fouetté comme un vilain polisson pour avoir esquivé son problème. Mais il arrache la baguette de bois de la bouche du garçon, ce qui, à coup sûr, veut dire qu'il arrache les paroles de vérité du Puer Aeternus. Son essence réelle, son âme la plus intériorisée et esprit de vérité lui dit : « Regarde à présent, tu réalises des singeries, tu t'abuses, tu te trompes. Tu sais très bien ce que tu devrais faire. » Il ne veut pas entendre sa propre voix, il ne veut pas voir ce symbole. Son idée qu'il s'agit d'un symbole de castration pourrait être juste d'un point de vue métaphorique. Il a « castré » son dieu, sa voie divine, il s'est emparé du pouvoir et de la puissance, comme Cronos avait castré son père Ouranos [7] dans l'ancien mythe grec. Dans cet esprit, la castration peut signifier estropier sa meilleure vérité, détruire son principe guide. Agir contre ses convictions réelles, c'est pécher contre le Saint-Esprit. *Au fond**, il sait parfaitement ce qu'il a à faire, mais il préfère ne pas le faire. Voici une démonstration précieuse de la façon dont le rêve agit. Il est difficile de dire face à un tel rêve que l'inconscient n'a aucune fonction morale. Ce rêve représente la meilleure morale que l'on puisse imaginer, bien que les rêves soient nombreux qui ne sont pas moraux du tout. Finalement, j'en suis venu à la conclusion que nous ne pouvons pas parler de morale, mais seulement du fait que les rêves montrent que certains comportements sont inadmissibles, parce qu'il y a des choses que la nature n'accepte pas. Cet homme a plus de décence en souterrain qu'en surface. Je suis tout à fait convaincu que si cet homme était un criminel avéré, destiné à commettre un meurtre, son inconscient lui dirait : « Tu dois commettre ce meurtre, faute de quoi tu fuis ton propre problème. » L'Orient a cette connaissance et ainsi l'Orient peut dire : « Celui qui est parfait jouera le rôle du roi, du mendiant, du criminel ou de l'assassin, ayant la connaissance des dieux. » L'Orient sait qu'un meurtrier doit commettre un meurtre, faute de quoi il est immoral, ce qui veut dire que l'homme dont le destin est d'être un criminel ou un assassin doit accomplir son acte, faute de quoi il ne remplit pas le rôle qui lui est assigné dans sa vie. Il est plus facile pour l'Orient d'adopter une telle philosophie, parce qu'il cultive la croyance qu'une vie n'épuise pas toutes les possibilités d'un homme. Nous autres en Occident sommes pressés, parce que nous devons tout vivre et tout entasser au cours de notre seule et unique vie. Les Orientaux pourront toujours compléter et vivre dans une vie future ce qu'ils n'ont pas vécu dans la vie présente. De ce fait ils ont tout le temps pour réaliser cette vérité profonde que nous avons à jouer le rôle qui nous est assigné. Après la scène avec le garçon, nous atteignons le bâtiment. Qu'en pensez-vous ? Ici, nous retrouvons quelque chose de l'histoire de *Der Golem.* Le bâtiment est le symbole du but à atteindre. Il se trouve là devant lui avec ses deux ailes comme tendues vers lui. Et à nouveau quelque chose se passe qui n'est pas juste. De quoi s'agit-il ?

Mr Gibb : L'accès lui est barré.

Dr Jung : Oui, mais il grimpe par-dessus le portail, comme s'il était un voleur. C'est à nouveau une singerie, comme de sauter d'arbre en arbre. A la fin de *Der Golem,* un tel bâtiment apparaît dans une vision. Je vous en traduis la description[8] : « Il s'agit du même chemin que celui par lequel je suis passé dans le rêve, et à nouveau je prends la petite route qui monte au château. J'ai peur et mon cœur bat. A présent je vais avoir en vue l'arbre dénudé dont les branches passent par-dessus le mur. Maintenant je le vois. Mais l'arbre est recouvert d'une floraison blanche et l'air est rempli du parfum sucré du lilas. Je vois à mes pieds la ville dans la lumière du petit matin, comme une vision de la Terre promise. Aucun bruit. Rien que parfums et splendeur. C'est la vieille ruelle étrange des alchimistes, celle qui monte au château, mais lorsque je l'avais vue de nuit, il y avait une petite porte en lattis de bois devant la maison blanche. A présent, je vois au bout de la route un portail doré des plus splendides qui me barre l'accès. De chaque côté de l'entrée se trouvent deux ifs sombres. Je me hisse sur la pointe des pieds pour regarder par-dessus le mur, et suis à nouveau ébloui par une nouvelle splendeur. Le mur du jardin est recouvert de mosaïque, avec un bel arrière-fond bleu turquoise et d'étranges fresques dorées qui représentent le culte d'Osiris. Le portail est le dieu lui-même, un hermaphrodite, et ses deux parties forment une double porte, le côté droit le féminin et le côté gauche le masculin. Lui-même est assis sur un trône de nacre en bas-relief. Sa tête d'or est la tête d'un lièvre. Les oreilles sont dressées et se touchent l'une l'autre, comme les pages d'un livre ouvert à moitié. Je respire l'odeur de la rosée et le parfum de jacinthes qui me viennent par-dessus le mur. Je reste parfaitement immobile, émerveillé, et tout à coup, un vieux jardinier ou serviteur, portant un manteau démodé, un jabot en dentelle et des boucles d'argent sur ses chaussures, apparaît sur le côté gauche et, s'adressant à moi à travers les barreaux de la grille du portail, me demande ce que je veux. Sans un mot, je lui tends le chapeau d'Athanasius Pernath. (Le héros avait eu ce chapeau par erreur et, comme il le portait, il crut qu'il était Athanasius.) Le serviteur prend le chapeau et passe par la grande porte du château. Comme il ouvre la porte, je vois la maison de marbre, on dirait un temple. C'est là que se trouve Athanasius Pernath, et appuyée contre lui, Myriam (l'héroïne, l'anima). Je vois que tous deux regardent en bas, vers la ville. Elle me voit, l'espace d'un instant, et se tourne et murmure quelque chose à l'oreille d'Athanasius. Sa beauté me laisse sans voix. Elle est si jeune, comme je l'avais vue dans mon rêve. Athanasius tourne également, lentement, son visage vers moi, et mon cœur cesse de battre, car comme on se voit dans un miroir, son visage n'est autre que le mien. Là-dessus, la porte se ferme lourdement et je ne vois plus que la brillance de l'hermaphrodite. Le vieux serviteur me rend mon chapeau et me dit : "M. Athanasius vous est très obligé, et vous demande de ne pas lui faire grief s'il ne vous invite pas à entrer au jardin, mais de tout temps c'eût été transgresser les règles de la maison. M. Athanasius souhaite également vous informer qu'il n'a pas porté votre chapeau, car il avait tout de suite remarqué qu'il y avait eu échange involontaire. Il ne souhaite qu'une chose, c'est que son chapeau ne vous aura causé aucun désagrément particulier." »

Voici donc l'histoire d'un homme qui est entré dans son propre rôle par inadvertance. Il a vu ce fait comme une erreur. C'est ce que les gens disent lorsqu'ils tombent dans un trou : « Enfer et damnation, je suis tombé dans une trappe et cette trappe c'est moi-même. » Ils ne cessent de se traiter comme la plus grande erreur qui ait jamais existé.

Vingt-troisième conférence

26 juin 1929

Dr Jung : Ce séminaire sera le dernier cet été — j'espère que le prochain rêve sera un bon rêve.

Dr Schmitz : Me permettez-vous de poser, encore une fois, une question concernant le Puer Aeternus ? Euphorion, le fils de Faust et d'Hélène, n'est-il pas le fils de l'homme sage et de l'anima, un Puer Aeternus ?

Dr Jung : Ceci va nous conduire un peu loin à l'intérieur des figures de l'inconscient collectif. Faust est identique à l'homme sage, le magicien. On a souvent dit de lui qu'il était Paracelse [1] (ou le fils de Paracelse). Si vous prenez Faust comme un individu réel, par exemple comme Paracelse, nous nous trouvons avec l'homme Paracelse identifié à la figure collective du vieux magicien. De nombreux génies sont ainsi identifiés à leur fonction différenciée et ces personnages portent presque toujours la figure du grand homme sage. Dans le poème de *Faust*, le Puer Aeternus, Euphorion, est effectivement l'enfant de Faust et d'Hélène. Hélène est très clairement l'anima et ainsi l'enfant représente le produit de l'homme sage et de son anima. C'est là, naturellement, une des affirmations possibles, un cas individuel. Il reste à voir si cela reste juste dans tous les cas. Il y a quelque chose qui cloche ici, car tel quel, le Puer Aeternus serait alors le produit de deux figures de l'inconscient collectif. Alors, où est la place de l'homme réel ?

Dr Schmitz : Oui, Euphorion s'envole après sa naissance et j'ai envie de demander quelle est sa relation à l'homme.

Lorsque l'individuation [2] a été réalisée et après la naissance du Puer Aeternus, le Puer Aeternus ne prend-il pas la place de l'ombre, tout comme l'individuation prend la place de l'homme ? Peut-être y a-t-il une sorte d'analogie ici dans la relation que le Puer Aeternus a avec l'homme, son anima et son ombre. Est-il un substitut à ce que l'ombre était auparavant ?

Dr Jung : Nous voici dans un embrouillamini épouvantable ! Dans *Faust,* à peine né, Euphorion commence à montrer les symptômes d'un désir extraordinaire, courant sans cesse après toutes les filles pour finir, au bout du compte, dans les flammes. La chose est tout aussi vraie du conducteur de char, l'aurige et d'Homoncule qui, volant dans sa cornue, se jette contre le trône de Galatée la belle, et ainsi explose et disparaît. Ces trois incidents fatals signifient que la création du Puer Aeternus n'est que de courte durée. Ils nous indiquent que quelque chose ne va pas dans la création de cette figure. L'erreur se trouve sans doute dans le fait que cette création se fait à travers deux figures de l'inconscient collectif et que l'homme réel n'entre pas en scène. Cela décrit bien ce que l'on voit fréquemment. L'homme sage, une fois installé dans le monde, va, à l'occasion, aller se jeter contre le trône d'une belle Galatée et s'évanouira à tout jamais ! Combien parmi vous n'ont-ils pas connu un tel homme ? Dès l'instant qu'un tel obstacle se trouve au milieu du chemin, tel que le trône d'une Galatée ou de tout autre fille ravissante, il sera conduit à une fin prématurée. Il faut bien reconnaître qu'être un tel homme sage et parfait, c'est trop pour un être humain. Pour cette raison, nous devons rejeter purement et simplement l'idée du Puer Aeternus, ou alors dire qu'il devrait être créé d'une autre façon. L'homme ne doit pas s'identifier au « grand homme sage », mais au contraire il doit assimiler l'ombre qui est la sienne. La caractéristique habituelle du grand homme, du génie, c'est qu'il ne sait pas qu'il a une ombre, et cependant il la possède et sous une forme tout à fait ridicule. Par exemple, Wagner n'a jamais réalisé que pendant qu'il était assis là, en train d'écrire *Siegfried,* il révélait sa propre ombre à qui venait lui rendre visite. Alors même qu'il s'escrimait sur l'épée de Siegfried, il portait une crinoline ! Et pour la composition du chant des *Niebelungen*, se posant en parfait imbécile, il portait une robe de chambre qui se fermait avec des rubans roses. Mais un tel homme n'admettra jamais qu'il a une ombre. Jamais il ne remerciera Dieu de lui avoir donné son esprit, mais au contraire il est convaincu qu'il *est* un esprit créateur et que c'est lui qui fait tout. Dès l'instant que vous voyez votre propre ombre et admettez ne pas être parfaits vous ne pouvez plus vous identifier avec le « grand homme sage [3] » et créer un Puer Aeternus avec votre anima.

Cela amène la question de savoir si, sous certaines conditions, il est possible à l'homme qui a pris conscience de son ombre et qui s'est individué de créer quelque chose avec son anima, un Puer Aeternus réel et éternel, comme l'implique son nom. A travers l'individuation, vous créez quelque chose hors du temps et d'éternel qui porte la qualité de l'immortalité. C'est là le but de la recherche des Orientaux et c'est amplement confirmé par leurs textes. Vous le prenez ou le laissez, comme il vous plaira. Ainsi donc le Puer Aeternus créé de cette façon possède la qualité de l'éternité. Mais faites bien attention, je ne pose qu'une affirmation d'ordre psychologique et non pas d'ordre métaphysique, car nous sommes dans les conditions du temps et de l'espace. Nous disons que le fer est solide, mais c'est quoi la solidité ? La réalité, c'est que le fer est fluide. Ce n'est qu'une question de point de vue qui fait la valeur du jugement. Nous pensons que la cire à cacheter est solide, mais suspendez-la et au bout d'un certain temps elle se met à couler. C'est un semi-fluide. La solidité n'est qu'une attitude psychologique, relative à l'homme et à son temps. Ainsi, lorsque vous qualifiez quelque chose d'éternel, vous ne désignez par là que sa qualité d'être hors du temps. L'individuation complète apporte quelque chose de cette nature.

Dr Schmitz : Cela désigne-t-il quelque chose qui fait non pas partie du travail de l'homme, mais de sa vie ?

Dr Jung : Non, cela ne se trouve ni dans son travail ni dans sa vie mais en lui-même. Il ne s'agit que d'un fait mystique, de l'ordre de l'expérience intérieure. On ne peut que citer le fait. C'est là un des faits inexplicables de la vie. A un homme pieux, posez la question de sa religion, de son expérience de Dieu, il ne peut que les attester. Il n'a rien de plus à dire. De votre côté vous ne pourrez rien y ajouter et rien en retrancher. Il en va de même avec la qualité d'éternité.

A présent, nous sommes concernés par le rêve du bâtiment et du jardin et par la route qui y conduit. Nous avons achevé l'interprétation avec le rêveur en train d'arracher la baguette ensanglantée de la bouche du garçon. A présent le bâtiment représente le but de la route. La route a été bâtie exclusivement pour desservir cette bâtisse, et lorsque vous empruntez cette route, vous arrivez obligatoirement au portail fermé par une barre. Cette bâtisse vous inspire-t-elle ? C'est une sorte de structure carrée en pierres jaunes, avec deux ailes. Le rêveur insiste sur le fait qu'elle est construite en pierres jaunes, et dit que cela lui rappelle un bâtiment administratif en Egypte, près du désert, à ceci près qu'il n'y avait pas de jardin. Mon patient avait lu *Der Golem*, et je vous ai déjà dit que le rêve est en rapport étroit avec la fin de cette histoire que je vous ai traduite et dans laquelle se trouve une telle construction qui représente le but final de la route. Le portail est fait à partir d'une figure d'Osiris avec une tête de lièvre. En réalité, Osiris n'est jamais représenté avec une tête de lièvre. C'est là une invention de Meyrink, consciente ou inconsciente, nous ne pouvons le savoir. Cette image a quelque chose de singulier, et il se peut que Meyrink en soit inconscient. Alors qu'Osiris n'est jamais représenté avec une tête de lièvre, son adversaire, Seth, le diable égyptien, est représenté avec une tête d'animal qui porte de grandes oreilles. Certains disent qu'il s'agit d'une tête de lièvre, d'autres que c'est celle d'un âne, d'autres qu'ii s'agit de la tête d'un okapi (une sorte d'antilope découverte récemment au Congo, une espèce très rare, mais sans doute beaucoup plus répandue dans les temps anciens). Une légende romaine rapporte que les juifs adoraient une tête d'âne à Jérusalem. C'était parce que les juifs étaient opposés à l'adoration d'Osiris. On a donc supposé qu'ils adoraient son ennemi, Seth. Et puis il y a cette image d'un faux Christ à l'académie militaire de Rome [4], un dessin primitif de crucifix sur le mur réalisé d'une façon très amusante. La figure sur la croix était représentée avec une tête d'âne et l'inscription en mauvais grec dit : « C'est ainsi que le jeune officier Alexandre adore son Dieu. » On se moque ainsi de Jésus en tant que Dieu des juifs en lui attribuant une tête d'âne.

Seth est le diable égyptien, le malin qui s'oppose au roi-soleil Râ. Osiris est réellement un dieu très ancien supplanté plus tard par Râ. Un jour, alors qu'Osiris était déjà très vieux et qu'il parcourait le monde, il se plaignit tout à coup d'une douleur à l'œil. Lorsque son fils Horus lui demanda ce qu'il avait vu, il lui dit : « J'ai vu un cochon noir. » Horus lui répondit : « Alors tu as vu Seth. » Horus prit son propre œil et le donna à Osiris afin de lui rendre la vue, avec toutefois le résultat fatal qu'Osiris devint le juge des morts dans le monde sous la terre et que lui, Horus, devint le dieu ascendant. Tout cela est symbolique de la deuxième partie de l'existence humaine. Bien que nous n'ayons pas de textes concrets comme référence, il est bien clair que l'œil d'Horus conduit directement au Christ. L'enseignement de l'Eglise catholique primitive présentait Isis et Horus comme des précurseurs de Marie et du Christ. Horus est le « guérisseur ». Il guérit le vieux dieu en lui donnant son propre œil (qui signifie de façon constante la vision, la vue, l'enseignement). Horus est aussi le dieu des mystères. En général, il est au centre des représentations, avec ses quatre fils aux quatre coins, l'un avec une tête humaine, les trois autres avec une tête animale. Cela coïncide absolument avec la représentation chrétienne des quatre évangélistes, trois sous la forme animale et le quatrième humain, le lion, le bœuf, l'aigle et l'ange. Les quatre évangélistes entourant le Christ au centre forment le mandala chrétien. Horus et ses fils forment le mandala égyptien [5]. Ces mandalas sont des symboles d'individuation. La signification mystique ancienne du Christ, c'était l'homme parfait qui était la réalisation de l'Adam Kadmon [6] des gnostiques, l'homme primordial dont l'élévation et la perfection menaient à l'homme le plus parfait.

Voici une introduction bien longue au portail fait de la statue d'Osiris avec la tête de Seth, la rencontre d'Osiris et de Seth produisant ainsi l'union des opposés. Mais tout ça appartient à l'interprétation du rêve. Alors, concernant cette bâtisse, quelles sont vos suppositions à présent ? Avez-vous une idée ? Ce qui est intéressant, c'est le côté très banal de son expression, comme le serait un bâtiment de l'administration publique. A une telle construction il est impossible d'associer la moindre individualité. C'est impersonnel comme un hôtel ou une caserne. Il possède une valeur sociale, et c'est un centre pour beaucoup de gens. Cela sert à beaucoup de gens, qui y vivent, vont et viennent.

Mr Gibb : C'est un symbole pour lui-même.

Dr Jung : On pourrait supposer qu'un symbole pour lui-même serait individuel. Pourquoi alors est-il tellement impersonnel ?

Dr Bertine : Il est probablement habité par une idée fausse de lui-même et doit y parvenir à travers quelque chose qui contient tous les éléments humains ordinaires qui jouent un rôle de compensation pour ses idées fausses.

Dr Jung : C'est vrai, il s'agit bien d'une compensation à son idée erronée concernant l'individuation. Les gens se figurent que le soi contient tout simplement la personnalité du moi : « Moi-même, je ! » A quoi le rêve répond : « Tu te trompes, ce n'est pas toi, c'est un bâtiment public, une institution collective. »

Dr Schmitz : Il est nécessaire d'insister sur l'universalité du soi. Le soi contient l'ensemble de la collectivité.

Dr Jung : Oui, instinctivement, nous faisons tous cette erreur : lorsque nous parlons de « soi », nous prétendons parler de « nous-mêmes ». Beaucoup de gens se représentent l'individuation comme une démarche intéressée et égotique, et ils sont loin du compte. Si vous-mêmes n'existez pas, la foule n'existe pas. Il n'y a pas d'océan sans la goutte d'eau. Le Sahara dans sa totalité n'existe pas sans l'existence de chacun des millions de grains de sable. Pour autant que vous soyez un bon grain de sable, vous faites le Sahara. L'individu, outre qu'il possède la qualité d'éternité, est « plus petit que petit, bien que plus grand que grand ». Ce rêve compense son erreur individuelle, selon laquelle le soi c'est le moi.

Dans la philosophie de Swedenborg (que la plupart d'entre vous ne considéreraient pas comme un philosophe), il y a l'enseignement du plus grand des hommes, l'*homo maximus*, dans le corps duquel nous sommes comme des cellules. Certains d'entre nous habitent son âme, certains ses yeux, certains son cerveau et ainsi nous contribuons tous à faire de lui un tout. Ceux qui sont équipés d'un bon cerveau iront habiter dans son cerveau, ceux qui ont une bonne vue pourraient peut-être devenir chasseurs et faire ses yeux. Même les organes génitaux n'ont pas été oubliés, grâce à quoi il explique certains tempéraments singuliers. C'est là la doctrine que Swedenborg appelle la *correspondentia*[7], mais ces idées restèrent dans un plan de concrétisation métaphysique. Elles ne furent jamais développées sur le plan psychologique. Elles se trouvèrent bloquées dans leur ascension vers le conscient.

Le rêveur dit que ce bâtiment lui donnait l'impression singulière d'être une prison et son association était que « le corps est la prison de l'âme ».

Dr Bertine : Cela n'explique-t-il pas ce sentiment d'« être attrapé » lorsque les gens sont eux-mêmes ? C'est le filet des gnostiques.

Dr Jung : Je dirais volontiers que c'est là un exemple typique. Lorsque les gens viennent à eux-mêmes, ils en attendent une libération singulière, ils voudraient être débarrassés des responsabilités du vice et de la vertu, mais en réalité il en va tout autrement. C'est comme une trappe, tout à coup vous tombez dans un trou. Vous vous écriez : « Sacrebleu ! » et vous voilà là où vous devez être. Nous sommes tous comme une petite cellule de foie partie à l'aventure, loin du lieu où elle doit nicher. La petite cellule s'échappe et se promène à travers tous les tissus. Quand elle trouve le cerveau, elle se dit : « Voilà un endroit élevé et bien agréable, l'air est bon ici. » Mais ses voisines lui crient : « Fiche le camp, tu n'as rien à faire ici ! », si bien que la petite cellule est repoussée et part se promener du côté des poumons où elle est tout aussi mal reçue. Et elle se dit : « Le monde est vraiment très dur, personne ne me comprend. » Mais si elle avait pu se comprendre, elle aurait compris qu'elle n'avait pas sa place là-bas ! Pour finir, elle continue son cheminement à travers les passages tortueux des vaisseaux sanguins, jusqu'à revenir au foie, et là, elle tombe dans un trou, une catastrophe[8] fatale. La petite cellule jure : « Enfer et damnation, quel endroit insupportable, comment en suis-je arrivée là ? » Mais Dieu lui dit : « Tiens bon ! » et elle découvre qu'en fait elle est tombée dans une cellule hépatique ! C'est cela que vous pourriez appeler l'individuation ! La pire des trappes c'est le corps. On nous a tous enseigné que nos esprits et nos vertus sont des ailes que nous nous mettons nous-mêmes. Et nous voilà partis à voler au-dessus de nous-mêmes et à vivre comme si le corps n'existait pas. Cela arrive souvent avec les intuitifs, mais en réalité avec tout le monde. Le corps nous apparaît comme un obstacle des plus sérieux. Il est lourd et nous donne un sentiment d'incapacité, comme s'il était une entrave épouvantable. Par suite de notre éducation chrétienne, moyenâgeuse, notre corps a acquis une mauvaise réputation. Le trou dans lequel nous tombons est celui de notre corps et de ses limitations. Alors, on accuse le corps, et le corps répond : « Mais ça, *c'est* toi. » Tout ceci est exprimé par la prison, ce qui explique que l'association du rêveur dise : « Le corps est la prison de l'âme. » L'âme, en contraste avec le corps, est cette chose ailée qui vole en toute liberté au-dessus de la terre. Et c'est là qu'il mentionne à nouveau que le soleil brûle, qu'il brûle tout cet endroit. Cette chaleur caractérise toute la situation. Cet homme a vécu des années sous les tropiques et il connaît les dangers du soleil africain.

Dr Deady : Son esprit court le danger d'un coup de soleil. Il faudrait qu'il abandonne quelque chose de son attitude intellectuelle. La chose inconnue vers laquelle il se dirige est dangereuse, c'est le matériel fourni par l'inconscient collectif.

Dr Jung : Je penserais davantage à l'extraordinaire *intensité* du soleil africain. C'est ce qu'il associe avec le problème. Il ressent qu'il peine dur, sous une contrainte d'une intensité extraordinaire. D'ailleurs, lorsque nous nous trouvons dans une situation difficile, nous disons : « Ça devient brûlant. » Le soleil devient insupportable, et il tente d'y échapper en faisant des singeries. Il recherche l'ombre dans les arbres, tandis que la femme et l'enfant marchent sur la route sous la brûlure du soleil. Lorsque le rêve parle du soleil intense, cela signifie que la situation est tendue, c'est-à-dire qu'il y a énormément de libido engagée. Il se trouve que l'homme connaît bien la mythologie égyptienne, ce qui nous autorise, en quelque sorte, à faire une interprétation poétique et à oser dire que le bâtiment est chauffé par l'œil du Dieu sans pitié. Le fait qu'il soit en présence de la divinité est à coup sûr inscrit dans son inconscient. Voici à nouveau une qualité de l'individuation qu'il ne faut pas manquer de repérer. Sa toute-puissance individuelle qui l'amenait à se voir comme tout l'océan et à se penser comme le Sahara tout entier est réduite par l'individuation à une goutte d'eau, à un grain de sable. C'est lors d'un tel moment de petitesse impuissante et de futilité de l'existence qu'il constelle l'idée d'universalité. On a toujours appelé Dieu la chose la plus suprême, l'idée la plus grande. La force la plus petite est toujours confrontée à la force la plus grande et l'espace le plus petit avec l'infini, et ainsi l'expérience intérieure de l'individuation est toujours ce que les mystiques ont appelé l'« expérience de Dieu ». Voilà un fait psychique et c'est ce qui explique que le processus d'individuation ait toujours été ressenti comme la chose la plus précieuse et la plus importante dans la vie. C'est la seule chose qui apporte une satisfaction durable à l'homme. La puissance, la gloire, la richesse, ne sont rien en comparaison. Ce sont là des choses extérieures et partant futiles. Les choses véritablement importantes sont en nous. Il m'est plus important d'être heureux que de posséder la raison extérieure qui me procurera le bonheur. Les gens riches devraient être heureux, mais le plus souvent ils ne le sont pas et s'ennuient à mourir. Pour cette raison, il est toujours tellement préférable que l'homme s'emploie à produire les conditions intérieures qui lui donnent le bonheur intérieur. L'expérience montre qu'il existe certaines situations psychologiques qui permettent à l'homme d'atteindre des résultats éternels. Elles ont quelque chose de la qualité d'éternité, d'intemporalité. Elles ont la qualité d'aller au-delà de l'homme. Elles possèdent la qualité divine et contribuent à toute cette satisfaction que n'ont pas et n'apportent pas les choses faites de main d'homme.

À présent, nous en venons à la deuxième partie de ce rêve. Rappelez-vous que le portail est verrouillé et apparemment il n'y a pas moyen d'entrer, sauf à grimper par-dessus les barres, à tricher. Verrouillé signifie d'un accès difficile. Pour entrer, la facilité n'est pas de mise. A l'entrée, près du portail se trouve une sorte de porche ou loge. Le rêveur voit de l'autre côté du portail un vieillard en haillons. Ses bras sont tendus, il paraît tout à fait immobile, et il est impossible de dire s'il est mort ou encore vivant. Dans ses associations, le rêveur dit qu'une telle loge est la chose la plus habituelle pour le concierge d'une telle maison. Au *vieil homme,* dans sa posture rigide, il associe un yogi dans l'état d'abstraction du yoga, ce qu'il appelle un état de totale introspection qui peut aller jusqu'à ignorer son propre corps. Le rêveur précise que cet état lui paraît déplaisant. Dans ces conditions, quelles seraient vos conclusions en ce qui concerne la figure de ce vieillard ?

Mr Gibb : Son intérêt pour les précédentes études de théosophie n'est pas entièrement mort.

Dr Jung : Oui, par rapport à ses études de théosophie précédentes, ce vieil homme représente, sans aucun doute, les exploits du fakir et la philosophie qui pousseraient les gens à quitter leur corps. C'était là l'une des raisons qui ont amené le rêveur à l'analyse. Il était impliqué, jusqu'à un certain point. Cette image n'est certes pas une invitation et de fait le vieillard disparaît du rêve à ce moment précis. Son rôle paraît s'arrêter là, il ne réapparaîtra plus. Il s'agit ici d'une sorte d'intermède dans la progression de la pensée inconsciente. Le vieillard pourrait évoquer les images dans l'inconscient d'un philosophe yogique, qui symboliseraient un processus d'individuation, compte tenu de ce que les yogis ont développé une philosophie de la « voie ».

Alors naturellement l'image survient comme il approche du portail et on aurait pu s'attendre, selon cette approche de la « voie », que le portail s'ouvre. Seulement, comme le concierge est dans un état comateux, il ne peut ouvrir le portail. Inutile de l'appeler, il a quitté son corps dans un état de transe. Ce n'est guère un portier de qualité ! Il est évident que le rêveur est habité par un puissant désir d'entrer dans ce jardin et apparemment l'évidence pour lui c'est qu'il doit y entrer *par n'importe quel moyen*. De l'autre côté du portail, dans le jardin, il voit un enfant d'environ huit ans, l'enfant arabe qui se moquait de lui, et de plus, la femme et le petit garçon. Que pensez-vous de cet enfant ? L'association de l'homme, c'est qu'il n'est qu'un de ces garnements de la rue, un de ces enfants que l'on voit constamment traîner près de la loge du concierge, un de ces nombreux enfants qui appartiennent à l'un ou l'autre des familiers du concierge, tous réunis pendant que le propriétaire est absent. Vous devez vous représenter que cet enfant est loin d'être beau. Il est sale, en haillons, avec les yeux rougis par le trachome qui les parasite. Il est vraisemblable qu'il souffre aussi d'eczéma, qu'il dorme sur des tas d'immondices et qu'il soit couvert de poux et de puces.

Dr Schmitz : Pourrait-il être le Puer Aeternus dans sa forme négative ?

Dr Jung : Eh bien, nous ne savons pas si l'enfant est un garçon ou une fille. Dans un rêve ultérieur, il y aura un enfant similaire, une fille, mais avec l'enfant présent le rêveur n'est pas certain, bien que par ailleurs nous possédions un autre indice, de beaucoup plus grande valeur.

Miss Chapin : L'enfant arabe est un parallèle au concierge du portail, mais sous une forme jeune.

Dr Jung : Oui, c'est certain. Le vieillard ne peut pas ouvrir le portail, alors que l'enfant le peut, mais quel petit garnement ! Ces enfants, vous les voyez en bandes, partout dans ce pays [9], et ils sont une véritable peste, comme les mouches. Pourquoi le jeune gardien du portail est-il présenté sous une forme aussi peu amène ?

Mr Dell : Il est le premier commencement, humble, déplaisant, une sorte d'être hermaphrodite.

Dr Jung : Oui, le rêveur souhaite ouvrir le portail pour pouvoir entrer directement, mais voici ce petit garçon crasseux au moment où il atteint le but final. Ce n'est pas un ange porteur d'ailes dorées qui ouvre la porte, mais un petit garnement pouilleux ! Qu'espérez-vous voir lorsque vous arriverez là-haut, au paradis ?

Pr Schmaltz : C'est ici l'humiliation qu'il doit subir. Foin de l'homme éduqué, il n'est qu'un sale petit garnement.

Dr Jung : Oui, et savez-vous ce que veulent dire, en Orient, les vilains petits enfants crasseux ? Le Christ nous enseigne : « A moins que vous ne deveniez comme de petits enfant [10]. » Il ne mentionnait nullement, en ces temps-là, de petits enfants bien propres qui allaient à l'école, mais bien les sales gamins qui traînaient dans les ruelles, comme Il les voyait Lui-même.

Miss Howells : Bien loin des vitraux.

Dr Jung : Quand vous devez traverser le pont, aiguisé comme une lame de couteau et étroit comme un cheveu, vous vous trouvez dans un face-à-face avec tous vos péchés ou toutes vos vertus. Puisque cet homme est très vertueux, il sera confronté à tous ses péchés, et naturellement c'est un de ces méchants petits gosses crasseux qui lui ouvrira le portail. S'il n'accepte pas cet abaissement de sa condition, il n'entrera assurément pas au paradis, il ne fera pas le pas qui pourrait le conduire vers l'individuation. Seulement voilà, il saute par-dessus la barrière et se hisse ainsi au paradis, « s'emparant par la violence du royaume des cieux [11] ». La voie de la pensée intuitive. Qu'en pensez-vous ?

Dr Gilman : Des singeries.

Dr Schmitz : La voie intuitive.

Dr Jung : Dès lors qu'il est à l'intérieur, la femme et le garçon s'y trouvent aussi. La femme et le garçon sont des parties de lui-même, sa famille psychologique. A peine le rêveur a-t-il sauté dans le jardin que le garçon lui reproche à grands cris qu'il n'est pas autorisé à entrer. Comme il approche du bâtiment, il remarque des pièces neuves de mobilier, exposées en plein soleil, et parmi celles-ci il y a un lavabo dont le miroir manque. Le cadre est bien là, mais pas de miroir. Les associations du rêveur : tout ce mobilier est d'un parfait mauvais goût, bon marché, ordinaire et totalement impersonnel. De toute évidence ces meubles viennent tout juste d'être déballés et attendent d'être disposés à l'intérieur de la maison. Cela doit se rapporter à un événement récent.

Dr Bertine : Il me semble qu'il s'agit de ses affaires personnelles. Il manque le miroir, au milieu de ce mobilier, si bien qu'il ne peut pas se voir lui-même.

Dr Jung : Oui, il n'y a pas de miroir. L'intellect est appelé souvent un miroir[12]. Puisque le miroir est absent de son cadre, il ne peut voir à l'intérieur de lui-même.

Pr Schmaltz : Cet homme est très entreprenant, aussi a-t-il expédié son mobilier en avance, étant persuadé que lui-même sera admis sans difficultés.

Dr Jung : Il était particulièrement dans tous ses états d'avoir constaté que ce nouveau mobilier était abandonné là, en plein soleil, ce qui n'allait pas manquer de faire souffrir le bois. Puisque lui n'est pas reçu, le mobilier n'est pas davantage admis. C'est un parallèle. Les meubles sont abandonnés dehors sous le soleil brûlant, comme il l'aurait été s'il n'avait pas grimpé par-dessus le portail. Les meubles n'ont aucun moyen de sauter par-dessus une barrière et restent donc en plein soleil. Il ne fait aucun doute que ces meubles lui appartiennent et que cette maison est à lui, et c'est pourquoi, puisque le portail lui est fermé, il passe par-dessus. On pourrait effectivement qualifier ce geste d'entreprenant ! Il est habité par cette idée d'être un homme des plus respectables et des plus vertueux, et lorsqu'il arrive aux portes du paradis il doit, forcément, être aussitôt reçu au salon et s'attend à être reçu par Dieu Lui-même. Et en lieu et place ne se trouve qu'un sale petit gamin. Ses meubles, qu'il a envoyés au paradis, restent dehors en plein soleil, et c'est vraiment de la camelote. Le miroir n'est même pas installé dans son cadre sur le lavabo (à nouveau les fruits verts). Dans son entreprise de « s'emparer du paradis par la violence », il fait quelques découvertes des plus désagréables le concernant. Dans la dernière partie du rêve, avant de découvrir le mobilier, il n'avait prêté aucune attention à l'enfant arabe. Il lui était pratiquement passé par-dessus et, à présent, il semble qu'il éprouve une grosse contrariété dans le rêve, car de toute évidence il réalise que tout commence à aller de travers. Il dit : « Voilà à nouveau ce sacré petit garnement ! Il faut que je l'attrape. » Il l'attache avec une corde. L'enfant hurle et, comme il ne veut pas créer d'histoires, il le relâche. Que veut dire le fait de ligoter l'enfant avec une corde ?

Dr Schmitz : Il torture sa propre âme.

Dr Jung : Attention, vous ne devez utiliser que ses propres associations. Il disait : « C'était comme si je montrais à cet enfant que je n'ai pas peur de lui et que je peux le supprimer même s'il appartient à cette maison. » Il veut naturellement supprimer cet enfant qui lui dit : « Tu ne peux pas entrer ! »

Mrs Crowley : Il veut supprimer ce côté de lui-même, son côté inférieur.

Dr Jung : Oui, il doit supprimer ce côté de lui-même, à n'importe quel prix, car c'est son côté qui n'est pas présentable. Il est impossible, pour quelqu'un qui a vécu en Afrique, de ne pas en absorber quelque chose. Son caractère sauvage pénètre et influence l'inconscient, si bien que plus tard il peut apparaître très difficile de se débarrasser de cet élément relativement primitif et de s'adapter à nouveau à la civilisation. Les Européens qui ont vécu pendant longtemps en Orient découvrent cela. A présent que notre rêveur vit à nouveau en Europe, cet élément sauvage va venir jeter le trouble sans répit. Il essaie de le ligoter, mais la maîtrise en est tellement difficile qu'il préfère le laisser partir. Dans des rêves ultérieurs, vous allez voir comment cet aspect va se manifester à nouveau.

Mme Sigg : Il ne doit s'identifier ni avec l'enfant du paradis, ni avec l'enfant sale de la terre.

Dr Jung : Dans ce rêve la question de l'identification ne se pose pas. Elle pourra peut-être se poser plus tard. Pour l'instant il est notoirement désidentifié.

Mr Gibb : Auparavant, était-il un peu fier de l'enfant de l'anima ? Auquel cas cet enfant-ci serait-il compensatoire ?

Dr Jung : Il a la fierté de l'homme blanc, ce qui le désidentifie.

Dr Deady : Son combat a lieu avec ce que le garçon représente. Il essaie de ligoter son conflit.

Dr Jung : Oui, mais il ne veut tout simplement pas que cet enfant se promène en toute liberté. « Je vais lui montrer, à ce gamin ! » Ceci montre le pouvoir de l'homme blanc en Afrique. Si à la porte un Noir disait : « Vous n'entrez pas », l'homme blanc lui rétorquerait : « Va au diable, moi j'entre. » A la suite de l'intermède avec l'enfant, il arrive à la véritable porte de la maison et découvre la plaque qui porte le nom du Dr Bauer. Son association est Dr Faust ou encore les deux derniers mots inscrits dans *Der Golem* de Meyrink : « *Aur Bocher.* » Le Dr Kirsch a fait une recherche qui nous permet de connaître toute l'inscription. Il s'agit d'une suite de mots cabalistiques, en partie inintelligibles. Le sens en serait : « communauté » ou « puissance », suivi d'un mot intraduisible, suivi de « la lumière du disciple ». Tous ces mots et concepts jouent un rôle majeur dans le livre. Le « disciple », c'est l'initié conduit sur le chemin de l'individuation et de la « lumière », c'est l'illumination. Il se pourrait bien qu'il s'agisse d'une citation de quelque livre magique, dans une sorte d'hébreu. Les gnostiques en confectionnaient un nombre impressionnant en faux syriaque, araméen, hébreu et grec, allant jusqu'à inventer des mots. Ces inscriptions possédaient un pouvoir immense, parce que personne ne comprenait ces mots.

« Pouvoir » et « communauté » jouent un grand rôle dans ce rêve, et montrent la proximité avec laquelle ils étaient associés à la lecture du *Golem.* Regardons le contexte qui accompagne cette citation. Elle survient à la fin d'une série de visions excitantes, pendant lesquelles le héros a perdu conscience. Il était tombé dans des profondeurs sans fond, et enfin il sent que ses pieds touchent le fond. A ce moment il voit des créatures bleuâtres qui forment comme un cercle autour de lui. Sur leur poitrine elles portent des hiéroglyphes en or et chacune de ces figures tient dans la main une cosse de graine rouge. (Il avait refusé d'accepter toute une poignée de ces cosses et avait même tapé sur la main du fantôme qui les lui offrait, si bien que les cosses s'étaient répandues sur le sol.) Maintenant ces êtres tiennent à nouveau ces cosses en l'air. Un orage éclate, avec des éclairs. Il se sent faible et terrifié, et entend une voix qui dit : « C'est la nuit de la protection » (la nuit de l'exode, celle où les israélites furent protégés des Egyptiens). Puis, dans le cercle, quelqu'un dit : « Celui que tu cherches n'est point ici. » (Cette parole fut dite aux femmes qui étaient venues chercher le Christ au tombeau et l'avaient trouvé vide.) Puis la créature dit quelque chose qu'il ne peut pas comprendre, il ne saisit que le mot « Hénoch ». Tout à coup, l'une des figures du cercle vient à lui, lui montre les hiéroglyphes qu'elle porte sur la poitrine et, lorsqu'il lit ces inscriptions, il ressent que c'est la fin et tombe dans un profond sommeil[13].

De toute évidence, ces visions sont une série de mandalas, non pas du type de ceux que vous-mêmes dessineriez, mais des mandalas à danser ou à représenter en actes. Former un cercle magique, c'est signifier l'individuation. L'offrande des graines, c'est l'histoire de ce crocodile qui mangera de toute façon l'enfant, quelle que soit la réponse de la mère[14]. Les graines représentent la même chose, une sorte de question fatale. Donc, que vous disiez : « J'accepte » ou « Je n'accepte pas », dans les deux cas vous ne saurez pas ce qui va se passer, parce que vous ne connaissez pas le sens caché. Dans *Der Golem*, le héros avait refusé les graines, si bien qu'elles reviennent à lui sous une forme menaçante. Le sens de ces graines, c'est qu'elles représentent ses différentes parties. Nous sommes constitués par la mise en commun de nombreuses particules qui doivent être rassemblées comme dans un chaudron magique ou fondoir, dans lequel toutes les parties dissociées de notre personnalité doivent être soudées ensemble. Et ainsi la question est posée au héros : « Acceptes-tu toutes ces graines comme des parties de toi-même ? » Il répond : « Non, je ne l'accepte pas », mais il ne peut pas refuser parce que ces graines *c'est lui*. Le résultat, c'est qu'elles viennent l'assaillir, elles forment un cercle magique autour de lui et une voix dit : « Celui que tu cherches n'est pas ici. » Meyrink connaît le sens que les cabalistes accordaient au « Messie » : « Celui qui réunit, qui rend parfait et qui n'est pas ici. » Parce qu'il refuse les parties de sa personnalité, ses parties se dressent contre lui. Alors, un spectre survient et lui montre la voie de la lumière. Sans aucun doute, la deuxième partie signifie qu'il est un disciple qui reçoit l'illumination.

Notre rêveur est dans la même situation. Il est aussi l'un de ceux qui ont refusé les graines. Il refuse de rassembler tous ses compartiments. Il veut forcer la route du paradis. Il est donc dans la position du disciple qui doit encore apprendre. Il n'est pas un maître et ne peut donc entrer dans le lieu où vit le Dr Faust, car d'une certaine façon le Dr Faust représente l'homme total, l'initié. Il doit aller à la porte d'à côté et humblement sonner à la porte (ce qui ne ressemble plus du tout à ses singeries dans les arbres, son ascension par-dessus la barrière et à l'entravement de l'enfant avec des cordes). En langage cru, cela signifierait : « Eh bien, tout ça c'est un peu rapide, je ferais mieux de me rendre chez le Dr Jung et de sonner à sa porte. » Il ferait mieux de confesser qu'il n'est qu'un simple disciple et qu'il a encore des choses à apprendre. Ceci est la dernière tentative du patient de résoudre son problème de façon magique, au moyen du yoga ou par n'importe quelle autre voie théosophique. A partir de maintenant, il prend une tout autre route. Dans le rêve suivant, il fait un voyage en voiture jusqu'en Pologne. Il voyage en compagnie d'un homme qui est une de ses vagues connaissances. Il est connu pour être un grand *coureur de femmes**, un *boulevardier**. Ses associations avec la Pologne sont également intéressantes. Dans le rêve suivant, il se retrouve dans une pauvre petite hutte en Afrique, dans laquelle se trouve un crocodile. On dirait Perceval qui, ayant vu par chance le saint Graal, en est détourné, car il est encore dans une totale immaturité. Perceval part dans le monde et ce n'est que beaucoup plus tard et après de nombreuses aventures qu'il reviendra au Graal. De la même manière, notre homme rencontre le petit garnement, le diable arabe, comme s'il devait assimiler la chose qui lui est la plus désagréable, la faiblesse et l'humilité de son sentiment plus ou moins primitif. Pour cette raison, il commence par aller dans un pays moins civilisé, la Pologne, avec ses désordres et sa corruption, à la suite de quoi il doit encore régresser plus loin, jusqu'à une hutte primitive, habitée par un crocodile, aux portes de l'enfer, au cœur du danger, car à l'occasion les crocodiles ne dédaignent pas de manger un homme. A partir de là, ses rêves vont mettre en évidence ses côtés les plus inférieurs et les plus rejetés de sa personnalité, son homme inférieur. Ce n'est que lorsqu'il pourra accepter son côté inférieur et réunir ses deux aspects opposés qu'il atteindra à l'homme total et qu'il pourra occuper la place que son rêve nous laisse entrevoir.

Note de l'éditeur anglais : Pour respecter les séquences chronologiques, le n° 18 a été attribué au rêve du 28 juillet 1929, survenu pendant l'interruption d'été, entre la 23ᵉ et la 24ᵉ conférence (26 juin et 9 oct. 1929). Le rêveur a apporté ce rêve à Jung le 21 novembre. Et Jung l'a discuté le 11 décembre 1929, lors de la 33ᵉ conférence.

Liste des abréviations

B.S. : Bollingen Series (Les séries Bollingen).

Correspondances : Correspondances de C.G. Jung, publication préparée par Aniela Jaffé, Zurich, en collaboration avec Gerhard Adler, Londres ; traduit de l'allemand par Claude Maillard et Christine Pflieger-Maillard, Paris, Albin Michel, 1994 (5 volumes).

C.G. Jung : Word and Image : titre allemand : *Bild und Wort,* publié par Aniela Jaffé en allemand chez Rascher Verlag Olten et Friburg, 2e éd. 1978, et en anglais chez Princeton (B.S. XCVII : 2), 1979, trad. Krishna Winston.

C.G. Jung parle : Rencontres et interviews, réunies par W. McGuire et R.F.C. Hull, éd. Buchet-Chastel, trad. Marie-Martine Louzier-Sahler et Benjamin Sahler.

CW : *The Collected Works of C.G. Jung. Œuvres complètes,* éditées par Gerhard Adler, Michael Fordham et Herbert Read, William McGuire, éditeur exécutif, trad. anglaise R.F.C. Hull, New York et Princeton (B.S. XX) et Londres, 1953-1979, 20 vol.

E.T.H. : Eidgenössische Technische Hochschule, Zurich (Ecole fédérale polytechnique de Zurich).

Correspondance Freud-Jung : *La Correspondance Freud-Jung,* Paris, Gallimard, 1975, 2 vol., traduit de l'anglais et de l'allemand par Ruth Fivaz-Silbermann.

Le Secret de la fleur d'or : traduit du chinois en allemand par Richard Wilhelm ; le commentaire de C.G. Jung est publié sous le titre français *Commentaire sur le mystère de la fleur d'or,* Paris, Albin Michel, 1979, trad. Etienne Perrot.

Yi King : *Le Yi King, ou Livre des transformations,* traduit du chinois en allemand par Richard Wilhelm ; traduction française à partir de l'allemand et préface par Etienne Perrot, Paris, Librairie Médicis, 1973. Jung a écrit une préface spécialement pour l'édition anglaise qui se trouve dans les *CW* 11.

The Zofingia Lectures (les conférences de Zofingen), éditées par William McGuire, trad. anglaise par Jan van Heurck (vol. A suppl. dans les *CW*, Princeton (B.S. XX : A) et Londres, 1983.

L.C.L. : Loeb Classical Library (Bibliothèque classique Loeb).

R.F.C.H. : R.F.C. Hull.

Séminaires : éditions précédentes du présent séminaire. Le chiffre entre crochets précise une édition particulière.

Spring : An Annual of Archetypal Psychology and Jungian Thought (Publication annuelle sur la psychologie archétypique et la pensée jungienne), New York, 1941-1969 ; Zurich, 1970-1977 ; Dallas, 1978.

Symbols of Transformation, édition de 1912 : = *Psychology of the Unconscious, a Study of the Transfcrmation and Symbolism of the Libido*, traduit de l'ouvrage allemand *Wandlungen und Symbole der Libido*, C.G. Jung, Leipzig et Vienne, 1912, par Beatrice M. Hinkle, New York, 1916 ; voir *Métamorphoses et symboles de la libido*, trad. Louis de Vos, introduction de Yves Le Lay, Paris, Montaigne, 1931 ; nouvelle version revue et corrigée par C.G. Jung en 1950, publiée sous le titre *Métamorphoses de l'âme et ses symboles*, préface et trad. de Yves Le Lay, Genève, Librairie de l'Université-Georg, 1953, 1967, 1973, 1978 ; réédité par Hachette, Livre de Poche et Gallimard, coll. Folio-Essais, 1996.

Notes

Préface

1. *Psychologie et alchimie*, Buchet-Chastel, Paris, 1970, trad. Henry Pernet et Dr Roland Cahen.

Introduction

1. Cette autorisation était habituellement accordée à la suite d'un certain nombre d'heures d'analyse jungienne.

2. Voir *Correspondance Freud-Jung*, p. 245-6 (dans l'édition anglaise).

3. Voir The Fanny Bowditch Katz Collection, Bibliothèque Francis A. Countway Library of Medicine, Boston, qui conserve ce cahier de notes, ainsi que les autres documents qui sont mentionnés ici. Ce matériel a pu être consulté grâce à l'amabilité du Dr Richard J. Wolfe, bibliothécaire, responsable des manuscrits et livres rares, à la bibliothèque Countway. Je suis également redevable à Mr Franz Jung, pour les informations concernant l'enseignement donné par son père à l'université.

4. Voir *Correspondance Freud-Jung*, p. 551, n. 2 (dans l'édition anglaise).

5. Voir Lettres de Jung à Fanny Bowditch (Katz), 22 oct. 1916 et 30 juillet 1918, dans C.G. Jung, *Correspondances*, vol. 1.

6. Voir Barbara Hannah, *Jung, his Life and Work* (New York, 1976), p. 141, 149-53 (*Jung, sa vie et son œuvre*, Dervy-Livres, Paris, 1989). Le livre des *Blobbs* (xvi + 42 p.) fut écrit par Arthur John Hubbard (1856-19 ?), médecin, « assisté de Madame Hubbard », et publié par Longmans, Green, 1916 ; Jung en possédait un exemplaire.

7. Texte dactylographié, non publié, de 38 pages, à la bibliothèque de Kristine Mann, au Club de psychologie analytique de New York.

8. Voir Barbara Hannah, p. 164-5. Notes Harding : Dactylographie non publiée de 101 pages, à la bibliothèque de Kristine Mann.

9. Voir l'introduction d'Aniela Jaffé à cet ouvrage, collection Témoins, Gallimard, Paris, 1966, 1973, trad. Dr Roland Cahen et Yves Le Lay.

10. Edward Foote, *Who was Mary Foote* (Qui était Mary Foote), Spring, 1974, p. 256 sq.

11. L'Hôtel du Soleil, un petit hôtel charmant, agrandi par une annexe depuis lors. Il se trouve juste à côté de l'embarcadère de Küsnacht et à cinq minutes à pied de la maison de Jung. Si l'on pouvait recenser le nom de tous les visiteurs de Jung qui y ont séjourné, la liste serait impressionnante. (N.d.T.)

12. Edward Foote, *op. cit.*, p. 262 et C.G. Jung, *Correspondances*, vol. 2, p. xxxiii.

13. Edward Foote, *op. cit.*

14. Avec la permission de Jung, des extraits du séminaire « L'interprétation des visions », préparés par Jane A. Pratt, furent publiés dans dix numéros successifs de *Spring* (la revue annuelle du Club de psychologie analytique de New York), 1960-9. Ces extraits, auxquels s'ajoutent trois numéros de fin de parution, préparés par Patricia Berry et une postface d'Henry A. Murray, furent publiés sous le titre *The Visions Seminars* (Les séminaires sur les visions), Zurich, Editions Spring, 1976, 2 vol. Les quatre conférences de Jung sur « Psychological Commentary on the Kundalini Yoga » (Commentaire psychologique sur le yoga de la Kundalini), du séminaire de 1932, furent publiées dans *Spring*, 1975 et 1976. La traduction française a pour titre *Les Energies de l'âme. Séminaire sur le yoga de la Kundalini*, Paris, Albin Michel, 1999, éd. par Sonu Shamdasani, trad. par Z. Bianu. Pour la période 1970-7, *Spring*, qui était encore à cette date une publication du Club de New York, était également publié à Zurich. Plus tard et sous d'autres auspices, la revue fut publiée par *Spring Publications*, à Dallas, Texas. Un extrait du texte « The Psychological Analysis of Nietzsche's *Zarathustra* » (L'analyse psychologique du *Zarathoustra* de Nietzsche) fut publié dans *Spring*, en 1972.

15. Des extraits des « *Exercitia Spiritualia* de saint Ignace de Loyola » furent publiés dans *Spring* en 1977 et 78. Tous les séminaires et cours donnés à l'E.T.H. (Eidgenössische Technische Hochschule, l'Ecole polytechnique fédérale suisse) sont dans la liste chronologique des *CW*, p. 209-15.

16. Mme Niehus-Jung décéda en 1965. De ce fait Aniela Jaffé se chargea de faire publier l'édition allemande et suisse *« in Zusammenarbeit mit Gerhard Adler »* (en collaboration avec Gerhard Adler). Trois volumes parurent en 1972-3. Adler assura la publication de l'édition anglaise et

américaine *« in collaboration with A. Jaffé »*. Deux volumes parurent en 1973-5.

17. *La Vie symbolique*, Paris, Albin Michel, 1989, trad. Claude Maillard et Christine Pflieger-Maillard.

18. Information donnée par Franz Jung.

19. Voir *Correspondance Freud-Jung* : index, pour les détails concernant ces psychiatres.

20. Voir C.G. Jung, *Word and Image — Bild und Wort*, p. 142-4, édité par Aniela Jaffé chez Walter Verlag, Olten, Suisse et Fribourg, R.F.A., 1977, 1978.

21. Il s'agit d'un cas traité dans *Psychologie et Alchimie*, Paris, Buchet-Chastel, 1970, trad. Henry Pernet et Dr Roland Cahen.

PREMIÈRE CONFÉRENCE

7 novembre 1928

1. Jung conduisit une expédition en Afrique de l'Est, de l'automne 1925 au printemps 1926, à travers le Kenya et l'Ouganda. Elle fut suivie de la descente de la vallée du Nil. Voir *Ma vie, Souvenirs, rêves et pensées*, *op. cit.*

2. Il n'existe pas de document relatant un séjour de Jung à Chattanooga (Tennessee). Mais peut-être a-t-il été coiffé dans cette gare, lors d'un arrêt, sur le trajet en chemin de fer qu'il fit entre La Nouvelle-Orléans et Washington D.C., en janvier 1925. Voir les notes de W. McGuire, « Jung in America, 1924-1925 » (Jung en Amérique), *Spring*, 1978, p. 44-5.

3. L'exactitude de ces termes swahili est discutable et des erreurs de transcription ont pu être commises (ou Jung a entendu un dialecte). Selon un avis, reçu du Programme de langues africaines de l'université de Yale, *ota* est une forme verbale, signifiant « rêver », alors que la forme *vudota* n'est pas répertoriée, et pourrait n'être qu'une erreur de transcription du substantif *ndoto*, qui signifie simplement « le rêve ».

4. Voir « The Tavistok Lectures » (Les conférences Tavistok), 1935, *CW* 18, § 250. La déesse est Minerve.

5. *Ibid.* Le poète est Sophocle, le temple celui d'Héraclès, et le rêve est rapporté dans « Life of Sophocles » (La vie de Sophocle), sec. 12, dans *Sophoclis Fabulae*, éd. A.C. Pearson, Oxford, 1924, p. xix.

6. Knud Rasmussen, *Across Artic America* (A travers l'Amérique arctique), New York, 1927, chap. III : « A Wizard and His Household » (Un magicien et son ménage). Cf. « The Symbolic Life », 1939, *CW*, 18, § 674. Repris dans *La Vie symbolique*, *op. cit.*

7. Tous les termes marqués d'un astérisque sont des termes que Jung utilise en français et qui donnent un cachet particulier à ses exposés conduits en anglais. Ils marquent également sa culture et son goût pour le français. (N.d.T.)

8. Cf. *Phaéton*, 60e ; M.L. von Franz, « The Dream of Socrates » (Le rêve de Socrate), *Spring*, 1954, avant-propos au *Yi King* (1950), *CW* 11, § 995.

9. « Aujourd'hui pour toi, demain pour moi. » Un renversement de l'Ecclésiaste 38 : 22 pourrait se lire, soit comme *« Hodie mihi, cras tibi »* ou comme *« Mihi heri, tibi hodie »* (Hier pour moi, aujourd'hui pour toi).

10. *Les Confessions de saint Augustin*, VI, 7-8, tr. F.J. Sheed, 1943, p. 88-91. Pour l'histoire détaillée d'Alypius, « Symbols of Transformation » (dans la nouvelle édition de 1952), *CW* 5, § 102 (mais pas dans l'édition de 1912) ; dans une édition précédente « Alypius » était remplacé par « Aloysus ». Trad. française : *Métamorphoses de l'âme et ses symboles*, Genève, Librairie de l'Université-Georg, 1973, trad. Yves Le Lay.

11. Dans la gnose valentinienne, c'est ce qui est appelé Limite *(Horos)*, qui est le pouvoir, qui empêche Sophia, dans sa quête pour le père, d'être dissoute dans la douceur des Abysses, et qui la consolide et la restitue à elle-même (R.F.C.H.). Cf. Hans Jonas, *The Gnostic Religion*, Boston, 1958, p. 182, et *Aïon* (1951), *CW* 9 ii, § 118, n. 86, Paris, Albin Michel, 1983, trad. Etienne Perrot et Marie-Martine Louzier-Sahler.

12. Expression latine : *persona* était le masque porté par les acteurs dans la tragédie classique, qui indiquait le rôle qu'ils jouaient. Dans la terminologie jungienne, il s'agit de la façade officielle, professionnelle ou sociale que nous présentons au monde. Voir « Two Essays of Analytical Psychology », *CW* 7, § 243 sq. ; « Psychological Types », *CW* 6, § 800 sq. En français, voir *Types psychologiques*, Genève, Librairie de l'Université-Georg, 1950-86, préface et trad. par Yves Le Lay. Voir plus loin le développement sur le thème de la persona dans la 6e conférence du 12 décembre 1928.

13. Voir la nouvelle de John Erskine, *Adam and Eve : Though he Knew Better* (Adam et Eve : Bien qu'il sût mieux), Indianapolis, 1927.

DEUXIÈME CONFÉRENCE

14 novembre 1928

1. Cet épisode se rapporte à l'époque où, pendant la guerre de 14-18, Jung avait été appelé sous les drapeaux, comme médecin militaire. Pour l'histoire détaillée de cet événement et son lien avec la légende égyptienne mentionnée dans le paragraphe suivant, voir « The Structure

of the Psyche » (La structure de la psyché), 1927, *CW* 8, § 303 sq., et les « Tavistock Lectures », 1935, § 230. Ce texte figure dans *L'Homme à la découverte de son âme,* livre II, chap. 1er : « Fonctions et structures du conscient et de l'inconscient », préface et trad. Dr Roland Cahen, Ed. du Mont-Blanc, Genève, 1943 et « Petite Bibliothèque », Payot Paris, 1966 et Albin Michel, Paris, 1987.

2. Genèse 3 : 15.

3. Cette image est d'autant plus évocatrice qu'à cette époque (1928), les antibiotiques n'existaient pas, et toute infection provoquée par un abcès pouvait avoir des conséquences redoutables, voire mortelles. On mourait d'appendicite. Jung n'emploie donc pas ici une « belle figure métaphorique » bien innocente. (N.d.T.)

4. Epître de Jacques 5 : 16.

5. Cf. « Symbols of Transformation », *CW* 5, § 354 (comme dans l'édition de 1912) ; *Métamorphoses et symboles de la libido,* trad. Louis de Vos, introduction de Yves Le Lay, Paris, Montaigne, 1931.

6. Jung a décrit quelques-unes de ces réjouissances dans « The Psychology of the Trickster Figure » (La psychologie de la figure du Trickster), 1954, *CW* 9 i, § 458 sq. ; *Le Fripon divin, un mythe indien,* avec Paul Radin et Charles Kerényi, trad. Arthur Reiss, Genève, Georg, 1958.

7. A titre d'exemple, voir ci-après la 28e conférence, du 6 novembre 1929, fig. 12 (tome 2).

8. G.R.S. Mead, « Ceremonial Game-Playing and Dancing in Mediaeval Churches » (Jeux et danses aux cérémonies, dans les églises médiévales), *The Quest,* Londres, IV (1912-3), p. 91-123 ; « The sacred Dance of Jesus », *ibid.,* II, 1910-1, p. 45-67 ; *The Hymn of Jesus. Echoes from the Gnosis,* Londres et Benarès, IV, 1907. Cf. aussi *The Round Dance* (La danse circulaire) dans les Actes de Jean (IIe siècle) dans *The Apocryphal New Testament* (1924) (Le Nouveau Testament apocryphe), trad. M.R. James, p. 253 sq. ; et Max Pulver, « Jesus' Round Dance and Crucifixion, according to the Acts of John » (la danse circulaire de Jésus et sa crucifixion, selon les Actes de Jean), 1942, *The Mysteries* (Les mystères), articles extraits des publications annuelles des *Cahiers Eranos,* 2, 1955, p. 179-80.

Troisième conférence

21 novembre 1928

1. Jung a pris le terme de « participation mystique » au philosophe français Lucien Lévy-Bruhl (1857-1939), qui introduit cette notion dans *Les Fonctions mentales dans les sociétés inférieures,* Paris, 1912. La première

utilisation par Jung de ce terme se trouve dans les « Types psychologique » (1921), *CW* 6, § 781 ; préface et trad. Yves Le Lay, Genève, Librairie de l'Université-Georg, 1986. Voir en particulier p. 247-248 et 324 le rapport avec la définition : « Rapport psychique, [dans lequel] le sujet ne peut pas clairement se distinguer de l'objet, auquel il est lié par une relation directe, qui se présente comme une identité partielle. » Voir également « Mysterium Conjunctionis », 1956, *CW* 14, § 336, n. 662, et § 695, n. 106 ; trad. Etienne Perrot, Paris, Albin Michel, 1980.

2. C'est ici qu'interviennent les capacités de réflexion, de sentir et d'intuition du thérapeute, et la nécessité d'avoir poussé son travail intérieur suffisamment loin pour éviter toute projection malencontreuse sur le patient.

3. Dans ces différents exemples que Jung décrit, il paraphrase le texte de Mead « Ceremonial Game-Playing and Dancing in Mediaeval Churches », *op. cit.*, en particulier aux p. 97-111. (Voir également ci-dessus, 2e conférence, du 14 novembre 1928.)

4. Les textes médiévaux emploient deux orthographes différentes pour pelote : *pelota* et *pilota.* (N.d.T.)

5. « Mountain Lake » (Ochwiay Biano) ou Antonio Mirabal (1890-1975), de la tribu Pueblo de Taos, que Jung a rencontré lorsqu'il avait visité Taos, en janvier 1925. Cf. *Ma vie, Souvenirs, rêves et pensées, op. cit.*, chap. IX, §ii, et les lettres de Jung à Mirabal du 21 oct. 1925 dans *Correspondance,* Paris, Albin Michel, 1994, trad. Claude Maillard et Christine Pflieger-Maillard, vol.1. Une photo de Mirabal se trouve aussi dans *C.G. Jung : Bild und Wort,* et *Word and Image, op. cit.*

6. Herbert Dennis Bradley, *Towards the Stars,* Londres, 1924.

7. *Die Seherin von Prevorst,* 1829. Jung lui-même connaissait cet ouvrage, depuis au moins 1897, puisqu'il l'avait cité lors d'un exposé donné à sa fraternité estudiantine : voir *Les Conférences de Zofingen,* § 93-94. Voir aussi *CW* 1, et l'index (dans le tome 2).

8. *Anima* : le terme que Jung emploie pour désigner la composante féminine de la psychologie masculine. Elle représente sa fonction de relation (l'Eros), avec le sexe opposé et également avec son inconscient. Dans les rêves, l'anima apparaît personnifiée sous les traits de la femme inconnue, la « femme de rêve », et se trouve invariablement projetée sur la femme, ou les séries de femmes réelles. L'animus, quant à lui, personnifie la composante masculine (Logos) de la psychologie féminine. Ces deux archétypes s'expriment souvent dans l'aspect irrationnel du sentiment de l'homme (les humeurs de l'anima), et dans les raisonnements péremptoires de la pensée féminine (les opinions de l'animus). Pour de plus amples détails voir « Two Essays », *CW* 7, § 296 sq. ; voir *Dialectique du moi et de l'inconscient,* Paris, Paris, 1964 ; édition revue et corrigée, Paris, Gallimard, coll. Folio-Essais, 1986 et

1995, traduit, préfacé et annoté par le Dr Roland Cahen ; et *Aïon. Etudes sur la phénoménologie du Soi*, chap. III, Paris, Albin Michel, 1983, trad. Etienne Perrot et Marie-Martine Louzier-Sahler.

QUATRIÈME CONFÉRENCE

28 novembre 1928

1. Le texte anglais, ici, écrit *irregularity*, « irrégularité ». Je pense qu'il s'agit d'une erreur typographique. En maintenant « irrégularité », on en arriverait à un contresens. (N.d.T.)

2. Apparemment, c'est la première utilisation par Jung de ce terme, dans le sens de synchronicité, ou coïncidences significatives, comme principe d'explication d'événements parallèles, physiques et psychiques, d'importance égale et complémentaires au principe de causalité. Voir aussi, ci-après, la 31e conférence du 27 nov. 1929, note 7 et la 32e conférence du 4 décembre 1929 (tome 2). La première utilisation par Jung du terme « synchronicité » remonte à 1930, dans son hommage à Richard Wilhelm (*CW* 15, § 81). Ce concept est entièrement développé dans la monographie intitulée « Synchronicité : Un principe de connexion acausale » (1952, *CW* 8), voir : *Synchronicité et Paracelsica*, Paris, Albin Michel, 1988, trad. Claude Maillard et Christine Pflieger-Maillard, chap. I « La synchronicité, principe de relations acausales » et chap. III « Sur la synchronicité ».

3. Le *Yi King*, ou *Livre des transformations*, trad. angl. de Cary F. Baynes, 1950, à partir de la trad. allemande de Richard Wilhelm, 1924 ; trad. française, et préface par Etienne Perrot, Librairie Médicis, 1973. Jung a écrit une préface spécialement pour l'édition anglaise. Elle se trouve dans *CW* 11, § 964 sq. Voir la traduction française dans le chap. III de *Synchronicité et Paracelsica*, et ci-dessous, la 9e conférence du 6 fév. 1929, note 8.

4. Expression familière allemande pour dire : poser son regard sur une autre femme. La suggestion provient à l'évidence d'un participant germanophone. (N.d.T.)

5. « Celui qui suit derrière » (grec). Voir « Basic Postulates of Analytical Psychology », 1931, *CW* 8, § 665.

6. « Pourquoi cela, le Génie seul le sait — ce compagnon qui règle notre étoile de naissance, ce dieu de nature humaine, bien que mortel en chacun, et dont le visage change d'expression, blanc ou noir », Horace, *Epîtres*, 2.2.187 sq. (trad. H.R. Fairclough, LCL).

7. Adelbert von Chamisso, *Peter Schlemihls wundersame Geschichte*, 1814 (L'histoire merveilleuse de Peter Schlemihl), trad. angl. 1844 et 1923.

On n'a pas rapproché le film *L'Etudiant de Prague* (1926) dirigé par Henrik Galeen, avec pour acteur Conrad Veidt, du texte original de Chamisso, bien que l'histoire soit la même. Pour S. Kracauer, *De Caligari à Hitler*, 1947, p. 153 : « Ce film semblait montrer aux Allemands leur propre dualité. »

8. Le diagramme reproduit ici vient du Séminaire [2] de 1938, pour lequel une note de bas de page explique que le diagramme original de Jung a été perdu et a été reproduit de mémoire par Ethel Taylor. Une référence à un diagramme similaire existe dans l'ouvrage de Joan Corrie, *ABC of Jung's Psychology* (L'ABC de la psychologie jungienne), 1927, p. 21. Les Séminaires [3] et [4] en donnent la même version. Il n'existe pas dans le Séminaire [1].

9. Celle de 14-18 évidemment. (N.d.T.)

10. Gustav Meyrink, *Fledermäuse, Sieben Geschichten*, 1916 (Les chauves-souris, sept contes).

11. A cette époque de nombreuses villes, en Suisse (et ailleurs), avaient deux réseaux de distribution : un pour l'eau potable, réservé à la boisson et à la cuisine ; l'autre, pour les nombreux usages domestiques et l'arrosage des jardins, qui fournissait une eau non traitée, c'est-à-dire ni filtrée ni désinfectée. Parfois il n'existait qu'un réseau d'eau non traitée. Pour l'eau potable, on allait se servir à une pompe municipale. (N.d.T.)

12. Pour connaître tous les détails de ce cas, voir « The Tavistock Lectures », 1935, *CW* 18, § 107 sq.

Cinquième conférence

5 décembre 1928

1. Voir ci-dessus la 3e conférence du 21 nov. 28. (N.d.T.)

2. Se situe près de Penzance et pas loin de Polzeath, où Jung avait donné un séminaire en juillet 1923 (voir introduction). La pierre est également appelée Menetol. Voir Jaquetta Hawkes, *A Guide to Prehistoric and Roman Monuments in England and Wales* (Un guide des monuments préhistoriques et romains, en Angleterre et au pays de Galles), 1951, p. 169, cité dans S. Giedion, *The Beginnings of Art* (Le début de l'art), 1961, p. 159-61, avec les illustrations de la pierre.

3. Epître de Jacques 5 : 16 et Epître aux Galates 6 : 2.

4. Voltaire, *Candide* (1759), les lignes de conclusion.

5. Jung était très grand, et particulièrement pour l'époque. (N.d.T.)

Sixième conférence

12 décembre 1928

1. Jung serait certainement conforté dans son opinion et se réjouirait sans doute d'apprendre à quelle fréquence élevée apparaissent crocodiles, tigres, serpents, requins, éléphants, tortues, porcs, chevaux, chiens et chats (pour ne citer que les plus courants) dans les rêves des analysants au début du XXIe siècle, et bien entendu la signification de ces animaux n'est, fondamentalement, pas différente, pour les Occidentaux actuels, de l'interprétation que Jung a pu en faire pour les Noirs de Somalie. Pour nous autres, gens « civilisés » du XXIe siècle, la représentation d'une agressivité énorme et refoulée par un crocodile (ou un tigre) met en somme l'accent sur l'abîme qui nous habite et qui sépare, d'une part, nos prétentions d'Occidentaux policés et notre façade sociale — notre persona — de cette agressivité archaïque, d'autre part, bien présente dans notre inconscient qui ne peut être mieux représentée que par l'animalité archaïque d'un saurien. En prime, une leçon d'humilité. (N.d.T.)

2. Pour une discussion sur les survivances de la magie médiévale en Suisse, voir « Flying Saucers » (Les soucoupes volantes), 1958, *CW* 10, § 700 sq. En français *Un mythe moderne*, Paris, Idées-Gallimard, 1961, préface et adaptation du Dr Roland Cahen.

3. Jung dit littéralement *« insane negroes, very black negroes »*, « des nègres fous, des nègres très noirs ». (N.d.T.)

4. En automne 1912, alors qu'il était aux Etats-Unis pour donner ses conférences à la Fordham University, Jung a analysé un certain nombre de patients noirs internés à l'hôpital Government Mental Hospital, à St. Elizabeth's, Washington D.C. Voir *Correspondance Freud-Jung*, du 11 nov. 1912. Il n'a jamais rapporté le matériel, mais s'y réfère dans les *Types psychologiques, op. cit.*, « The Tavistock Lectures », 1935, et dans l'additif de l'édition de 1952 de « Symbols of Transformation », *CW* 5, § 154; édition française : *Métamorphoses de l'âme et ses symboles, op. cit.* Séminaires : « Sisyphe », une erreur pour « Ixion », la figure mythologique mentionnée par Jung dans les deux dernières citations.

5. Jung, dans le texte anglais, utilise le terme *autochthonous*, ce qui à première vue peut surprendre. Etymologiquement ce terme signifie (Le Petit Robert) « Qui est issu du sol même où il habite, qui est censé n'y être pas venu par immigration », ce qui est clairement ce que Jung veut nous dire des symboles. Jung confirme lui-même cette définition, lorsqu'il écrit dans *Essai d'exploration de l'inconscient* (son dernier écrit), Paris, Denoël, coll. Folio-Essais, trad. Laure Deutschmeister, introd. Raymond de Becker, au chap. III « La fonction des rêves » : « J'ai insisté sur

les origines de notre vie onirique, parce qu'elle est le sol où la plupart des symboles trouvent l'origine de leur croissance. » (N.d.T.)

6. Depuis 1929, les paléontologues, avec notamment Yves Coppens (voir *Le Genou de Lucy*, Paris, Odile Jacob, 1999), ont mieux précisé notre filiation et ce serait plutôt l'homme de Cro-Magnon que nous serions susceptibles de rencontrer dans un tram à Zurich ou dans le RER à Paris. Les recherches les plus récentes semblent confirmer que Neandertal et Cro-Magnon auraient cohabité en Europe pendant plusieurs milliers d'années. Mais Cro-Magnon, d'une évolution supérieure et classé dans la sous-espèce *Homo sapiens sapiens*, serait réellement notre ancêtre direct et aurait supplanté Neandertal. (N.d.T.)

7. Voir introduction, note 11 (N.d.T.).

8. Le commentaire de Jung nous permet de comprendre que la question a été posée par une femme. (N.d.T.)

9. Voir Matthieu 5 : 22.

10. Plaute, *Asinaria*, 495.

11. Voir « L'homme vieux de deux millions d'années » (1936), une interview dans *C.G. Jung parle*, Paris, Buchet-Chastel, 1985, § 88 sq., trad. Marie-Martine Louzier-Sahler et Benjamin Sahler.

12. D'après Gershom Scholem, l'idée sur laquelle repose cette légende se trouve dans le traité talmudique *Yoma* 69 b. On y lit qu'il y eut un moment dans l'histoire où Israël réussit à éliminer le « désir mauvais » (la pulsion sexuelle), mais au bout de trois jours on ne trouvait plus un seul œuf frais dans le pays entier d'Israël. Scholem suppose que la source de l'amplification de l'idée, faite par Jung, se trouve dans un conte folklorique juif-arabe qui se trouve dans quelque collection non mentionnée par Jung. (Note personnelle de W. McGuire.)

13. Jung a fréquemment cité la figure éponyme de *She* dans la nouvelle de Rider Haggard comme un exemple d'anima. La toute première citation est apparue dans la version originale de « Mind and Earth » (L'esprit et la terre), 1927, *CW* 10, § 75.

14. Le musée de cire à Londres. (N.d.T.)

15. L'expression française consacrée étant : « comme un coup de tonnerre dans un ciel serein » (N.d.T.)

16. On pourrait parler ici d'une tentative de symbolisation (N.d.T.)

SEPTIÈME CONFÉRENCE

23 janvier 1929

1. Voir *Ma vie, Souvenirs, rêves et pensées, op. cit.*

2. Voir *Mysterium Coniunctionis, op. cit.*, § 227 Jung cite directement l'œuvre d'Anatole France en français.

3. En particulier si l'on se force à croire à la primauté de la libido sexuelle, selon le dogme freudien, il n'y a plus d'espace pour envisager une libido élargie (l'élan vital) qui inclut la relation d'Eros, c'est-à-dire la pulsion de vie et le sentiment. (N.d.T.)

4. C'est nous qui soulignons. (N.d.T.)

5. L'éditeur anglais se demande s'il n'y a pas ici une erreur de transcription et s'il ne faudrait pas lire « physiologique ». Cela semble faire sens dans la perspective psychosomatique. (N.d.T.)

6. Fragment 68, dans John Burner, *Early Greek Philosophy* (La philosophie grecque des débuts), 4e édition, 1930, p. 138. « Se transformer en eau, c'est la mort des âmes, se transformer en terre, c'est la mort de l'eau. Mais l'eau vient de la terre et l'âme vient de l'eau. » Citation reprise dans *Types psychologiques, op. cit.*, voir la définition de l'« énantiodromie ».

7. Ce qui donne du corps à la remarque de l'éditeur note 5 ci-dessus. (N.d.T.)

Huitième conférence

30 janvier 1929

1. En nous en remettant à E.A. Bennett, *What Jung Really Said* (Ce que Jung a réellement dit), Londres, 1966, p. 93, cette nouvelle de H.G. Wells (1925), trouve son origine dans une conversation entre Jung et Wells. Jung en parle longuement dans « Two Essays », *CW* 7, § 270 sq. et dans la 2e édition de 1935 de *The Relation between the Ego and the Unconscious, Dialectique du moi et de l'inconscient*, Paris, Gallimard, 1964, traduction, préface et annotations par le Dr Roland Cahen.

2. Il en va de même pour l'anima chez l'homme et au-delà pour nos ombres. Lorsque nous acceptons ces ombres, non plus seulement au strict niveau intellectuel, mais comme étant réellement constitutives de notre être psychique, ce qui veut dire que nous avons à débattre avec elles, c'est-à-dire à entrer en « dialectique », nous les dépotentialisons et permettons à leur énergie de s'inverser. C'est l'« énantiodromie » qui s'accompagne du phénomène inconscient d'intégration. (N.d.T.)

3. « Au milieu du parcours de notre vie, je me suis retrouvé dans une forêt obscure, car la voie toute droite était perdue. » (N.d.T.)

4. Référence à la Yoni hindoue.

5. Jung grandit dans la banlieue de Bâle et étudia à l'université bâloise. Le découvreur des lois mathématiques de la spirale fut Jakob Bernoulli (1654-1705), issu d'une famille bâloise illustre. Il demanda que la spirale fût gravée sur sa tombe avec ces mots, *Eadem mutata*

resurgo. Le souhait de Bernoulli fut exécuté sur sa pierre tombale dans la cathédrale de Bâle *(Die Kunstdenkmäler des Kantons Basel-Stadt* [Les monuments artistiques du Canton de Bâle-Ville] III, 1941, p. 261 sq.). Cf. *Psychologie et Alchimie, op. cit.*

6. On a retrouvé l'épopée babylonienne de Gilgamesh sur de petites tables cunéiformes à Ninive, dans l'Irak moderne et sa date remonte au XXIIe siècle avant J.-C. Dans la version de 1912 des *Métamorphoses et symboles de la libido, op. cit.*, Jung a fait de fréquentes références à l'épopée de Gilgamesh. Herbert Mason, ainsi que d'autres auteurs ont traduit cette épopée en vers anglais, en 1970.

7. Dans la perspective de l'éternité. (N.D.T.)

Neuvième conférence

6 février 1929

1. Le mot *mandala* vient du sanscrit et signifie « cercle magique ». Ce terme est très largement utilisé dans la terminologie jungienne pour toutes figures circulaires, quelle que soit leur provenance. Cf. la 10e conférence du 13 février 1929, la note 9 qui fait référence à Richard Wilhelm, théologien allemand, ancien missionnaire en Chine, qui a traduit plusieurs textes classiques chinois dont le *Yi King* est le plus important (voir la note 8 ci-dessous). A cette époque, R. Wilhelm était le directeur de l'Institut chinois de Francfort-sur-le-Main. A la fin de 1929, il publia *Das Geheimnis der goldenen Blüte* (Le secret de la fleur d'or), traduit en anglais par Cary F. Baynes en 1931 (éd. revue et corrigée en 1962), avec un commentaire de Jung et des illustrations de mandalas. (Voir *CW* 13 et édition française chez Albin Michel, Paris, 1979, trad. Etienne Perrot, réédité par Albin Michel en 1994, coll. Spiritualités vivantes avec un avant-propos de Michel Cazenave). Le « mandala provenant d'un monastère taoïste » est probablement celui reproduit comme fig. 2 dans « Concerning Mandala Symbolism », 1950, dans *CW* 9 i. Il est divisé en quatre parties et se rapporte au *Yi King*. Voir aussi les 37e et 38e conférences du 12 et 19 février 1930 (tome 2).

2. Cf. conférences de Jung *Exercitia Spiritualia of St Ignatius de Loyola* (*Exercices spirituels* de saint Ignace de Loyola), à l'Ecole polytechnique de Zurich, 1939-1940, dont les notes furent publiées à titre privé, en traduction anglaise, en format de séminaire, reprises dans le vol. 4 de *Modern Psychology* et publiées dans *Spring*, 1977 et 1978.

3. Comme exemple de mandala, avec les quatre évangélistes, voir *Psychologie et alchimie, op. cit.*, fig. 62 et 101. On y trouve de nombreuses références au dieu Horus et à ses quatre fils.

4. Voir plus loin 23e conférence du 26 juin 1929.

5. Voir *Psychologie et alchimie, op. cit.*, fig. 41.

6. Jung n'a pas reproduit de peintures de sable pueblos, à l'occasion de ce séminaire, mais il discute de telles représentations dans « The Tavistock Lectures », 1935, *op. cit.*, § 271. Voir également les peintures de sable ou de pollen navajos dans *Psychologie et alchimie, op. cit.*, fig. 110 et *C.G. Jung : Word and Image, op. cit.*, fig. 74.

7. Voir dans *Psychologie et religion*, Paris, Buchet-Chastel, 1958, trad. Marthe Bernson et Gilbert Cahen, ce qui se rapporte à la *tetraktys.*

8. A l'époque de ce séminaire, la traduction du *Yi King* de Richard Wilhelm (*I Ging : Das Buch der Wandlungen* [Le *Yi King* ou livre des transformations], Iéna, 1924, était effectivement utilisée par Jung qui en traduisait oralement des passages. La seule version anglaise disponible était celle de James Legge :*The Yi King* (Sacred Books of the East, 16 ; Oxford, 1882, 2e éd. 1889), que Jung avait utilisé avant 1924. Cary F. Baynes, membre du séminaire, a commencé, à la demande de Jung, à traduire en anglais la traduction de Richard Wilhelm, en 1929. Cette traduction fut achevée vingt ans plus tard et publiée en 1950 sous le titre : *The I Ching, or Book of Changes,* avec une préface de Jung. Une 3e édition parut en 1967, avec une préface de Hellmut Wilhelm. Les citations et références au *Yi King* dans le présent ouvrage sont conformes à l'édition anglaise de 1967. (Cary F. Baynes utilise fréquemment le terme chinois *ting* pour « chaudron ».)

Pour le texte détaillé de l'hexagramme 50, voir *Yi King, le livre des transformations,* de Richard Wilhelm, trad. Etienne Perrot, Paris, Librairie de Médicis, 1973.

9. *Tapas* est un terme sanscrit qui signifie l'auto-incubation au moyen de la méditation. Voir *Métamorphoses et symboles de la libido,* édition de 1912, *op. cit.*

10. Il s'agit, bien entendu, de francs suisses de 1929. (N.d.T.)

11. La rue de la Gare, la rue élégante de Zurich qui conduit de la gare centrale jusqu'au lac et où se trouvent toutes les banques, les compagnies d'assurances et les plus belles vitrines de joailliers. (N.d.T.)

DIXIÈME CONFÉRENCE

13 février 1929

1. Akbar (1542-1605) avait d'abord construit sa capitale à Fatehpur Sikri (près d'Agra, au nord de l'Inde centrale). Bien qu'abandonnée par Akbar, la cité centrale est bien conservée. Gibb, ayant vécu plusieurs années en Inde, l'avait évidemment visitée. (Jung également dix ans plus

tard. Voir « The Dreamlike World of India » [L'Inde pays de rêve], 1929, *CW* 10, § 983.) Akbar a embrassé une foi éclectique, composée d'éléments venant de l'islam, de l'hindouisme, des religions zoroastrienne et chrétienne.

2. Jung avait évidemment lu un article sur cette découverte maya à Chichén Itzá, dans le Yucatán, dans l'*Illustrated London News* du 26 janvier 29 (p. 127), et sa description suit de très près celle publiée, avec l'illustration du temple, de la jarre et du mandala en mosaïque. La découverte revenait à Earl Morris, chef d'une expédition du Carnegie Institution de Washington D.C.

3. Voir « Commentaire sur le secret de la fleur d'or », *CW* 13, § 33, 76 (*op. cit.* en français).

4. G.R.S. Mead, *The Doctrine of the Subtle Body in Western Tradition*, 1919 (La doctrine du corps subtil dans la tradition occidentale).

5. Dans son « Commentaire sur le secret de la fleur d'or », au § 76, n. 2., Jung cite la « théorie paraphysiologique » du Dr Gustave Geley (1868-1924), directeur de l'Institut métapsychique international, à Paris. Voir aussi le commentaire de Jung dans le vol. I des *Correspondances*, lettre du 30 sept. 1933. Dans sa bibliothèque Jung possédait trois livres de Geley : *De l'inconscient au conscient, L'être subconscient,* et *Clairvoyance et matérialisation : Notes d'expérimentations.* Dans le livre II, 1re et 2e parties, le premier de ces ouvrages discute le « système psychodynamique » de Geley. (James Kirsch se rappelle par ailleurs, à partir d'une interview du 30 juin 1929, que cet été-là Jung travaillait à la rédaction de son « Commentaire sur le secret de la fleur d'or ».)

6. Entéléchie : Dans la philosophie d'Aristote, ce qui pour chaque être est la possession de sa perfection, de sa finalité. (Comme cette composante est effectivement inconsciente, Jung en parle comme d'une potentialité qui est à réaliser.) (N.d.T.)

7. Jung et R. Wilhelm ont publié « Tschang Shen Schu : Die Kunst, das menschliche Leben zu verlängern » (Tchang Chen Chou : l'art de prolonger la vie humaine) dans *Europäische Revue,* V : 8 (nov. 1929), 530-556, dont la moitié était l'introduction de Jung. Selon une communication privée de Hellmut Wilhelm, cette communication fit l'objet d'une amplification reprise dans le « Commentaire sur le secret de la fleur d'or », publié vers la fin de cette année-là. Les deux se présentent essentiellement comme le même travail, avec des titres différents.

8. C'est sans doute un tout petit peu moins vrai, de nos jours, si l'on considère le nombre important de ceux qui pratiquent le yoga et en tirent un enseignement philosophique. (N.d.T.)

9. L'image est présentée en détail par Erwin Rousselle dans « Spiritual Guidance in Contemporary Taoism » (Le guide spirituel dans le taoïsme contemporain), dans *Spiritual Disciplines* (extrait des

livres annuels des *Cahiers d'Eranos* 4, 1960), p. 75-84, à l'origine un exposé dans la première Conférence d'Eranos, 1933. Rousselle avait reproduit cette peinture à partir du « frottage » d'une tablette de pierre au monastère du Nuage Blanc (qui faisait partie précédemment de la collection de Richard Wilhelm).

10. Hellmut Wilhelm pense que Jung se réfère ici au texte chinois du *Secret de la fleur d'or*, qui a pu être daté du XVIIe siècle et dont la tradition orale remonterait au VIIIe siècle. C'est une édition de 1920, de Pékin, qui a servi de document de base à Richard Wilhelm pour sa traduction (plutôt que son « déchiffrage »), à l'Institut chinois de Francfort. Voir le *Commentaire sur le secret de la fleur d'or, op. cit.*

11. On pourrait aussi bien parler de « volant d'inertie ». (N.d.T.)

12. Un pamphlet antipapiste, écrit par Antonio Gavin (1726), un prêtre catholique de Saragosse, devenu plus tard prêtre anglican en Irlande. Publié à l'origine à Dublin en 1724 sous le titre *A Master-Key to Popery* (Une clef passe-partout pour accéder au papisme), cet écrit fut parfois intitulé *The Great Red Dragon* (Le grand dragon rouge). Ce texte a été largement diffusé, traduit en allemand et en français, au cours du XIXe siècle.

Onzième conférence

20 février 1929

1. Le romanche (ou rhéto-roman) est une langue qui dérive effectivement du latin. On parle encore le romanche et on l'écrit, notamment sous forme de poésies peintes sur les maisons, dans le canton des Grisons, dans les vallées de l'Engadine (Saint-Moritz, Davos, etc.). Si on veut être exact, il existe même trois langues romanches qui se distinguent géographiquement avec une influence italienne dans les bras de vallées allant vers l'Italie, allemande dans les vallées allant au nord et à l'est vers le Tyrol, et française vers l'ouest. L'isolement important de ces vallées, au cours des siècles, a facilité la conservation de ces trois langues. (N.d.T.)

2. *The Oxford English Dictionary* ne donne pas cette étymologie.

3. Le deuxième sens : ce qui est saint, sacré. *Heil*, ce qui est sain, sain et sauf, donc indemne, entier. (N.d.T.)

4. Pour les détails et l'analyse de cette histoire, voir « Métamorphoses et symboles de la libido », éd. de 1912, *op. cit.*, § 451-5.

5. Jung citait ce terme, comme venant d'Afrique centrale, dans *CW* 8, § 117 (voir *L'Energétique psychique*, § 117, préface et trad. Yves Le Lay, Genève, Librairie de l'Université-Georg, 1956 et réédité en 1981 et 1987) ; de Polynésie dans « Two Essays », *CW* 7, § 108 ; et de Mélanésie

dans « On the Nature of Psyche », 1946, *CW* 8, § 411. Voir *Les Racines de la consciences, études sur l'archétype,* trad. Yves Le Lay, Paris, Buchet-Chastel, 1971, réédité par Hachette, Livre de poche, coll. Références, présentation de Michel Cazenave : voir livre VII, « Réflexions théoriques sur la nature du psychisme », chapitre VII, « Pattern of behaviour et archétype », p. 532-3.

6. C'est la terminologie même employée dans le *Yi King.* (N.d.T.)

7. Cet ouvrage de 1909 est plusieurs fois cité par Jung dans *CW* 8, § 52, n. 44.

8. Dans la *flûte enchantée* de Mozart, le personnage de Papageno est habillé en costume d'oiseau. La personne qui a transcrit ce passage du séminaire a évidemment mal entendu ce que Jung disait. Le véritable mot italien pour « perroquet » est *pappagallo,* à partir de racines grecque et italienne. [W. McGuire.] (Autre hypothèse : le transcripteur ne s'est pas trompé. C'est Jung qui se serait trompé et, pris dans le feu de son exposé, a pris le mot allemand *Papagei* — qui se prononce *papagaï* — au lieu du nom italien *pappagallo,* les deux signifiant effectivement « perroquet ». Entre l'anglais, l'allemand et l'italien sans oublier la masse d'expressions françaises, il est permis de temps à autre de buter sur un mot ! (N.d.T.)

Douzième conférence

28 février 1929

1. De nos jours, nous appellerions cet amour soudain un « transfert latéral ». (N.d.T.)

2. Pour les statuettes maltaises, voir Erich Neumann, *The Great Mother* (La grande mère), 1955, pl. 3. Pour la Vénus de Brassempouy, voir S. Giedion, *The Beginning of Art* (Les débuts de l'art), 1926, p. 438 et fig. 287.

Treizième conférence

6 mars 1929

1. La mémoire des ancêtres.

2. Le dialecte suisse alémanique.

3. La première nouvelle (parue en 1872) d'une trilogie qui inclut *Tartarin dans les Alpes* ; voir plus loin la conférence du 12 février 1930, note 9 (tome 2).

Quatorzième conférence
13 mars 1929

1. Dans sa théorie des types psychologiques Jung distingue quatre fonctions conscientes, deux d'entre elles considérées comme rationnelles, les fonctions *pensée* et *sentiment*, et deux autres irrationnelles, les fonctions *sensation* et *intuition*. Le terme « type pensée » désigne quelqu'un chez qui la pensée est la fonction supérieure. Voir *Types psychologiques, op. cit.*

2. Voir le rêve [5] au début de la 11e conférence, en date du 20 février 1929.

3. Une nouvelle de Marie Hay (Londres et New York, 1923) que Jung discute dans « Mind and Earth » (L'esprit et la terre), orig. 1927, *CW* 10, § 89 sq.

4. Ce cas est également présenté dans « Crime and the Soul » (Le crime et l'âme), 1932, *CW* 18, § 817 sq.

5. Créant ainsi un véritable « état de possession ». (N.d.T.)

6. Ce fait explique l'importance qu'il y a pour un analyste à pousser sa propre analyse suffisamment loin afin de bien connaître ses propres « accroches ». L'analyste est inévitablement amené à jouer le rôle d'« écran blanc », sur lequel l'analysant va projeter ses contenus inconscients. Il importe que devant ces projections l'analyste ne soit pas embarqué à « réagir » par des affects (ou une inflation comme celle décrite par Jung) qui mettraient l'analyse (et l'analyste) dans une impasse. (N.d.T.)

7. Bien que tout au long de cette présentation Jung n'en prononce pas le mot, il s'agit bien ici du travail sur « l'ombre », personnification d'un complexe spécifique, telle qu'elle se présente effectivement dans les rêves et que nous projetons continuellement sur l'autre. (N.d.T.)

8. John Ruskin (1819-1900), critique d'art anglais et critique de sa société. Cf. *The Crown of Wilde Olive* (La couronne d'olives sauvages), « *Do justice to your brother (you can do that whether you love him or not), and you will come to love him* » (Sois juste envers ton frère [tu peux faire cela, que tu l'aimes ou non], et tu te mettras à l'aimer), *Works*, éd. E.T. Cook et A. Wedderburn, 1903-12, XVIII, § 420 sq.

9. C'est-à-dire de tous ses contenus d'ombre. (N.d.T.)

10. *Faust*, IIe partie, acte V, « Minuit » (trad. Jean Malaplate, GF Flammarion) : Faust (dans le palais) : « L'air aujourd'hui de tant de spectres s'est chargé / Que nul ne sait comment résoudre ce problème. / Lorsqu'à nos yeux un jour clair et lucide a lui, / S'abat l'essaim confus des rêves de la nuit. / Revenons-nous joyeux, foulant ce vert bocage ? / Un cri d'oiseau... ce cri, c'est un mauvais présage ! / De superstition sans

cesse environnés, / Nous la voyons partout : elle annonce, elle ordonne / Et nous restons muets, éblouis, étonnés. / Qu'est-ce ? La porte grince... Il n'est entré personne. »

11. Jung confirme le vieil adage latin : « Post coïtum, animal triste. » (N.d.T.)

12. *Faust*, IIe partie, acte II. Un résumé de ces trois figures est donné au début de la 16e conférence, du 27 mars 1929, ci-après.

13. Pour Tagès, le fondateur légendaire de la science divinatoire étrusque, et Oannes, mentionné quelques lignes plus loin, voir *CW* 5, p. 291-2. Adonis était un dieu de la végétation phénicien et Tammuz son équivalent babylonien.

14. Pour plus de détails, voir 16e conférence, p. 267.

15. Jung devait développer ce thème plus tard dans « The Psychology of the Child Archetype » (La psychologie de l'archétype de l'enfant), 1941, *CW* 9 i. Voir dans *Introduction à l'essence de la mythologie* avec Charles Kerényi, trad. H.E. Del Medico, Paris, Payot, 1953 ; texte revu pour la Petite Bibliothèque Payot, Paris, 1968, réédité en 1987 et 1993.

16. Plus près de nous, cette culmination dans les tensions passionnelles a trouvé son apogée dans l'explosion de la première bombe atomique sur Hiroshima, au Japon en 1945, et tout près de nous dans la destruction, le 11 septembre 2001, à Manhattan, des deux « tours jumelles » qui symbolisaient l'orgueil des Etats-Unis. (N.d.T.)

Quinzième conférence

20 mars 1929

1. *Texte aus der deutschen Mystik des 14. und 15. Jahrhunderts* (Textes de la mystique allemande des XIVe et XVe siècles), éd. Adolf Spanner, Iéna, 1912, p. 143, 150. (Note dans Séminaires.)

2. Pour les différentes connotations du mot « esprit », voir : « The Phenomenology of the Spirit in Fairytales » (La phénoménologie de l'esprit dans les contes de fées), *CW* 9 i. Voir *Essais sur la symbolique de l'esprit*, trad. Alix et Christian Gaillard et Gisèle Maris, Paris, Albin Michel, 1991, livre II, « Pour une phénoménologie de l'esprit dans les contes ».

3. Matthieu 18 : 3.

4. Hermas eut son plein essor autour de 140 après J.-C. *Le Berger* se trouve dans *The Apostolic Fathers* (Les pères apostoliques), trad. Kirsopp Lake (LCL, 1917), vol. 2, p. 6-305. Jung en donne de longs extraits et un commentaire dans *Types psychologiques*, *op. cit.*, § 381 sq.

5. Pie Ier mourut vers l'an 154.

6. Voir « Symbols of Transformation » (Métamorphoses et symboles de la libido), éd. 1912, *CW* 5, § 421, 622, et pl. XLIII.

7. Séminaires : « ogapi ». Est mis vraisemblablement pour « okapi », mais cet animal qui ressemble à une girafe a son habitat au Congo. A. Gardiner (*Egyptian Grammar*, 3e édition, 1957, p. 460) nous dit que l'animal associé à Seth est « peut-être une sorte de cochon ». Cf. 23e conférence, 26 juin 1929, p. 390.

SEIZIÈME CONFÉRENCE

27 mars 1929

1. *Faust*, 1re partie, « Hors des portes de la ville » : « Tu n'es conscient que d'une seule impulsion. Ne cherche jamais à te familiariser avec l'autre. »

2. Mussolini avait assaini les finances italiennes et, à ce titre, avait été nommé président du Conseil en 1922. Ici nous sommes en 1929, cet événement est encore tout frais dans les mémoires. (N.d.T.)

3. Johann Konrad Escher von der Linth (1767-1823), constructeur du *Linthkanal*, le canal de la Linth, qui eut pour effet de corriger les inondations du lac de Zurich.

4. *Faust*, IIe partie.

5. Bruno Goetz, *Das Reich ohne Raum* (Le royaume sans espace), 1919, ouvrage souvent cité par Jung. Dans « Wotan », 1936, *CW* 10, § 384, Jung interprète cette nouvelle comme une ébauche du nazisme allemand. Voir le chapitre « Wotan », p. 63, dans *Aspects du drame contemporain*, Genève, Librairie de l'Université-Georg et Cie, 1971-1983, préf. et trad. Dr Roland Cahen.

6. H.G. Wells, *God the Invisible King*, 1917.

7. Il s'agit de Bâle. (N.d.T.)

8. Karl Lamprecht (1856-1915), historien allemand. Aucun de ses ouvrages ne semble devoir correspondre au titre donné ici. Plus tard Jung citera Lamprecht dans une veine similaire dans *Réponse à Job*, Paris, Buchet-Chastel, 1964, trad. Dr Roland Cahen.

9. Lamprecht avait sans doute tort d'un point de vue strictement historique et raisonnable d'insister autant sur la descendance directe d'Adam et d'Eve, ce qui impliquerait nécessairement la relation incestueuse. Mais quitte à faire sortir Jung de sa tombe, Lamprecht avait absolument raison de soutenir l'existence de l'inceste à l'aube de l'humanité, quand on voit, de nos jours, la fréquence de l'inceste qui malheureusement se perpétue à une fréquence qui ne manque pas d'effarer et d'inquiéter les analystes, médecins et travailleurs sociaux

de tout poil qui reçoivent quotidiennement des confessions tellement douloureuses. Inceste frère-sœur et pire, inceste père-fille (quand il ne s'agit pas d'incestes homosexuels, oncle-neveu ou grand-père-petit-fils) ! Il faut avoir à l'esprit que, dans notre civilisation occidentale, le tabou de l'inceste était tel qu'il traversait les générations comme une chose « inexistante » (dirait Jung). Il n'y a que depuis très peu d'années que les incestes sont révélés par les victimes (et encore pas par toutes) venant en analyse, se rendant chez un médecin ou encore osant aller à la police. Parmi la clientèle « relevée » de Jung, sans doute l'inceste était-il peu fréquent (ou au contraire merveilleusement bien camouflé dans les familles), mais Jung lui-même, dans la 5e conférence, rapportait cet épisode de la mère paysanne qui incitait son fils à se servir d'elle pour ses besoins sexuels plutôt que de le voir se marier. Et d'ajouter que parmi le monde rural suisse l'inceste était tellement répandu que les tribunaux ne s'en occupaient même plus ! Plus loin, dans la 21e conférence, le patient de Jung (un homme appartenant précisément à la bonne société) aura un rêve montrant qu'il est habité par cette puissante pulsion incestueuse, faute de vivre une sexualité harmonieuse avec sa femme. Ici, à propos de Lamprecht, Jung a probablement été lui-même « emporté » par son feu intérieur. Néanmoins la position de Jung par rapport à cette question est certainement un reflet de l'air de son temps ! (N.d.T.)

10. *Kaiser* signifie « *empereur* ». (N.D.T.)

DIX-SEPTIÈME CONFÉRENCE

15 mai 1929

1. La salle de concerts. (N.d.T.)
2. Ce paragraphe a été inséré par l'un des éditeurs originaux de ce séminaire.
3. Dans les rêves. (N.d.T.)
4. Evidemment du côté Preiswerk.

DIX-HUITIÈME CONFÉRENCE

22 mai 1929

1. Jung résume, au bénéfice des participants rejoignant le séminaire en cours de route, le récit qu'il a fait, très en détail, au début de la 16e conférence, des orgies provoquées par ces garçons, telles qu'elles sont racontées par Bruno Goetz dans *Das Reich ohne Raum* (1919). (N.d.T.)

2. Voir la 16e conférence du 27 mars 1929. On pourrait voir une analogie entre ces « mauvais » garçons à capuchon de cuir marron et les trolls scandinaves, sorte de nains malfaisants. (N.d.T.)

3. Voir *Métamorphoses et symboles de la libido, op. cit.* (édition de 1912), l'index : *pileus.*

4. Les cabires étaient de petits dieux encapuchonnés dont le lieu saint principal, dans l'antiquité classique, était sur l'île de Samothrace. On les appelait aussi les « grands dieux ». Leur citation dans la deuxième partie de *Faust* est commentée dans *Psychologie et alchimie, op. cit.*, et ci-dessous note 14.

5. La représentation d'un petit moine sur le blason de la ville de Munich, fondée par des moines au XIIe siècle.

6. Le psychiatre britannique et analyste jungien Helton Godwin Baynes (1882-1943) était un ami proche de Jung et traduisit en anglais plusieurs de ses ouvrages, notamment *Types psychologiques, op. cit.* Avec sa femme Cary, il vécut en Californie à Carmel et Berkeley, de 1928 à 1929. Gibb était lui-même un ami proche de Baynes.

7. Voir plus loin la 39e conférence datée du 26 février 1930 (tome 2).

8. Jung joue sur le mot anglais *brownie* (le nain et le brun) et il ajoute *thourougly brown* : littéralement cela donnerait : « un petit "brun" entièrement brun », jeu de mots impossible à rendre en français. (N.d.T.)

9. Jung utilise fort à propos le terme de *melting pot.* (N.d.T.)

10. Pour la discussion de ces termes, voir « Spirit and Life », 1926, *CW* 8, § 601 (*L'âme et la vie*, Paris, Buchet-Chastel, 1963, trad. Dr Roland Cahen et Yves Le Lay) et « Basic Postulates of Analytical Psychology », 1931, *CW* 8, § 664. Selon le *Dictionnaire swahili-anglais* (1903), utilisé par Jung, *roho* signifie aussi « âme », « esprit » et « vie ».

11. Pour une autre version du même matériel, voir *Ma vie, Souvenirs, rêves et pensées, op. cit.* et aussi « Archaïc Man » (L'homme archaïque), 1931, *CW* 10, § 144 sq. et plus loin, la 27e conférence du 30 oct. 1929 (tome 2).

12. Rappelez-vous, nous sommes en 1929 : prendre l'avion, en ce temps-là, c'était en quelque sorte risquer sa vie ! (N.d.T.)

13. *Enantiodromia* : terme utilisé par Héraclite pour avancer l'idée que tout change en son opposé, avec le temps. Voir *Types psychologiques, op. cit.*

14. Séminaires : Cabura. Le terme arabe pour « grand » est *kabir* (cf. *gabir* dans *Psychologie et alchimie, op. cit.*), mais le terme *kabeiroi* en grec ancien n'est pas dérivé de l'arabe. Certains universitaires ont soutenu la thèse que c'est une forme hellénique du sémitique *kabirim*, « le grand », par des sources phéniciennes, mais à présent le doute prévaut. Voir « Les mystères de Kabeiroi », 1944, de Kerényi, dans *Les mystères* (rapports extraits du livre annuel d'Eranos, 5, 1955), p. 48 ; de L.R. Farnell l'article

« Kabeiroi », *Encyclopedia of Religion and Ethics,* éditeur J. Hastings, VII, 1920, p. 628, et Liddell et Scott, *A Greek-English Lexicon,* rev. H.S. Jones, 1940, voir à « Kabeiroi ».

15. Voir *Métamorphoses et symboles de la libido, op. cit.* (édition de 1912) : Jung y cite les *Upanishads* qui traitent du poucet Purusha et y discute en détail la relation avec les dieux-nains cabires.

Dix-neuvième conférence

29 mai 1929

1. Littéralement : « tout mettre sous un seul chapeau. » Cf. *Psychologie et alchimie, op. cit.*, § 53 : « Juste comme pour résumer, nous ramenons les idées "dans une seule tête" (*unter einem Hut* — littéralement sous un seul chapeau), si bien que le chapeau... recouvre la personnalité tout entière et lui attribue sa propre signification. »

2. Au printemps 1920, voir *Ma vie, op. cit.*, chap. IX et appendice III.

3. Cf. Marc 9 : 44, 46, 48 : « ... jeté dans la géhenne, où leur ver ne meurt point, et où le feu ne s'éteint point. »

4. Paul Daniel Schreber, *Denkwürdigkeiten eines Nervenkranken* (Mémoires d'une maladie nerveuse), Leipzig, 1903. De toute évidence Jung a lu les mémoires de Schreber vers 1905 et les a signalées à l'attention de Freud. Elles sont mentionnées fréquemment dans *Correspondance Freud-Jung* d'avril 1910 à décembre 1912. Voir index (tome 2).

5. James Kirsch, se rappelant des conversations avec Jung, fait le commentaire suivant sur ce passage-ci : « Ce que Jung entendait, c'est que le système nerveux sympathique, c'est à dire le système anatomique vivant réel, se présente réellement comme un organe de perception, comparable à l'œil ou à l'oreille. Il est équipé d'un moyen de liaison avec l'inconscient, tout comme la capacité de l'œil à voir est en relation avec le cerveau » (communication personnelle de W. McGuire)

6. Dans certaines sectes gnostiques, on identifiait Yahvé au démiurge, un dieu créateur inférieur, que les gnostiques distinguaient de la Divinité Suprême. Cf. « Aïon », *CW* 9 ii, § 118 ; *Aïon*, Paris, Albin Michel, 1983, trad. Etienne Perrot et Marie-Martine Louzier-Sahler.

7. *Ibid.*, § 298-9.

8. L'Irak actuel.

9. Mark Lidzbarski, *Das Johannesbuch der Mandäer* (Le livre de Jean des mandéens), Giessen, 1905-1915, 2 vol.

10. G.R.S. Mead, *The Gnostic John the Baptizer : Selections from the Mandaean John-Book* (Jean Baptiste, le gnostique : textes extraits du *Livre*

de Jean des mandéens), Londres, 1924, p. 35-93, traduction partielle du texte de Lidzbarski.

11. New York, 1928.

12. Concernant les cathares et autres sectes hérétiques, apparues au XIe siècle, voir « Aïon », *op. cit.*, § 139, 225-35.

13. Charles William King, *The Gnostics and their Remains, Ancient and Mediaeval* (Les gnostiques et ce qu'il en reste, ancien et médiéval), Londres, 1864.

14. G.R.S. Mead, *Fragments of a Faith Forgotten* (Fragments d'une foi oubliée), Londres, 1906, 3e éd. 1931.

VINGTIÈME CONFÉRENCE

5 juin 1929

1. Londres, 1926.

2. Avec le recul de l'histoire, on a envie d'ajouter... hélas ! Car Lénine, le grand penseur de la révolution russe, l'agitateur, pourvoyeur d'idées nouvelles pour le peuple russe, mais qui a aussi profondément marqué et inspiré les esprits occidentaux, est mort depuis cinq ans. Staline a pris le pouvoir, et on ne connaîtra que beaucoup plus tard la férocité de sa dictature à cause de l'étanchéité des frontières de l'URSS. Ce n'est qu'après 1950 que l'on apprendra avec horreur les purges, les déportations dans les goulags des « opposants » et de groupements ethniques entiers (ex. : des milliers de germanophones, de Caucasiens et de juifs transplantés en pleine Sibérie à des milliers de kilomètres de leur lieu d'origine). Si on avait interrogé Jung sur la révolution russe telle qu'elle fut appliquée par Staline, il y a fort à parier qu'il aurait émis un avis infiniment plus nuancé. (N.d.T.)

3. Jung fait preuve ici d'une intransigeance catégorique des plus intéressantes. Et c'est la deuxième fois : voir à la fin de la 16e conférence du 27 mars 1929 où Jung refuse catégoriquement d'être identifié au Puer Aeternus. Voir aussi la 24e conférence du 9 octobre 1929 (tome 2), dans laquelle le patient pense que le mécanicien qui répare le magnéto est une figure du thérapeute, idée que Jung récuse. En effet il importe de restituer à l'analysant ses propres capacités évolutives et réparatrices. Si l'analyste s'attribuait les qualités du Puer Aeternus, des agents ou du mécanicien, il « volerait » à l'analysant ses complexes évolutifs intérieurs, c'est-à-dire ses capacités inconscientes à évoluer, à se réparer et donc à se transformer. Au même titre que l'analyste doit éclairer son analysant sur ses ombres, de même a-t-il le devoir de l'éclairer sur ses potentialités encore dans l'ombre. Si l'analyste devenait le détenteur

unique et omnipotent des possibilités d'évolution de l'analysant, il se placerait lui-même, inconsciemment, dans une toute-puissance tout à fait préjudiciable à l'évolution de son analysant, car il enfermerait celui-ci dans une dépendance infantile interdisant toute transformation et toute prise d'initiatives qui s'avèrent indispensables à son autonomie à venir et qui jalonnent l'efficacité de la dialectique moi conscient-inconscient. (N.d.T.)

4. Hexagramme 34 : « La puissance du grand ».

5. Voici une affirmation pour le moins surprenante, qui ne manquera pas d'interpeller le lecteur, comme j'ai été interpellé ! Prise à la lettre, cette phrase, qui par son côté simple, direct et carré est à la limite de nous brutaliser, vient en opposition totale avec le refus catégorique de Jung à être identifié au Puer Aeternus, d'être l'agent commercial du rêveur ou le mécanicien qui réparera le magnéto (voir note 3 ci-dessus). On en vient à se demander : « Mais ai-je bien lu ? ou y aurait-il une erreur de transcription ? » Telle que cette phrase a été transcrite, Jung met en avant, directement, et sans la moindre précaution oratoire, son anima, l'anima du thérapeute devenant, bien entendu, une anima thérapeutique, en d'autres termes, la personnification de la capacité à établir une relation d'Eros — d'Eros thérapeutique — lequel Eros thérapeutique devient alors l'élément porteur au moyen duquel le rêveur parvient à donner sa vraie valeur au petit cerisier de la petite anima. Est-ce à dire, alors, que sans l'anima de Jung, le rêveur n'aurait pas pu avoir la perception intuitive de la possibilité offerte par cet arbre ? Si cette phrase a été correctement transcrite, les conséquences sont, bien entendu, considérables : c'est l'affirmation de l'importance du rôle de la fonction sentiment du thérapeute dans la dialectique analyste/analysant. Ce fait, personne ne le contestera, tant il est vrai que sans une fonction sentiment véritablement à sa juste place et opérante, un thérapeute ne sera qu'un mauvais appui pour son analysant.

Une hypothèse pourrait, néanmoins, être considérée, qu'il ne faut peut-être pas écarter a priori : le texte de la réponse de Jung à la question très directe du Dr Bertine pourrait peut-être se lire comme suit : « *Dr Jung :* Oui, (le rêveur m'a dit :) "C'est l'arbre de mon anima". » Version selon laquelle, comme le supposait le Dr Bertine, le rêveur avait effectivement eu une perception intuitive de la possibilité que recelait cet arbre. Et selon cette possibilité, ce serait bien l'anima émergente du rêveur qui commencerait à être perçue par ce dernier et qui serait agissante. Le ton consolant du rêveur pour la petite anima révèle l'apparition d'une fonction sentiment agissante qui rend le rêveur patient et bon pédagogue face à l'enfant.

Le lecteur choisira. Peut-être serait-il judicieux d'exploiter les deux possibilités en conjoignant les deux points de vue, plutôt que de les opposer, ce qui peut mener à un nouveau point de vue, celui du troisième terme. Il est vrai que les explications de Jung qui suivent laissent peu de place à une erreur de transcription. Et la lecture des œuvres de Jung nous a appris qu'il n'est pas à un paradoxe près. La solution nous est donnée à la conférence suivante. (N.d.T.)

6. Cf. Horace, *Epistulae,* 1.1.1 sq. : « *Jurat in verba magistri* » (Il jure sur les mots du maître). Dans Horace, il est fait référence aux gladiateurs qui prêtaient serment en jurant.

7. Londres, 1894.

8. Cf. « Symbols of Transformation » (Métamorphoses et symbole de la libido), éd. 1912, *CW* 5, § 402, dans laquelle Jung attribue cette histoire à Thomas Maurice, *Indian Antiquities* (Les antiquités indiennes), 1796.

VINGT ET UNIÈME CONFÉRENCE

12 juin 1929

1. Jung utilise une nouvelle fois le terme *melting pot,* s'adressant à des Anglo-Saxons à majorité américaine. (N.d.T.)

2. Le pigeon = Die (la) Taube. (N.d.T.)

3. « Lui dont la vie est sans tache et pure de toute culpabilité », Horace, *Carmina,* 1.22.1 (trad. anglaise de E.C. Wickham, L.C.L.).

4. Rudolf Virchow (1821-1902), pathologiste allemand et chef politique libéral.

5. Voir la 4e conférence du 28 novembre 1928, note 7.

6. Dans la nouvelle de R.L. Stevenson, 1886.

7. Cf. « Le taureau est le père du dragon et le dragon est le père du taureau », expression de l'auteur latin Firmicus Maternus (IVe siècle après J.-C.). Cité dans « Symbols of Transformation » (Métamorphoses et symboles de la libido), éd. 1912, *CW* 5, § 596.

8. Le langage du conscient. (N.d.T.)

9. Pseudonyme pour l'écrivain hollandais Eduard Douwes Dekker (1820-1887). Cette citation, qui est l'une des favorites de Jung, apparaît dans plusieurs de ses correspondances.

10. Voir 20e conférence, note 4. Il s'agissait bien de l'anima de Jung, ce qui transforme Jung en « héros », sur lequel le rêveur prend appui, avec toutes les conséquences qui en découlent, tant pour l'analysant que pour l'analyste. (N.d.T.)

11. Un exemple d'apotropaïsme qui consiste en la tentative de conjurer l'effet d'une chose ou d'un mot mauvais/ négatif en l'affectant d'un nom à connotation positive. La mer Noire était appelée originelle-

ment *Axeinos,* « inhospitalière », à cause de ses tempêtes violentes. Plus tard, elle était connue sous le nom de mer Euxine (*euxinos*= hospitalier) (et même dans des éditions précédentes de ce séminaire : la « mer la plus profitable ».)

12. Le psychologue suisse Charles Baudouin (1893-1963). La présente référence se rapporte à son ouvrage *Psychologie de la suggestion et de l'autosuggestion,* Neuchâtel, 1924. Très éclectique à ses débuts, il finit par suivre l'enseignement de Jung. Voir *Jung parle, op. cit.*, p. 68.

Par ailleurs Charles Baudouin a fondé à Genève, en 1924, l'Institut international de psychanalyse et de psychothérapie Charles Baudouin et, fait remarquable, Freud et Jung figurent parmi les membres fondateurs. Ch. Baudoin a beaucoup œuvré pour tenter de faire coexister les points de vue de Freud et de Jung. Il est le créateur du « schéma septénaire » qui illustre, dans sa perspective, la progression sur le chemin d'individuation à travers sept instances majeures (trois instances freudiennes, le moi, le surmoi et le ça, et trois instances jungiennes, le soi, l'ombre et la persona). Il y ajoute une septième instance, à la base du schéma, l'automate. Il donne à la notion de psychagogie un sens nouveau : la portée pédagogique de la psychologie. (N.d.T.)

13. C'est-à-dire ici au plan du sujet. (N.d.T.)

14. Et ici, au plan de l'objet. (N.d.T.)

15. Une référence à la nouvelle de F.T. Vischer, *Auch Einer* (Encore un), 1884, dans lequel des exemples sont donnés « sur le côté malicieux des objets ». Cf. aussi « A review of the complex theory » (Un bilan de la théorie des complexes), 1934, *CW* 8, § 202. Voir *L'Energétique psychique,* préface et trad. Yves Le Lay, Librairie de l'Université-Georg, 1956, 3e édition revue et augmentée d'un index, 1981, réédité en 1987.

16. Cesare Lombroso (1836-1909), médecin et criminologue italien, dont les théories sur la criminalité et sur l'épilepsie sont publiées dans *Genio e Folia* (Le génie et la folie), Turin, 1882, citées dans *Métamorphoses et symboles de la libido,* éd. 1912, *CW* 5, § 596.

17. Ici, à travers les développements que Jung fait en rapport avec l'inceste (voir notre souci exprimé dans la note 9 de la 16e conférence) nous voyons sans ambiguïté que Jung ne minimisait nullement le côté pathologique et criminel de l'inceste et que même si la société prétendait le fait « inexistant », lui, le clinicien, en confirmait l'existence et en mesurait pleinement l'impact. (N.d.T.)

VINGT-DEUXIÈME CONFÉRENCE

19 juin 1929

1. Séminaires : Il s'agit vraisemblablement d'une erreur de transcription pour « anaplérotique » qui est un agent biologique qui promeut la guérison des plaies ou des ulcères. « Anaphylactique » se dit d'une réaction immunologique du corps, à l'égard de protéines étrangères ou de substances médicamenteuses introduites dans l'organisme et qui provoquent un « choc anaphylactique », comparable au coup que l'inconscient vient de donner au patient avec l'intention de le mettre KO. (R.F.C.H.)

2. Séminaires : « Comment il a failli arrêter l'analyse lorsqu'il entreprit de faire un effort en direction du sentiment. »

3. Il a été impossible de retrouver la trace de cet aphorisme, plutôt tranchant, de saint Augustin. Freud, de son côté, l'a cité à plusieurs reprises, l'attribuant à un Père de l'Eglise non identifié.

4. Cf. l'idée ancienne des sept sphères planétaires entourant la terre, mentionnée dans *Psychologie et alchimie, op. cit.*, § 66 dans l'édition de 1935 et § 410 dans l'édition de 1936.

5. Ici « peut » pourrait être une erreur de transcription pour « ne peut pas ». Il est significatif qu'à ce point précis il y ait une ambiguïté, puisque la douleur/la peine est le motif central de ce rêve. C'est pour échapper à la douleur que le rêveur bondit dans les arbres et s'efforce de faire l'ascension de cette route « sans mal ni douleur ». (R.F.C.H.)

6. Leipzig, 1915; trad. anglaise de Madge Pemberton, *The Golem*, Londres, 1928.

7. « ... qui mangeait ses propres enfants. » Le mythe, tiré de la *Théogonie* d'Hésiode, est résumé par Charles Kerényi dans « L'enfant primordial en des temps primordiaux » dans C.G. Jung et Ch. Kerényi, *Introduction à l'essence de la mythologie*, Payot, 1953, 1968, trad. H.E. Del Medico, réédition Petite Bibliothèque Payot, 1987 et 1993. Voir plus loin 33e conférence, 11 déc. 1929 (tome 2).

8. La version de Jung, bien qu'exacte, est différente de celle de Pemberton, p. 286 sq. Il cite le même passage dans son commentaire sur la première série de rêves dans *Psychologie et alchimie, op. cit.*, § 53. Voir aussi la 33e conférence du 26 février 1930 (tome 2).

VINGT-TROISIÈME CONFÉRENCE

26 juin 1929

1. Pseudonyme de Théophraste Bombastus von Hohenheim (1493-1541), alchimiste et médecin suisse. Il a été l'objet de deux essais (1929, 1941) inclus dans les *CW* 15 et un autre (1941) inclus dans les *CW* 13. Cf. également *Paracelsus, Selected Writings* (Paracelse, textes choisis), éd. J. Jacobi, 2e édition, 1958. Voir *Synchronicité et Paracelsica*, chapitres « Paracelse », p. 124 et « Paracelse médecin », p. 135, Paris, Albin Michel, 1988, trad. Claude Maillard et Christine Pflieger-Maillard.

2. « Le processus par lequel une personne devient un "in-dividu" psychique, c'est-à-dire, une unité ou "totalité" séparée, indivisible », Jung, « Conscient, inconscient et individuation », 1939, *CW* 9 i, § 490.

3. Ce qui a pour avantage immédiat de nous épargner le danger de l'inflation. (N.d.T.)

4. Voir *Métamorphoses et symboles de la libido, op. cit.*, figure XLIII : graffiti du mur de l'Ecole impériale des cadets, palais palatin, Rome.

5. Pour ce qui concerne les symboles des quatre évangélistes et des quatre fils d'Horus, voir ci-dessus, au début de la 9e conférence du 6 fév. 1929, p. 160.

6. Voir *Mysterium Coniunctionis* (avec la collaboration de Marie-Louise von Franz), Paris, Albin Michel, 1980, trad. Etienne Perrot, pour les multiples aspects de l'« Adam Kadmon », tels que Jung les interpréta plus tard dans son œuvre, § 44 et index.

7. Emmanuel Swedenborg (1688-1722), philosophe suédois et écrivain religieux. La doctrine de la *correspondentia*, très en faveur chez les philosophes du Moyen Age, est reliée à la « sympathie de toutes choses » classique. Jung la considérait comme un précurseur de son concept de « synchronicité ». Voir « La synchronicité, principe de relation acausale », dans *Synchronicité et Paracelsica, op. cit.*, § 924. Pour *homo maximus*, voir dans le même ouvrage la deuxième partie, « Paracelse », p. 131, § 13.

8. En grec, le sens originel de « catastrophe » est le « dénouement », et c'est le cas ici pour la petite cellule hépatique. Jung, qui n'était pas dépourvu d'humour, aurait-il voulu nous faire un clin d'œil allusif? (N.d.T.)

9. Jung s'était rendu en Afrique du Nord en 1920. Voir *Ma vie, Souvenirs, rêves et pensées, op. cit.*

10. Matthieu 18 : 3.

11. Matthieu 11 : 12 : « ... le royaume des cieux est forcé, et ce sont les violents qui s'en emparent. »

12. Qui, en français, peut être appelé une « psyché » (une âme). Et

pour une fois la terminologie française rend peut-être mieux compte de la situation du rêveur : il ne peut voir son âme. (N.d.T.)

13. Cf. *The Golem, op. cit.*, p. 151.

14. Cette *quaestio crocodilina* est donnée dans « On the Psychology of the Trickster Figure » (Etude sur la psychologie de la figure du Trickster), 1954, *CW* 9i, § 486, n. 19 : « Un crocodile a volé son enfant à sa mère. Celle-ci lui demande de lui rendre son enfant et le crocodile lui répond qu'il accédera à sa demande si elle est capable de lui donner la bonne réponse à la question suivante : "Rendrai-je l'enfant ?" Si elle répond oui, ce n'est pas vrai et elle n'aura pas l'enfant en retour et si elle répond non, ce n'est également pas vrai, et ainsi dans les deux cas la mère perd son enfant. » Voir *Le Fripon divin, un mythe indien, op. cit.*

Chronologie des rêves

Automne 1928

1. La sœur a son enfant malade ; les sièges dans l'amphithéâtre ont leur dossier tourné vers la table 38

Hiver et printemps 1929

2. La couturière tuberculeuse 139
3. Le rouleau compresseur dessine des formes 153
4. Le poulet s'échappe 161
5. Une sciatique ; la vague menace d'emporter la colline de gravier 186
6. Le beau-frère dit que dans les affaires, quelque chose est allé de travers 212
7. Une machine bizarre pour déraciner les mauvaises herbes 214
8. Tourisme sur la Côte d'Azur 215
9. Scène intime avec sa femme 222
10. Mécanisme : cœur double avec ressort en acier 225
11. Baignade en mer ; discussion d'affaires avec le prince Omar 228
12. Le petit garçon nu mange le pain blanc et laisse le pain noir 246
13. Compartiments marins ; le bordel ; le bonnet marron 278
14. Une plantation de coton infestée par des vers 319
15. Le cerisier rempli de cerises mûres et le jeune arbre sans fruits 344
16. La machine en panne ; sa petite fille à la jupe trouée 359

17. Les sauts à travers les arbres ; l'arrivée
à la maison jaune avec une cour intérieure ;
l'enfant arabe 379

Les membres du séminaire

La liste qui suit reprend les personnes dont les noms apparaissent dans les transcriptions de ce premier tome des notes du séminaire. Il n'y a aucun doute sur le fait que d'autres personnes participèrent au séminaire, dont le nom n'apparaît pas ici. On n'a pas pu mettre en évidence de registre des présences. Seuls les noms de famille apparaissent dans les transcriptions. Les prénoms, pays d'origine ou de résidence sont mentionnés dans toute la mesure du possible. Les noms marqués d'un astérisque sont ceux des membres dont on sait, selon nos meilleures informations à ce jour, que soit ils pratiquaient la psychologie analytique, soit ils se mirent à cette pratique par la suite. La colonne de droite précise la date du début de la participation à ce séminaire. Le lecteur voudra bien, par ailleurs, se reporter à l'index à la fin du tome 2.

Dr Bertine*, Eleanor (E.U.)	22 mai 29
Mlle Bianchi*, Ida (Suisse)	13 mars 29
Dr Binger, Carl (E.U.)	6 fév. 29
Mrs Binger, Carl (E.U.)	28 fév. 29
Miss Chapin, Anne (E.U.)	28 fév. 29
Mr Crowley, Bertram (G.B.)	21 mai 30
Mrs Crowley, Alice Lewisohn (E.U.)	22 mai 29
Dr Deady, Henderson (E.U.)	5 déc. 28
Mrs Deady, Charlotte H. (E.U.)	6 mars 29
Mr Dell, W. Stanley (E.U.)	22 mai 29
Mme, Fierz*, Linda (Fierz-David) (Suisse)	5 déc. 28
Mr Gibb, Andrew (E.U., orig. G.B.)	30 jan. 29
Mrs Gibb, Helen Freeland (E.U.)	30 jan. 29
Dr Gilman	26 juin 29
Miss Hannah*, Barbara (G.B.)	13 fev. 29
Pr Hook, Samuel Henry (G.B.)	21 mai 30
Miss Howells, Naomi (E.U.)	26 juin 30

Dr Howells*, Mary (E.U.)	9 oct. 29
Dr Kirsch*, James (Guatemala, puis Allemagne, Palestine, E.U.)	5 juin 29
Mme Kirsch, Eva (Allemagne, plus tard Mrs Gaskell, G.B.)	5 juin 29
Mme König*, Olga, baronne de König Fachsenfeld (Allemagne)	20 nov. 29
Dr Leavitt	15 mai 29
Mme Muller	20 fév. 29
Mr Rogers	13 fév. 29
Mr Roper	30 jan. 29
Mrs Schevill, Margaret E. (Schevill-Link) (E.U.)	30 jan. 29
Dr Jur. Schlegel, Eugen (Suisse)	6 fév. 29
Mme Schlegel, Erika (Suisse)	20 fév. 29
Pr Schmaltz*, Gustav (Allemagne)	29 mai 29
Dr Schmitz, Oskar A.H. (Allemagne)	15 mai 29
Dr Shaw*, Helen (G.B./Australie)	21 nov. 28
Mme Sigg, Martha Böddinghaus (Suisse)	6 fév. 29
Miss Taylor, Ethel	5 déc.28
Mrs Zinno, Henri Fink (E.U.)	6 mars 29

Éditions Albin Michel
22, rue Huyghens, 75014 Paris

www.albin-michel.fr

Impression Bussière en août 2005
ISBN : 2-226-15883-9
ISSN : 1257-9149
N° d'édition : 23596.
N° d'impression : 052994/4.
Dépôt légal : septembre 2005.
Imprimé en France.